설비보전 시★리★즈

설비보전 기사 실기

2025 최신판

박동순 저

실제 시험에 출제되는
**심벌과 실사,
도면 수록**

최종 합격 대비
**실기시험 중심의
내용 구성**

전면 개정
새 출제 경향에 따른
**기출복원문제
수록**

질의응답 사이트 운영
http://www.kkwbooks.com
도서출판 건기원

도서출판 건기원

PREFACE
: 머리말

최근 산업현장에서는 인건비 절감과 제품 품질의 균일화 및 고급화를 꾀하기 위해 설비보전 기술 향상을 위한 연구와 투자를 아끼지 않고 있으며, 기술인력 확보에 꾸준한 노력을 기울이고 있습니다.

설비보전 기술은 자동화와 메카트로닉스 분야에 종사하는 기술자만의 분야가 아니라 전 산업 분야에서 폭넓게 응용되며 기술자들이 필수적으로 습득해야 할 기술로 바뀌어 가고 있습니다.

또한, 설비보전 기능사, 기사 등은 건축물 기계설비의 안전 및 성능 확보와 효율적 관리를 위한 '기계설비 유지관리자 선임' 종목에 해당합니다.

이에 본 교재는 '설비보전기사' 등 실기를 필수로 하는 자격시험에 응시하기 위한 수험생들의 이해와 합격을 돕고자 이론에 충실하고, 기출문제를 쉬운 방법으로 풀이하였습니다.

**본 교재는 회로도와 실사 위주로 구성하여
다음 사항의 내용으로 구성하였습니다.**

① 중요 심벌과 실사, 도면만을 다루어 군더더기를 없앴습니다.
② 초보자도 쉽게 이해할 수 있도록 간략하게 구성하였습니다.
③ 수험생들의 합격에 목표를 두고 구성하였습니다.
④ 설비보전기사 기출문제를 모두 수록하여 참조할 수 있게 하였습니다.

본 교재는 저자가 기존 도면을 재작성하여 집필하였으므로 내용 중 미비한 사항이나 일부 잘못된 점이 있으면 독자 여러분의 조언에 의해 정오하겠습니다.

끝으로 본 교재로 공부하는 수험생 여러분들이 자격증 취득을 통하여 개인의 발전과 사회적으로 공인받는 기능인으로 성장하는 시금석이 되길 바라며, 설비보전 분야와 전 산업 분야 발전의 초석을 이루는 선구자 역할을 다해 주시길 바랍니다.

아울러 이 책을 출간하는 데 도움을 주신 여러분들께 깊은 감사를 드리며 도서출판 건기원 전 직원 여러분께 감사드립니다.

CONTENTS
: 차례

설비보전기사 기본 정보

1. 기본 정보   8
2. 시험 정보   9
3. 우대 현황   10
4. 수험자 동향   13
5. 출제기준(실기)   14

CHAPTER 01
설비보전

Ⅰ 결합용 기계요소

1. 볼트(bolt)   23
2. 너트(nut)   36
3. 볼트, 너트 점검   41
4. 와셔(washer)   41
5. 볼트·너트의 풀림 방지법   44
6. 키(key)   47
7. 핀(pin)   50
8. 스플라인(spline)   51
9. 세레이션(serration)   51

Ⅱ 축계 기계요소

1. 축이음의 분류   52
2. 커플링(coupling)   53
3. 베어링(bearing)   58
4. 미끄럼 베어링   60
5. 구름 베어링   62
6. 베어링 유닛   67

Ⅲ 간접전동 기계요소

1. 벨트 전동   71
2. 체인 전동   75

Ⅳ 직접전동 기계요소

1. 기어   78
2. 감속기   82

Ⅴ 유체기기

1. 펌프(pump)   88
2. 밸브(valve)   112

Ⅵ 센서

1. 센서   119
2. 센서의 종류   120

Ⅶ 보전용 기본 공구

1. 보전용 공기구   125

Ⅷ 보전용 측정기

1. 직접 측정기   136
2. 비교 측정기   151
3. 정비용 측정기   158

Ⅸ 기계요소 보전

1. 축계 요소 보전   162
2. 전동요소 보전   184
3. 자동화 시스템 보전   193

Ⅹ 윤활관리

1. 윤활관리 기초   196
2. 윤활 방법과 시험   201
3. 현장 윤활   223

CHAPTER 02

공유압 회로 구성

Ⅰ 공압기기

1. 공기압 발생 장치   233
2. 공압 밸브   240
3. 전기 공압 밸브   242
4. 공압 실린더   243
5. 기타   248

Ⅱ 유압기기

1. 유압 동력원   251
2. 유압 밸브   254
3. 전기 유압 밸브   260
4. 유압 액추에이터   264
5. 기타   267
6. 유압 회로   270

Ⅲ 제어 기기 기호

1. 스위치와 릴레이   278
2. 솔레노이드   279
3. 밸브의 표시   280
4. 공압 심벌   282
5. 유압 심벌   284

CONTENTS
: 차례

Ⅳ 전기회로 구성

1. 접점 … 286
2. 논리 회로 … 287
3. 릴레이 제어 … 288
4. 시간지연 회로 … 290
5. 기타 회로 … 291

Ⅴ 공압 회로 구성

1. 회로의 배치 … 295
2. 회로 설계 … 298
3. 단동 솔레노이드 밸브를 이용한 실린더 직접 제어 … 336
4. 단동 솔레노이드 밸브를 이용한 실린더 간접 제어 … 337
5. 복동 솔레노이드 밸브를 이용한 실린더 직접 제어 … 338
6. 복동 솔레노이드 밸브를 이용한 실린더 간접 제어 … 339
7. 복동 솔레노이드 밸브를 이용한 실린더 직접 자동복귀 회로 … 340
8. 복동 솔레노이드 밸브를 이용한 실린더 직접 자동왕복 회로 … 341
9. 단동 솔레노이드 밸브를 이용한 실린더 간접 자동복귀 회로 … 342
10. 단동 솔레노이드 밸브를 이용한 실린더 자동연속 사이클 회로 … 343
11. 단동 솔레노이드 밸브를 이용한 실린더 간접 자동왕복 회로 … 344
12. 복동 솔레노이드 밸브를 이용한 실린더 간접 자동복귀 회로 … 345
13. 복동 솔레노이드 밸브를 이용한 실린더 간접 자동왕복 회로 … 346
14. 단동 솔레노이드 밸브를 이용한 자동단속·연속 사이클 회로 … 347
15. 복동 솔레노이드 밸브를 이용한 자동단속·연속 사이클 회로 … 348

Ⅵ 공압 회로 구성 및 조립

1. 요구사항 … 349
2. 수험자 유의사항 … 350
3. 도면 ① … 352
4. 도면 ② … 356
5. 도면 ③ … 360
6. 도면 ④ … 364
7. 도면 ⑤ … 368
8. 도면 ⑥ … 372
9. 도면 ⑦ … 376
10. 도면 ⑧ … 380

Ⅶ 유압 회로 구성 및 조립

1. 요구사항 … 384
2. 수험자 유의사항 … 385
3. 도면 ① … 387
4. 도면 ② … 391

5. 도면 ③	395
6. 도면 ④	399
7. 도면 ⑤	403
8. 도면 ⑥	407
9. 도면 ⑦	411
10. 도면 ⑧	415

CHAPTER 03

용접

I 보수용접 및 누수 시험

1. 요구사항	421
2. 수험자 유의사항	422
3. 도면 ①	424
4. 도면 ②	425
5. 도면 ③	426
6. 도면 ④	427
7. 도면 ⑤	428
8. 도면 ⑥	429
9. 도면 ⑦	430
10. 도면 ⑧	431

설비보전기사 기본 정보

01 기본 정보

가. 개요

산업현장에서 사용되는 설비(장치)의 유지, 관리, 수리, 개선을 담당하는 전문 기술인력을 의미한다. 설비의 정상적인 작동을 보장하고, 고장을 예방하며, 문제가 발생했을 때 신속히 수리하는 역할을 수행한다.

나. 변천 과정

2005년 설비보전기사로 신설(노동부령 제239호, 2005.11.11.)

다. 수행 직무

생산시스템이나 설비(장치)의 설비보전에 관한 전문적인 지식을 가지고, 생산설비 등을 최적의 상태로 효율적으로 유지하기 위해 일상점검 및 정기점검을 통한 설비진단을 하고 고장부위를 정비하거나 유지, 보수, 관리 및 운용 등을 수행하는 직무이다.

라. 진로 및 전망

화학, 제철, 전자부품조립, 전력설비 등 설비를 갖춘 모든 산업체로 진출이 가능하며, 해당업체는 원료를 절약하여 회사의 이익을 창출하는데 한계가 있으므로 결국 설비를 어떻게 잘 관리했느냐 못 했느냐에 따라 회사 이익이 좌우될 수 있어 향후 설비보전 기술요원에 대한 전망은 밝다고 볼 수 있음.

마. 종목별 검정 현황

종목명	연도	필기			실기		
		응시	합격	합격률(%)	응시	합격	합격률(%)
설비보전기사	2024	13,421	6,332	47.2%	9,363	5,479	58.5%
	2023	9,369	4,715	50.3%	5,641	3,260	57.8%
	2022	5,003	2,303	46.0%	3,000	1,682	56.1%
	2021	3,357	1,676	49.9%	1,895	976	51.5%
	2020	2,068	926	44.8%	1,400	769	54.9%

02 시험 정보

가. 시험 수수료

필기: 19,400원

실기: 68,000원

나. 출제 경향

① 필기시험의 내용은 http://www.q-net.or.kr 고객만족〉자료실의 출제기준을 참고

② 실기시험은 필답형 시험 및 작업형 시험(공압, 유압, 용접)으로 평가합니다.(작업형 실기 시험 공개문제 참조)

다. 출제 기준

http://www.q-net.or.kr 참조

라. 공개 문제

http://www.q-net.or.kr 참조

마. 취득 방법

① 시행처: 한국산업인력공단

② 관련학과: 대학 및 전문대학의 기계 관련학과

③ 시험과목   – 필기: 1. 공유압 및 자동제어, 2. 용접 및 안전 관리, 3. 기계설비 일반, 4. 설비진단 및 관리

            – 실기: 설비보전 실무

④ 검정 방법 – 필기: 객관식 4지 택일형, 과목당 20문항(과목당 30분)

             – 실기: 필답형(40점) 1시간 + 작업형(공압 20점, 유압 20점, 용접 20점) 2시간 40분

⑤ 합격 기준 – 필기: 100점을 만점으로 하여 과목당 40점 이상, 전 과목 평균 60점 이상

             – 실기: 100점을 만점으로 하여 60점 이상

                (단, 작업형 과제 중 실격 사항에 해당할 경우 전체 실격)

03 우대 현황

순번	법령명	조문내역	활용내용
1	건설기계관리법 시행규칙	제33조 검사대행자 등(별표9)	건설기계검사대행자의 인력기준
2	공연법 시행령	제10조의2 안전진단기관의 지정요건(별표1의3)	안전진단기관의 지정요건
3	공연법 시행령	제10조의4 무대예술 전문인 자격 검정의 응시기준(별표2)	무대예술전문인 자격검정의 등급별 응시기준
4	공직자윤리법 시행령	제34조 취업승인	관할공직자윤리위원회가 취업승인을 하는 경우
5	공직자윤리법의 시행에 관한 대법원규칙	제37조 취업승인신청	퇴직공직자의 취업승인 요건
6	공직자윤리법의 시행에 관한 헌법재판소규칙	제20조 취업승인	퇴직공직자의 취업승인 요건
7	관광진흥법 시행규칙	제70조 안전성검사기관 등록요건(별표24)	안전성검사기관 등록 시 인력 요건
8	광산보안법 시행규칙	제35조 보안감독계원	보안감독계원 선임
9	국가과학기술 경쟁력 강화를 위한 이공계지원 특별법 시행령	제20조 연구기획평가사의 자격시험	연구기획평가사 자격시험 일부 면제 자격
10	국가과학기술 경쟁력 강화를 위한 이공계지원 특별법 시행령	제2조 이공계인력의 범위 등	이공계지원 특별법 해당 자격
11	국외유학에 관한 규정	제5조 자비유학자격	자비유학 자격
12	궤도운송법 시행규칙	제18조 안전검사업무의 위탁 등(별표1)	안전검사업무를 위탁받기 위하여 갖추어야 하는 기술인력
13	근로자직업능력개발법시행령	제28조 직업능력개발훈련교사의 자격 취득(별표2)	직업능력개발훈련교사의 자격
14	기술사법	제6조 기술사사무소의 개설등록 등	합동사무소 개설 시 요건
15	기술사법 시행령	제19조 합동기술사사무소의 등록기준 등	합동사무소구성원 요건
16	대기환경보전법 시행규칙	제70조 자동차제작자의 검사 인력·장비 등(별표19)	인증시험을 실시하는 경우에 갖추어야 할 인력

순번	법령명	조문내역	활용내용
17	독학에 의한 학위취득에 관한 법률 시행규칙	제4조 국가기술자격 취득자에 대한 시험면제 범위 등	같은 분야 응시자에 대해 교양과정 인정시험, 전공기초과정 인정시험 및 전공심화과정 인정시험 면제
18	문화산업진흥 기본법 시행령	제26조 기업부설창작연구소 등의 인력·시설 등의 기준	기업부설창작연구소의 창작전담 요원 인력기준
19	소재·부품전문기업 등의 육성에 관한 특별조치법 시행령	제14조 소재·부품기술개발전문기업의 지원기준 등	소재·부품기술개발전문기업의 기술개발전담요원
20	산업안전보건법 시행규칙	제74조 검사원의 자격	검사원의 자격
21	산업안전보건법 시행규칙	제75조 지정검사기관의 지정요건(별표10)	지정검사기관의 인력기준
22	소음·진동관리법 시행령	제10조 소음도 검사기관의 지정기준(별표1)	소음도 검사기관의 지정기준
23	소음·진동관리법 시행규칙	제18조 환경기술인의 자격기준 등(별표7)	환경기술인을 두어야 할 사업장과 그 자격기준
24	소음·진동관리법 시행규칙	제36조 자동체제작자 검사의 인력·장비 등(별표14)	자동차제작자가 인증시험을 실시하는 경우에 갖추어야 할 인력
25	수도법 시행규칙	제12조 수도시설관리자의 자격	수도시설관리자의 자격
26	승강기시설 안전관리법 시행규칙	제12조 유지관리업의 종류 및 등록기준(별표5)	승강기 보수를 업으로 하려는 자가 갖추어야 할 기술인력
27	에너지이용 합리화법 시행령	제30조 에너지절약전문기업의 등록 등(별표2)	에너지절약전문기업 등록시 보유하여야하는 기술인력
28	에너지이용 합리화법 시행령	제39조 진단기관의 지정기준(별표4)	진단기관이 보유하여야 하는 기술인력
29	전기사업법 시행규칙	제33조 전기설비 검사자의 자격	전기설비 검사자의 자격
30	전기사업법 시행규칙	제40조 전기안전관리자의 선임 등(별표12)	안전관리자와 안전관리보조원으로 구분하여 선임
31	전기사업법 시행규칙	제50조의3 중대한 사고의 통보·조사(별표20)	사고조사를 하게 할 수 있는 자
32	주차장법 시행령	제12조의4 검사대행자의 지정 및 취소(별표2)	검사업무를 대행할 수 있는 전문검사기관의 지정요건

순번	법령명	조문내역	활용내용
33	주차장법 시행령	제12조의6 보수업의 등록기준 등 (별표3)	기계식주차장의 보수업을 등록하려는 자가 갖추어야 할 기술인력
34	중소기업인력지원 특별법	제28조 근로자의 창업지원 등	해당 직종과 관련분야에서 신기술에 기반한 창업의 경우 지원
35	중소기업제품 구매촉진 및 판로지원에 관한 법률 시행규칙	제12조 시험연구원의 지정 등(별표3)	시험연구원의 지정기준
36	중소기업진흥에 관한 법률	제48조 1차시험의 면제	지도사의 1차시험 면제
37	중소기업창업 지원법 시행령	제20조 중소기업상담회사의 등록요건(별표1)	중소기업상담회사가 보유하여야 하는 전문인력 기준
38	중소기업창업 지원법 시행령	제6조 창업보육센터사업자의 지원	창업보육센터사업자의 전문인력 기준
39	토양환경보전법 시행령	제17조의4 토양정화업의 등록요건 등(별표2)	토양정화업의 등록을 하고자 하는 자가 갖추어야 하는 기술인력
40	해양환경관리법 시행규칙	제23조 오염물질저장시설의 설치·운영기준(별표10)	오염물질저장시설 설치시 필요한 기술인력
41	해양환경관리법 시행규칙	제74조 업무대행자의 지정 (별표 28, 29)	해양환경측정기기의 정도검사·성능시험·검정 업무 대행자 지정 기준
42	환경분야 시험·검사 등에 관한 법률 시행규칙	제10조 검사대행자의 지정 등(별표6)	검사대행자가 갖추어야 하는 기술능력

04 수험자 동향

가. 필기

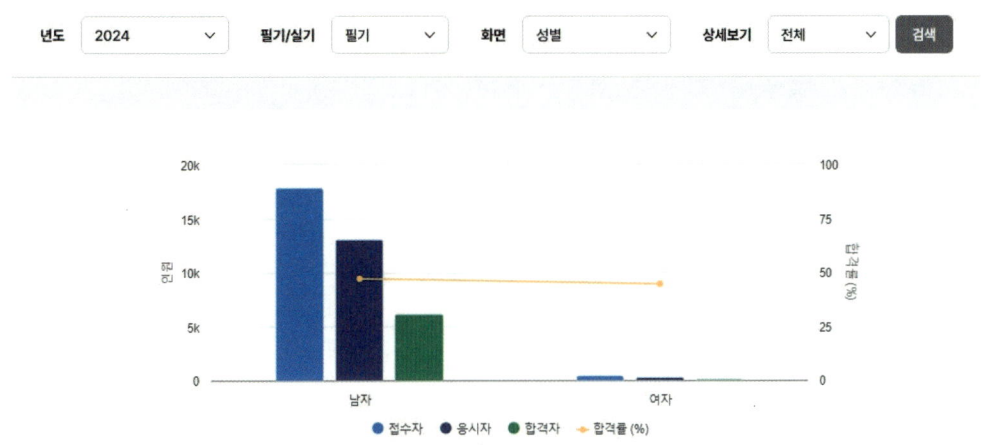

분류	접수자	응시자	응시율(%)	합격자	합격률(%)
남자	17,842	13,064	73.2	6,170	47.2
여자	445	311	69.9	139	44.7

나. 실기

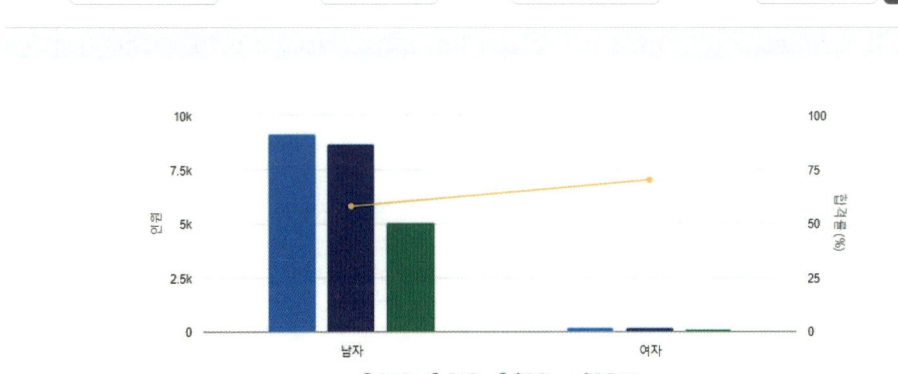

분류	접수자	응시자	응시율(%)	합격자	합격률(%)
남자	9,164	8,703	95	5,051	58
여자	182	174	95.6	122	70.1

※ 필기, 실기 수험자 동향 데이터는 원서접수 시 수집된 데이터로, 종목별 검정 현황 데이터와 다를 수 있음

05 출제기준(실기)

직무분야	기계	중직무분야	기계장비설비·설치	자격종목	설비보전기사	적용기간	2025.1.1. ~ 2028.12.31.

○ 직무내용: 생산시스템이나 설비(장치)의 설비보전에 관한 전문적인 지식을 가지고, 생산설비 등을 최적의 상태로 효율적으로 유지하기 위해 일상점검 및 정기점검을 통한 설비진단을 하고 고장부위를 정비하거나 유지, 보수, 관리 및 운용 등을 수행하는 직무이다.

○ 수행준거: 1. 공기압 제어회로를 구성 및 수정하여 시험 운전할 수 있다.
    2. 유압 제어회로를 구성 및 수정하여 시험 운전할 수 있다.
    3. 센서를 선정하여 운용할 수 있다.
    4. 용접절차사양서에 따라 용접 작업을 수행할 수 있다.
    5. 본용접 작업 후 용접부의 결함과 보수기준을 확인하여, 용접결함에 대한 보수작업을 수행할 수 있다.
    6. 측정 작업에 있어서 작업요구사항을 파악하기 위해 도면을 해독할 수 있다.
    7. 기계가공에서 대상물의 가공결과를 기본측정기를 이용하여 정량적으로 나타낼 수 있다.
    8. 기계장치의 정확한 동작과 동력전달 조건을 만족시키기 위하여 구동부품을 조립할 수 있다.
    9. 제어대상인 기계장비 또는 시스템의 구조, 기능, 공정 등을 파악하고 모델링 할 수 있다.
    10. 작업을 안전하게 수행하기 위하여 안전기준을 확인하고 안전수칙을 준수하며 안전예방 활동을 할 수 있다.
    11. 보전관리계획을 수립하여 계획에 따라 기계의 생산성 및 정밀성을 유지할 수 있다.
    12. 커플링, 구동체인, 감속장치 등을 정비하여 사양에 맞는 성능을 유지할 수 있다.

실기검정방법	복합형	시험시간	4시간 정도 (작업형 3시간 정도, 필답형 1시간)

과목명	주요항목	세부항목	세세항목
설비보전 심화 실무	1. 공기압 제어	1. 공기압제어 방식설계하기	1. 공기압요소의 종류에 따라 제어 및 구동에 필요한 사양을 선정할 수 있다. 2. 제어시스템에서 요구되는 제어의 목적과 용도에 따라 제어 방법을 설계할 수 있다. 3. 선정된 결과물을 정리하여 제공할 수 있다.
		2. 공기압제어 회로구성하기	1. 부품의 종류에 따른 배선방법 및 구성 기기간의 관계를 파악하고 회로도를 작성할 수 있다. 2. 부품의 특성에 따른 설치방법을 파악하고 요구되는 조건 및 성능을 충족하여 작동할 수 있도록 설치할 수 있다. 3. 회로도에 근거하여 전기 배선 및 배관을 할 수 있다.
		3. 시험 운전하기	1. 회로도를 이용하여 동작을 시킬 수 있다. 2. 공기압기기의 출력조정, 속도조정 등의 조작을 부하의 운동특성에 맞게 조정할 수 있다. 3. 시운전을 통한 공기압 기기의 이상 유무를 파악할 수 있다.

과목명	주요항목	세부항목	세세항목
	2. 유압제어	1. 유압제어 방식 설계하기	1. 유압요소의 종류에 따라 제어 및 구동에 필요한 사양을 선정할 수 있다. 2. 시스템에서 요구되는 제어의 목적과 용도에 따라 제어 방법을 설계할 수 있다. 3. 선정된 결과물을 정리하여 제공할 수 있다.
		2. 유압제어 회로 구성하기	1. 부품의 종류에 따른 배선방법 및 구성 기기간의 관계를 파악하고 회로도를 작성할 수 있다. 2. 부품의 특성에 따른 설치방법을 파악하고 요구되는 조건 및 성능을 충족하여 작동할 수 있도록 설치할 수 있다. 3. 회로도에 근거하여 전기 배선 및 배관을 할 수 있다.
		3. 시험 운전하기	1. 회로도를 이용하여 동작을 시킬 수 있다. 2. 유압기기의 출력조정, 속도조정 등의 조작을 부하의 운동특성에 맞게 조정할 수 있다. 3. 시운전을 통한 유압기기의 이상 유무를 파악할 수 있다.
	3. 센서활용기술	1. 센서 선정하기	1. 센서 선정을 위하여 측정 대상의 기구적, 전기적 그리고 환경적인 요인 등의 내용을 수집, 정리하여 관련자에게 제공할 수 있다. 2. 센서의 사용 목적과 범위를 만족할 수 있는 기능, 센서 입출력 신호 및 변환 방법 등을 고려하여 종류를 선정할 수 있다. 3. 선정된 센서의 응답속도, 정밀도, 감도를 토대로 센싱에 적합한 신호처리장치 사양을 정의할 수 있다. 4. 설정된 결과물을 관련자가 파악할 수 있도록 정리하여 제공할 수 있다. 5. 정해진 납기 및 요구사항의 충족을 위하여 주어진 기간 내에 센서와 관련된 부품의 수급 및 제작계획을 수립할 수 있다.
		2. 센서 회로 구성하기	1. 적합한 신호로 변환, 전송, 신호처리 그리고 출력하는 센싱 시스템의 인터페이스를 설계할 수 있다. 2. 센싱 시스템 구성 요소 간의 배선도를 작성할 수 있다. 3. 배선도 및 제품 사용설명서 등을 근거하여 센서와 관련된 부분의 전기적 배선을 직접할 수 있다. 4. 기구도면과 센서의 설치방법 등을 바탕으로 센서를 원하는 장비에 설치할 수 있다.
		3. 센서 신호받기	1. 센서 신호를 받기 위한 프로그램을 제어기에 설치하고 이를 사용할 수 있다. 2. 센서를 동작하기 위한 프로그램을 작성하고 필요에 따라 센싱에 필요한 변수를 설정하고 구동 시킬 수 있다. 3. 작성된 프로그램 혹은 전기적 회로에 의해 얻어진 정보를 센싱 목적에 부합하는 출력 신호로 얻을 수 있다. 4. 시운전이 완료된 센서의 이상 유무를 판단하고 이에 따른 결과를 도출하여 관련자가 파악할 수 있도록 정리하여 제공할 수 있다.
		4. 센서 관리하기	1. 센서의 유지 보수에 필요한 점검 사항을 준거하여 주기적 점검 작업을 수행하여 정상 동작이 되도록 유지할 수 있다. 2. 센서의 이상 발생 시 상황 및 증상별 보수작업을 수행하고, 정상작동이 가능하도록 수정하여 정상 동작이 되도록 조치할 수 있다. 3. 원가절감 표준절차에 의거해 목표원가와 투자비를 검토하여 원가절감 방안을 수립할 수 있다.

과목명	주요항목	세부항목	세세항목
	4. 피복아크용접 맞대기용접	1. 용접부 온도관리 하기	1. 용접부 형상과 모재의 종류에 따른 예열 기구를 이해하고 적용할 수 있다. 2. 용접절차사양서에 규정된 예열 온도를 준수하여 용접부를 예열할 수 있다. 3. 다층용접인 경우에는 용접절차사양서에 규정된 층간 온도를 준수하여 용접작업을 할 수 있다.
	5. 피복아크용접 결함부 보수 용접 작업	1. 용접부 결함 확인 하기	1. 치수상 결함여부를 확인할 수 있다. 2. 용접형상, 오버랩, 언더컷, 용접균열 등의 여부를 확인할 수 있다. 3. 용접부의 기계적 성질을 확인할 수 있다.
		2. 보수기준 확인 하기	1. 규격(KS, ASME, AWS 등) 의한 결함 판정기준을 파악할 수 있다. 2. 기공, 슬래그혼입, 언더컷 등에 대한 보수용접 기준을 파악할 수 있다. 3. 확인한 용접결함에 대해 보수기준을 적용하여 보수작업 진행 여부를 결정할 수 있다.
		3. 용접결함 보수 하기	1. 확인된 용접결함부의 제거를 실시한 후 보수용접 작업을 수행할 수 있다. 2. 보수용접 작업을 수행한 용접부에 후처리를 실시할 수 있다. 3. 후처리까지 마친 용접부에 비파괴 검사를 실시하여 결함 보수 완료 여부를 확인할 수 있다.
	6. 측정 도면해독	1. 도면 검토하기	1. 작업지시서에 따라 측정에 필요한 치수공차를 확인할 수 있다. 2. 해당 도면을 해독하기 위해 필요한 자료를 수집할 수 있다. 3. 도면의 개정(version)과 설계변경사항을 확인할 수 있다. 4. 작업지시서에 따라 도면해독에 필요한 표준을 파악할 수 있다. 5. 부가기호가 적용된 도면에서 부가기호의 특성을 파악할 수 있다.
		2. 투상도 확인하기	1. 조립도 및 부품도를 파악하여 부품의 품명과 재질을 확인할 수 있다. 2. 투상도를 파악하여 부품의 형상을 확인할 수 있다. 3. 조립도와 부품도를 기준으로 2D 부품도에서 입체 형상을 파악할 수 있다. 4. 단면도, 투상도에 표기된 도면의 요구사항을 파악할 수 있다.
		3. 도면 해독하기	1. 작업지시서와 도면에서 측정할 요소를 파악할 수 있다. 2. 도면에서 측정할 치수를 파악할 수 있다. 3. 도면에서 해당 부품에 대한 특성을 파악하여 측정작업에 반영할 수 있다. 4. 도면에서 치수공차를 해석하여 측정에 요구되는 정밀도를 파악할 수 있다. 5. 도면에서 표면 거칠기를 해석하여 측정에 요구되는 정밀도를 파악할 수 있다. 6. 도면에 제시된 부가기호의 의미를 파악하여 측정에 적용할 수 있다.
	7. 기본측정기 사용	1. 작업내용 파악 하기	1. 작업표준서와 도면에서 측정하고자 하는 부분을 파악할 수 있다. 2. 작업표준서와 도면을 통해 측정방법을 파악할 수 있다.
		2. 측정기 선정하기	1. 제품의 형상과 측정 범위, 허용공차, 치수정도에 알맞은 측정기를 선정할 수 있다. 2. 측정에 필요한 보조기구를 선정할 수 있다.

과목명	주요항목	세부항목	세세항목
		3. 기본측정기 사용하기	1. 측정에 적합하도록 측정물을 설치할 수 있다. 2. 측정기의 0점 조정을 수행할 수 있다. 3. 측정오차요인이 측정기나 공작물에 영향을 주지 않도록 조치할 수 있다. 4. 작업표준 또는 측정기의 사용법에 따라 측정을 수행할 수 있다. 5. 측정된 결과가 도면의 요구사항에 부합하는지 판단할 수 있다.
	8. 기계구동장치 조립	1. 기계구동장치 조립 준비하기	1. 조립작업의 순서 및 절차를 파악하여 기계조립 계획을 수립할 수 있다. 2. 도면에 명시된 기계 구동 부품 확인하고 조립 순서에 따라 정리 정돈을 할 수 있다. 3. 도면에 따라 조립 치공구를 활용하여 조립 준비할 수 있다.
		2. 기계구동장치 조립하기	1. 도면에 명시된 구동부품을 검사할 수 있다. 2. 구동부품조립을 위하여 규격에 맞는 공구를 사용할 수 있다. 3. 도면에 명시된 조건을 확인하여 기계구동장치 부품을 조립할 수 있다.
		3. 기계구동장치 조립상태 확인하기	1. 구동장치 조립상태를 확인할 수 있다. 2. 기계조립 장치의 정확한 구동상태를 측정하고 검사한 데이터를 기록하고 관리할 수 있다. 3. 조립된 기계장치의 이상 발생 시 수정을 위하여 기계장치의 동작상태를 확인하고 수정하여 보완할 수 있다.
	9. 기계시스템 분석	1. 기계시스템 구조 분석하기	1. 기계시스템 사양서와 사용자 요구사항을 바탕으로 기계시스템의 구조와 구성 요소를 파악할 수 있다. 2. 기계시스템 사양서와 사용자 요구사항을 바탕으로 기계시스템에 요구되는 성능과 신뢰성을 분석할 수 있다. 3. 해당 기계시스템이 운영될 환경과 제약 조건을 파악할 수 있다. 4. 해당 기계시스템에 요구되는 보안 및 유지보수 관련 요구사항을 분석할 수 있다.
		2. 기계시스템 공정 분석하기	1. 기계시스템 사양서와 사용자 요구사항을 바탕으로 기능과 작동방법을 파악하고 구현할 수 있다. 2. 기계시스템의 구조와 기능을 바탕으로 기계시스템이 수행할 공정을 분석할 수 있다. 3. 기계시스템의 각 기능을 조작자가 용이하게 제어할 수 있는 방안을 도출할 수 있다. 4. 기계시스템의 제어 시 발생할 수 있는 위험인자를 사전에 분석하여, 각 위험인자를 방지 및 보완할 수 있는 방안을 확보할 수 있다.
		3. 기계시스템 모델링하기	1. 기계시스템의 하드웨어 구성 요소를 구조별, 기능별 단위에 따라 구분하고 그룹화할 수 있다. 2. 기계시스템의 하드웨어 구성 요소를 구조별, 기능별 단위에 따라 모델링 할 수 있다. 3. 기계시스템의 하드웨어 구성 요소 간의 인터페이스 방안을 도출할 수 있다. 4. 모델링된 결과를 공유가 가능하도록 적절한 언어(또는 기법)로 구현할 수 있다.
	10. 조립안전관리	1. 안전기준 확인하기	1. 작업장에서 안전사고를 예방하기 위해 안전기준을 확인할 수 있다. 2. 정기 또는 수시로 안전기준을 확인하여 보완할 수 있다.

과목명	주요항목	세부항목	세세항목
		2. 안전수칙 준수하기	1. 안전기준에 따라 안전보호장구를 착용할 수 있다. 2. 안전기준에 따라 작업을 수행할 수 있다. 3. 안전기준에 따라 준수사항을 적용할 수 있다. 4. 안전사고를 방지하기 위한 예방활동을 할 수 있다.
	11. 기계 보전관리	1. 보전관리계획 수립하기	1. 보전관리에 필요한 일일점검, 수시점검, 정기점검 등의 정비일정을 계획할 수 있다. 2. 보전관리가 필요한 장비 및 부품에 대한 정보를 수집하여 정비목록, 교체목록, 윤활유 교환 등의 내용을 포함한 보전관리계획을 수립할 수 있다. 3. 운용자에게 이상징후 시 필요한 비상연락망을 구축하여 보전관리계획에 포함할 수 있다. 4. 안전사고 및 고장을 사전에 방지하기 위한 보전관리계획을 수립할 수 있다.
		2. 점검표 작성하기	1. 소음, 진동, 온도, 가동시간, 사전가동시간 등을 고려하여 점검대상에 적합한 항목을 정할 수 있다. 2. 점검대상에 적합한 방법을 정할 수 있다. 3. 점검항목과 점검방법에 맞춰 판정기준을 설정할 수 있다. 4. 판정에 따른 조치사항을 작성할 수 있다. 5. 점검항목, 점검방법, 판정기준, 조치사항 등을 포함하여 점검표를 작성할 수 있다.
		3. 운용자 교육하기	1. 기계적 특성에 적합한 계절별 가동시간, 사전 가동시간, 한계치, 가동조건을 교육할 수 있다. 2. 점검표 작성을 위한 점검, 작성 방법을 교육할 수 있다. 3. 각 부품에 적합한 보전관리와 그에 따른 조치방법을 교육할 수 있다. 4. 안전을 위한 작업장 안전수칙, 착용도구를 교육할 수 있다.
		4. 지도점검하기	1. 운용자에게 교육한 사항에 대하여 점검목록을 작성할 수 있다. 2. 점검목록에 따라 운용자를 평가할 수 있다. 3. 평가한 내용을 통보할 수 있다.
		5. 이력관리하기	1. 정비 효율을 극대화하기 위하여 부품교환 시기, 가동시간, 부품수명 등을 포함한 이력관리표를 작성할 수 있다. 2. 이력관리표에 따라 예비부품을 확보할 수 있다. 3. 이력관리표를 유지하여 교대자에게 정보를 제공할 수 있다. 4. 이력관리표를 통하여 중복정비를 예방할 수 있다.
	12. 운반하역기계 구동장치 정비	1. 커플링 정비하기	1. 커플링 매뉴얼에 따라 커플링의 종류별 특성을 확인할 수 있다. 2. 정비지침서에 따라 커플링의 소음 및 정렬 상태를 확인할 수 있다. 3. 정비지침서에 따라 커플링의 마모상태를 확인할 수 있다. 4. 정비지침서에 따라 커플링을 분해·조립할 수 있다. 5. 정비지침서에 따라 커플링을 정비하고 정렬할 수 있다. 6. 정비기준에 따라 정비의 주기, 항목, 법정검사를 검사·진단할 수 있다.

과목명	주요항목	세부항목	세세항목
		2. 감속기 정비하기	1. 감속기의 종류별 특성을 파악할 수 있다. 2. 감속기의 소음, 발열, 누유상태를 확인하고 원인을 파악할 수 있다. 3. 정비지침서에 따라 감속기를 분해하여 이상부분을 정비할 수 있다. 4. 정비지침서에 따라 감속기를 장착하고 정렬할 수 있다. 5. 정비기준에 따라 정비의 주기, 항목, 법정검사를 검사·진단할 수 있다.
		3. 휠·베어링 정비하기	1. 휠·베어링의 종류와 용도별 특성을 파악할 수 있다. 2. 휠·베어링의 이상소음 이상발열 마모상태를 확인하고 원인을 파악할 수 있다. 3. 정비 지침서에 따라 정비도구를 이용하여 베어링을 분해하고 조립할 수 있다. 4. 정비 지침서에 따라 정비도구를 이용하여 베어링의 간극을 조정할 수 있다. 5. 정비기준에 따라 정비의 주기, 항목을 검사·진단할 수 있다.
		4. 브레이크 정비하기	1. 정비지침서에 따라 브레이크의 종류와 특성을 파악할 수 있다. 2. 정비지침서에 따라 브레이크의 이상소음, 이상발열, 마모상태를 확인하고 원인을 파악할 수 있다. 3. 정비지침서에 따라 브레이크를 분해하여 마모부품을 교환할 수 있다. 4. 정비지침서에 따라 정비도구를 이용하여 브레이크 간극을 조정할 수 있다. 5. 정비기준에 따라 정비의 주기, 항목을 검사·진단할 수 있다.

CHAPTER 01

설비보전

Ⅰ. 결합용 기계요소
Ⅱ. 축계 기계요소
Ⅲ. 간접전동 기계요소
Ⅳ. 직접전동 기계요소
Ⅴ. 유체기기
Ⅵ. 센서
Ⅶ. 보전용 기본 공구
Ⅷ. 보전용 측정기
Ⅸ. 기계요소 보전
Ⅹ. 윤활관리

CHAPTER 01 설비보전

I 결합용 기계요소

1 볼트(bolt)

원통이나 원뿔의 바깥 표면에 나사산을 만들어 2개 이상의 부품을 결합하는 데 사용한다.

가. 볼트의 종류

1) 용도에 의한 분류

가) 관통 볼트(through bolt)

볼트의 지름보다 약간 큰 구멍에 머리붙이 볼트를 끼워 넣은 후 너트로 죄어 결합하는 볼트이다.

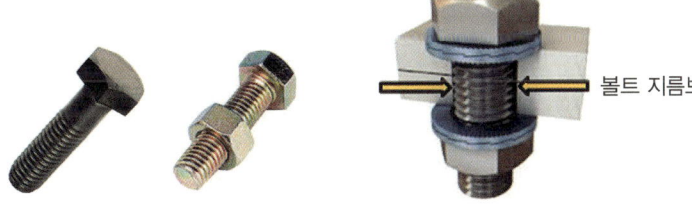

▲ 관통 볼트

나) 탭 볼트(tap bolt)

조립하려는 상대 쪽에 암나사를 내고, 머리붙이 볼트를 조여 결합하는 볼트이다.

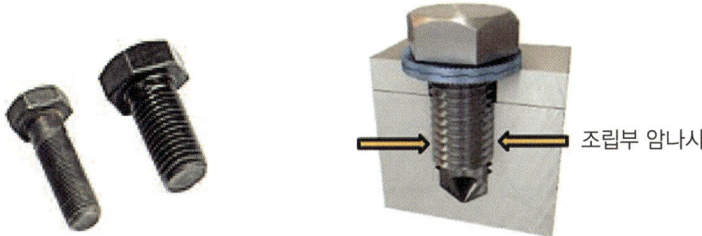

▲ 탭 볼트

I. 결합용 기계요소 23

다) 스터드 볼트(stud bolt)

양쪽 끝 모두 수나사로 되어 있는 나사로, 한쪽 끝은 상대 쪽에 암나사를 만들어 체결하고, 다른 쪽 끝에 너트로 죄어 결합하는 볼트이다.

▲ 스터드 볼트

2) 볼트 머리부 모양에 따른 분류

가) 육각 볼트(hex bolt)

기계나 구조물을 체결하는 볼트이다.

▲ 육각 볼트

육각 볼트의 규격은 나사의 호칭(d) 값으로 표기하며, 보통 나사와 가는 나사로 구분한다.

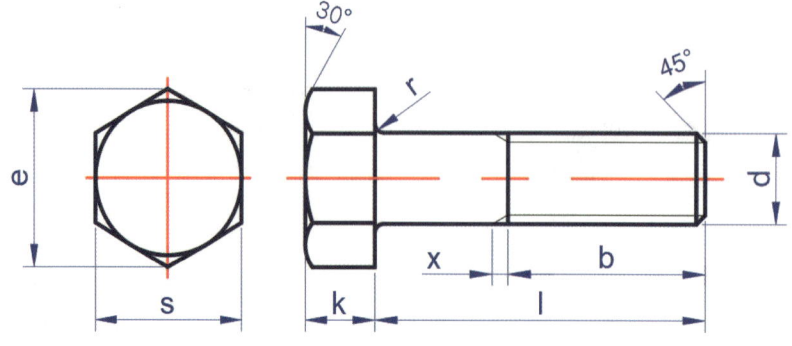

▼ 육각 볼트의 규격

나사의 호칭(d)	보통 나사	M6	M8	M10	M12	M16
	가는 나사		M8×1	M10×1.25	M12×1.25	M16×1.5

나) 사각 볼트(square bolt)

기계나 구조물 체결하는 볼트이다.

🔺 사각 볼트

다) 육각 구멍붙이 볼트(hexagon socket head cap bolt)

L 렌치를 이용하여 체결 하고, 볼트의 머리가 돌출되지 않도록 홈을 파내어 체결하는 볼트이며 육각 렌치 볼트라고도 한다.

🔺 육각 구멍붙이 볼트

라) 둥근 머리 볼트(round headed bolt)

머리 모양이 둥글게 돌출된 형태이며, 사용범위가 넓은 볼트이다.

🔺 둥근 머리 볼트

마) 접시머리 볼트(flat headed bolt)

머리 윗부분이 평면이고, 측면이 90° 원뿔 형태의 접시 모양을 갖는 볼트로, 머리부의 돌출을 제한할 경우 사용되는 볼트이다.

🔺 접시머리 볼트

3) 특수 볼트

가) 아이 볼트(eye bolt)

무거운 물체를 달아 올리기 위하여 훅을 걸 수 있는 고리가 있는 볼트이다.

🔺 아이 볼트

나) 나비 볼트(wing bolt)

볼트 머리부를 나비 모양으로 만들어 공구 없이 손으로 조이거나 풀 수 있는 볼트이다.

🔺 나비 볼트

다) 간격유지 볼트(stay bolt)

스테이 볼트라고도 하며, 두 물체 사이의 간격을 일정하게 유지하며 결합하는 데 사용하는 볼트이다.

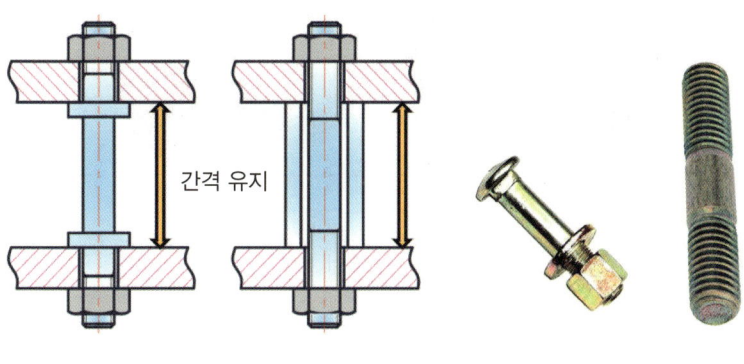

▲ 간격유지 볼트

라) 기초 볼트(foundation bolt)

기계, 구조물 등을 콘크리트 기초에 고정시키기 위하여 사용하는 볼트이다.

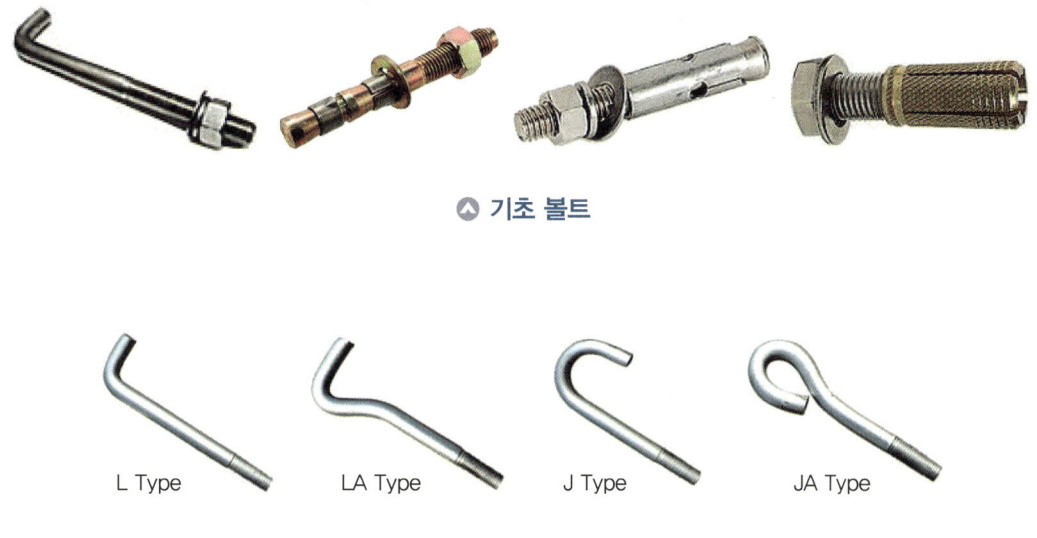

▲ 기초 볼트

▲ 기초 볼트 유형

마) T 볼트(T-bolt)

볼트의 머리를 4각형으로 만들어 공작기계테이블의 T자형 홈에 끼우면 너트를 조일 때 볼트머리가 회전하지 않도록 한 볼트이다.

▲ T 볼트

바) 리머 볼트(reamer bolt)

볼트 구멍을 리머로 다듬질한 다음, 정밀 가공된 리머 볼트를 끼워 중간 끼워 맞춤 또는 억지 끼워 맞춤이 되도록 사용하는 볼트이다.

▲ 리머 볼트

사) U 볼트(U-bolt)

U자 형태의 볼트로, 볼트 머리부가 없으며, 주로 파이프, 배관 등의 고정용으로 사용하는 볼트이다.

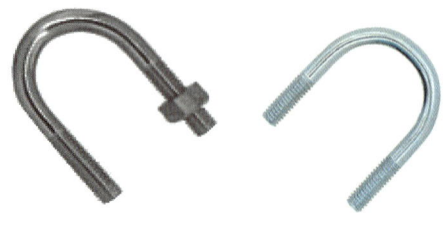

▲ U 볼트

아) 멈춤 나사(set screw)

회전체의 보스 부분을 축에 고정시켜 키(key)의 대용 역할을 하며 나사를 밀어 박음으로써 나사 끝에 발생하는 마찰 저항으로 두 물체 사이에 미끄럼이 생기지 않도록 하는 나사이다.

(1) 홈붙이 멈춤 나사

▲ 홈붙이 멈춤 나사

(2) 육각 구멍붙이 멈춤 나사

▲ 육각 구멍붙이 멈춤 나사

자) 플랜지붙이 육각 볼트(hexagon bolt)

육각볼트 머리 아래 부분에 평 와셔가 끼워진 형상이며, 와셔를 별도로 사용하지 않아 부품 관리 비용이 절감되고, 조립이 간단하다. 볼트 머리부 함몰 방지에도 효과적이다.

▲ 플랜지붙이 육각 볼트

Ⅰ. 결합용 기계요소

차) 고장력 육각 볼트

고장력 육각 볼트는 강구조물의 마찰접합에 주로 사용하며, 국부적인 응력집중이 생길 염려가 없는 볼트이다.

🔺 고장력 육각 볼트

(1) 제품의 표시

(가) 볼트의 기계적 성질에 따른 등급을 나타내는 표시 기호(F8T, F10T, F13T)
(나) 제조자의 등록 상표 또는 기호

🔺 F8T   🔺 F10T   🔺 F11T   🔺 F13T

(2) 종류·등급

기계적 성질에 따른 종류	기계적 성질에 따른 등급
1종	F8T
2종	F10T
(3종)	(F11T)
4종	F13T

※ 비고: 표에서 ( )를 붙인 것은 되도록 사용하지 않는다.

(3) 기계적 성질

기계적 성질에 따른 등급	항복강도 (N/mm^2)	인장강도 (N/mm^2)	연신율 (%)	단면수축률 (%)
F8T	640 이상	800~1000	16 이상	45 이상
F10T	900 이상	1000~1200	14 이상	40 이상
F11T	990 이상	1100~1300	14 이상	40 이상
F13T	1170 이상	1300~1500	12 이상	35 이상

(4) 종전 규격(KS B 1010: 2001)

구분	최소인장강도	항복강도	기계적 성질에 따른 등급
4.8	40 kg/mm^2	인장강도의 80%	
8.8	80 kg/mm^2	인장강도의 80%	F8T
10.9	100 kg/mm^2	인장강도의 90%	F10T
12.9	120 kg/mm^2	인장강도의 90%	F11T

카) 충격 볼트(shock bolt)

몸체 부분을 가늘게 하거나 구멍을 뚫어 단면적을 작게 만든 볼트로 충격력을 흡수할 목적으로 사용한다. 쇼크 볼트라고도 부른다.

▲ 충격 볼트

나. 부러진 볼트 빼내는 방법

볼트의 머리나 중간 부분이 부러졌을 경우 먼저 볼트 중심을 드릴로 구멍을 뚫고 스크류 익스트랙터(screw extractor)를 이용하여 부러진 볼트를 빼낼 수 있다. 드릴 구멍은 볼트 지름의 60% 정도가 적당하고 반시계 방향으로 회전시켜 빼낸다.

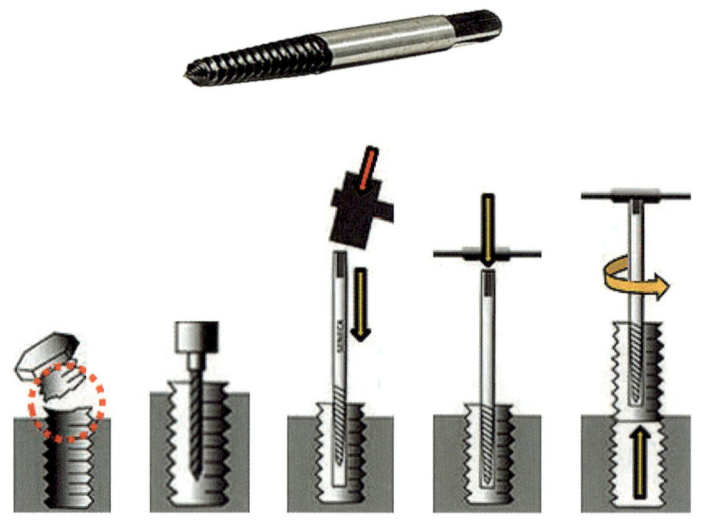

▲ 스크류 익스트랙터

다. 나사 가공 방법

1) 탭(tap)

암나사를 만드는 공구이며 1번, 2번, 3번의 탭이 1개 조로 구성돼 있다. 1번 탭은 황삭용으로 55%, 2번 탭은 25%, 3번 탭은 정삭용으로 20%의 가공률을 가진다. 암나사 가공을 위한 드릴 지름은 나사의 호칭지름에서 피치의 값을 뺀 값으로 구멍 가공을 한다.

1번: 물림부 길이, 9산　　2번: 물림부 길이, 5산　　3번: 물림부 길이, 1.5산

🔺 핸드 탭

🔺 스파이럴 탭　　　　🔺 탭 핸들

2) 다이스(dies)

수나사를 만드는 공구이며 내면이 나사로 되어 있고, 칩 배출 홈이 있다. 앞면에 2~2.5산이 있고, 뒷면에 1~1.5산 정도의 모따기가 되어 있다.

🔺 다이스

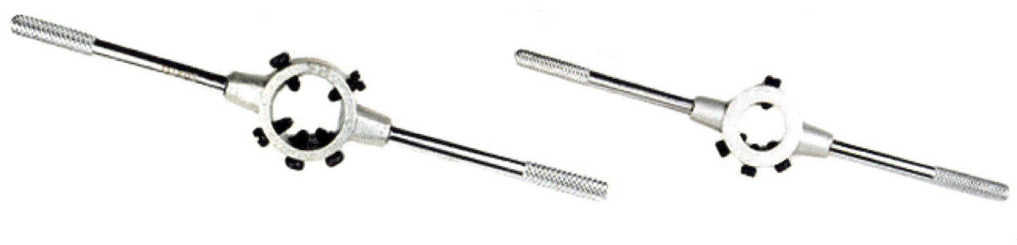

🔺 다이스 핸들

라. 나사의 분류

1) 산의 모양에 따른 분류

가) 삼각 나사
나) 사각 나사
다) 사다리꼴 나사
라) 톱니 나사
마) 둥근 나사

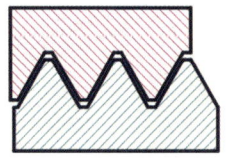 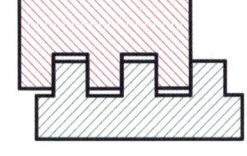

🔺 삼각 나사   🔺 사각 나사

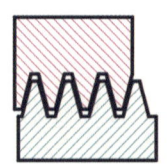 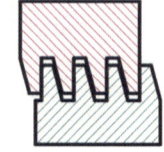 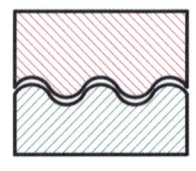

🔺 사다리꼴 나사   🔺 톱니 나사   🔺 둥근 나사

2) 체결용 나사

체결용 나사는 주로 삼각 나사가 사용되며, 기계부품의 접합이나 위치 조정에 가장 많이 사용된다. 나사산의 모양에 따라 미터 보통 나사, 미터 가는 나사, 관용 나사, 유니파이 나사 등이 있다.

가) 미터 나사

일반 기계의 조립용 등으로 현재 가장 많이 사용되며, 나사산의 각도는 60°이고 산의 모양은 삼각형이다. 피치는 mm로 나타내고 보통 나사와 가는 나사가 있다.

나) 관용 나사

두께가 얇은 파이프나 관 등 관용기기에 나사를 만들어 사용되며, 기밀이나 수밀 및 유밀을 요할 때 사용한다. 평행 나사와 테이퍼 나사가 있다.

다) 유니파이 나사

미국, 영국, 캐나다의 협정에 의해 정해진 나사이며, ABC 나사라고도 한다. 나사산의 각도는 60°이며, 인치계 나사로서 크기는 1인치당의 산수로 표시한다. 유니파이 보통 나사와 가는 나사가 있다.

3) 운동용 나사

힘을 전달하거나 물체를 이송할 목적으로 사용되는 나사로 사각 나사, 사다리꼴 나사, 둥근 나사, 볼 나사 등이 있다.

가) 사각 나사

효율이 좋고 축 방향의 큰 하중을 받는 운동에 적합하다. 나사 제작 시 가공이 어려운 단점이 있다. 큰 힘을 전달하는 프레스나 잭(jack) 등에 사용한다.

나) 사다리꼴 나사

사각 나사에 비해 가공이 쉬워 많이 사용한다. 이뿌리 부분이 두꺼워 강도가 높아 공작기계의 이송용 나사로 널리 사용된다. 선반의 리드 스크류(lead screw)나 스톱밸브 등의 스템(stem)부 나사로 사용된다.

다) 둥근 나사

산의 모양이 둥근 나사로 산의 각도는 30°이다. 전구의 입구나 모래, 먼지 등이 많은 시멘트 믹서 기계에 사용되며 진동이 많은 부분에도 적당하다.

라) 볼 나사(ball screw)

스크루 축과 너트 사이에 볼(ball)을 넣어 운동을 전달하는 나사로 마찰이 적고, 백래시(backlash)가 적어 매우 정밀한 공작기계의 이송장치에 사용된다.

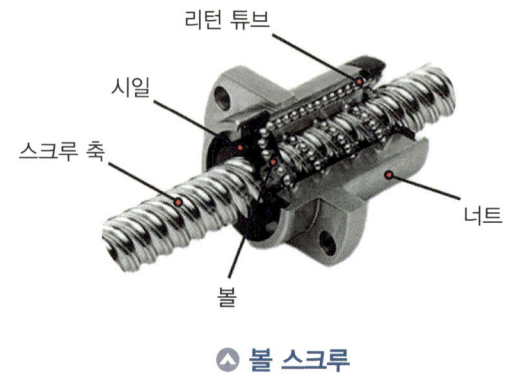

▲ 볼 스크루

② 너트(nut)

속이 비어 있는 원통이나 원뿔의 안쪽에 나사산이 있는 암나사로 수나사인 볼트에 끼워 부품의 결합 고정에 사용하는 암나사이다.

가. 육각 너트(hexagon nut)

육각 모양으로 가장 널리 사용되는 너트이다.

▲ 육각 너트

1) 육각 너트 분류

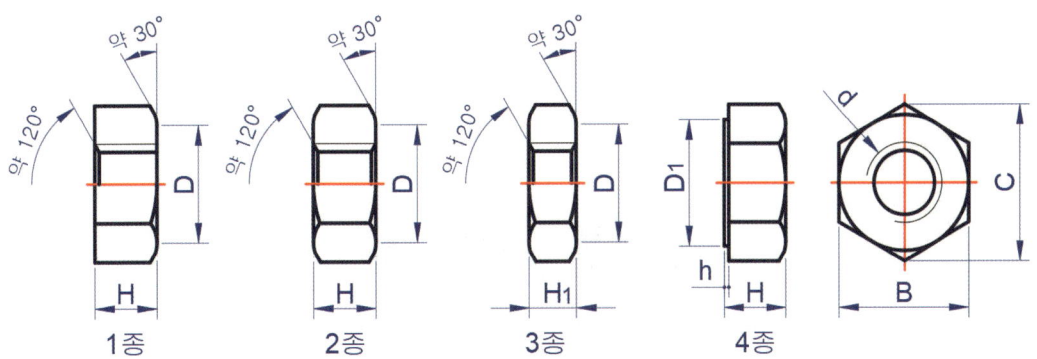

▲ 육각 너트 분류

(주) 보통의 너트에는 4종은 없다.

2) 홈붙이 육각 너트

▲ 홈붙이 육각 너트

나. 사각 너트(square nut)

사각 모양으로 되어 있으며, 주로 목재 결합에 상용되며, 기계류의 결합에도 사용되는 너트이다.

▲ 사각 너트

I. 결합용 기계요소　37

다. 둥근 너트(circular nut)

회전체의 균형을 맞추거나 너트를 외부로 돌출시키지 않으려고 할 때 사용하며, 너트를 죄는 데는 특수(후크)한 스패너가 필요하다.

1) 홈붙이 둥근 너트

▲ 홈붙이 둥근 너트

2) 측면 홈붙이 둥근 너트

▲ 측면 홈붙이 둥근 너트

3) 구멍붙이 둥근 너트

▲ 구멍붙이 둥근 너트

라. 와셔붙이 너트(washer based nut)

너트 밑면에 원형 플랜지가 붙어 있으며, 볼트 구멍이 큰 경우 또는 접촉면적을 크게 하여 접촉 압력을 작게 하려고 할 때 사용되며, 너트 하나로 와셔의 기능을 겸한 너트이다.

▲ 와셔붙이 너트

마. 캡 너트(cap nut)

너트의 한쪽을 관통되지 않도록 만든 구조로 기밀, 유밀을 방지하며 먼지나 오염물 침입을 막는 데 사용되는 너트이다.

▲ 캡 너트

바. 아이 너트(eye nut)

무거운 물체를 달아 올리기 위하여 훅을 걸 수 있는 고리가 있는 너트이다.

▲ 아이 너트

사. 나비 너트(butterfly nut, wing nut, fly nut)

손가락으로 돌려서 체결하도록 손잡이가 달려 있으며, 손잡이 모양이 나비의 날개 모양으로 생긴 너트이다.

▲ 나비 너트

아. T-너트(T-nut)

T자 모양의 외형을 가졌으며, 공작기계 테이블의 T홈에 끼워서 부속장치 등을 고정시키는 데 사용하는 너트이다.

▲ T-너트

자. 나일론 너트(nylon nut)

너트의 풀림(역회전) 방지 기능을 위해 너트의 상부에 나일론 고리를 삽입한 너트이다.

▲ 나일론 너트

차. U-너트(U-nut)

너트의 풀림(역회전) 방지 기능을 위해 너트의 상부를 원통형으로 만들어 너트 안쪽을 타원형상으로 변형시킨 너트이다.

▲ U-너트

③ 볼트, 너트 점검

점검 항목	점검 방법	조치 방법
녹이나 부식	체결부 청소와 육안 점검	• 녹과 부식 제거 후 방청유 도포 • 녹과 부식이 심할 경우 신품 교체
파손이나 마모	파손과 각의 찌그러짐 마모 등을 육안 점검	신품 교체
나사산 상태	볼트 길이 적정 여부 육안 점검 너트 위로 돌출된 나사산 육안 점검	• 볼트, 너트 신품 교체 • 적정 길이 볼트로 교체
나사부 고착	녹이나 부식, 찌그러짐이 없는지 육안 점검	고착 부품 제거 후 신품 교체
나사의 느슨함	토크렌치를 사용하여 점검	나사 부품에 불량 확인 시 교체
풀림 방지 불량	체결부 청소, 규격품의 와셔 사용 여부 육안 점검	• 적합한 크기의 와셔 사용 • 부적합 시 규격품 와셔로 교체

④ 와셔(washer)

볼트 결합부의 구멍이 크거나 너트의 자리면이 고르지 못할 때, 자리면의 재료가 너무 연하여 볼트 체결 압력을 견딜 수 없거나 너트의 풀림 방지 역할을 할 때 사용한다.

가. 스프링 와셔(spring washer)

△ 스프링 와셔

나. 접시 와셔(disk spring washer)

▲ 접시 와셔

다. 이붙이(톱니붙이) 와셔(tooth washer)

1) 외치형

▲ 외치형 이붙이 와셔

2) 내치형

▲ 내치형 이붙이 와셔

3) 내외치형

▲ 내외치형 이붙이 와셔

라. 혀붙이 와셔(tongued washer)

1) 한쪽 혀붙이

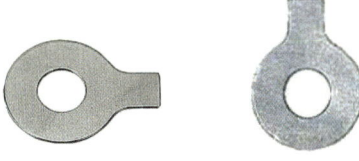

▲ 한쪽 혀붙이 와셔

2) 양쪽 혀붙이

▲ 양쪽 혀붙이 와셔

마. 사각 와셔(square washer)

1) 사각 와셔

▲ 사각 와셔

2) 테이퍼 와셔

▲ 테이퍼 와셔

5 볼트·너트의 풀림 방지법

가. 로크 너트(lock nut)에 의한 방법

2개의 너트를 충분히 죈 다음 (a), (b) 2개의 스패너를 사용하여 위쪽 너트를 스패너로 고정하고, 로크 너트를 스패너로 풀리는 방향으로 15~20° 정도 돌려 조인다.

▲ 로크 너트

나. 자동 죔 너트에 의한 방법

너트의 끝을 안쪽으로 변형시키면 볼트에 너트를 결합시킬 때 나사부가 강하게 압착되며 굽혀지는 성질을 이용하여 풀림을 방지하는 방법이다.

▲ 자동 죔 너트

다. 분할 핀에 의한 방법

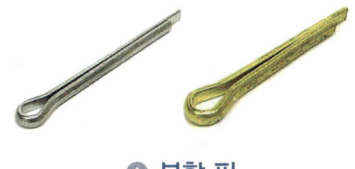

◈ 분할 핀

  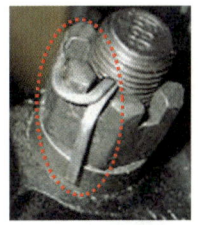

◈ 분할 핀 사용

라. 와셔에 의한 방법

1) 스프링 와셔

◈ 스프링 와셔

2) 혀붙이 와셔

◈ 혀붙이 와셔

3) 이붙이(톱니붙이) 와셔

◎ 이붙이(톱니붙이) 와셔

4) 풀림방지 와셔

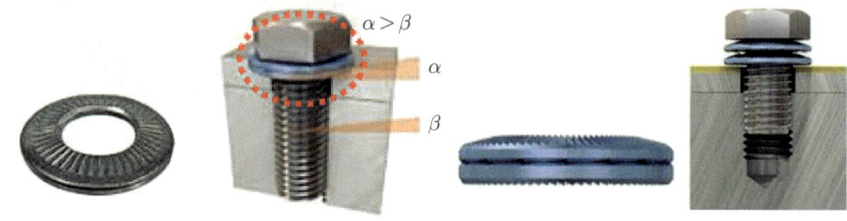

◎ 풀림방지 와셔

마. 멈춤 나사에 의한 방법

◎ 멈춤 나사

바. 플라스틱 플러그에 의한 방법

◎ 플라스틱 플러그

사. 철사를 이용하는 방법

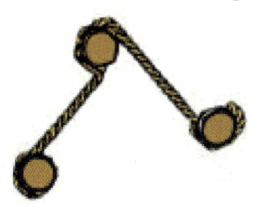

△ 철사로 묶는 방법

6 키(key)

키(key)는 축에 기어, 풀리, 플라이 휠, 커플링, 클러치 등의 회전체를 고정시켜 회전 운동을 전달시키는 결합용과 보스를 축에 고정하지 않고 축 방향으로 이동할 수 있게 한 것이 있다.

가. 키의 종류

키의 종류에는 용도에 따라 묻힘 키, 미끄럼 키, 반달 키, 평 키, 안장 키, 접선 키, 둥근 키, 원뿔 키 등이 있다.

1) 묻힘 키(sunk key)

가장 널리 사용하는 일반적인 키로서 성크 키라고도 하며, 축과 보스 양쪽에 모두 키 홈을 파고, 키를 끼워 넣어 토크를 전달시킨다.

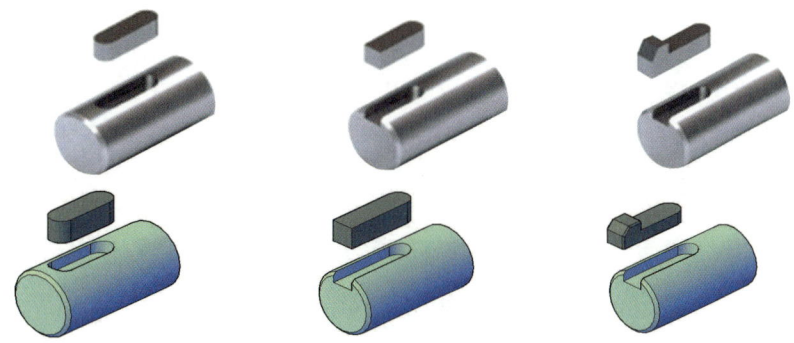

△ 평행 키(양쪽 둥글기)   △ 평행 키(한쪽 둥글기)   △ 구배 키(머리 달린 경사 키)

2) 미끄럼 키(sliding key)

미끄럼 키는 페더 키(feather key) 또는 안내 키라고도 하며, 축 방향으로 보스를 미끄럼 운동시킬 필요가 있을 때 사용한다.

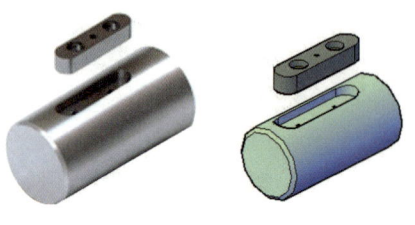

△ 미끄럼 키

3) 반달 키(woodruff key)

축에 반달 모양의 홈을 만들어 반달 모양으로 가공된 키를 끼운다. 축에 키홈을 깊게 파기 때문에 축의 강도가 약해지는 결점이 있으나, 키가 자동적으로 축과 보스에 조정되는 장점이 있다.

△ 반달 키

4) 평 키(flat key)

납작 키라고도 하며 키에는 기울기가 없다. 축을 평평하게 가공하고 보스에 기울기 1/100의 테이퍼진 키 홈을 만들어서 때려 박는다. 축 방향으로 이동할 수 없고, 안장 키보다 약간 큰 토크 전달이 가능하다.

△ 평 키

5) 안장 키(saddle key)

새들 키(saddle key)라고도 하며 키에는 기울기가 없다. 축에는 키 홈을 가공하지 않고, 보스에만 1/100의 테이퍼진 키 홈을 만들어서 때려 박는다. 축의 강도 저하가 없고, 축의 임의의 위치에 부착시켜 사용하는 이점이 있으나, 큰 토크를 전달할 때는 미끄러지기 쉬우므로 부적당하다.

△ 안장 키

6) 접선 키(tangential key)

축의 접선 방향으로 끼우는 키로서 1/100의 기울기를 가진 2개의 키를 한 쌍으로 하여 사용한다. 회전 방향이 양쪽 방향일 때는 중심각이 120° 되는 위치에 두 쌍을 설치한다. 접선 키는 아주 큰 회전력을 전달하는 데 적합하다.

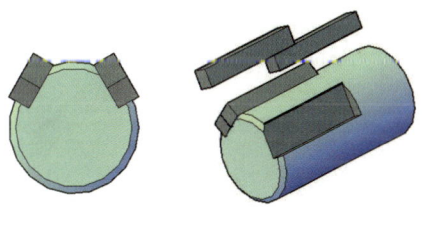

△ 접선 키

7) 둥근 키(round key)

축과 보스 사이에 구멍을 가공하여 원형 단면의 평행 핀 또는 테이퍼핀으로 때려 박은 키로서 사용법은 간단하나 전달 토크가 작다.

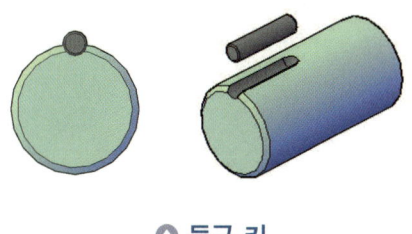

△ 둥근 키

7 핀(pin)

핀(pin)은 2개 이상의 부품을 결합하는 데 주로 사용한다. 또한, 나사 및 너트의 이완 방지, 핸들을 축에 고정하거나 힘이 적게 걸리는 부품을 설치할 때, 분해 조립할 부품의 위치를 결정하는 데 많이 사용한다.

가. 평행 핀(parallel pin)

▲ A형   ▲ B형

나. 테이퍼 핀(taper pin)

▲ 테이퍼 핀   ▲ 분할 테이퍼 핀

다. 분할 핀(split pin)

▲ 분할 핀

라. 스프링 핀(spring pin)

▲ 스프링 핀

8 스플라인(spline)

스플라인(spline)은 축에 4개에서 20개 정도의 같은 키 홈을 파서 여기에 맞는 한 짝의 보스 부분을 만들어 서로 잘 미끄러져 운동할 수 있게 한 것이다. 축과 보스의 중심을 정확히 맞출 수 있고, 축의 강도 저하를 방지하며, 키보다 큰 토크를 전달할 수 있다. 고정용과 축 방향으로 미끄러지는 활동용이 있다.

미끄러지며 활동

▲ 스플라인

9 세레이션(serration)

수많은 작은 삼각형의 스플라인을 세레이션(serration)이라 하고, 축과 보스 사이에 상대각 위치를 되도록 세밀히 조절해서 고정할 때 사용한다. 이의 높이가 낮고 잇수가 많으므로 측압 강도가 커지며, 같은 축 지름에서 스플라인 축보다 큰 회전력을 전달시킬 수 있다.

▲ 세레이션

Ⅰ. 결합용 기계요소

Ⅱ 축계 기계요소

1 축이음의 분류

축의 길이는 구조, 가공의 제한으로 하나로 제작하지 못하는 경우가 있다. 이럴 때는 여러 개의 짧은 축을 제작한 후 이음하여 사용하게 된다. 이와 같이 토크를 전달하기 위하여 축을 연결하는 데 사용하는 요소를 축이음(shaft coupling)이라 한다.

가. 커플링의 종류

1) 고정 커플링(fixed coupling)

고정 커플링은 두 축이 동일선상에 있도록 한 이음으로 축과 커플링은 볼트나 키를 사용하여 결합하며, 원통 커플링과 플랜지 커플링이 있다.

가) 원통 커플링

머프 커플링, 마찰 원통 커플링, 셀러 커플링, 클램프 커플링

나) 플랜지 커플링

단조 플랜지 커플링, 조립식 플랜지 커플링, 세레이션 커플링

2) 플렉시블 커플링(flexible coupling)

플렉시블 커플링은 두 축이 동일선상에 있는 것을 원칙으로 하며, 온도 변화에 따라 신축되거나 탄성변형에 의해 동일선상에 있지 않을 때도 원활한 전동을 할 수 있는 축이음이다. 기어형 커플링, 체인 커플링, 그리드형 커플링, 고무 커플링 등이 있다.

3) 올덤 커플링(oldham's coupling)

올덤 커플링은 두 축이 평행하고 축의 중심선이 약간 어긋났을 때 각 속도의 변동 없이 토크를 전달하는 데 사용하는 축이음이다.

4) 유니버설 커플링(universal coupling)

유니버설 커플링은 두 축의 중심선이 어느 각도로 교차되고, 그 사이의 각도가 운전 중 다소 변하여도 자유로이 운동을 전달할 수 있는 축이음이다.

2 커플링(coupling)

가. 고정 커플링

1) 원통 커플링(cylindrical coupling)

원통 커플링은 가장 간단한 구조로 원통 속에 두 축을 끼워 넣고 일직선이 되도록 키, 볼트 등으로 결합시켜 키의 전단력이나 마찰력으로 전동하는 이음이다.

- 가) 머프 커플링(muff coupling)
- 나) 반 겹치기 커플링(half lap coupling)
- 다) 마찰 원통 커플링(friction clip coupling)
- 라) 셀러 커플링(seller coupling)
- 마) 클램프 커플링(clamp coupling)

2) 플랜지 커플링(flange coupling)

주철 또는 주강제의 플랜지를 축에 억지 끼워 맞춤을 하거나 키로 결합 시킨 후, 두 플랜지를 볼트로 체결하는 것을 플랜지 커플링이라 한다.

▲ 플랜지 커플링

나. 플렉시블 커플링(flexible coupling)

플렉시블 커플링은 두 축이 동일선상에 있는 것을 원칙으로 하며, 온도 변화에 따라 신축되거나 탄성변형에 의해 동일선상에 있지 않을 때도 원활한 전동을 할 수 있는 축이음으로 플랜지 플렉시블 커플링, 기어 커플링, 체인 커플링, 그리드 커플링, 고무 커플링 등이 있다.

1) 플랜지 플렉시블 커플링(flange flexible coupling)

두 축의 중심을 일치시키기 어려운 경우에 사용하며, 진동, 충격 방지가 필요한 경우에 적합하다. 체결용 리머 볼트에 탄성이 좋은 고무 등의 부시를 결합하여 사용한다.

가) 윤활이 필요 없으며 정비 주기가 매우 길다.
나) 경량으로 큰 토크 전달이 가능하다.
다) 비틀림 강성이 우수하다.
라) 분해 및 장착이 용이하다.

△ 플랜지 플렉시블 커플링

2) 기어 커플링(gear type shaft coupling)

연결하고자 하는 두 축의 끝에 한 쌍의 외접기어를 각각 키 박음하여 결합한다. 외치와 내치 사이의 틈새가 축의 편심을 어느 정도 흡수할 수 있으며, 고속 및 큰 토크에도 견딜 수 있다.

가) 수명이 길다.
나) 고속 및 큰 토크에 적합하다.
다) 동력 손실이 적다.
라) 평행 오차나 각도 오차, 축 유동 오차가 허용된다.

▲ 기어 커플링

3) 체인 커플링(chain coupling)

연결하고자 하는 두 축의 끝에 스프로킷 휠을 키 박음하여 장착하고, 2줄 체인을 사용하여 두 축에 끼워져 있는 스프로킷 휠을 이은 것이다. 회전 속도가 중간 속도이고, 일정한 하중이 작용하는 기계에 장착한다.

가) 수명이 길고 설치와 보수가 간단하다.
나) 정비 주기가 매우 길다.
다) 간단하게 분해·조립이 가능하다.

▲ 체인 커플링

4) 그리드 커플링(grid type flexible coupling)

결합하고자 하는 두 축의 끝부분에 축 방향으로 홈(groove)이 파여 있는 한 쌍의 원통을 키 박음하여 각각 고정시킨다. 양 축의 홈이 일직선이 되도록 조정한 후 그리드(금속격자)를 홈 속에 집어넣어 연결시킨다.

가) 축의 편심 오차를 2~3 mm 정도 허용하여 무리 없이 동력 전달이 가능하다.
나) 축의 각도 오차를 2~3° 정도 허용하여 무리 없이 동력 전달이 가능하다.
다) 비틀림에 대한 유연성이 좋다.

▲ 그리드 커플링

5) 고무 커플링(rubber shaft coupling)

구조가 간단하고, 어느 한도 이내에서 축심의 어긋남을 허용할 수 있으며, 진동 및 충격을 잘 흡수한다.
가) 진동과 순간적인 토크 과부하에 따른 충격을 감소시킨다.
나) 축의 유동 오차나 편심, 편각 오차가 허용된다.
다) 윤활이 필요 없고 육안 점검이 가능하다.

▲ 고무 스프로킷 휠 커플링[조(jaw) 커플링]

🔺 비틀림 전단형 고무 축이음(타이어형)

다. 유니버설 커플링(universal coupling)

유니버설 조인트 또는 훅 조인트라고도 하며, 두 축이 같은 평면 내에 있으면서 그 중심선이 어느 각도로서 교차하고 있을 때 사용하는 축이음이다. 원동축과 종동축의 양끝은 두 갈래로 나누어져 있고, 여기에 십자형의 저널(journal)을 조인트로써 회전할 수 있도록 연결한 것이다.

가) 두 축의 각도가 운전 중 변화되어도 회전운동을 전달한다.
나) 축의 변위를 흡수하여 부드럽게 동력을 전달한다.
다) 원활한 운동을 위하여 두 축의 각도는 30° 이하로 제한하는 게 좋다.
라) 스플라인 가공 시에 축 사이의 간격 조정이 가능하다.

🔺 유니버설 커플링

Ⅱ. 축계 기계요소

3 베어링(bearing)

베어링은 축을 지지하고 축의 회전을 원활하게 하는 기계요소로서 미끄럼 베어링(sliding bearing)과 구름 베어링(rolling bearing)이 있다. 축과 베어링 사이에는 마찰에 의한 동력 손실과 마찰열에 의한 베어링 손상이 생길 수도 있다. 적당한 윤활을 통해 마찰 및 마찰열 발생을 줄여 주고 베어링의 온도를 일정하게 유지시켜 소음과 진동이 없는 원활한 구동을 하게 된다.

가. 베어링의 종류

1) 축과 베어링의 접촉에 따른 베어링 분류

가) 미끄럼 베어링(sliding bearing)

저널과 베어링이 서로 미끄럼에 의해 접촉한다.

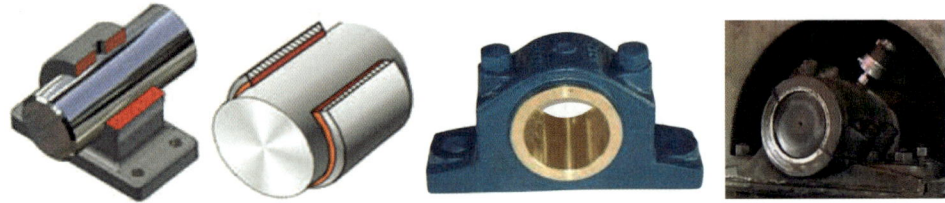

▲ 미끄럼 베어링

나) 구름 베어링(rolling bearing)

볼(ball), 롤러(roller)에 의해서 접촉한다.

▲ 구름 베어링

2) 작용 하중의 방향에 따른 베어링 분류

가) 레이디얼 베어링(radial bearing)

레이디얼 하중, 즉 축선에 직각으로 작용하는 하중을 받쳐준다.

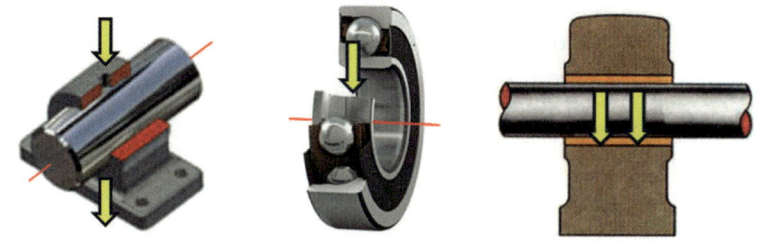

▲ 레이디얼 베어링

나) 스러스트 베어링(thrust bearing)

스러스트 하중, 즉 축선과 같은 방향으로 작용하는 하중을 받쳐준다.

▲ 스러스트 베어링

다) 테이퍼 베어링(taper bearing)

레이디얼 하중과 스러스트 하중이 동시에 작용하는 하중을 받쳐준다.

▲ 테이퍼 베어링

4 미끄럼 베어링

가. 미끄럼 베어링의 구조

미끄럼 베어링의 구조는 베어링 메탈(bearing metal), 윤활부, 베어링 하우징(bearing housing)으로 되어 있으며, 베어링 메탈은 접촉면의 마찰을 감소시키고 저널의 마멸을 방지한다. 윤활부는 윤활제를 베어링의 접촉면에 공급하여 마멸을 감소시키고, 마찰열을 흡수하여 방산시키는 기능을 갖고 있다.

나. 미끄럼 베어링의 종류

1) 레이디얼 미끄럼 베어링

가) 단일체 베어링(solid bearing)

구조가 간단하고, 경하중의 저속용에 쓰이며 베어링 하우징에 끼워 고정된 축을 지지하는 데 주로 사용한다. 베어링 하우징 상부에는 급유구가 붙어 있다.

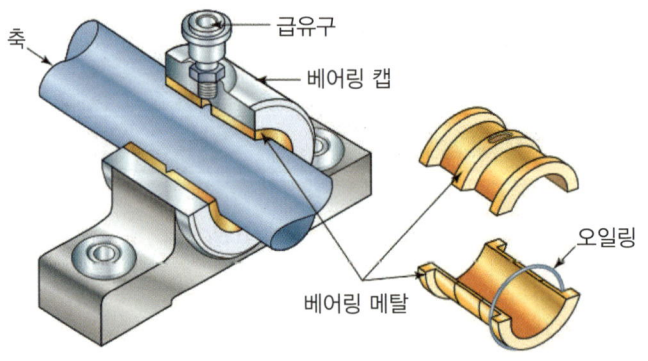

▲ 단일체 베어링

나) 분할 베어링(split bearing)

본체(body)와 캡(cap)으로 분할된 베어링으로, 중하중의 고속용에 쓰인다. 원활한 윤활을 위해 오일 홈(groove)을 만든다.

🔺 분할 베어링

2) 스러스트 미끄럼 베어링

가) 피벗 베어링(pivot bearing)

피벗 베어링은 절구 베어링이라고도 하며, 세워져 있는 축에 의하여 스러스트 하중을 받을 때 사용한다.

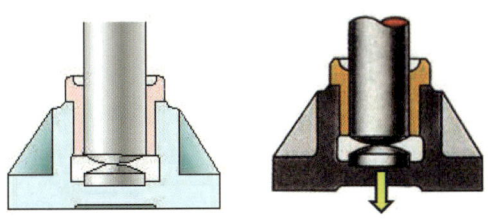

🔺 피벗 베어링

나) 칼라 베어링(collar bearing)

칼라 베어링은 수평으로 된 축이 스러스트 하중을 받을 때 사용하는 베어링으로 여러 단의 칼라가 배열되어 있어 길이가 비교적 길다.

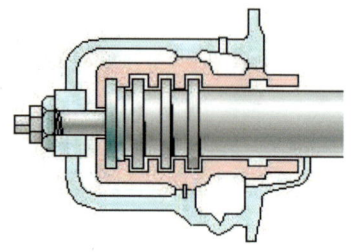

△ 칼라 베어링

5 구름 베어링

구름 베어링은 마찰이 작아서 마찰 손실이 적고, 기동저항과 발열도 작아 고속회전을 할 수 있다. 그러나 충격에 약하고, 소음이 생기기 쉬운 결점이 있다.

가. 구름 베어링의 구조

구름 베어링은 그림과 같이 궤도륜(외륜, 내륜) 사이에 전동체(rolling element)가 들어 있다. 전동체는 리테이너(retainer)에 의하여 일정한 간격을 유지하고, 소음과 마멸을 방지하게 된다. 내륜은 축과 결합하고, 외륜은 하우징과 결합한다.

전동체의 형상에 따라 전동체가 볼(ball)인 볼 베어링과 롤러(roller)인 롤러 베어링으로 구분한다. 롤러 베어링은 롤러의 모양에 따라 원통 롤러, 테이퍼 롤러, 자동조심 롤러, 니들 롤러로 구분한다. 볼 베어링은 전동체가 점접촉을 하므로 마찰저항이 적어 고속 및 고정밀 회전에 적합하고, 롤러 베어링은 전동체가 선 접촉을 하므로 중하중용으로 적합하다.

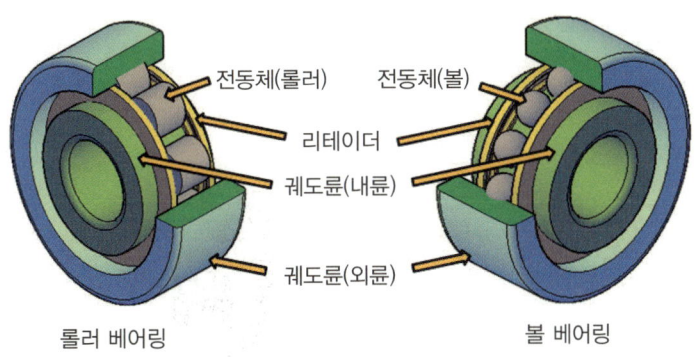

▲ 구름 베어링의 구조

나. 구름 베어링의 종류

1) 레이디얼 볼 베어링

가) 깊은 홈 볼 베어링

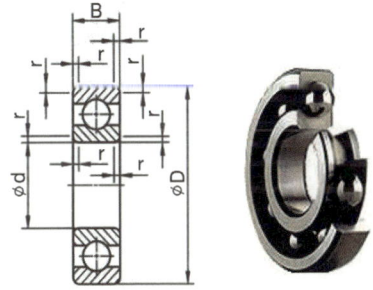

나) 마그네토 볼 베어링

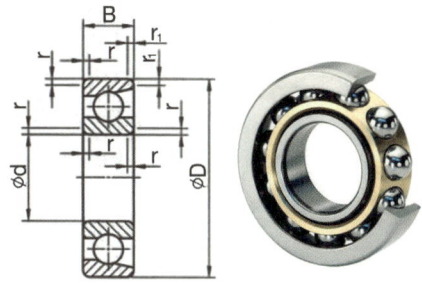

다) 앵귤러 볼 베어링

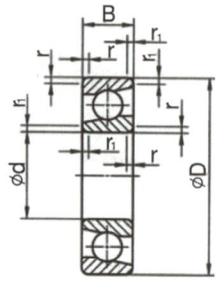 

라) 자동조심 볼 베어링

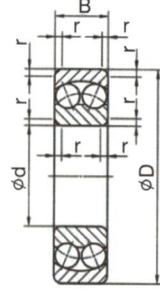 

2) 레이디얼 롤러 베어링

가) 원통 롤러 베어링

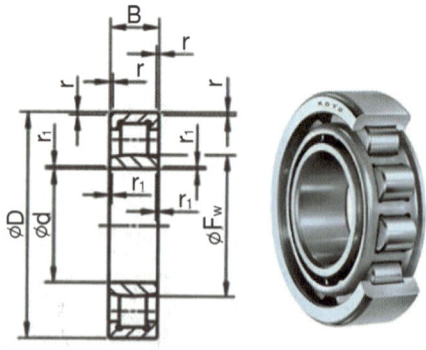

나) 테이퍼 롤러 베어링

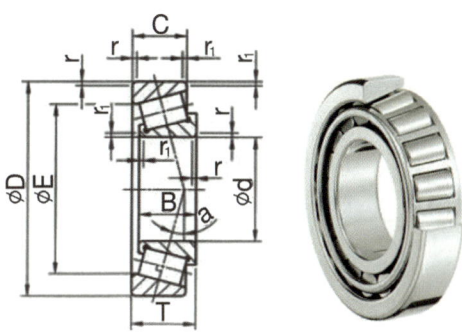

다) 자동조심 롤러 베어링

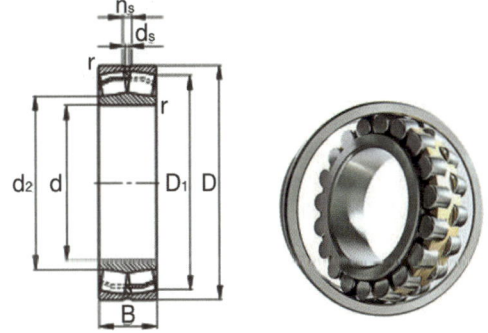

라) 니들 롤러 베어링

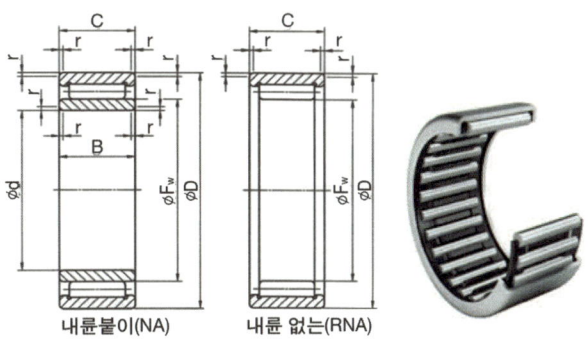

내륜붙이(NA) 내륜 없는(RNA)

3) 스러스트 볼 베어링

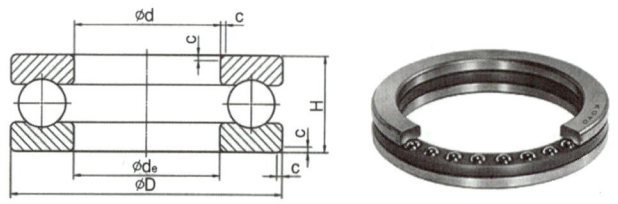

4) 스러스트 자동조심 롤러 베어링

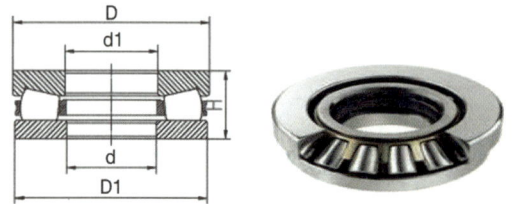

다. 구름 베어링 규격

1) 베어링 호칭번호의 구성

기본번호			보조기호					
베어링 계열 기호	안지름 번호	접촉각 기호	내부 기호	실·실드 기호	궤도륜 모양 기호	조합 기호	내부 틈새 기호	정밀도 등급 기호

가) 기본기호

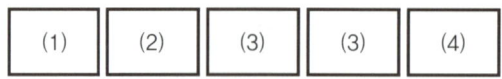

(1) 형식기호(첫 번째 숫자)

- 형식번호 1, 2, 3, 4인 경우 복렬 베어링
- 형식번호 6, 7인 경우 단열 베어링
- 형식번호 N인 경우 원통 롤러 베어링

(2) 지름번호(두 번째 숫자)

- 지름번호 0, 1인 경우 특별 경하중
- 지름번호 2인 경우 경하중
- 지름번호 3인 경우 보통 하중
- 지름번호 4인 경우 큰 하중

(3) 안지름번호(세, 네 번째 숫자)

- 안지름번호 00인 경우 10 mm
- 안지름번호 01인 경우 12 mm
- 안지름번호 02인 경우 15 mm
- 안지름번호 03인 경우 17 mm
- 안지름번호 04부터는 번호 × 5

(4) 접촉각기호(다섯 번째 기호)

6 베어링 유닛

볼 베어링과 밀봉장치 및 하우징 등을 조합한 구조로 하우징 내부는 볼 베어링의 구조를 가진 유닛형 볼 베어링, 외부는 하우징의 형태를 가진다.

가. 베어링 유닛의 특징

1) 기계장치의 구조가 단순
2) 설치, 유지 보수 용이
3) 자체 정렬되는 자동조심 기능
4) 설치 오차에 따른 모멘트 하중 방지

나. 베어링 유닛의 구조

▲ 베어링 유닛 구조(필로우 블록 타입)

다. 베어링 유닛의 종류

1) 필로우 블록 유닛(UCP 베어링 유닛)

필로우 타입 유닛의 베어링 고정 방식은 어댑터식과 고정나사식이 있으며, 어댑터식의 축 지름은 20~125 mm, 고정나사식의 축 지름은 12~140 mm가 주로 사용된다.

○ 유닛 호칭번호 예: 'UCP210' 축 지름(d) = 50 mm

▲ 필로우 블록 유닛

2) 각형 플랜지 유닛(UCF 베어링 유닛)

사각 플랜지 타입 유닛의 베어링 고정 방식은 나사식이며, 조립되는 축의 지름은 12~140 mm가 주로 사용된다.

○ 유닛 호칭번호 예: 'UCF212' 축 지름(d) = 60 mm

▲ 각형 플랜지 유닛

3) 원형 플랜지 유닛(UCFC 베어링 유닛)

원형 플랜지 타입 유닛의 베어링 고정 방식은 나사식이며, 조립되는 축의 지름은 12~90 mm가 주로 사용된다.

○ 유닛 호칭번호 예: 'UCFC210' 축 지름(d) = 50 mm

▲ 원형 플랜지 유닛

4) 타원형 플랜지 유닛(UCFL 베어링 유닛)

타원형 플랜지 타입 유닛의 베어링 고정 방식은 나사식이며, 조립되는 축의 지름은 12~90 mm가 주로 사용된다.

  ○ 유닛 호칭번호 예: 'UCFL211' 축 지름(d) = 55 mm

🔺 타원형 플랜지 유닛

5) 테이크업 유닛(UCT 베어링 유닛)

테이크업 유닛의 베어링 고정 방식은 나사식이며, 조립되는 축의 지름은 12~85 mm가 주로 사용된다.

  ○ 유닛 호칭번호 예: 'UCT210' 축 지름(d) = 50 mm

🔺 테이크업 유닛

Ⅲ. 간접전동 기계요소

1. 벨트 전동

가. 평 벨트(flat belt)

1) **평 벨트의 종류**

   평 벨트는 휨과 탄력성이 필요하므로 고무, 가죽, 직물, 링크, 레이스, 강철 등의 벨트가 사용되나 현재는 고무 벨트가 가장 일반적으로 사용되고 있다.

2) **평 벨트를 거는 방법**

   평 벨트를 거는 방법에는 회전 방향이 같은 평행 걸기(open belting)와 회전 방향이 반대인 십자 걸기(cross belting)가 있다.

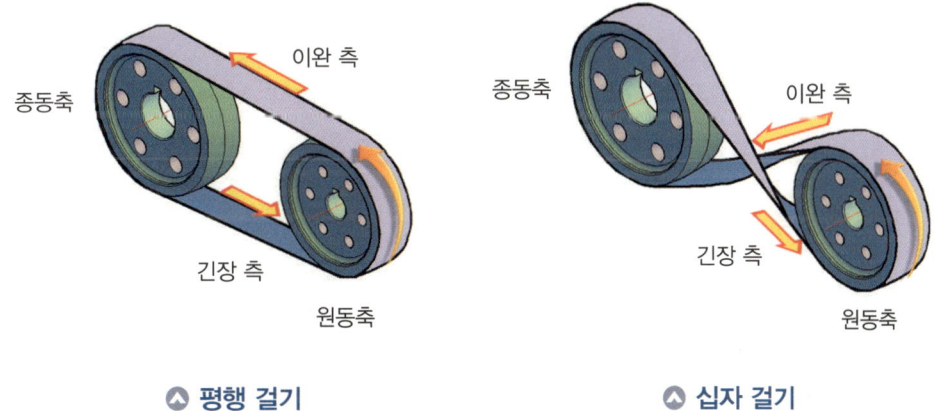

▲ 평행 걸기 　　　　　　　　　　　▲ 십자 걸기

3) 벨트에 장력을 주는 방법

풀리 지름의 차가 크거나 축 사이의 거리가 짧은 경우 작은 접촉각으로 인해 미끄럼이 발생하므로 인장 풀리(idle pulley)를 사용할 수 있다.

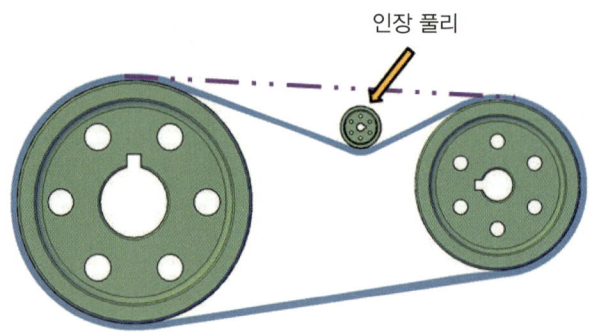

🔺 인장 풀리 사용

나. V 벨트 전동

V 벨트 전동장치는 고무나 가죽으로 된 사다리꼴 단면을 갖는 V 벨트를 풀리 홈에 끼워 마찰에 의해 운동을 전달한다.

▶ V 벨트 전동의 장점

㉮ 홈의 양면에 밀착되므로 마찰력이 평 벨트보다 크다.
㉯ 접촉면이 넓고 미끄럼이 적어 비교적 작은 힘으로 큰 회전력을 전달할 수 있다.
㉰ 이음매가 없어 운전이 정숙하고, 충격을 완화하는 작용을 한다.
㉱ 지름이 작은 풀리에도 사용할 수 있다.
㉲ 설치 면적이 좁으므로 사용이 편리하다.
㉳ 축간 거리가 짧고, 속도비가 큰 경우에 적합하다.

▶ V 벨트 전동의 단점

㉮ 두 축의 회전 방향이 같을 때만 사용할 수 있다.
㉯ 벨트의 길이 조절이 불가능하다.
㉰ 벨트가 끊어질 경우 접합이 불가능하다.

1) V 벨트

V 벨트의 종류는 KS규격에서 단면의 형상에 따라 M형, A형, B형, C형, D형, E형의 6종류로 규정하고 있으며, M형을 제외한 5종류가 동력 전달용으로 사용된다.

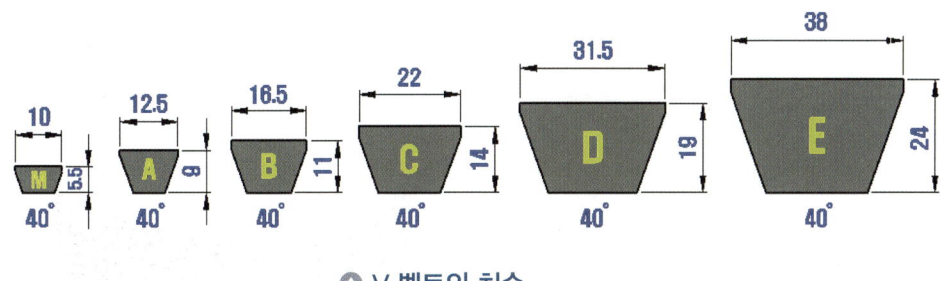

▲ V 벨트의 치수

V 벨트의 길이는 풀리의 피치원을 지나는 길이를 유효 둘레라고 할 때, 유효 둘레를 인치로 나타낸 숫자를 호칭 번호로 표시한다. 또한, 벨트 측면의 각도는 풀리 림의 각도보다 크게 40°이다.

2) V 벨트 풀리

V 벨트 풀리는 림(rim)을 제외하고 나머지는 평 벨트 풀리와 같다.

홈의 형상은 V 벨트와 같고, V 벨트가 굽혀지면 안쪽은 압축을 받아 넓어지고, 바깥쪽은 인장을 받아 좁아진다. 구동 중 V 벨트의 각도는 보다 작아지며, 이 각도는 풀리의 지름이 작아질수록 더 작아 쐐기현상으로 동력을 전달한다.

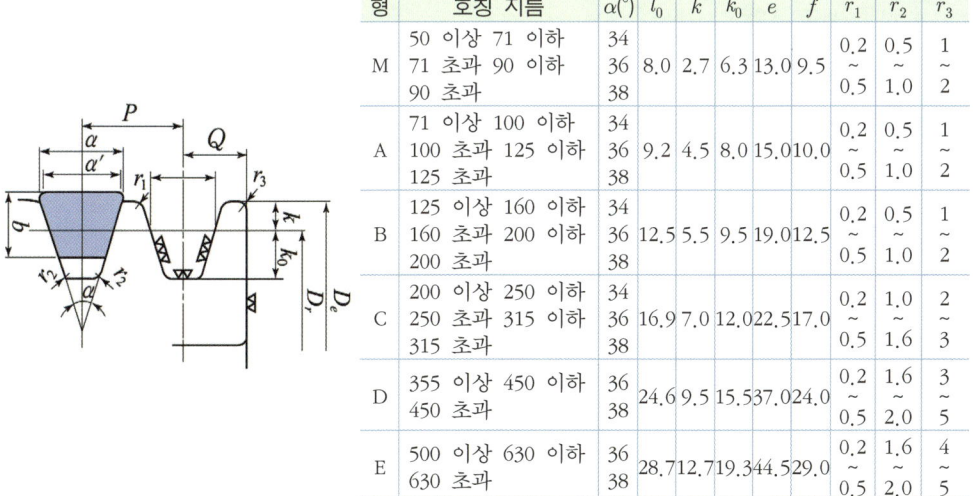

형	호칭 지름	$\alpha(°)$	l_0	k	k_0	e	f	r_1	r_2	r_3
M	50 이상 71 이하 71 초과 90 이하 90 초과	34 36 38	8.0	2.7	6.3	13.0	9.5	0.2 ~ 0.5	0.5 ~ 1.0	1 ~ 2
A	71 이상 100 이하 100 초과 125 이하 125 초과	34 36 38	9.2	4.5	8.0	15.0	10.0	0.2 ~ 0.5	0.5 ~ 1.0	1 ~ 2
B	125 이상 160 이하 160 초과 200 이하 200 초과	34 36 38	12.5	5.5	9.5	19.0	12.5	0.2 ~ 0.5	0.5 ~ 1.0	1 ~ 2
C	200 이상 250 이하 250 초과 315 이하 315 초과	34 36 38	16.9	7.0	12.0	22.5	17.0	0.2 ~ 0.5	1.0 ~ 1.6	2 ~ 3
D	355 이상 450 이하 450 초과	36 38	24.6	9.5	15.5	37.0	24.0	0.2 ~ 0.5	1.6 ~ 2.0	3 ~ 5
E	500 이상 630 이하 630 초과	36 38	28.7	12.7	19.3	44.5	29.0	0.2 ~ 0.5	1.6 ~ 2.0	4 ~ 5

다. 치형 벨트(toothed belt)

치형 벨트는 기계의 자동화, 고속화, 경량화 등으로 성능이 급속히 향상됨에 따라 파생되는 요구에 부응하여 만들어진 벨트로 타이밍 벨트(timing belt)라고도 한다.

◎ 치형 벨트의 외관 및 구조

▶ 치형 벨트 전동의 장점

㉮ 벨트와 풀리 접촉면의 이가 맞물려 전동하므로 미끄럼이 없다.
㉯ 기어나 체인 전동에 비해 소음이 적다.
㉰ 저속과 고속운전에 모두 적합하다.
㉱ V 벨트보다 휨 저항이 적고, 이음매가 없다.
㉲ 풀리의 지름을 비교적 작게 할 수 있다.

▶ 치형 벨트 전동의 난점

㉮ 설치 시에 장력에 유의하여야 한다.
㉯ 벨트의 늘어짐이 없이 갑자기 끊어진다.

1) 치형 벨트의 모양

치형 벨트는 벨트의 미끄럼을 없애기 위하여 벨트 안쪽의 접촉면에 이를 붙여 만든 모양이다.

2) 치형 벨트의 종류

치형 벨트는 피치의 크기에 따라 구분하며 XL, L, H, XH, XXH 등이 있다.

② 체인 전동

체인 전동은 2개의 스프로킷 휠(sprocket wheel)에 감아서 휠을 회전시켜 동력을 전달하는 장치로, 미끄럼이 없으며, 정확한 속도비로 전동시킬 수 있다.
두 축 사이 거리가 기어를 사용하기에는 너무 멀고, 벨트를 사용하기에는 가까울 때 사용한다. 고속 전동 시 소음과 진동이 발생되고 두 축이 평행한 경우에만 전동이 가능하다. 인장강도가 크므로 큰 동력을 전달하고, 유지 및 수리가 간단하며 수명이 길다.

▲ 체인 전동

▶ 체인 전동의 장점

㉮ 미끄럼이 없고, 속도비가 정확하고 일정하다.
㉯ 체인의 길이 조정이 쉬우며, 다 축을 동시에 구동 가능하다.
㉰ 초기 장력이 필요 없으며, 정지 시에도 장력이 발생하지 않는다.
㉱ 체인의 탄성에 의해 충격하중을 흡수할 수 있다.
㉲ 풀리 베어링에 가해지는 하중이 작다.
㉳ 큰 동력 전달이 가능하고, 효율이 높다.
㉴ 수명이 길고 수리나 관리가 용이하다.
㉵ 내열, 내습, 내유에 강하다.

▶ 체인 전동의 단점

㉮ 마멸된 체인은 진동과 소음이 커 고속회전에는 부적당하다.
㉯ 마멸된 체인은 회전각의 전달이 정확하지 못하다.

가. 체인의 종류

1) 롤러 체인(roller chain)

일반적으로 많이 사용되며 저속회전에서 고속회전까지 넓은 범위에서 사용되는 동력 전달용 체인이다. 구성은 핀 링크, 롤러 링크 플레이트, 롤러, 부시, 핀 링크 플레이트, 클립형 이음 링크로 구성되어 있다.

▲ 롤러 체인

▲ 롤러 체인의 구조

2) 사일런트 체인(silent chain)

링크 플레이트 안쪽이 삼각 모양으로 되어 있으며, 스프로킷에 미끄러져 맞물려 롤러 체인보다 소음이 적다. 고속용에 적합하며, 충격하중 흡수가 가능하나 가격이 비싸다.

▲ 사일런트 체인

3) 옵셋 체인(offset chain)

링크 플레이트가 구부러져 있는 구조로 하중이 크고, 충격하중의 흡수가 가능하며, 저속의 동력전달용으로 사용된다.

△ 옵셋 체인

4) 부시 체인(bush chain)

롤러 체인에서 롤러를 없앤 구조이며, 하중이 적고 저속의 동력전달이나 운반용에 적합하다.

△ 부시 체인

5) 스프로킷 휠(sprocket wheel)

스프로킷 이에 체인이 맞물려 동력을 전달하며, 체인 기어라고도 한다. 보통 이의 개수는 10~70개이며, 잇 수가 적으면 굴곡 각도가 커져 운전이 곤란하며, 진동으로 인한 수명 단축의 원인이 되므로 잇 수는 17개 이상의 홀수가 좋다.

△ 스프로킷 휠

Ⅳ 직접전동 기계요소

1 기어

기어 전동 장치는 가공된 이가 맞물려 회전운동을 하며 미끄럼이 없고 일정 속도비로 회전력을 연속적으로 전달할 수 있는 장점이 있다.

▶ 기어 전동의 장점

㉮ 미끄럼이 없고 정확한 속도비로 회전운동을 한다.
㉯ 두 축 사이의 중심거리가 짧을 때 적합하다.
㉰ 회전 운동을 연속적으로 전달한다.
㉱ 감속비가 크고 큰 회전력을 전달한다.

▶ 기어 전동의 단점

㉮ 충격 흡수가 어려워 소음이나 진동이 발생한다.

가. 기어의 종류

1) 두 축이 서로 평행한 경우

두 축이 서로 평행한 경우 사용하는 기어이다.

가) 스퍼 기어(spur gear)

직선형의 치형을 가지며 잇줄이 축에 평행하다. 제작이 용이하므로 가장 많이 쓰인다.

▲ 스퍼 기어

나) 내접 기어(internal gear)

원통의 큰 기어 안쪽에 이가 만들어져 있으며, 안쪽에 작은 기어와 맞물려 회전한다. 또한, 잇줄이 축에 대하여 평행하고, 맞물린 두 기어의 회전 방향이 같다.

▲ 내접 기어

다) 랙(rack)

랙은 직선형의 막대에 이를 가공한 것으로 작은 스퍼 기어(피니언 기어)와 맞물리고, 잇줄이 축 방향과 일치한다. 회전운동을 직선운동으로 바꾸는 데 사용한다.

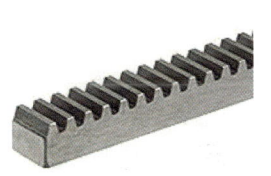

▲ 랙   ▲ 랙과 피니언 기어

라) 헬리컬 기어(helical gear)

잇줄이 축 방향과 일치하지 않고 경사진 기어로 이의 물림이 좋아 정숙한 운전을 하나, 축 방향 하중이 발생하는 단점이 있다.

▲ 헬리컬 기어

마) 래칫 기어(ratchet gear)

한쪽 방향으로만 회전이 가능하며 반대 방향으로는 폴의 고정에 의해 회전하지 못하는 기어이다.

▲ 래칫 기어

2) 두 축이 교차한 경우

두 축이 서로 교차하여 운동을 전달하며 원추형으로 만든 기어이다.

가) 직선 베벨 기어(straight bevel gear)

기어는 원뿔형으로, 잇줄이 피치원뿔의 모직선과 직선으로 일치하는 기어이다.

▲ 직선 베벨 기어

나) 앵귤러 베벨 기어(angular bevel gear)

직선 베벨 기어와 같으나 두 축이 직각이 아닌 일정한 각도로 만나는 기어이다.

▲ 앵귤러 베벨 기어

다) 스파이럴 베벨 기어(spiral bevel gear)

기어는 원뿔형으로, 잇줄이 곡선이고 모직선에 비틀려 있는 기어이다. 이물림이 좋고 정숙한 회전에 적합하나 가공이 어렵다.

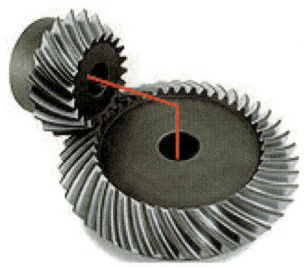

△ 스파이럴 베벨 기어

3) 두 축이 엇갈린 경우

두 축이 평행하지도 않고 만나지도 않는, 축 사이 동력을 전달하는 기어이다.

가) 원통 웜 기어(cylindrical worm gear)

두 축이 직각을 이루는 경우에 적합하다. 웜과 웜 휠이 선 접촉을 하며 큰 감속비를 얻을 수 있으나 효율이 낮다. 감속기에 주로 사용된다.

△ 원통 웜 기어와 웜 휠

나) 하이포이드 기어(hypoid gear)

기어는 원뿔형으로 두 축이 서로 평행하지도 않고 교차하지도 않는 스큐(엇갈림) 축 사이의 운동을 전달하는 기어이다. 큰 감속비를 얻을 수 있다.

▲ 하이포이드 기어

② 감속기

동력원인 모터와 결합하여 회전수를 감소시켜 속도를 줄이고, 힘을 증폭시켜 높은 출력 토크를 얻을 수 있는 장치이다.

가. 감속기 원리

1) 감속기의 원동축과 종동축의 원주 속도는 항상 같다.
2) 원동축의 지름과 종동축의 지름이 같다면 회전수가 같아야 하지만 종동축의 지름이 커진다면 종동축은 원동축보다 적게 회전해야 원주 속도가 같다.
3) 모터의 회전수가 동일할 때, 2배의 출력을 얻고자 한다면 감속 비율이 1:2인 감속기를 선정한다.

나. 감속기 선정

1) 감속 비율 고려
2) 출력 토크 고려
3) 회전 정밀도, 백래시(backlash) 고려
4) 취부 방법

다. 감속기의 종류

주로 감속기 내부의 기어 종류에 따라 구분한다.

1) 웜 기어 감속기

웜 기어를 활용한 감속기로, 소음과 진동이 적은 편이다. 두 축 방향이 90°의 각도를 유지하는 것이 특징이며, 축이 동일 평면상에 있지 않을 경우 사용된다. 원동축 양쪽에 베어링이 삽입되어 있는 구조이며, 웜은 나사 형태로 되어 있다. 나사가 회전하면서 나사에 물려 있는 웜 기어를 작동시킨다. 웜은 웜 기어를 회전시킬 수 있지만 웜 기어의 회전으로 웜을 구동시킬 수 없어 역전 방지 역할을 한다. 좁은 공간에서 큰 감속을 시킬 수 있고, 가격이 저렴하며, 사용이 간편한 것이 특징이다.

▲ 웜 기어 감속기

Ⅳ. 직접전동 기계요소

2) 헬리컬 웜 기어 감속기

▲ 헬리컬 웜 기어 감속기

3) 기어 박스형 평행축 감속기

헬리컬 기어를 사용하여 입력축과 출력축 방향이 평행을 이루는 감속기이다. 헬리컬 기어의 물림이 부드럽고 원활하여 높은 추력을 생성하고, 하중을 안정적으로 분산하여 고하중에 적합하다. 또한, 소음이 적은 특징이 있다.

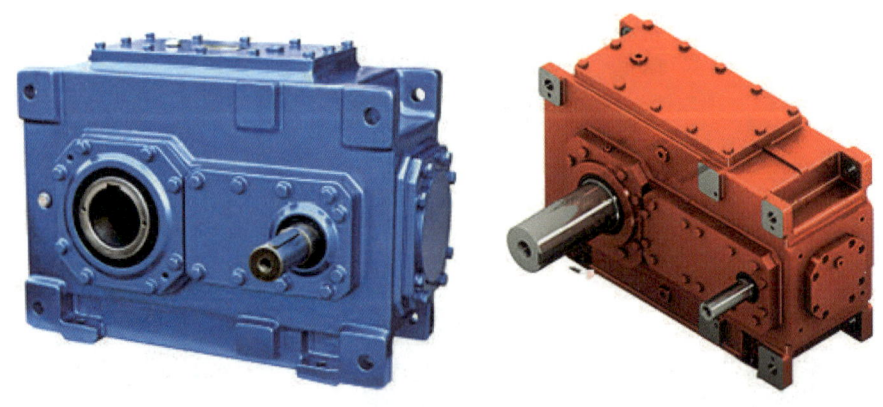

▲ 기어 박스형 평행축 감속기

4) 기어 박스형 직교축 감속기

베벨 기어를 사용하여 입력축과 출력축 방향이 직각이 되는 감속기이다. 동력전달이 직각이 되는 설비에 베벨 기어만으로도 90°의 축 방향 각도를 유지할 수 있다.

▲ 기어 박스형 직교축 감속기

5) 스퍼 기어 감속기

일반적으로 널리 사용되는 방식으로 스퍼 기어의 구조가 간단하여 가공이 쉽고, 가격이 저렴하다. 정비와 수리 등 취급이 용이하다. 다른 감속기와 비교하여 효율이 낮은 단점이 있다.

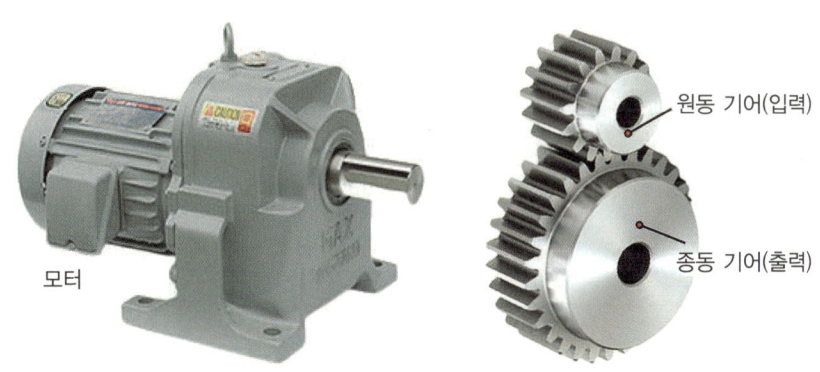

▲ 스퍼 기어 감속기

6) 사이클로이드 감속기

사이클로이드 디스크의 치형이 연속 곡선으로 되어 있는 구조로 모두 회전 접촉하며 매끄러운 굴림으로 물림이 좋다. 감속기 중 성능이 매우 우수하며, 90% 이상의 높은 효율이 특징이다. 구조적으로 견고하며, 잦은 기동과 정지 역전 등의 충격에도 강하고 수명이 길다. 고장이 적고 소형 경량으로 제작할 수 있으며 높은 감속비를 자랑한다. 연속적인 구름 접촉으로 간섭이 적고, 소음이 적어 정숙한 운전에 적합하다.

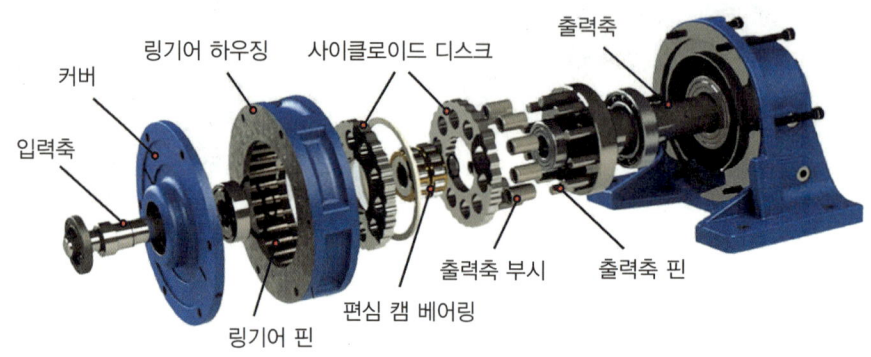

▲ 사이클로이드 감속기

7) 유성 기어 감속기

축에 고정되어 일정하게 회전하는 일반 기어와는 다르게 태양 기어(sun gear) 주위의 유성 기어(planetary gear)가 캐리어(carrier)로 고정돼, 링 기어(ring gear) 내에서 회전하는 구조를 가지고 있다. 태양 기어와 유성 기어는 외접하여 맞물려 회전하고, 링 기어는 유성 기어와 내접하여 감싸고 있는 구조이다.

태양 기어는 자전 운동을 하고, 유성 기어는 자전과 공전 운동을 한다. 즉, 유성 기어는 기어 자체가 회전(자전)하기도 하고, 태양 기어를 중심으로 회전(공전)하기도 한다. 이때 유성 기어의 공전 운동은 캐리어 운동이다.

가) 유성 기어 감속기 장점

(1) 단위 체적당 동력 전달 비율이 크고, 다른 감속기보다 소형 경량으로 제작할 수 있다.
(2) 마찰 손실이 적어 효율이 높다.
(3) 입력축과 출력축이 동심을 이룬다.
(4) 링 기어 제어만으로 변속이나 클러치 동작을 할 수 있다.

나) 유성 기어 감속기 단점

(1) 부품 수가 많고 고가이다.
(2) 설계와 제작에 고도의 기술이 필요하다.
(3) 유성 기어는 공전 운동 시 원심력이 작용하므로 고속 회전 시 주의가 필요하다.

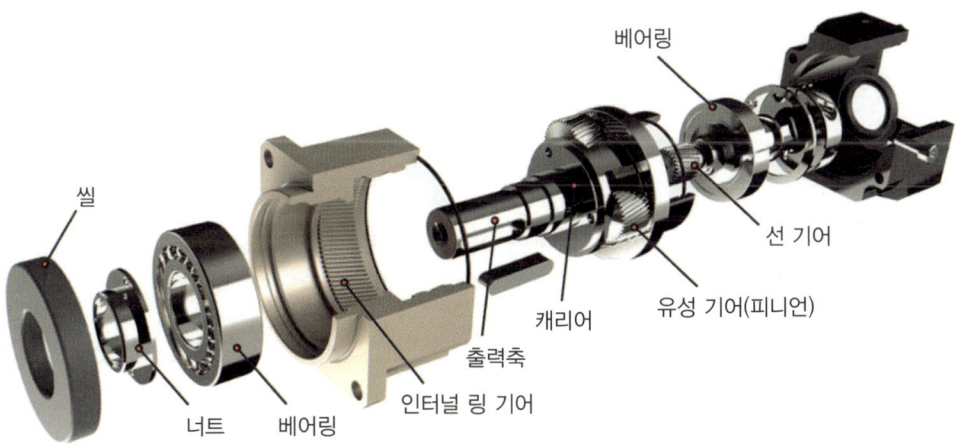

◎ 유성 기어 감속기

Ⅳ. 직접전동 기계요소 87

Ⅴ 유체기기

① 펌프(pump)

펌프는 모터나 내연기관의 기계적 운동 에너지를 유압시스템에서 사용가능한 유체의 위치 에너지나 운동 에너지로 변환시키는 동력발생부이다.

가. 펌프의 구성

펌프를 구동하기 위한 동력전달 장치로 전동기가 있고, 모터의 축과 펌프 축을 연결하는 커플링, 유체가 흐르는 흡입관과 토출관이 있다. 유체를 제어하기 위한 밸브와 유체의 이물질을 여과하는 필터, 유체의 상태를 나타내는 게이지 등의 부속 장치가 있다.

1) 본체

케이싱(casing)이라고도 하며 회전차, 축, 베어링, 밸브 등의 여러 구성요소와 유체가 흐르는 흡입구와 토출구가 있다.

가) 회전차(impeller)

케이싱 내에서 회전하며 기계적인 운동 에너지를 유체의 속도 에너지와 압력 에너지로 변환하는 부분으로 펌프의 효율과 성능을 결정하는 부분이다.
(1) 수력학적 분류에 따라 방사상 날개(radial vane), Francis vane, 혼류 유동 임펠러(mixed flow impeller), 축류 유동 임펠러(axial flow impeller) 등이 있다.
(2) 구조에 따라 폐쇄형, 반개방형, 개방형 등이 있다.

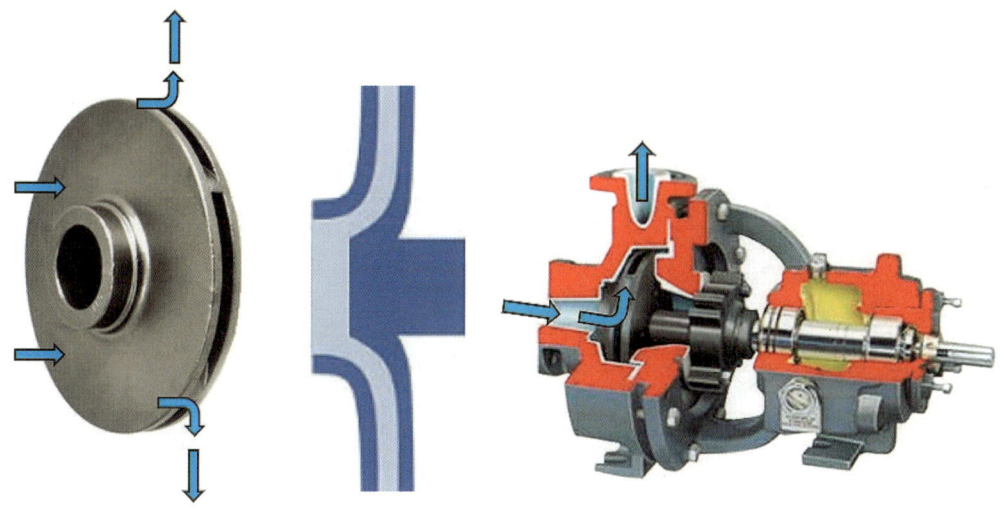

● 방사상 날개(radial vane), radial flow

● Francis vane & radial flow

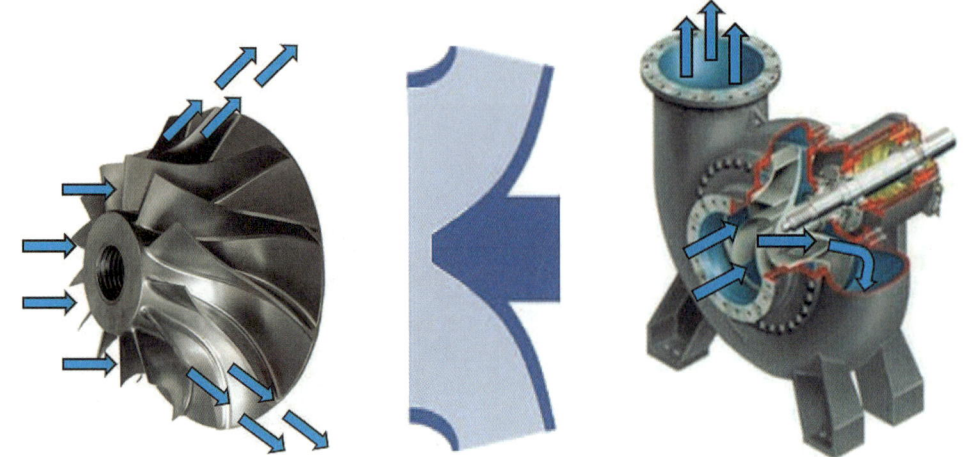

▲ 혼류 유동 임펠러(mixed flow impeller) &mixed flow

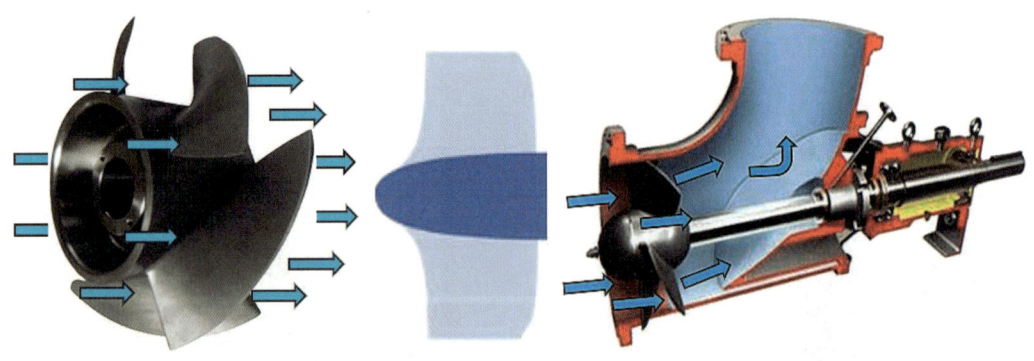

▲ 축류 유동 임펠러(axial flow impeller) & axial flow

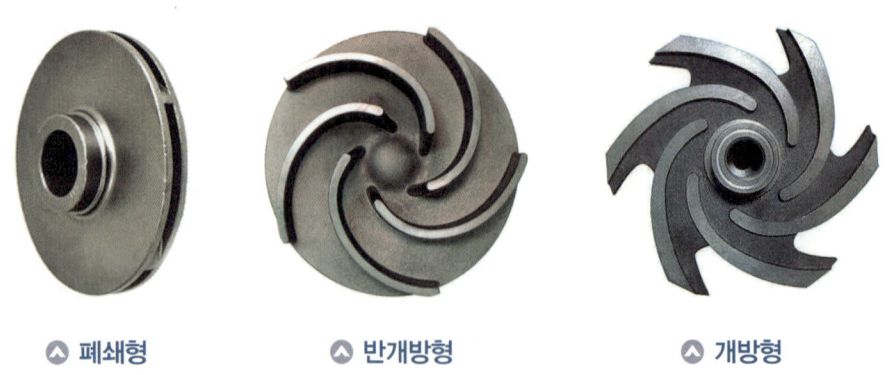

▲ 폐쇄형　　　　▲ 반개방형　　　　▲ 개방형

나) 안내깃(guide vane)

회전차에서 발생되는 유체의 속도 에너지를 유지하고 압력 에너지로 변환하여 와류실로 토출하는 기능을 한다.

다) 와실(vortex or whirl pool chamber)

회전차 바깥 가장자리에 배치된, 둥글게 생긴 환형 부분이다.

라) 와류 실(vortex or whirl pool chamber)

회전차나 안내깃, 와실로부터 나온 유체를 모아 송출관 쪽으로 보내는 역할을 한다. 이 통로는 운동 에너지 손실을 적게 하여 압력 에너지로 회수하여 펌프의 토출구로 송출하는 기능을 한다.

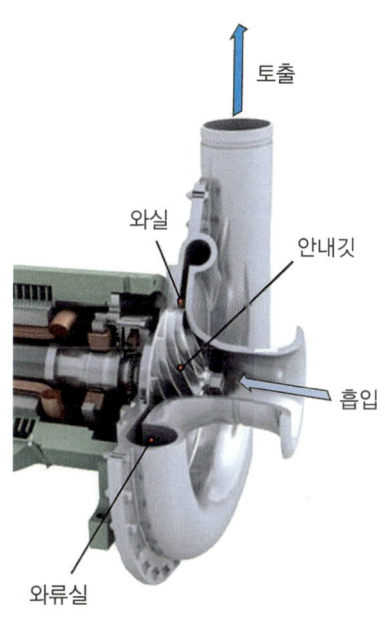

▲ 원심 펌프

2) 축(shaft)

전동기의 축에 연결된 커플링(coupling)으로 동력을 받아 펌프 작용을 하는 베인(vane), 피스톤(piston), 임펠러(impeller) 등을 구동한다. 전동기의 축을 연장하여 펌프축으로 사용하거나 벨트와 풀리에 의해 연결되어 작동하기도 한다.

3) 베어링(bearing)

축의 회전운동을 원활하게 하기 위해 하중을 지지하고, 축의 위치를 고정하여 마찰을 감소시킨다. 구름 베어링과 미끄럼 베어링이 사용된다.

4) 펌프 작용부

펌프 종류 구분의 기준이 되며, 펌프 성능에 영향을 끼치는 중요한 요소이다. 전동기의 에너지가 유체에 가해지는 부분이며, 압력을 가하는 구조와 방법에 따라 베인(vane), 피스톤(piston), 임펠러(impeller) 등의 종류가 있다. 펌프 작용 방법에 따라 회전운동이나 직선 왕복운동에 의해 유체를 토출시킨다.

5) 기밀장치

펌프 내의 유체의 누설이나 외부 공기의 유입을 방지하기 위하여 글랜드 패킹(gland packing), 기계식 장치(mechanical seal), 부시(bush) 등으로 커버, 플랜지, 회전축 주위를 밀봉한다. 기밀 방법과 패킹이나 실의 재질은 작용 압력, 유체 종류와 온도 등을 고려하여 선정한다.

가) 글랜드 패킹(gland packing)

(1) 오일, 물, 산, 알칼리성 용액 등 대부분의 유체 기밀에 적용 가능하다.
(2) 완벽한 기밀 방법으로는 불확실하다.
(3) 취급과 사용이 간편하다.
(4) 마찰이 크고, 마모되기 쉽다.

▲ 글랜드 패킹

나) 메카니컬 실(mechanical seal)

(1) 오일, 물, 산, 알칼리성 용액과 공기와 같은 다양한 유체의 기밀에 적용한다.

(2) 축의 마모에는 영향이 없으나 고가이다.

🔺 메카니컬 실

다) 오일 실(oil seal)

(1) 구조가 간단하다.

(2) 오일, 물에도 좋은 기밀 특성을 가지며 마찰이 적다.

(3) 기계 운동부와 실 립(seal lip) 사이의 마찰에 의해 립(lip)이 마모되는 것을 방지하기 위한 윤활이 필요하다.

🔺 오일 실

라) 립 패킹(lip packing)

(1) 고압에 적합하다.

(2) 안정된 기밀 특성을 가진다.

(3) 좁은 공간에 설치 가능하다.

▲ 립 패킹

마) 오링(O-ring)

(1) 취급이 쉽고 가격이 저렴하다.
(2) 좁은 공간에 설치 가능하다.
(3) 기밀 성능은 다른 seil에 비해 떨어진다.

바) 개스킷(gasket)

(1) 운동이 없는 부분의 기밀 유지용으로 사용한다.
(2) 사용 조건에 따른 다양한 재질과 형상을 사용한다.

다음은 스파이럴 개스킷의 종류이다.

▲ 일반형 개스킷   ▲ 외륜형 개스킷   ▲ 내륜형 개스킷   ▲ 내외륜형 개스킷

다음은 비금속 개스킷의 종류이다.

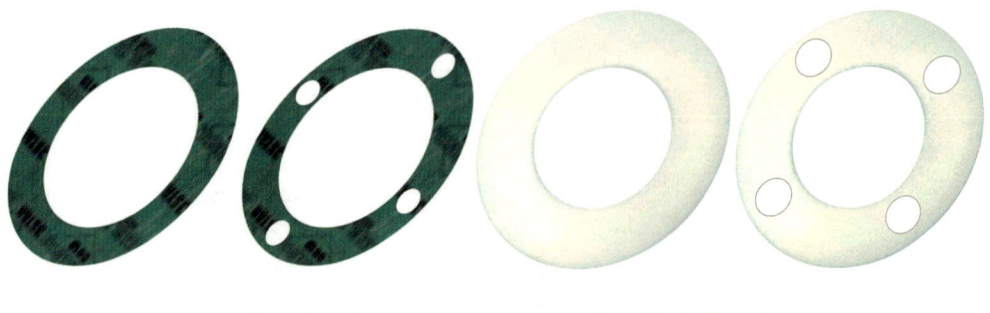

▲ 비석면 개스킷　　▲ 테프론 개스킷

다음은 모양에 따른 개스킷의 종류이다.

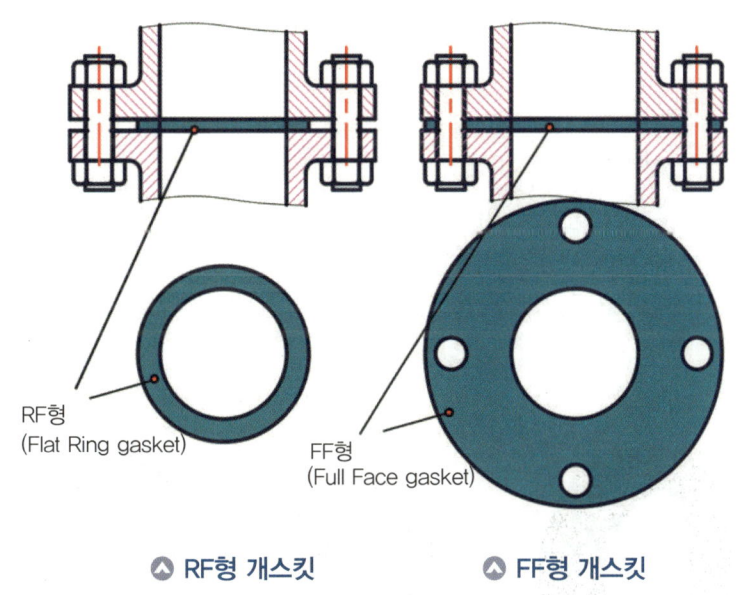

▲ RF형 개스킷　　▲ FF형 개스킷

개스킷 10K32A. = 플랜지용 개스킷의 호칭압력은 10 kgf/cm²이고, 32A는 호칭 지름을 의미한다.

사) 패킹 링(packing ring)

(1) 연질의 합성수지, 합성고무, 가죽 등이 있다.
(2) 경질의 청동, 카본, 주철, 화이트 메탈 소재의 패킹이 있다.
(3) 합성수지의 패킹으로는 단면의 형상에 따라 V, O, U 등이 있다.

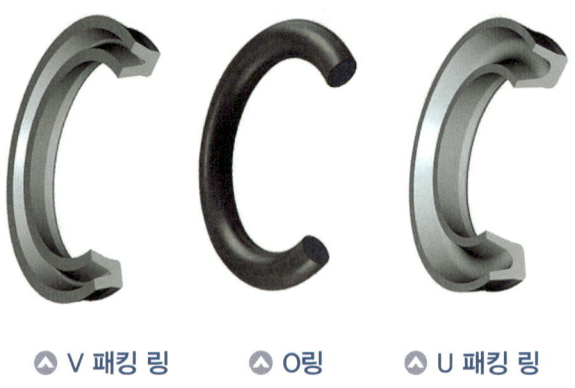

▲ V 패킹 링   ▲ O링   ▲ U 패킹 링

아) 더스트 실(dust seal)

(1) 유압 실린더 로드 패킹의 외측에 설치되어 있다.
(2) 외부로부터 먼지나 이물질, 분진 등의 침입을 막는 먼지 마개 역할을 한다.
(3) 와이퍼 실(wiper seal)로도 불린다.
(4) 로드 패킹의 외측에 설치돼 윤활성이 나쁘고 온도나 햇빛의 영향으로 손상되기 쉽다.

▲ 더스트 실

자) 백업 링(back up ring)

O링은 고압의 유체 압력이 반복하여 작용하면 압착, 밀림이 계속돼 마모가 발생한다. 이때 홈과 습동 면 사이의 틈새로 밀리게 되어 찢김 현상이 누유로 이어진다. O링의 밀림 현상을 방지할 목적으로 백업 링을 O링과 함께 사용한다.

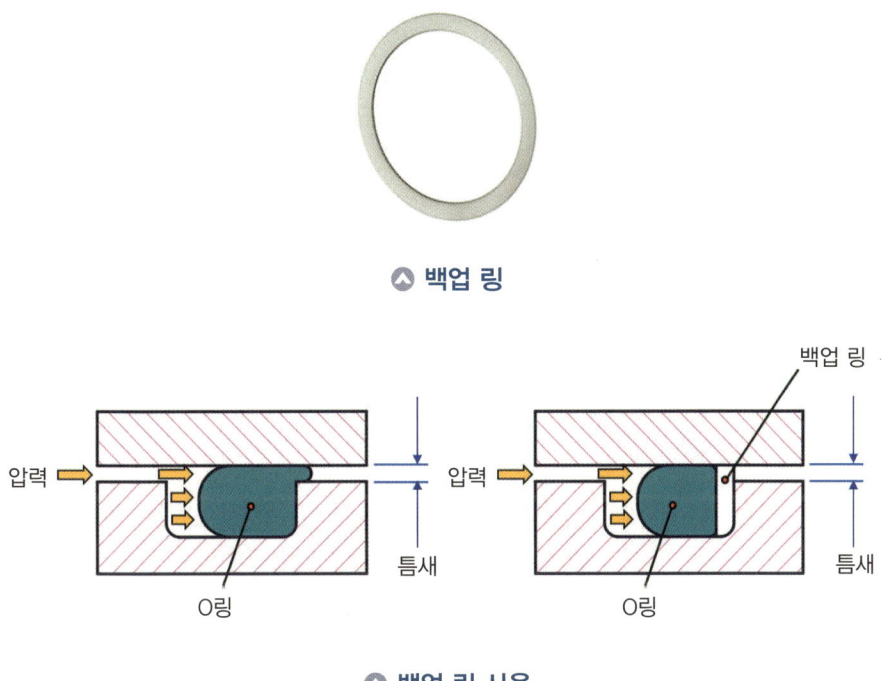

◎ 백업 링

◎ 백업 링 사용

나. 펌프의 종류

1) 회전 펌프

용적식 펌프에 해당되며 케이싱 내에서 접하는 기어(gear), 날개(vane), 나사(screw) 등의 회전자가 회전하며 밀폐공간의 이동에 의하여 유체를 토출하는 펌프이다. 왕복 펌프와 원심 펌프 중간의 특성을 가지고 있으며, 모양은 원심 펌프와 유사하나 구조적으로 흡입, 토출 밸브가 없다는 차이가 있다. 또한, 연속적으로 유체를 토출하므로 토출량 변화에 따른 맥동이 거의 없다는 게 왕복 펌프와의 차이점이다.

특징은 구조가 간단하고, 취급이 용이하며, 소 유량, 고 양정에 적합하다. 회전 펌프의 중요한 요소인 회전자의 형상, 구조에 따라 여러 종류가 있다.

가) 외접식 기어 펌프(external gear pump)

외접식 기어 펌프는, 같은 모양과 크기를 가진 2개의 기어가 케이싱 내에서 서로 맞물려 있는 구조이다. 한쪽 기어에 동력을 주어 운전하면 기어 이의 맞물림이 떨어지는 공간에서 진공현상이 발생되어 흡입작용을 한다. 이때 기어 홈에서의 흡입작용으로 오일이 채워지고, 기어의 회전과 함께 토출구 쪽으로 운송되며 밀려나는 운동이 연속적으로 발생된다.

(1) 구조가 간단하고 가격이 저렴하다.
(2) 유지 보수가 용이하다.
(3) 오염에 둔감하고, 과부하에 잘 견딘다.
(4) 효율이 낮고, 내부 누설이 많다.
(5) 기름 속에 기포가 발생한다.
(6) 소음이 심하다.
(7) 폐입 현상이 발생한다.

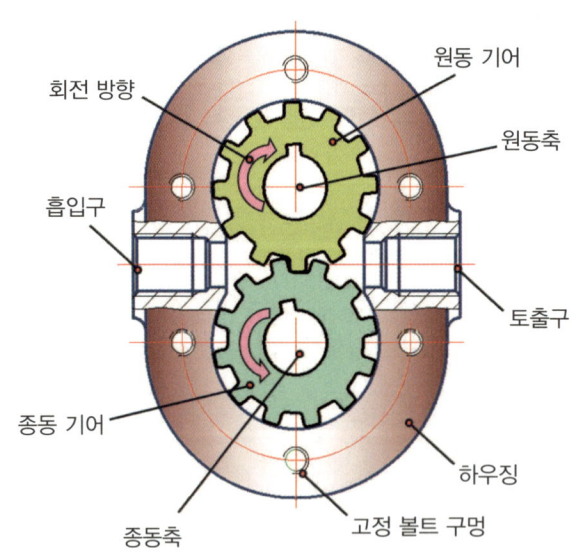

▲ 외접식 기어 펌프

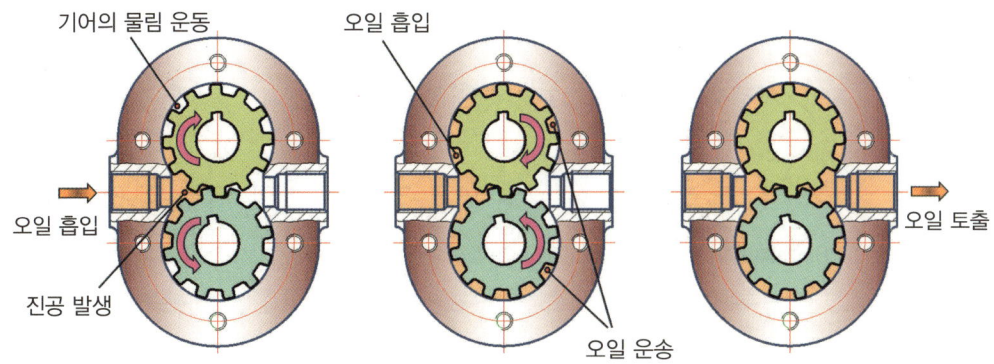

▲ 외접식 기어 펌프 오일 유동

나) 내접식 기어 펌프(internal gear pump)

내접식 기어 펌프는 1개의 외접 기어와 또 하나의 내접 기어가 맞물려 회전하며 펌핑 작용을 한다. 분할 벽 역할을 하는 스페이서(spacer)가 있는 것이 트로코이드 펌프와의 차이점이다.

(1) 2개의 기어가 동일한 방향으로 회전한다.
(2) 소형 펌프의 제작에 널리 사용된다.
(3) 맥동이 작고, 기어 이의 마모가 작다.
(4) 고속회전에 적합하다.

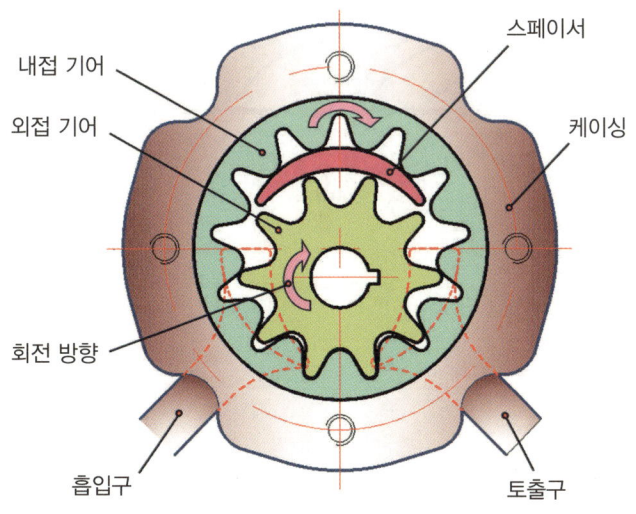

▲ 내접식 기어 펌프

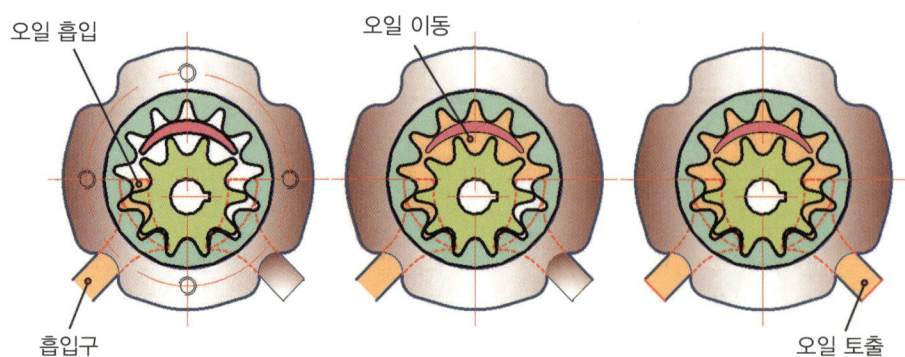

▲ 내접식 기어 펌프 오일 유동

다) 로브 펌프(lobe pump)

로브 펌프의 구동원리는 외접기어 펌프와 같고, 회전자(rotor)가 연속적으로 접촉하며 회전하므로 소음 발생이 적다. 1회전당 토출 유량은 기어 펌프보다 많으나 토출 유량의 변동이 있다.

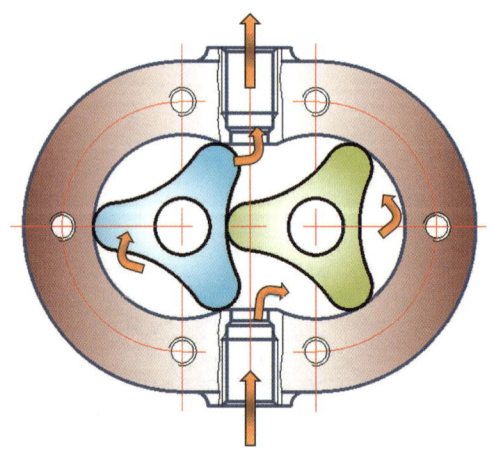

▲ 로브 펌프

라) 트로코이드 펌프

내접식 기어 펌프 중 분할 벽이 없는 형태의 펌프이다. 내측 기어의 로터가 전동기에 의해 회전하면 외측 로터는 따라서 회전하고, 내측 로터 이의 수는 외측 로터보다 1개가 적다. 토출 유량은 외측 로터의 형상에 의해 결정된다.

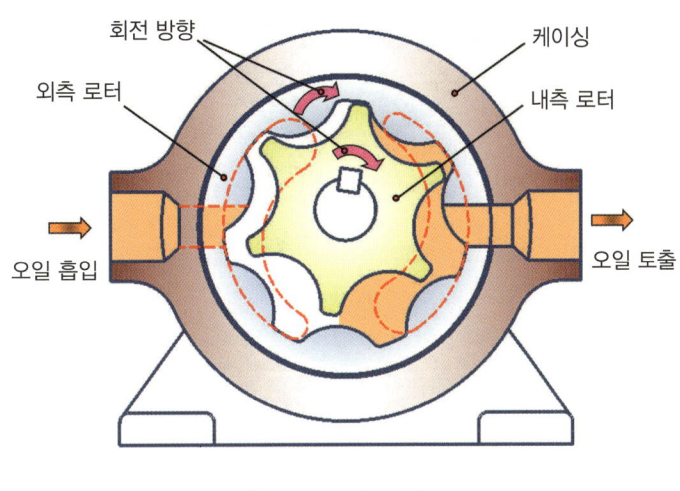

▲ 트로코이드 펌프

마) 베인 펌프(vane pump)

원통형의 케이싱 내에 케이싱 중심과 편심되어 있는 회전체(rotor)가 회전하는 구조의 펌프이다. 회전체의 반지름 방향으로 홈을 파고, 여러 개의 베인(vane)이나 롤러를 방사상이나 회전 방향으로 경사시켜 설치한 구조이다. 회전체가 회전하면 베인은 원심력에 의해 캠링의 내면과 접하여 로터와 함께 회전하면서 오일을 이동 토출한다.

펌프의 송출량은 회전체의 편심량에 의해 결정되므로 편심량을 조절하여 토출 유량을 조절할 수 있는 가변용량형도 있다.

(1) 맥동이 적고, 소음이 작다.
(2) 구조가 간단하고 소형이다.
(3) 수명이 길고 효율 저하가 적다.
(4) 기밀유지가 좋아 압력저하가 일어나지 않는다.
(5) 관리가 용이하나 수리 시 베인의 취급에 주의가 따른다.

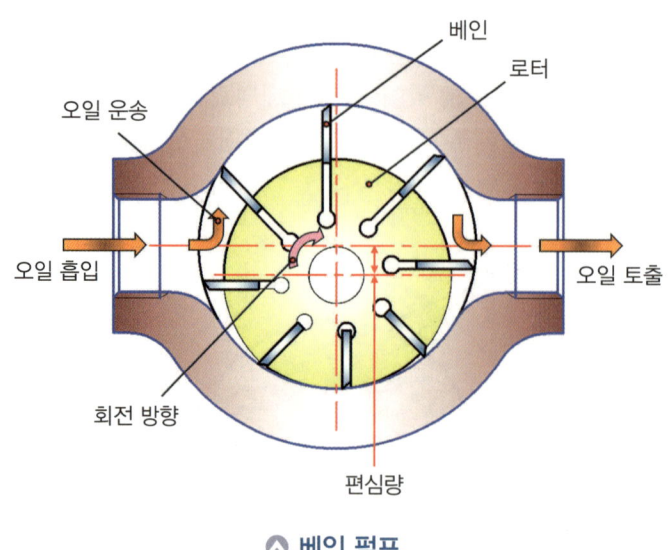

◎ 베인 펌프

바) 단단(1단) 베인 펌프(single vane pump)

베인 펌프의 기본형이고, 유압평형이 확실한 구조의 펌프이다.

(1) 유압평형을 유지하고, 최고 토출압력과 최고 토출유량은 규정되어 있다.
(2) 축과 베어링에 편심하중이 걸리지 않으므로 수명이 길다.
(3) 운전이 정숙하고 맥동이 적으며 성능이 좋다.
(4) 토출량을 바꿀 수 없는 단점이 있다.

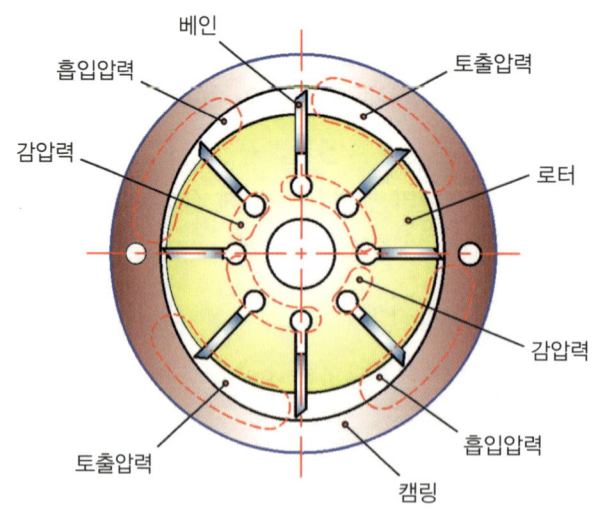

◎ 단단(1단) 베인 펌프

사) 2중 베인 펌프

1개의 구동축에 의해 2개의 카트리지가 1개의 본체에 연결되어 2배의 압력을 낼 수 있는 펌프이다.

(1) 소용량 펌프와 대용량 펌프를 동일한 축에 조합시킨 구조이다.
(2) 흡입구는 1구형과 2구형으로 구분한다.
(3) 토출구가 2개이며 각각 다른 유압원과 유량을 필요로 할 때 사용한다.
(4) 토출량이 서로 다른 펌프를 1개의 축으로 구동하므로 효율적이고 경제적이다.
(5) 저압과 고압의 2압력 사용이 가능하므로 자동화제어에 적합하다.

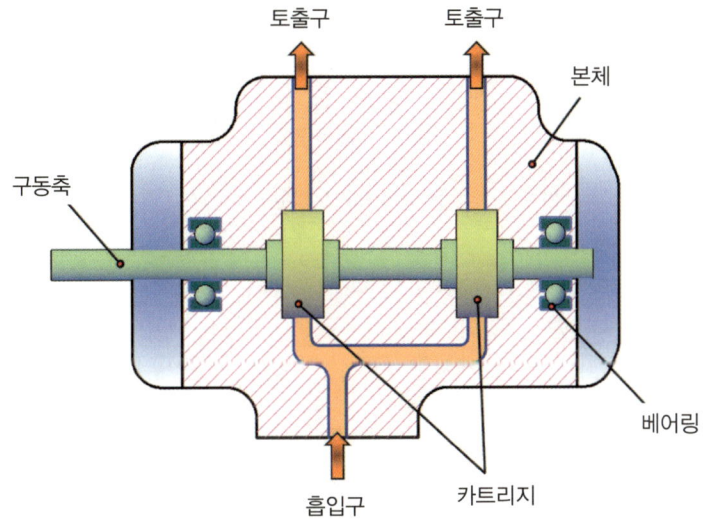

◎ 2중 베인 펌프

아) 2단 베인 펌프

고압 발생을 목적으로 사용하는 펌프이다.

(1) 용량이 같은 단단 펌프 2개가 1개의 본체 내에 있는 구조이다.
(2) 고압, 고출력이 요구되는 설비에 적합하다.
(3) 구동 시 소음이 발생된다.

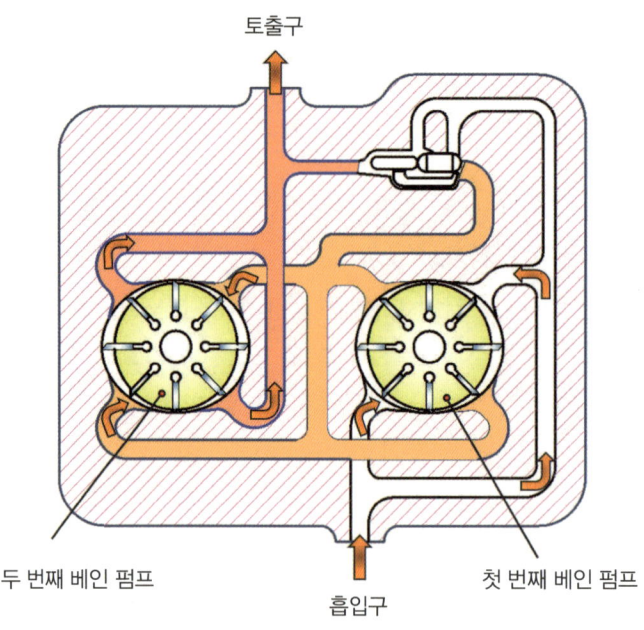

▲ 2단 베인 펌프

2) 왕복 펌프

전동기의 회전운동을 플런저나 피스톤의 직선왕복운동 또는 회전왕복운동을 활용하여 작동유압 압력을 주어 토출하는 것으로 토출량은 적으나 고압에 적합하다. 누설이 적어 효율이 좋다.

축 방향 피스톤 펌프로는 피스톤의 운동 방향이 실린더 블록의 중심선과 같은 사축식과 사판식으로 구분한다. 사축식(bent axis)은 구동축과 실린더 블록의 중심축이 기울어진 구조이고, 사판식(swash plate)은 구동축과 실린더 블록의 중심이 일치하고, 경사판의 회전으로 피스톤 행정을 하는 펌프이다.

또, 반지름 방향 피스톤 펌프는 피스톤의 직선왕복운동 방향이 실린더 블록의 중심선에 직각인 평면 내에서 방사상으로 나열되어 있는 레이디얼 피스톤 펌프(radial piston pump)가 있다.

(1) 고압 장치에 적합하다.
(2) 다른 종류의 펌프와 비교해 효율이 가장 높다.
(3) 토출압력, 유량 등 용도에 맞도록 가변 용량형에 적합하다.
(4) 구조가 복잡하고 고가이다.
(5) 흡입 능력이 낮고 오일 오염에 민감하다.

가) 사축식 피스톤 펌프(bent axis piston pump)

구동축과 실린더 블록 축의 각도를 바꾸는 방식으로 구동축에 지지되어 있는 실린더 블록 내의 피스톤이 구동축과 함께 회전한다. 이때 회전은 유니버설 링크(universal link)를 이용한다.

일정한 각도를 유지하며 고정되어 있는 정용량형 펌프와 피스톤의 스트로크를 변화시키기 위해 각도를 변화하여 실린더 블록이 요동하는 가변용량형 펌프가 있다.

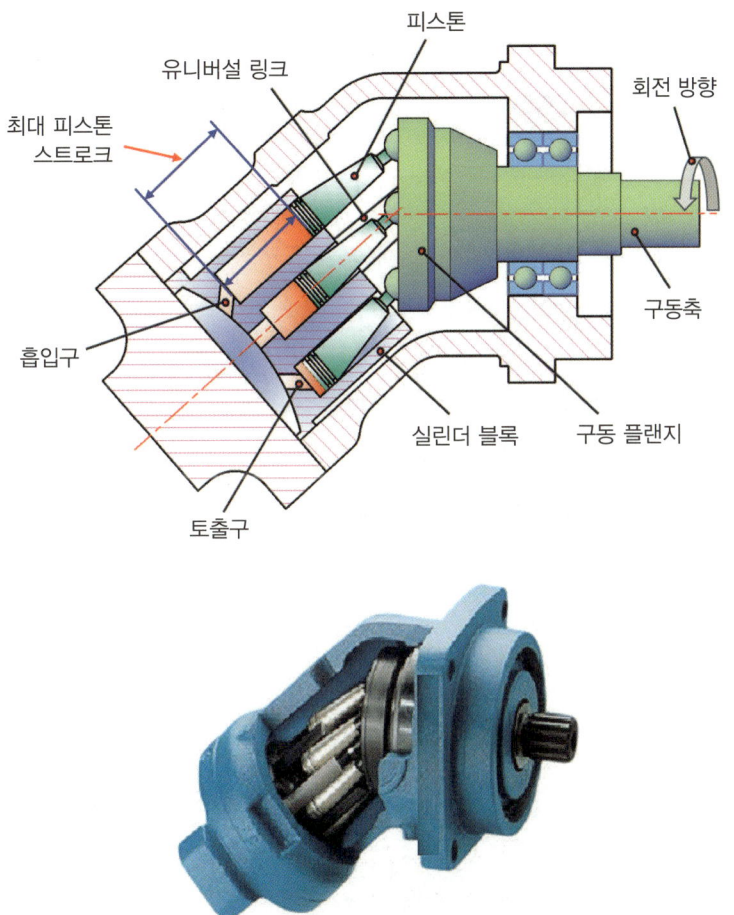

▲ 사축식 피스톤 펌프

나) 사판식 피스톤 펌프(swash plate piston pump)

구동축과 실린더 블록은 스플라인(spline)으로 결합되어 있고, 구동축과 실린더 블록을 동일 축상에 배치하여 피스톤이 경사판과 함께 회전하는 구조이다.
사축식 피스톤 펌프에 비하여 구조가 간단하고, 소형 경량이며, 가격이 저렴하다. 회전 중량은 축 주위에 집중되어 고속회전에 적합하고, 건설 차량 등 설치 면적이 좁은 곳에 많이 사용된다.

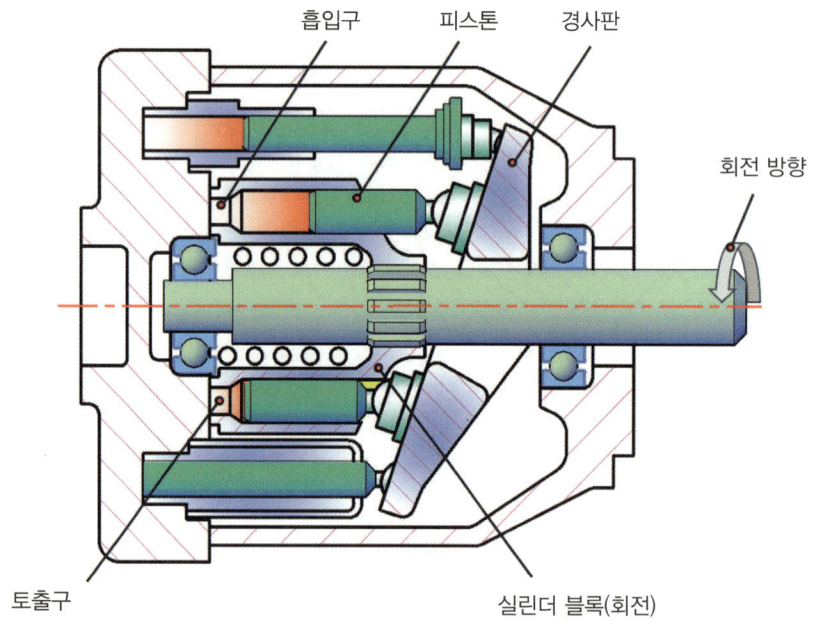

▲ 사판식 피스톤 펌프

다) 레이디얼 피스톤 펌프(radial piston pump)

스트로크 방향이 실린더 블록의 중심 축선에 직각인 평면 내에서 피스톤이 방사상으로 나열되어 있는 펌프이다.

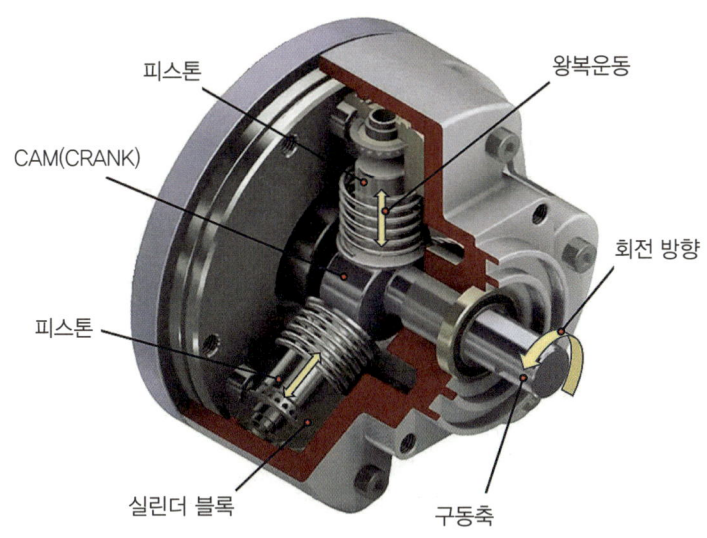

▲ 고정 실린더 블록형 레이디얼 피스톤 펌프

3) 원심 펌프

밀폐된 용기 내의 유체를 축을 중심으로 회전시키면 임펠러의 회전에 의해 유체에 원심력이 작용하고, 용기 가장자리로 작용하는 압력이 증가한다. 이때 중앙부의 압력이 낮아지고, 중앙부에 설치한 흡입관을 통해 유체를 흡상하여 토출하는 원리를 이용한 것이다.

종류는 안내 날개에 따른 분류로 벌류트 펌프(volute pump)와 터빈 펌프(turbine pump)로 구분하고, 흡입구에 따른 분류로 한쪽 흡입형과 양쪽 흡입형이 있다. 단수에 따른 분류로는 단단 펌프(single stage)와 다단 펌프(multi stage)로 구분하고, 회전 차의 형상에 따라 펌프를 분류할 수도 있다.

가) 벌류트 펌프(volute pump)

유체는 직접 회전차에서 와류실로 유도되고, 구조가 간단하다. 회전 차의 바깥 부분에는 안내날개가 없는 형식이다. 15 m 이하의 저 양정 펌프로 사용된다.

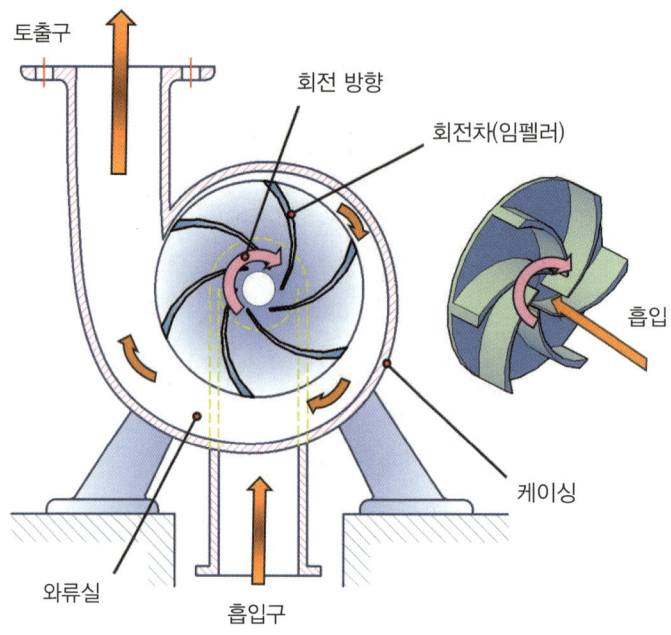

▲ 벌류트 펌프

나) 터빈 펌프(turbine pump)

구조로는 회전 차의 바깥 부분에 안내 깃(날개)이 있는 원심 펌프이다. 벌류트 펌프에 비해 고압이며 효율이 좋다. 디퓨저 펌프(diffuser pump)라고도 하며, 20 m 이상의 높은 양정을 얻을 수 있다.

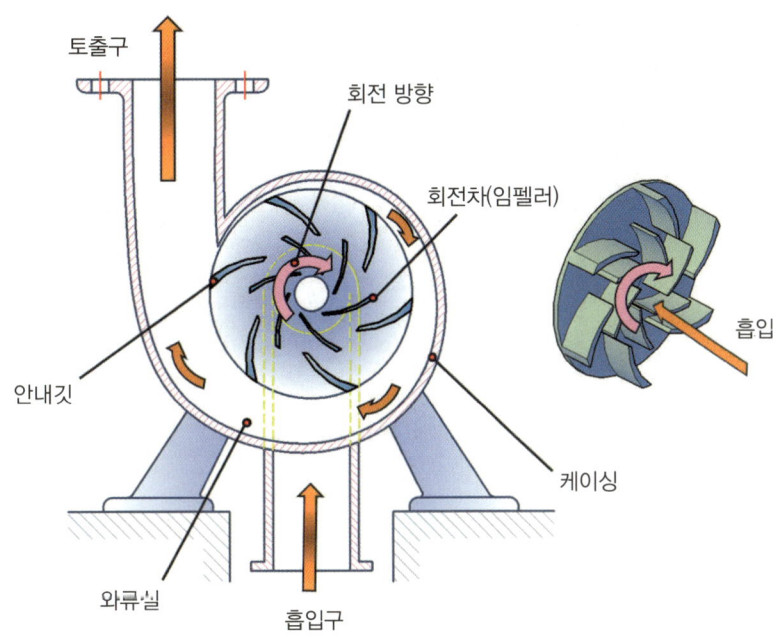

◎ 터빈 펌프

다) 한쪽 흡입형 펌프

흡입구가 한쪽에만 있고, 임펠러의 한쪽에서만 유체를 흡입하는 구조의 펌프로 양정에 비해 송출량이 적은 경우에 사용한다.

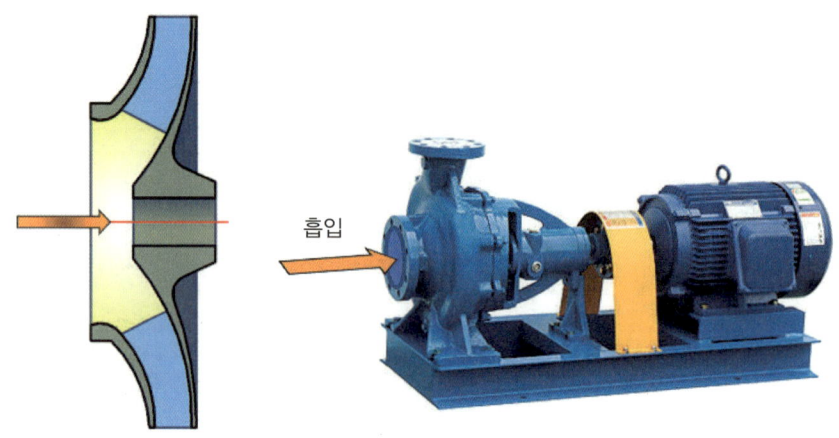

▲ 한쪽 흡입형 펌프

라) 양쪽 흡입형 펌프

흡입구가 양쪽에 있고, 임펠러의 양쪽에서 유체를 흡입하는 구조의 펌프로 한쪽 흡입형 펌프에 비해 송출량이 많은 경우에 사용한다. 양쪽에서 흡입하므로 추력 발생이 없고, 동일한 크기의 한쪽 흡입형 펌프와 양정은 같더라도 송출량은 2배가 된다.

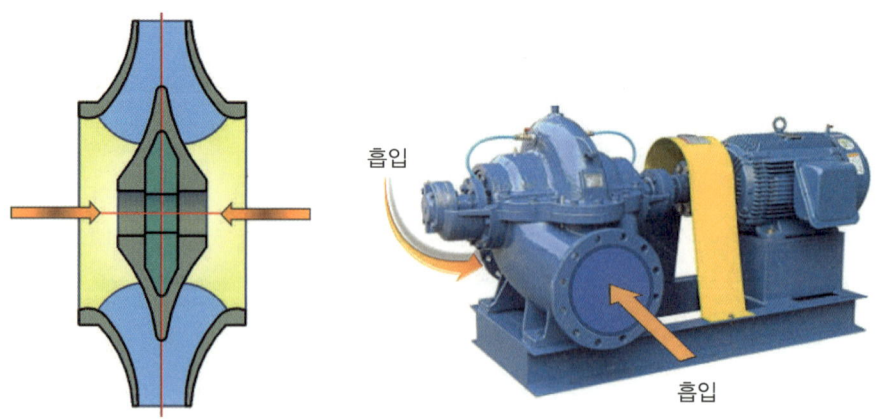

▲ 양쪽 흡입형 펌프

마) 단단 펌프(single stage)

하나의 케이싱 내에 1개의 임펠러를 가지고 있는 구조의 펌프로 임펠러의 구조는 언밸런스형(unbalance type)과 밸런스형(balance type)이 있다. 양정이 낮은 경우에 사용된다.

🔺 단단 펌프

바) 다단 펌프(multi stage)

하나의 케이싱 내에 2개 이상의 임펠러를 1개의 동일 축상에 직렬로 배치한 구조의 펌프로 가이드 베인드(guide vaned)의 유무에 따라 터빈형(turbine type)과 와류형(volute type)이 있다. 1단을 지나온 유체는 다음 단의 임펠러 입구로 이송되어 양정을 높이고, 또 다음 단으로 흡입되면서 차례대로 양정을 높이는 펌프로 고양정에 적합한 펌프이다.

🔺 다단 터빈형 펌프

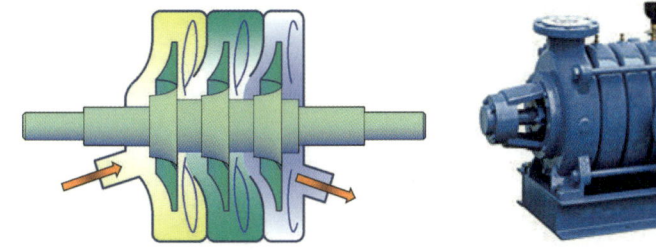

🔺 다단 와류형 펌프

② 밸브(valve)

밸브는 관을 흐르는 여러 가지 유체의 압력과 유량을 조절하고, 방향 전환과 차단, 온도 등을 제어하기 위해 사용되는 장치이다. 구조는 몸체와 디스크, 시트(sheet), 조정 부분으로 구성되어 있다. 밸브는 사용 목적에 따라 여러 가지로 구분할 수 있다.

가. 밸브의 종류

1) 글로브 밸브(glove valve)

일반적으로 공 모양의 밸브 몸통을 가진다. 유체가 흐르는 방향으로 입구와 출구가 일직선으로 되어 있는 밸브이다. 밸브 시트에 대하여 수직으로 움직이며 개폐된다. 차단용도뿐 아니라 유량조절이 쉬워 조절용으로 사용되며, 유체의 흐름은 S자 형태이다.

(1) 차단용과 유량조절 용도로 사용된다.
(2) 디스크가 밸브 시트에 밀착하면 닫히고, 떨어지면 열리는 구조이며, 밸브 스템의 이동거리 간격으로 유량조절이 이루어진다.
(3) 정밀한 유량조절은 니들 밸브가 적합하다.
(4) 일부 열려 있는 상태에서 사용해도 밸브나 밸브 시트가 유체에 의한 손상을 받지 않는다.
(5) 유체의 흐름이 S자 형태이기 때문에 다른 타입의 밸브보다 압력손실이 크다.
(6) 밸브 개폐를 위해 스템을 자주 회전시켜야 하기 때문에 글랜드 플랜지, 백 시트 등에서의 누설 발생이 있다.
(7) 회전하며 밸브가 닫히기 때문에 완전히 닫히는 위치 파악이 어렵고, 쐐기 작용에 의해 시트의 손상을 가져온다.

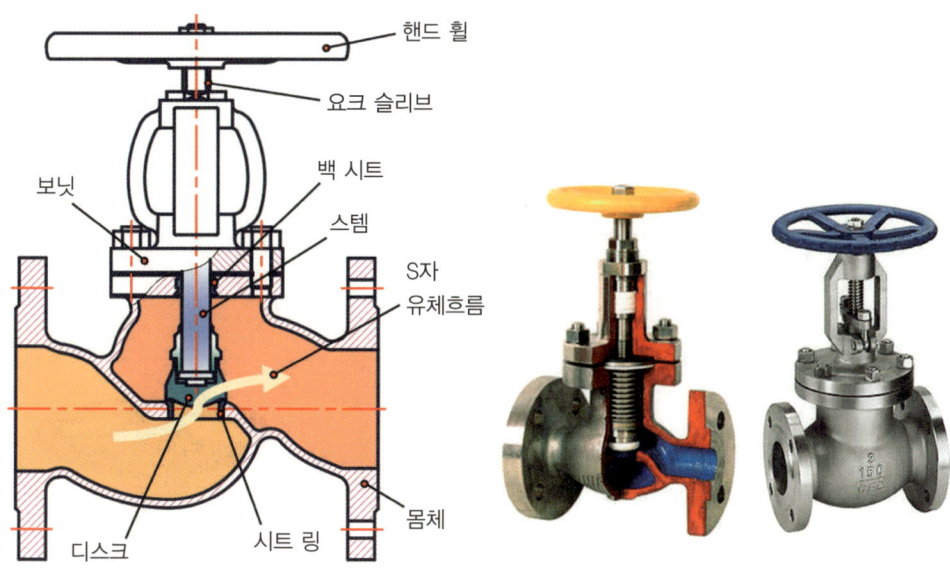

▲ 글로브 밸브

2) Y형 밸브(Y-glove valve)

밸브대의 축과 출구의 유로가 Y자 형태의 예각을 이루고 있고, 유체가 흐르는 몸통의 입구와 출구의 중심선이 일직선으로 되어 있는 밸브이다.

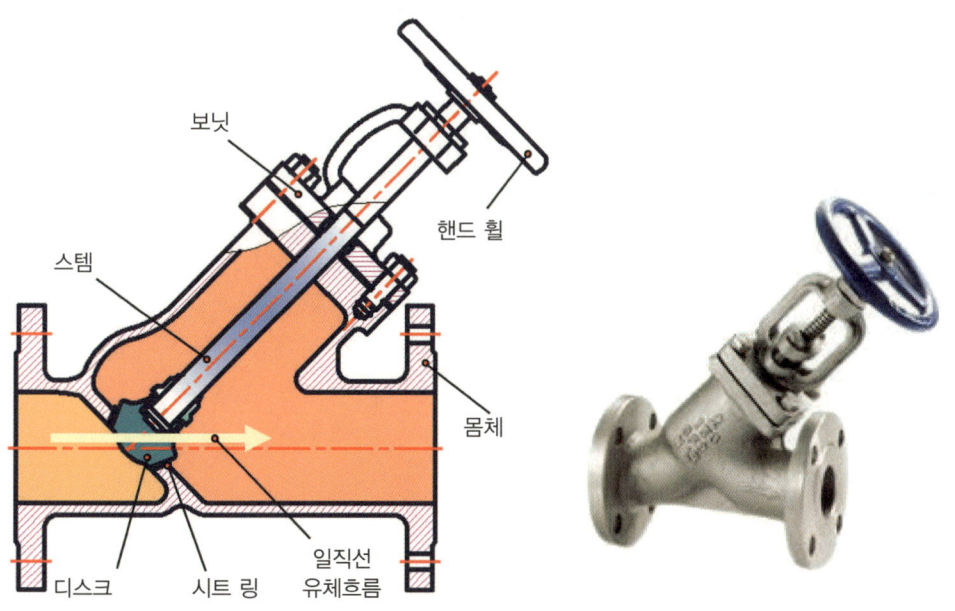

▲ Y형 밸브

V. 유체기기 113

3) 앵글 밸브(angle valve)

유체가 흐르는 밸브 몸통의 입구와 출구의 중심선이 직각이며, 유체의 흐름 방향을 직각으로 변경시킬 때 사용하는 밸브이다.

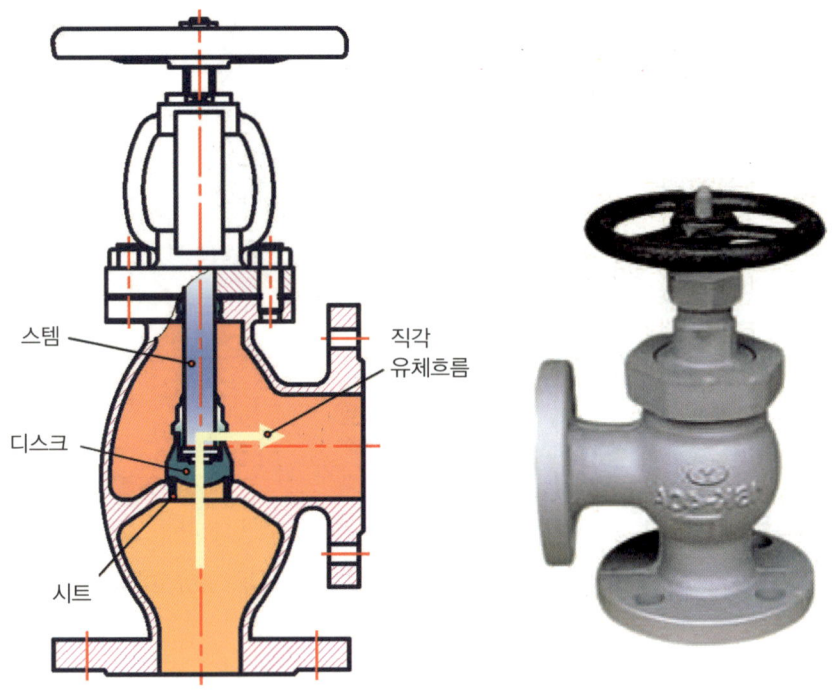

🔺 앵글 밸브

4) 니들 밸브(needle valve)

정밀한 유량 조절이 용이하게 디스크가 바늘 모양의 구조를 가진 밸브이다.

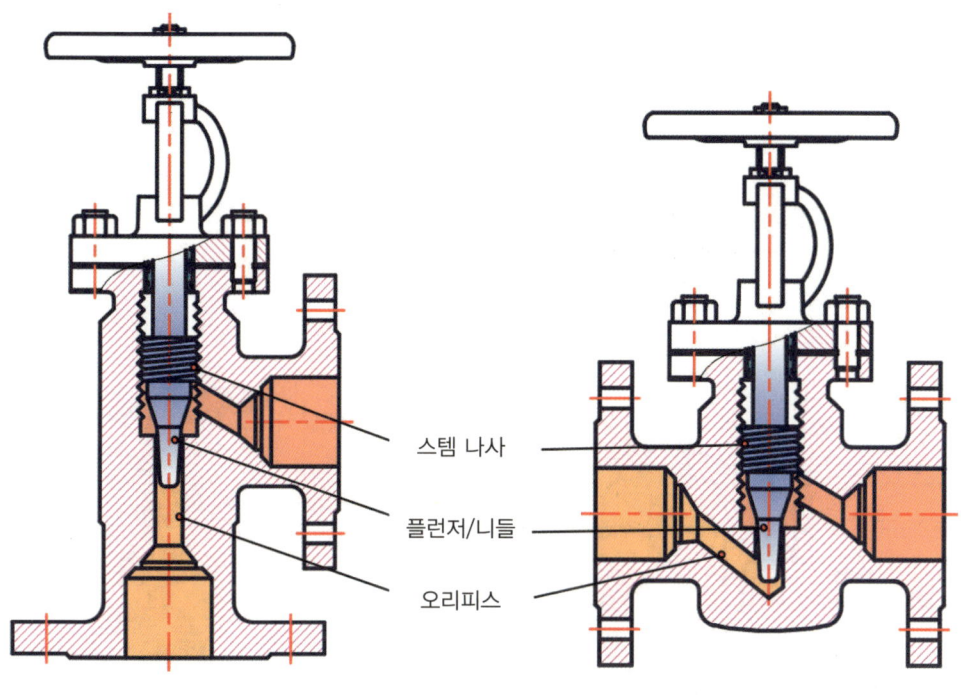

△ 니들 밸브

5) 게이트 밸브(gate valve)

게이트 밸브는 유체가 흐르는 몸통의 입구와 출구의 중심선이 일직선으로 되어 있는 밸브이며, 슬루스 밸브(sluice valve)라고도 불린다. 밸브가 관의 중심선에 직각 방향으로 개폐되는 구조이다. 밸브가 완전히 열리면 유체의 흐름 방향과 면적이 변화하지 않고 압력 손실이 적다. 밸브를 자주 개폐할 필요가 없는 곳에 설치하고, 고압, 고속 유량 조절에 적합하다.

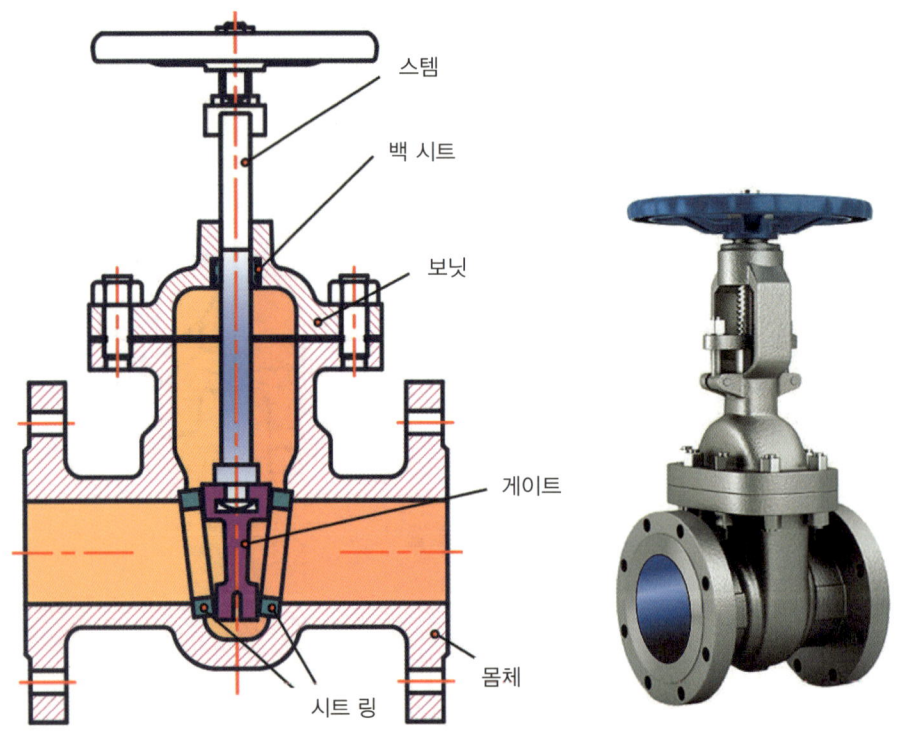

▲ 게이트 밸브

6) 버터플라이 밸브(butterfly valve)

게이트 밸브의 일종이며, 면간 치수를 아주 짧게 할 수 있다. 디스크가 원판 모양이고, 원형 손잡이를 이용해 개폐하며 유량을 조절하는 밸브이다. 전부 열렸을 때 압력 손실이 적은 것이 특징이나, 닫혔을 때 완전한 기밀유지가 어렵다. 충격에 약해 고압에는 부적합하다.

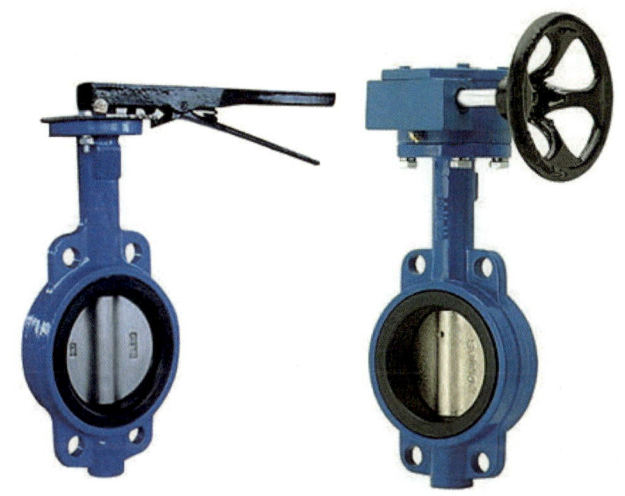

△ 버터플라이 밸브

7) 체크 밸브(check valve)

구동 방식이 따로 없고, 유체의 압력에 의해 개폐되는 밸브이다. 유체의 흐름을 한쪽 방향으로만 흐르게 하고, 역류 방지용으로 사용된다. 유량조절은 불가능하고, 디스크의 형태에 따라 스윙형, 리프트형, 볼형이 있다.

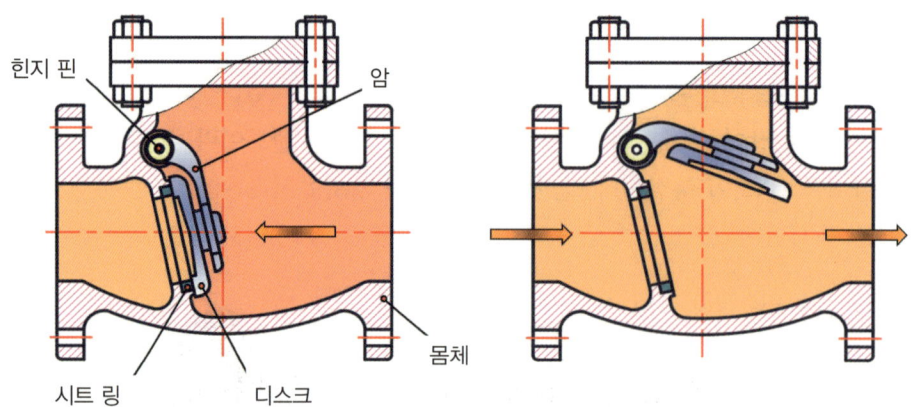

▲ 스윙형 체크 밸브

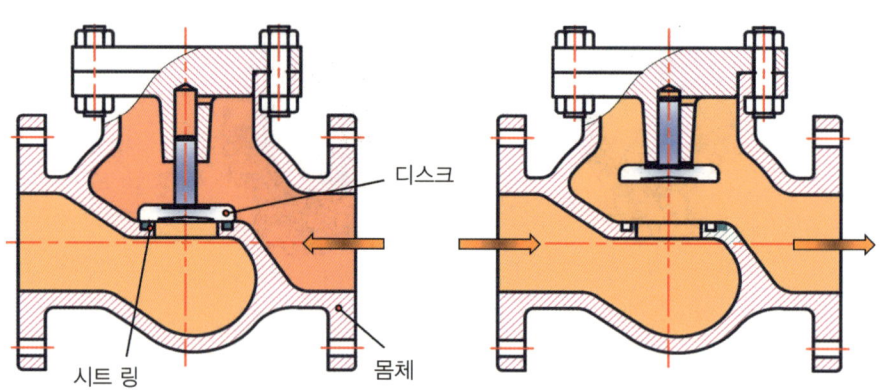

▲ 리프트형 체크 밸브

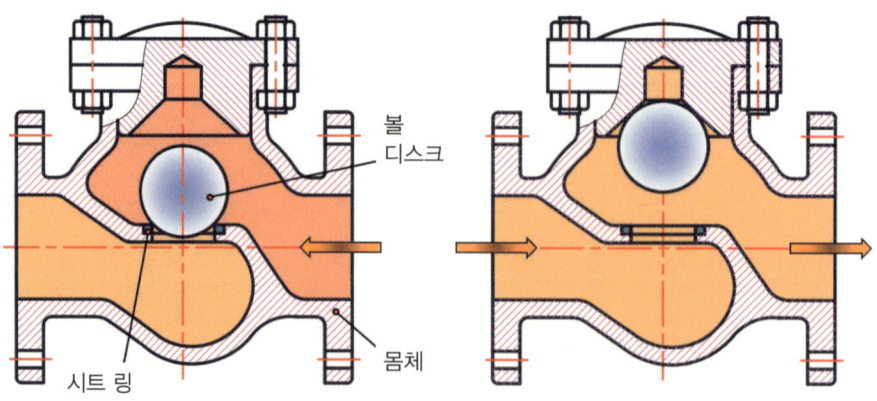

▲ 볼형 체크 밸브

8) 볼 밸브(ball valve)

디스크의 형태가 공 모양이고 기밀유지 특성이 양호하다. 유체의 흐름을 열고 닫는 용도로 사용되며, 핸들을 90° 회전시켜 개폐하는 밸브로 유량 조절용으로는 적합하지 않다. 볼의 유로 형상이 관의 입·출구와 같은 모양이기 때문에 같은 크기의 유체가 흐르고, 저항이 적어 압력 손실이 적다.

▲ 볼 밸브

Ⅵ 센서

1 센서

온도, 압력, 힘, 길이, 회전각, 물체의 유무, 유량 등 물리량의 절댓값이나 변화를 감지하여 전기신호로 변환하는 장치이다.

가. 센서 선정 시 고려사항

1) 정확성
2) 감지 거리
3) 신뢰성과 내구성
4) 단위 시간당 스위칭 사이클 수
5) 반응속도
6) 선명도

나. 센서의 구분

1) 검출하고자 하는 양에 따른 구분

   가) **화학 센서**: 가스 센서, 습도 센서, 이온 센서, 효소 센서, 매연 센서 등

   나) **물리 센서**: 온도 센서, 광센서, 방사선 센서, 자기 센서, 전기 센서, 컬러 센서 등

   다) **역학 센서**: 길이 센서, 압력 센서, 변위 센서, 진공 센서, 속도·가속도 센서 등

2) 정보 획득 방법에 따른 구분.

   가) **능동형 센서**: 레이저 센서, 광센서

   나) **수동형 센서**: 적외선 센서, 초전 센서

❷ 센서의 종류

물체 감지 및 검출 센서의 종류로는 유도형 센서, 용량형 센서, 광센서, 근접 센서, 온도 센서, 압력 센서, 초음파 센서 등이 대표적이다.

1) 유도형 센서(inductive sensor)

(1) 물체가 접근하면 센서 표면에 전자계를 형성하고 감지 거리 내의 물체 변화에 따라 출력한다.

(2) 금속 물체에만 반응하며, 유도에 의한 와전류가 금속체 내부에 발생하여 금속체 에너지를 빼앗아 발진 진폭의 감쇄를 가져온다.

(3) 신호의 변환이 매우 빠르다.

(4) 수명이 길다.

(5) 먼지나 진동 등 외부의 영향을 받지 않는다.

🔺 유도형 센서

2) 정전 용량형 센서(capacitive sensor)

(1) 물체의 접근에 따라 물체와 센서 표면에서 분극현상이 일어나 정전용량이 증가되어 발진 조건의 향상으로 출력이 나오게 되어 있다.
(2) 검출대상은 금속, 플라스틱, 종이, 유리, 물 등 비금속 물질도 검출이 가능하다.

▲ 정전 용량형 센서

3) 광센서(photosensor)

(1) 빛을 이용하여 물에의 유무를 검출하거나 속도나 위치 결정에 응용된다.
(2) 레벨 검출, 특정 표시 식별 등에 사용되며, 광학적 센서(optical sensor)라고도 한다.
(3) 투광부와 수광부의 구성에 따라 다음과 같이 구분된다.
   (가) 투과형(through beam)
   (나) 확산 반사형(diffusion reflective)
   (다) 회귀 반사형(retro reflective)
(4) 광센서의 특징은 다음과 같다.
   (가) 무접촉 검출이 가능하다.
   (나) 검출 대상 물체의 종류가 광범위하다.
   (다) 응답속도가 빠르다
   (라) 설정 거리가 길다.
   (마) 외부의 영향을 받지 않으며, 수명이 길다.

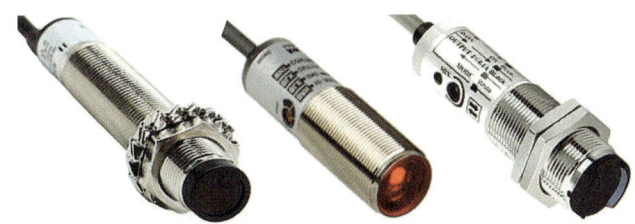

▲ 광센서

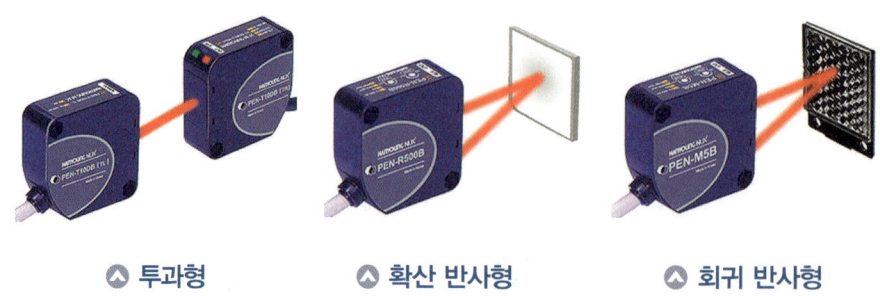

▲ 투과형   ▲ 확산 반사형   ▲ 회귀 반사형

4) 근접 센서(리드 스위치)

(1) 자계에 의해 기계적 변화를 일으켜 동작되는 자기 센서의 일종이다.
(2) 백금, 금, 로듐 등 귀금속 도금을 한 자성체의 리드 편을 적당한 간격으로 유지하도록 하고 있다.
(3) 질소와 수소가스와 같은 불활성 가스와 함께 봉입한 구조이다.
(4) 접점 형식에 따라 다음과 같이 구분된다.
　(가) a접점 형태: 정상상태에서 접점이 열려 있다.
　(나) b접점 형태: 정상상태에서 접점이 닫혀 있다.
　(다) C접점 형태: 고정 접점 2개를 설치해 서로 다른 동작을 시킬 수 있다.

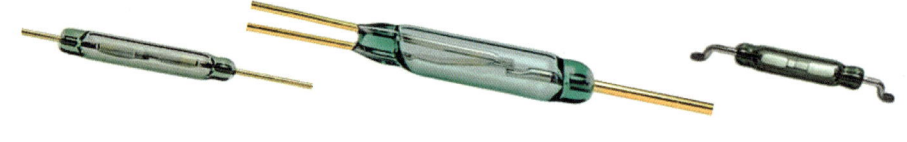

▲ 리드 스위치

5) 온도 센서

가) 열전쌍(thermocouple)

(1) 구조적으로 간단하다.
(2) 기계적으로 강하다.
(3) 측정 온도 범위가 넓다.

나) 서미스터(thermistor)

(1) 온도 변화에 민감한 저항체로 대표적인 반도체 감온소자이다.
(2) NTC 서미스터, PTC 서미스터, CTR 서미스터 등이 있다.

다) 측온 저항체

   (1) 접촉식 온도 센서로 감도가 높고, 열전쌍과 달리 기준접점 보상회로가 필요 없다.
   (2) 저항값으로부터 바로 온도를 구할 수 있다.
   (3) 부가회로가 간단하다.

▲ 온도 센서

6) 압력 센서

   가) 스트레인 게이지(strain gage)

   (1) 기계적 동작 부분이 비교적 적다.
   (2) 기계량이 전기량으로 인출되도록 만들어진 센서이다.

   나) 로드 셀(load cell)

   (1) 중량 센서이며, 구조가 간단하고, 정밀도가 높으며, 수명이 반영구적이다.

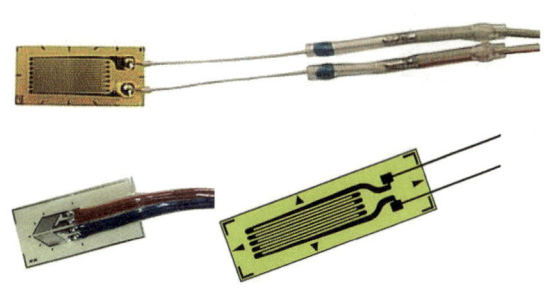

▲ 스트레인 게이지

▲ 회전형 토크 센서

▲ 로드 셀

7) 초음파 센서

(1) 물체의 유무 검출이나 거리 측정에 이용된다.
(2) 다양한 물체의 검출에 용이하다.
(3) 감지 물체 표면에 경사가 있으면 측정이 곤란하다.
(4) 스위칭 주파수가 낮고, 광센서에 비해 고가이다.

▲ 초음파 센서

설.비.보.전.기.사.**실.기**

Ⅶ 보전용 기본 공구

1 보전용 공기구

기계장비 설치 및 조립, 유지보수, 수리작업을 하기 위해서는 여러 가지 도구가 필요하다. 사용 방법에 따라 수공구 및 동력공구, 특수공구로 나눌 수 있다.

가. 체결용 공기구

1) 렌치(wrench)

렌치(wrench)는 "심하게 비틀다"라는 의미의 동사와 명사가 있으며, 렌치는 영국에서 주로 사용되는 용어이고, 같은 의미로 미국에서는 스패너(spanner)를 주로 사용한다.

렌치(wrench)는 볼트나 너트를 조이고 풀기 위하여 사용되는 공구이며, 경강을 단조하여 만든다. 구폭(口幅)을 조절할 수 있는 것과 없는 것이 있으며, 치수와 형상이 규격화되어 있다.

기) 단구 렌치/스패너(single open end wrench)

볼트, 너트 규격에 따라 한쪽 끝단에만 개구부가 있는 렌치로 특징 및 규격은 양구 렌치와 같다.

△ 단구 렌치/스패너

나) 양구 렌치/스패너(double open-end wrench)

볼트, 너트 규격에 따라 서로 다른 크기의 개구부가 2개 있는 렌치로 분해 조립 시 일반적으로 사용되며, 좁은 공간에서도 사용이 가능하다. 큰 힘으로 체결 시에는 볼트, 너트의 모서리가 마모될 수 있다.

△ 양구 렌치/스패너

다) 조합 렌치/스패너(combination open & box-end wrench)

한쪽에는 포크형, 다른 쪽에는 다각형의 머리가 달린 렌치로 양끝의 크기가 같다.

△ 조합 렌치/스패너

라) 조절 렌치/스패너(adjustable wrench/monkey wrench)

규격이 고정된 스패너와 달리 나사를 조절하여 입 간격 조절이 가능한 렌치이다. 활용도는 넓으나 입이 약한 편이므로 볼트 머리나 너트의 각이 파손되기 쉬워 사용에 주의해야 한다.

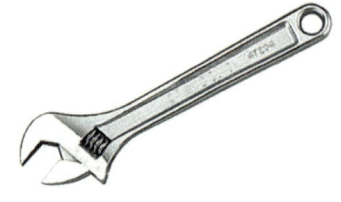

△ 조절 렌치/스패너

마) 옵셋 렌치/스패너(offset wrench)

양쪽에 8~12각형의 다각형으로 폐쇄되어 있는 박스 렌치이고, 볼트나 너트에 체결되는 렌치 부분과 손잡이의 높이가 다른 렌치이다. 볼트나 너트의 모서리 마모를 방지하고, 좁은 공간에서의 작업이 용이하다.

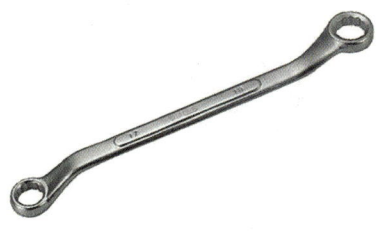

▲ 옵셋 렌치/스패너

바) 후크 렌치/스패너(hook wrench)

개구부가 갈고리처럼 둥글게 감싸는 형상이며, 노치가 만들어진 둥근 모양의 베어링 너트나 로크 너트 등을 체결하는 데 적합한 렌치이다.

▲ 후크 렌치/스패너

사) 소켓 렌치 세트(socket wrench set)

볼트, 너트를 빠르게 분해·조립할 수 있는 렌치이며, 소켓과 핸들이 분리되어 교체가 가능하다. 래칫 핸들은 한쪽 방향으로만 힘을 작용시킬 수 있으므로 효율적이다.

▲ 소켓 렌치 세트

아) 타격 렌치(hammer wrench)

볼트, 너트 체결 시 큰 체결력을 필요로 하는 대형볼트 등에 사용하는 렌치이며 한쪽은 박스 렌치 구조이고 다른 쪽은 해머로 타격을 가할 수 있는 구조이다.

▲ 타격 렌치

자) 토크 렌치(torque wrench)

볼트나 너트 체결 시 정해진 체결력을 가하기 위한 렌치이다.

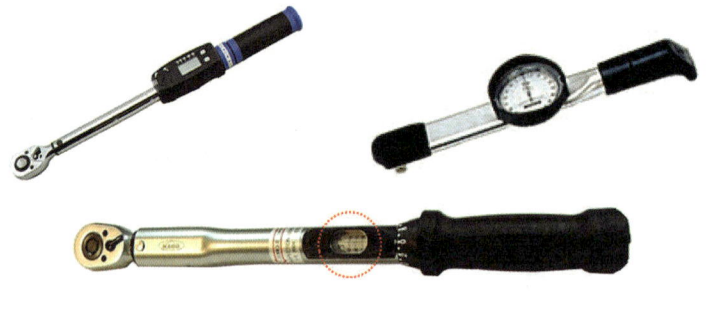

▲ 토크 렌치

차) 래칫 렌치(ratchet wrench)

소켓과 핸들이 일체형이며 한쪽 방향으로만 힘을 작용시킬 수 있어 볼트나 너트 분해 조립 시 효율적이다. 힘의 작용 방향은 머리 부분 측면의 방향레버를 선택하여 변경할 수 있다.

▲ 래칫 렌치

카) L 렌치(hex key wrench)

육각 구멍붙이 볼트를 풀거나 조일 때 사용하는 렌치로 육각형 단면의 공구강이 L자형으로 구부러져 있다.

▲ L 렌치

2) 클램프(clamp)

공작물 등을 고정하거나 압착하는 장치이다.

가) C형 클램프(C-clamp)

▲ C형 클램프

나) C형 클램프 바이스(C-clamp vise)

▲ C형 클램프 바이스

다) 토글 클램프(toggle clamp)

▲ 토글 클램프

나. 분해용 공기구

1) 풀러(puller)

기어 풀러, 베어링 풀러 등이 있으며, 기어, 베어링, 휠 등을 축 또는 케이스에서 빼내는 데 사용되는 공구로 2개 또는 3개의 조(jaw)와 나사(screw)로 되어 있다.

가) 기어 풀러(jaw gear puller)

축에 조립되어 고정된 기어나 풀리, 스프로킷 휠, 커플링 등을 축에서 분해할 때에 사용하는 공구이다. 나사의 원리를 이용한 기계식과 유압을 이용한 유압식이 있으며 조(jaw)나 암(arm)의 수에 따라 2발식과 3발식이 있다.

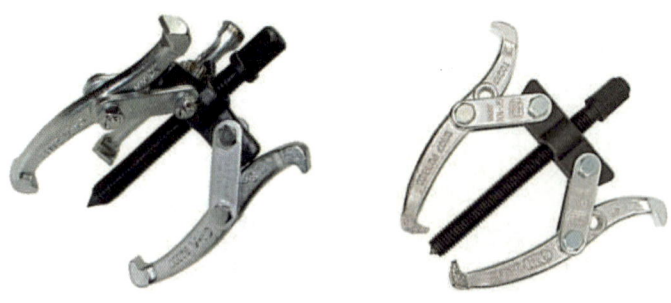

▲ 기어 풀러

나) 베어링 풀러(bearing puller)

축에 조립되어 고정된 베어링을 분해할 때 사용하는 공구이다. 나사의 원리를 이용한 전용 공구이다.

▲ 베어링 풀러

다. 플라이어

1) 플라이어(pliers)

레버의 원리를 이용해서 악력을 배가시키는 작업용 공구이다. 판재, 둥근 봉 외에 작은 것을 집는 데 사용하고, 선재를 절단할 수 있는 커팅 플라이어도 포함한다.

가) 슬립 조인트 플라이어(slip joint pliers)

조(jaw)에는 물건을 집었을 때 움직이지 않게 하기 위한 세레이션이 있는 플라이어로 구멍이 2단으로 되어 있어 두 턱의 너비를 조절할 수 있다.

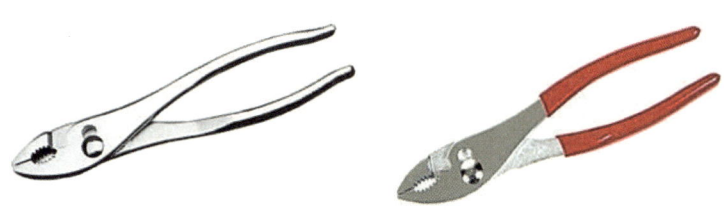

▲ 슬립 조인트 플라이어

나) 사이드 커팅 플라이어(side cutting pliers)

전선의 절단이나 피복 벗기기 또는 전선의 양끝을 비틀어 잇는 데 사용한다.

▲ 사이드 커팅 플라이어

다) 커팅 플라이어(cutting pliers)

피복전선의 심선을 일부 드러내기 위해서 심선에 닿지 않도록 피복부를 잘라 내거나 환강·철사 등의 선재를 절단할 때 사용한다.

▲ 커팅 플라이어

라) 롱 노즈 플라이어(needle((long)) nose pliers)

직선과 곡선형이 있으며 끝이 뾰족하고 긴 플라이어로 물체를 물게 되는 부분이 길어 좁은 장소에서 세공할 때 사용한다.

▲ 롱 노즈 플라이어

마) 리브 조인트 플라이어(rib joint pliers)

조(jaw)가 평행하게 열리는 구조로 되어 있어 물리는 면적을 크게 하여 세게 집을 수 있는 구조이며 조절식 채널을 이용해 간격을 다양하게 조절할 수 있다.

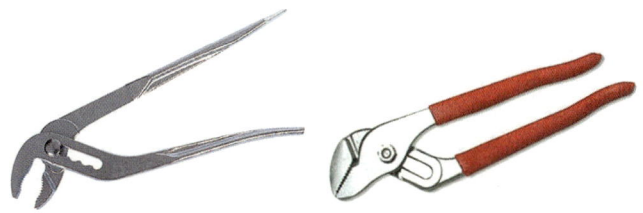

△ 리브 조인트 플라이어

바) 바이스 그립 플라이어(vise grip pliers/clamp pliers)

고정 조(jaw)의 손잡이에 있는 볼트를 조절하여 바이스처럼 대상물을 고정할 수 있는 구조이다. 작은 물체의 가공 작업을 하는 경우 물체를 고정시킬 목적으로 사용되는데, 필요한 경우에는 클램프(clamp) 용도로 사용할 수 있다.

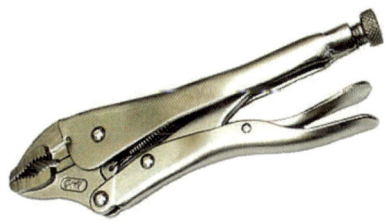

△ 바이스 그립 플라이어

사) 스냅 링 플라이어(snap ring pliers)

축 또는 하우징 등에 설치된 스냅 링을 확장 또는 축소시켜 빼거나 끼울 때 사용한다.

△ 축용 스냅 링 플라이어   △ 구멍용 스냅 링 플라이어

라. 기타 부속

1) 턴버클(turn buckle)

와이어 로프나 체인, 전선 등의 길이 조절용 조임구로, 장력 조정을 위해 잡아당기거나 늦출 때 사용한다. 양쪽 끝에 우 나사와 좌 나사의 구조로 되어 있다.

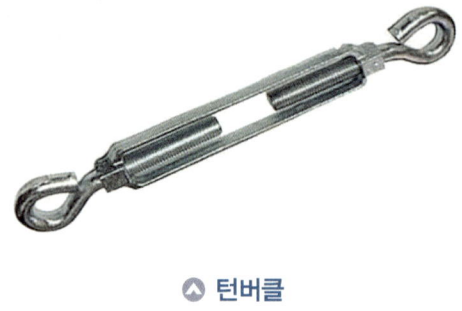

▲ 턴버클

2) 샤클(shackle)

산업 전반에서 사용되는 장비로 연결용 쇠고랑을 말한다. 주로 체인이나 와이어 로프 줄 걸이 장비로 두 로프를 연결하기 위해 사용된다.

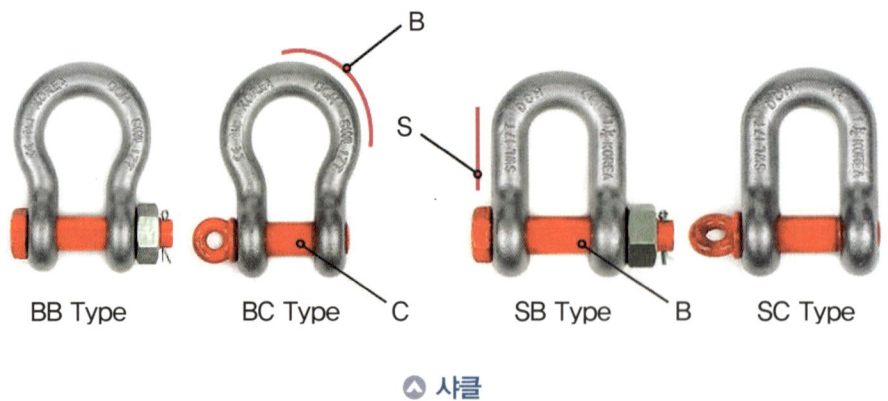

▲ 샤클

여기서 바디의 형태에 따라 B(bow), S(straight)로 구분하고, C(screw pin), B(bolt) 타입으로 구분할 수 있다. 볼트 타입은 장기간의 고정이 목적이며, 하중이 걸려 있는 동안 핀이 회전할 수 있는 곳에 사용된다. 스크류 핀 타입은 유동적이고 핀이 회전하지 않는 곳에 사용한다.

3) 와이어 클립(wire clip)

두 로프를 연결하거나 로프 끝부분을 휘어 고리를 만들어 U자형 볼트 사이에 로프를 끼우고, 너트로 고정시킬 때 사용하는 고정구이다.

🔺 와이어 클립

4) 후크(hook)

크레인 등을 이용해 중량물 이동 시 고리걸이를 할 때 인양구로 사용된다.

🔺 후크

5) 심블(thimble)

와이어 로프를 연결할 때 가장자리를 보강하여 와이어 마모 방지에 사용하는 결속용 부속이다.

△ 심블

VIII 보전용 측정기

1 직접 측정기

직접 측정은 측정 대상물에 측정기의 눈금을 이용하여 직접 읽는 방법으로 측정기로는 강철 자, 버니어 캘리퍼스, 마이크로미터 등이 있다.

가. 강철 자

최소 측정범위는 0.5~1 mm이며, 주로 철공용으로 사용된다.

△ 강철 자

나. 버니어 캘리퍼스(vernier calipers)

길이, 안지름, 바깥지름, 깊이, 두께 등을 0.05 또는 0.02 mm로 측정하며 피측정물을 직접 측정하므로 널리 사용된다.

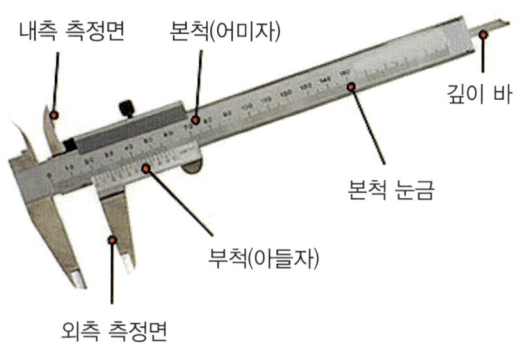

▲ M1형 버니어 캘리퍼스 각부 명칭

1) 버니어 캘리퍼스 종류

가) M형 버니어 캘리퍼스

(1) M1형은 어미자 최소 눈금이 1 mm이고, 어미자 눈금 19 mm를 20등분하였다. 최소 측정값은 0.05 mm이다.

(2) M2형은 미세조정 휠이 있는 것이 특징이다. 어미자의 최소 눈금이 0.5 mm 이고, 어미자 눈금 24.5 mm를 25등분하였다. 최소 측정값은 0.2 mm이다.

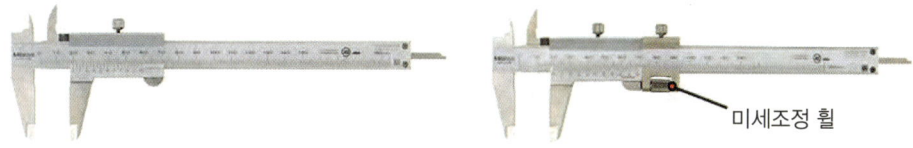

▲ M형 버니어 캘리퍼스

나) C형 버니어 캘리퍼스

(1) CB형은 내측 측정 조(jaw)가 없으며, 외측 측정 조(jaw)의 바깥부분으로 측정한다. 어미자의 최소 눈금이 0.5 mm이고, 어미자 눈금 12 mm를 25등 분하였다. 최소 측정값은 0.2 mm이다.

(2) CM형은 CB형과 동일한 구조이고 홈형 슬라이더에 미세조정 휠이 있다. 어미자의 최소 눈금이 1 mm이고, 어미자 눈금 49 mm를 50등분하였다. 최소 측정값은 0.2 mm이다.

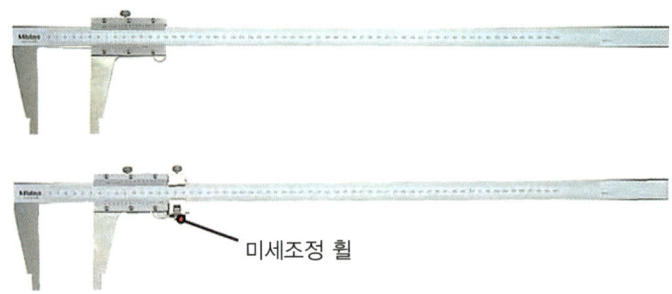

◎ C형 버니어 캘리퍼스

2) 다이얼 캘리퍼스(dial calipers)

버니어 캘리퍼스와 같은 부분을 측정할 수 있으며, 버니어 캘리퍼스의 아들자 대신 다이얼 눈금이 있어 측정값을 읽기가 쉽다. 0.01 mm까지 측정할 수 있으므로 버니어 캘리퍼스보다 정밀하게 측정할 수 있다.

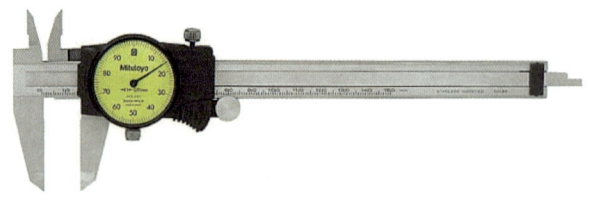

◎ 다이얼 캘리퍼스

3) 버니어 캘리퍼스 눈금 읽는 법

어미자(본척)와 아들자(부척)의 '0'점의 본척 눈금 값을 읽은 후 본척과 부척의 눈금이 합치되는 점을 찾아 읽는다.

1. 본척 19
2. 부척 0 일치
3. 측정값 19 + 0 = 19 mm

1. 본척 19
2. 부척 0.5 일치
3. 측정값 19 + 0.5 = 19.5 mm

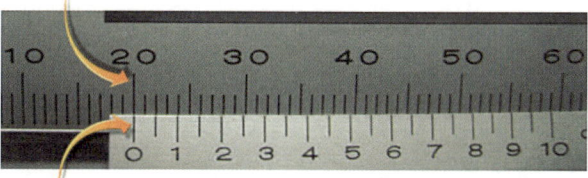

1. 본척 20
2. 부척 0 일치
3. 측정값 20 + 0 = 20 mm

1. 본척 20
2. 부척 0.7 일치
3. 측정값 20 + 0.7 = 20.7 mm

다. 마이크로미터(micrometer)

길이, 안지름, 바깥지름, 깊이, 두께 등을 0.01 mm로 측정하며 용도는 버니어 캘리퍼스와 같다.

1) 마이크로미터의 구조

스핀들과 같은 축의 1줄 수나사와 암나사가 맞물려 스핀들이 1회전하면 0.5 mm 이동한다.

(1) 딤블은 슬리브 위에서 회전하며 50등분되어 있다.
(2) 딤블과 스핀들은 동일 축에 고정되어 있으며 최소 0.01 mm까지 측정할 수 있다.

2) 측정 범위

(1) 외경 및 깊이 마이크로미터는 0~25, 25~50, 50~75 mm로 25 mm 단위로 측정
(2) 내경 마이크로미터는 5~25, 25~50 mm

3) 외측 마이크로미터의 종류

가) 표준 외측 마이크로미터

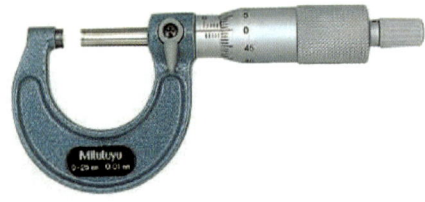

▲ 표준 외측 마이크로미터

나) 캘리퍼스 타입 마이크로미터

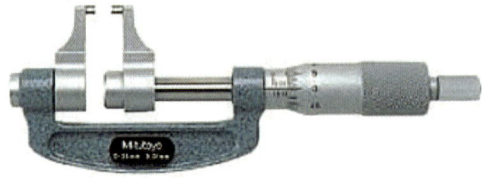

▲ 캘리퍼스 타입 마이크로미터

다) 블레이드 마이크로미터

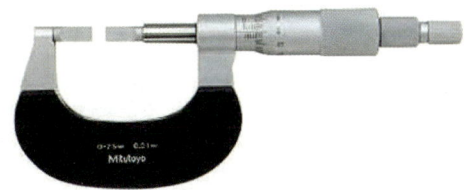

▲ 블레이드 마이크로미터

라) V-앤빌 마이크로미터

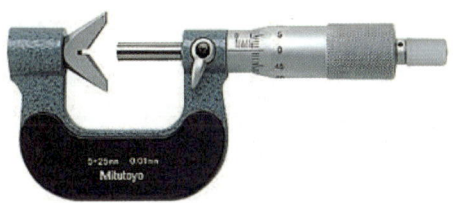

▲ V-앤빌 마이크로미터

마) 지시 마이크로미터

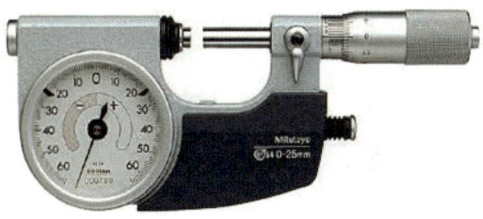

▲ 지시 마이크로미터

바) 나사 마이크로미터

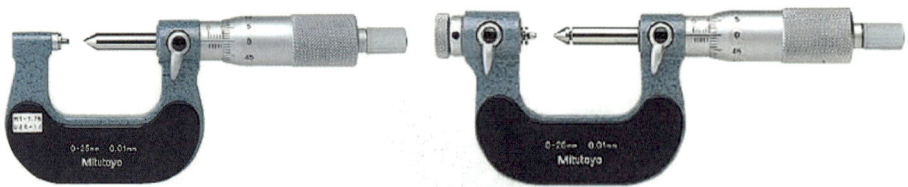

▲ 나사 마이크로미터

사) 디스크 마이크로미터

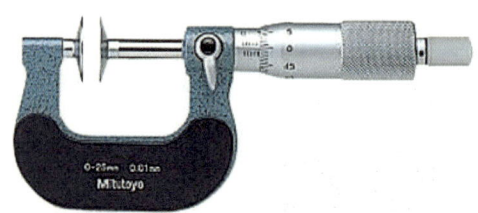

▲ 디스크 마이크로미터

아) 기어 이두께 마이크로미터

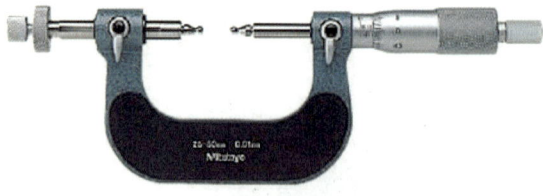

▲ 기어 이두께 마이크로미터

자) 포인트 마이크로미터

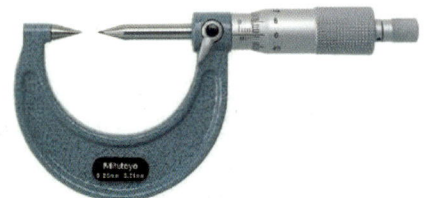

▲ 포인트 마이크로미터

차) 튜브 마이크로미터

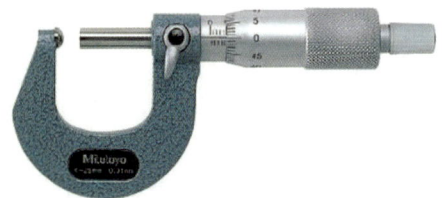

▲ 튜브 마이크로미터

카) 리미트 마이크로미터

▲ 리미트 마이크로미터

4) 외측 마이크로미터의 구조

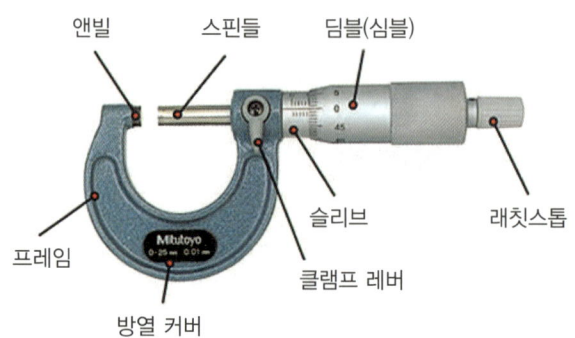

◎ 외측 마이크로미터 각부 명칭

5) 외측 마이크로미터 0점 조정

기준봉이나 게이지블록을 이용해 0점 조정을 한다.

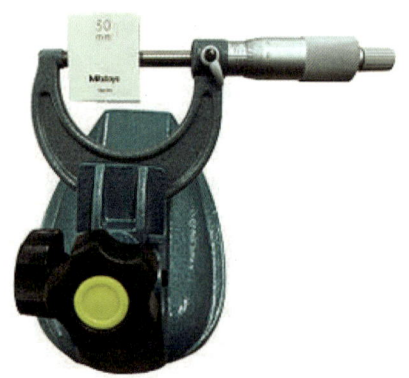

◎ 외측 마이크로미터 0점 조정

6) 외측 마이크로미터 눈금 읽는 법

슬리브 기선상의 치수를 읽은 후 딤블의 눈금 값을 합하여 읽는다.

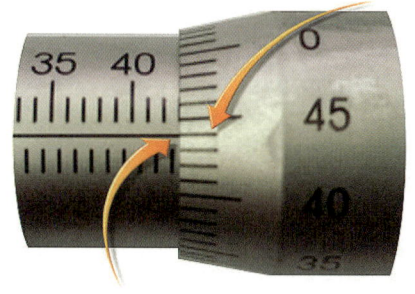

2. 심블 0.44 mm
1. 슬리브 42.5 mm
3. 측정값 42.5 + 0.44 = 42.94 mm

2. 심블 0.39 mm
1. 슬리브 42.5 mm
3. 측정값 42.5 + 0.39 = 42.89 mm

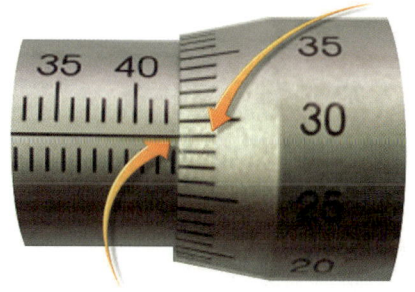

2. 심블 0.29 mm
1. 슬리브 42.5 mm
3. 측정값 42.5 + 0.29 = 42.79 mm

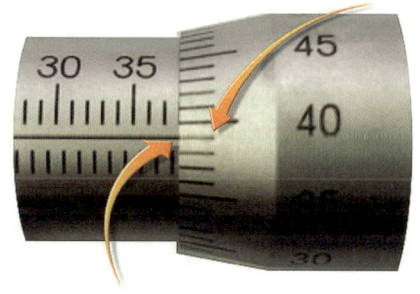

2. 심블 0.39 mm
1. 슬리브 37.5 mm
3. 측정값 37.5 + 0.39 = 37.89 mm

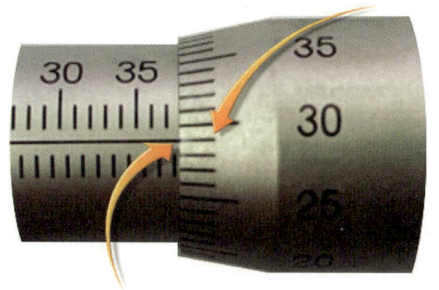

2. 심블 0.29 mm
1. 슬리브 37.5 mm
3. 측정값 37.5 + 0.29 = 37.79 mm

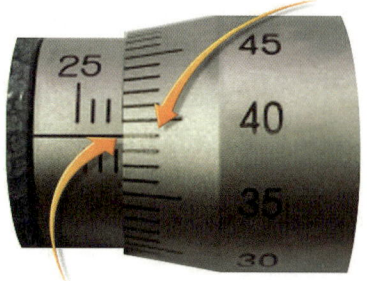

2. 심블 0.39 mm
1. 슬리브 27.5 mm
3. 측정값 27.5 + 0.39 = 27.89 mm

7) 내측 마이크로미터(inside micrometer)

슬리브 기선상의 치수를 읽은 후 딤블의 눈금 값을 합하여 읽는다. 외측 마이크로미터와 다르게 역 눈금에 주의해서 읽는다.

8) 내측 마이크로미터의 종류

가) 내경 마이크로미터

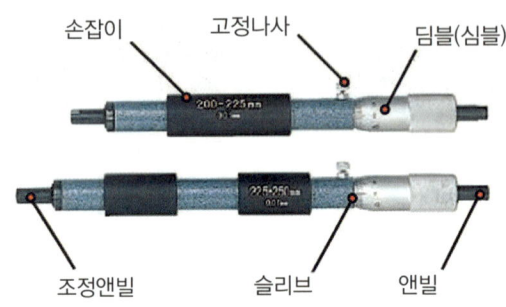

◎ 내경 마이크로미터

나) 캘리퍼스 타입 마이크로미터

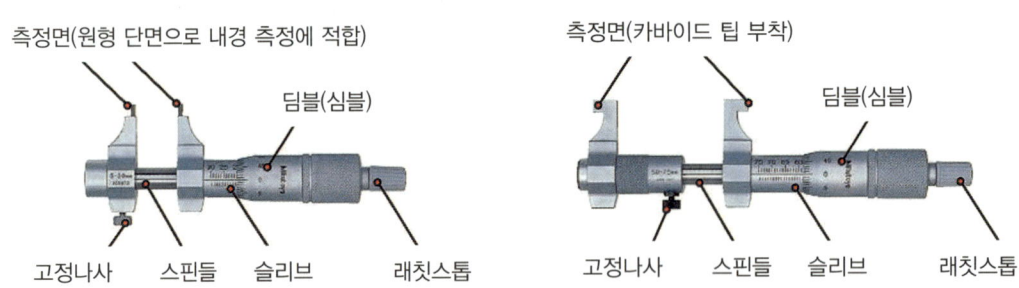

◎ 캘리퍼스 타입 마이크로미터

다) 홀 테스터(3점식 내측 마이크로미터)

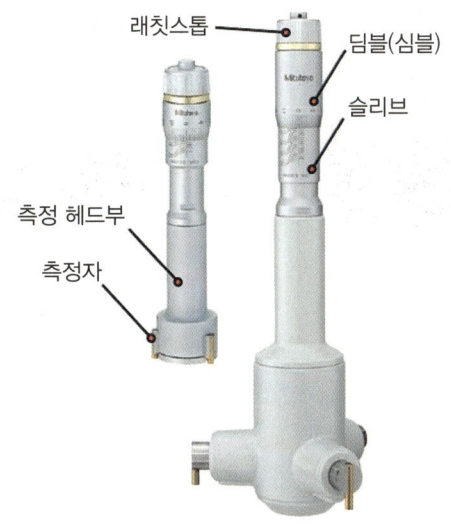

▲ 홀 테스터

9) 내측 마이크로미터 눈금 읽는 법

외측 마이크로미터와 같이 슬리브 시선상의 지수를 읽은 후 딤블의 눈금 값을 합하여 읽는다. 단, 눈금이 역방향이다.

2. 심블 0.29 mm
1. 슬리브 6.5 mm
3. 측정값 6.5 + 0.29 = 6.79 mm

2. 심블 0.41 mm
1. 슬리브 25.5 mm
3. 측정값 25.5 + 0.41 = 25.91 mm

2. 심블 0.41 mm
1. 슬리브 26.0 mm
3. 측정값 26.0 + 0.41 = 26.41 mm

2. 심블 0.39 mm
1. 슬리브 27.5 mm
3. 측정값 27.5 + 0.39 = 27.89 mm

10) 깊이 마이크로미터

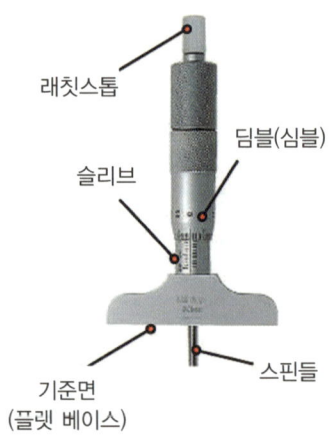

▲ 깊이 마이크로미터

11) 깊이 마이크로미터의 눈금 읽는 법

외측 마이크로미터와 같이 슬리브 기선상의 치수를 읽은 후 딤블의 눈금 값을 합하여 읽는다. 단, 눈금이 역방향이다.

라. 하이트 게이지(height gauge)

높이 게이지로 스케일과 베이스, 서피스 게이지를 조합한 구조이며, 공작물의 높이 측정과 스크라이버로 정밀한 금 긋기에 사용한다. 눈금 읽는 법은 버니어 캘리퍼스와 같으며, 주로 정반 위에서 사용이 적합한 구조이며, 베이스(foot block)는 청결이 유지되어야 한다.

1) HM형 하이트 게이지

금 긋기 작업에 적당하며, 영점 조정이 불가하다.

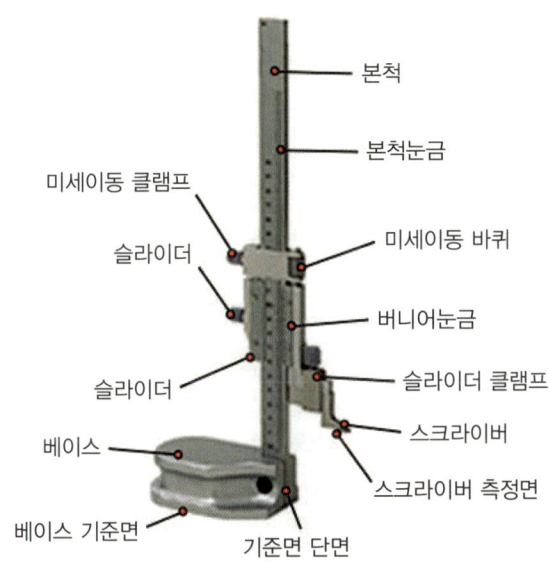

🔺 **HM형 하이트 게이지 각부 명칭**

2) HT형 하이트 게이지

표준형으로 많이 사용되며, 어미자 이동이 가능하다.

△ HT형 하이트 게이지

3) HB형 하이트 게이지

버니어가 슬라이더에 나사로 고정돼 있어 영점 조정이 불가하다.

△ HB형 하이트 게이지

② 비교 측정기

비교 측정은 측정 대상물과 같은 표준 치수와 비교하여 측정하는 방법으로, 다이얼 게이지 테스트 인디게이터 등이 있고, 비교 측정이라 한다.

가. 다이얼 게이지(dial gauge)

접촉단의 변위를 래크와 기어장치에 의해 미소량을 확대하여 표시하는 측정기이며, 진원도나 회전하는 회전축의 흔들림, 제품의 평면 및 평행상태 등을 측정하는 비교 측정기이다.

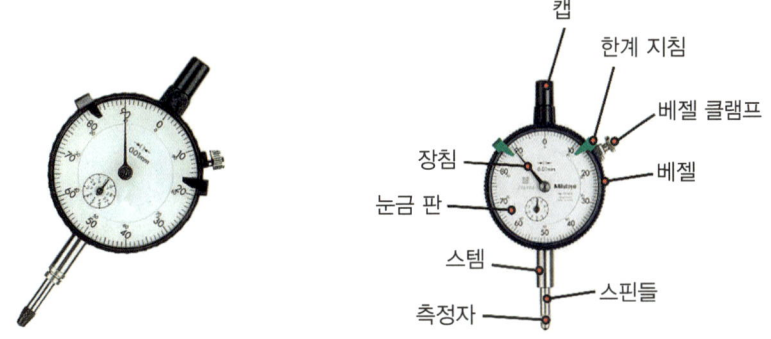

▲ 다이얼 게이지 각부 명칭

나. 실린더 게이지(cylinder gauge)

일반적으로 캠식 실린더 게이지를 말하며 치수의 변화량은 측정자에 의해 캠에 전달되고, 캠의 전도자에 의해 누름 판이 눌려져 다이얼 게이지의 스핀들에 전달되어 지침으로 표시된다.

▲ 실린더 게이지

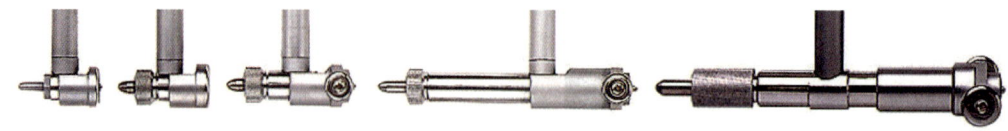

▲ 측정자

다. 기타 비교 측정기

1) 미니미터

2) 옵티미터

3) 전기, 공기 마이크로미터

4) 측미현미경

5) 패소미터

6) 캘리퍼스(calipers)

측정물의 외경, 내경, 두께 등을 측정한다.

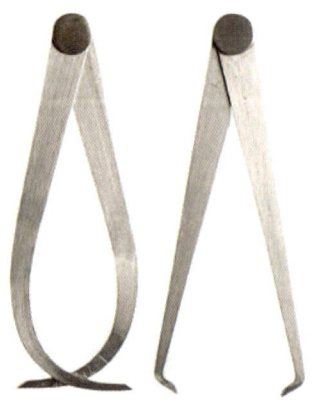 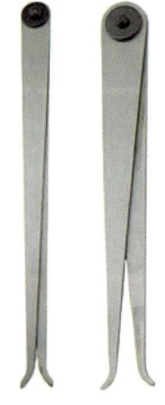

▲ 외측 캘리퍼스   ▲ 내측 캘리퍼스

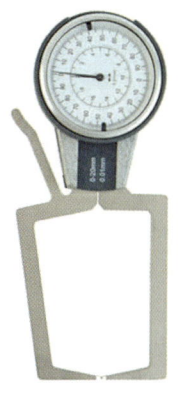 

▲ 다이얼 캘리퍼 게이지(외경)   ▲ 다이얼 캘리퍼 게이지(내경)

라. 단도기

측정기 면과 면 사이 거리로 측정한다.

1) 게이지 블록(gauge block)

길이 측정의 표준이 되는 게이지로 요한슨 블록이라 한다. 면과 면, 선과 선의 기준을 정하는 대표적인 게이지로 비교측정이나 치수 보정 시 사용한다.

▲ 게이지 블록

(1) 게이지 블록의 정밀도를 나타내는 등급은 K(참조용), 0(표준용), 1(검사용), 2(공작용)급의 4등급으로 규정한다.

2) 한계 게이지(limit gauge)

완성된 제품의 구멍 또는 축의 허용한계를 측정한다. 2개의 게이지를 짝지어 통과 측과 정지 측으로 만들어 제품이 이 두 한도 내에 들도록 제작됐는가를 측정한다.

가) 플러그 게이지

구멍의 지름을 주로 측정하는 한계 게이지이다.

(1) 구멍 플러그 게이지

△ 구멍 플러그 게이지

(2) 나사 플러그 게이지

△ 나사 플러그 게이지

나) 스냅 게이지

축의 지름이나 구의 지름 또는 정육면체의 두께를 측정하는 한계 게이지이다.

△ 스냅 게이지

다) 링 게이지

지름이 작거나 두께가 얇은 공작물을 측정하는 한계 게이지이다.

(1) 구멍 링 게이지

▲ 구멍 링 게이지

(2) 나사 링 게이지

▲ 나사 링 게이지

마. 기타 게이지

1) 틈새 게이지(thickness gauge)

강재의 얇은 박판으로 미세한 틈새 및 간격을 점검하고, 측정하는 데 사용된다.

  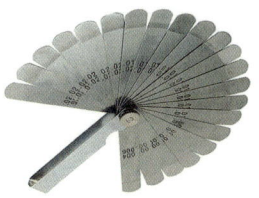

▲ 틈새 게이지

2) 피치 게이지(pitch gauge)

강재의 판에 규정된 피치의 나사산 형상을 가지고 있으며, 나사의 피치 측정에 사용된다.

▲ 피치 게이지

3) 반지름 게이지(radius gauge)

강재의 판에 각각의 라운드 값이 표시되어 있으며, 라운드 및 반지름 측정에 사용된다.

▲ 반지름 게이지

4) 센터 게이지(center gauge)

선반에서 나사 가공 시 바이트 설치 각 검사에 사용된다.

▲ 센터 게이지

5) 드릴 게이지(drill gauge)

드릴 지름 측정에 사용된다.

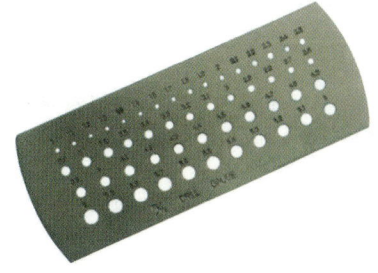

▲ 드릴 게이지

6) 와이어 게이지(wire gauge)

철사 지름 측정에 사용된다.

▲ 와이어 게이지

7) 테이퍼 게이지(taper gauge)

테이퍼 구멍 측정에 사용된다.

▲ 테이퍼 게이지

7) 스트레이트 에지(straight edge)

판금 작업 시 금 긋기 용도나 평면도나 변형도 검사에 사용된다.

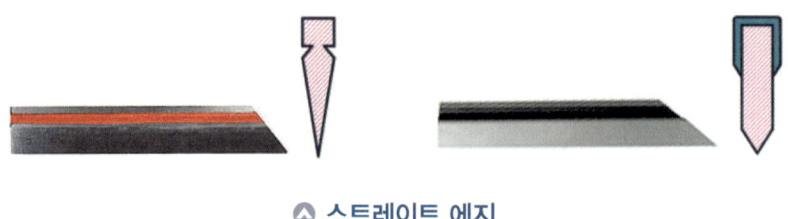

▲ 스트레이트 에지

3 정비용 측정기

가. 베어링 체커

운전 중 베어링 윤활 상태를 점검하는 측정 기구로 상태에 따라 '안전(지침이 녹색 또는 파랑), 주의(지침이 노랑), 위험(지침이 빨강)' 단계로 구분하여 베어링 내 그리스 양의 적정 여부를 검사한다.

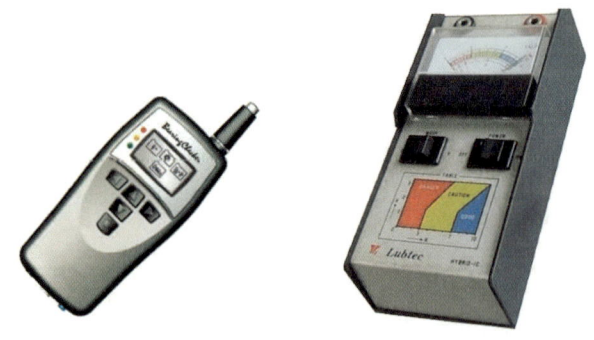

▲ 베어링 체커

나. 진동계

산업기계, 전동기, 공작기계, 터빈, 차량 등의 진동 측정 기구로 진폭, 진동수, 진동 파형 등을 측정하는 계기이다.

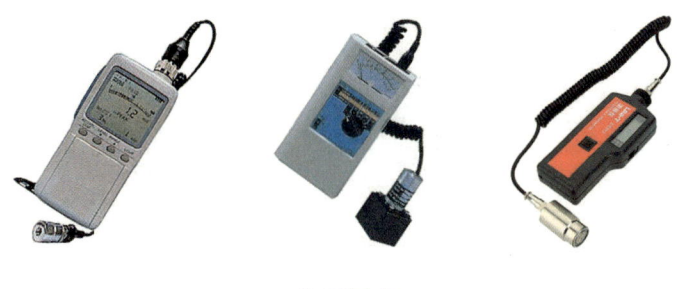

▲ 진동계

다. 지시 소음계

소리의 크기를 측정하는 계기로 도로, 주택, 공장 등에서 발생하는 소음의 크기를 측정한다.

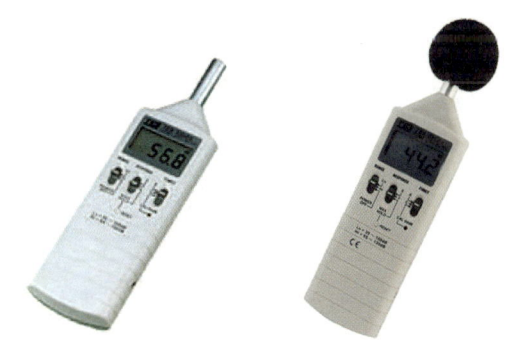

▲ 지시 소음계

라. 표면 온도계

열전대를 이용하여 물체의 표면 온도를 측정한다. 두 종류의 서로 다른 금속의 양 끝을 접합시켜 한쪽을 측정하는 접점으로 사용할 때 다른 끝에서 생기는 기전력을 이용하여 온도를 측정하는 기구이다.

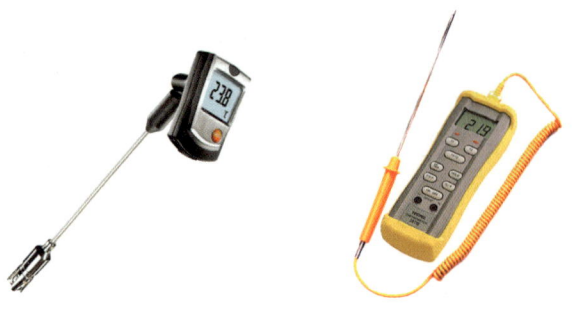

▲ 표면 온도계

마. 회전계

물체가 단위 시간 동안 회전축의 둘레를 도는 횟수를 회전수라고 하며, 회전수 측정에는 회전계를 이용한다.

1) 회전계의 분류

가) 기계적인 기구를 이용: 시계식, 마찰 원판식, 기계 원심식, 공진식

나) 유체의 작용을 이용: 액체 원심식, 기체 원심식

다) 전자기 작용을 이용: 전기식, 자기식, 와전류식, 콘덴서식

라) 전자회로를 이용: 스트로보식, 디지털식

2) 디지털 회전계

타코미터라고도 하며, 회전축에 직접 접촉하는 접촉식과 회전축에 붙여진 반사판에 빛을 반사시켜 측정하는 비접촉식이 있다.

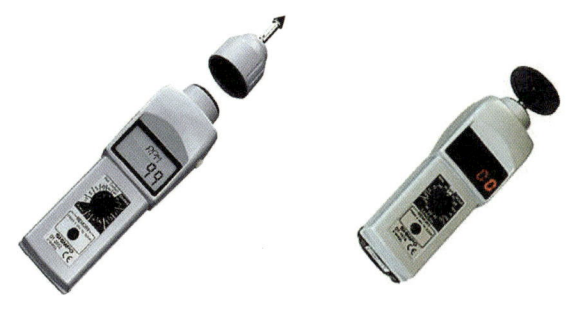

△ 접촉식 디지털 회전계   △ 비접촉식 디지털 회전계

(1) 단위는 분당 회전수를 의미하는 rpm으로 나타낸다.
(2) 초당 사이클 수인 회전 주파수(f)는 회전수 N(rpm)을 60으로 나누어 나타낸다.

Ⅸ 기계요소 보전

① 축계 요소 보전

축계 기계요소는 축, 베어링, 커플링 등으로 구성되어 있다.
축은 일반적으로 2개 이상의 베어링으로 지지되고, 커플링으로 연결하여 회전동력을 전달하는 요소이다.

가. 축 보전

1) 축의 종류

가) 직선 축(shaft)

일반적인 동력전달에 사용되는 곧은 축을 말한다.

△ 직선 축

나) 크랭크 축(crank shaft)

내연기관 등의 크랭크 부분에서 직선 왕복운동을 회전운동으로 변환하거나 회전운동을 직선 왕복운동으로 바꾸는 축을 말한다.

△ 크랭크 축

다) 크랭크 축 활용

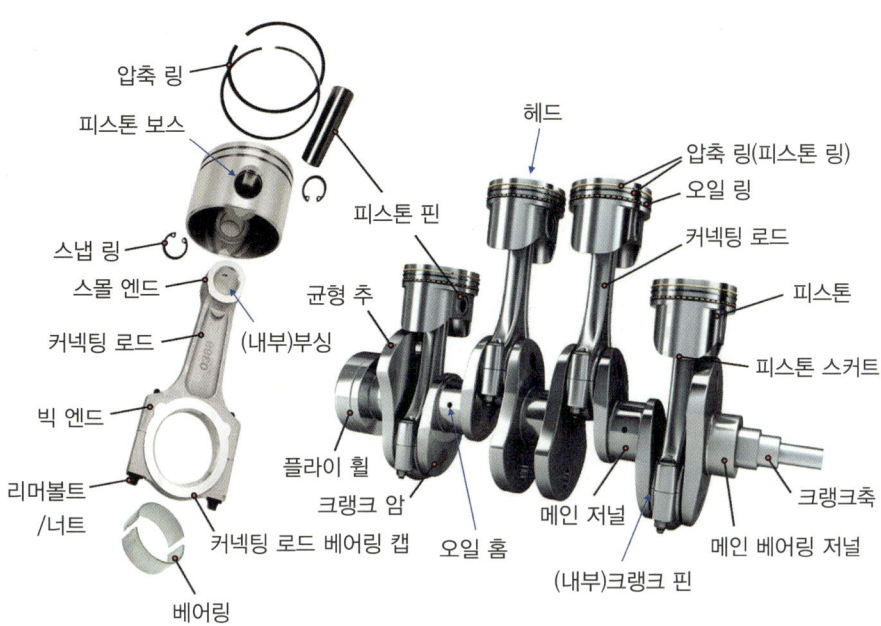

▲ 크랭크 축 활용

라) 플렉시블 축(flexible shaft)

축 방향 운동 방향을 자유롭게 변화하며 회전할 수 있는 축으로 가느다란 철사를 코일 모양으로 3~4겹 감아서 굴곡이 가능하도록 만든 축이다. 축 방향이 변하는 작은 동력 전달용으로 사용된다.

▲ 플렉시블 축

2) 축의 점검

가) 축 고장 원인

(1) 베어링, 기어, 풀리 등의 끼워 맞춤 불량에 의해 풀림이 발생하고, 마모에 의해 키홈, 기어, 베어링 마모 등이 발생한다.
(2) 설계 불량, 커플링 중심내기 불량, 가공 불량으로 인해 응력 집중에 의한 파단이 발생한다.

나) 축의 점검 요소

(1) 축의 편심
(2) 베어링부 마모 및 발열
(3) 조립, 정비 불량
(4) 기어, 풀리 등 끼워 맞춤부 마모
(5) 키 홈부 마모
(6) 축과 커플링 사이의 편심
(7) 설계 불량
(8) 자연 열화나 부식, 시일부의 누설

다) 축의 점검

점검 항목	점검 방법	조치 방법
조립, 정비 불량	기어, 풀리, 베어링 끼워맞춤 상태	끼워맞춤 공차 수정
	다이얼 게이지로 축의 정렬 상태 점검	축 정렬 실시
	축의 흔들림, 진동계로 점검	• 축 정렬 교정 • 진동원인 분석 후 조치
	베어링 급유 상태 점검	급유 실시
축의 휨	다이얼 게이지로 축의 휨 정도 점검	휘어진 축을 수정 또는 교체
키 홈 마모	마모상태 육안 점검	수리 또는 교체
커플링 편심	직선자로 커플링부 양축의 편심 점검	높이 조정

나. 커플링 보전

가공의 문제로 길이가 긴 축이 필요한 경우는 몇 개의 축을 연결해야 한다. 원동기에서 다른 축으로 동력을 전달할 경우에도 두 축을 연결해 줄 필요가 있다. 이를 축이음이라 하고, 두 축의 연결이 풀리지 않도록 커플링으로 상태를 유지한다.

1) 커플링 점검 요소

(1) 플랜지형 커플링의 체결 볼트 풀림
(2) 체인 커플링의 체인 마모
(3) 유니버설 커플링의 핀 마모
(4) 고무 커플링의 고무 마모
(5) 축 중심의 일치 상태
(6) 부식

2) 커플링 센터링 기준

(1) 커플링 원주 표면은 진원이지만 표면에 요철이 있을 경우 정확한 중심 조정이 되지 않는다.
(2) 커플링의 가공 정밀도는 축 구멍의 중심에 대하여 외경의 흔들림, 면 흔들림은 0.03 mm 이하로 한다.
(3) 축의 외경과 커플링 구멍에 틈이 있는 경우 진동 발생의 원인이 된다.
(4) 커플링이 축에 직각이 맞지 않을 경우 진동 발생의 원인이 된다.
(5) 커플링을 축에 억지 끼워 맞춤을 하고 묻힘키를 사용하면 회전 흔들림을 적게 할 수 있다.
(6) 축의 회전수가 1,000 rpm 이상인 경우는 축과 커플링을 가열 박음을 하고 키를 때려 박는다.

다. 센터링(centering)

회전 기계가 운전 중 가장 양호한 동심 상태를 유지하기 위해 실시하는 것으로 소음, 진동을 최소로 억제하고, 기계의 손상을 줄여 설비의 수명을 연장하려는 것이다.
일반적인 센터링은 실온에서 기계를 정지시킨 상태에서 실시한다. 펌프나 감속기 등의 센터링 작업 시 운전 중에 축심의 변화를 고려하여 센터링(정렬)을 하기도 한다.

가) 센터링 불량 시 발생 현상

   (1) 소음 및 진동 발생
   (2) 베어링 이상 발열 및 마모
   (3) 축의 손상
   (4) 시일부 파손 및 누유
   (5) 커플링 조기 손상
   (6) 동력 전달 불량
   (7) 기계 성능 저하

나) 축이음 상태

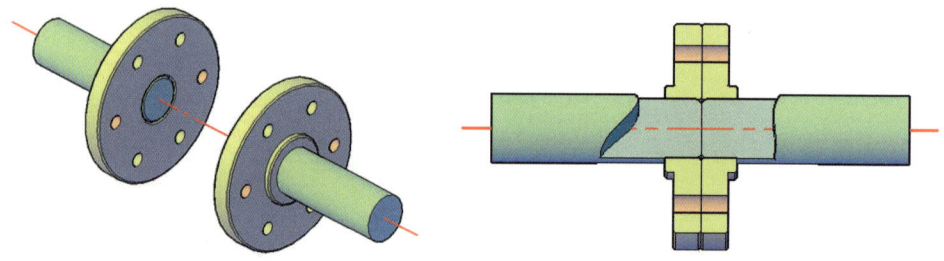

▲ 플랜지형 커플링 이음 참고

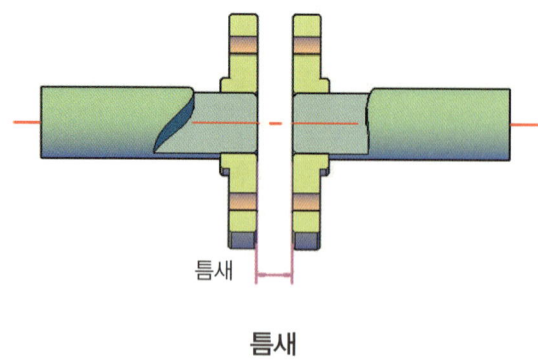

틈새

틈새

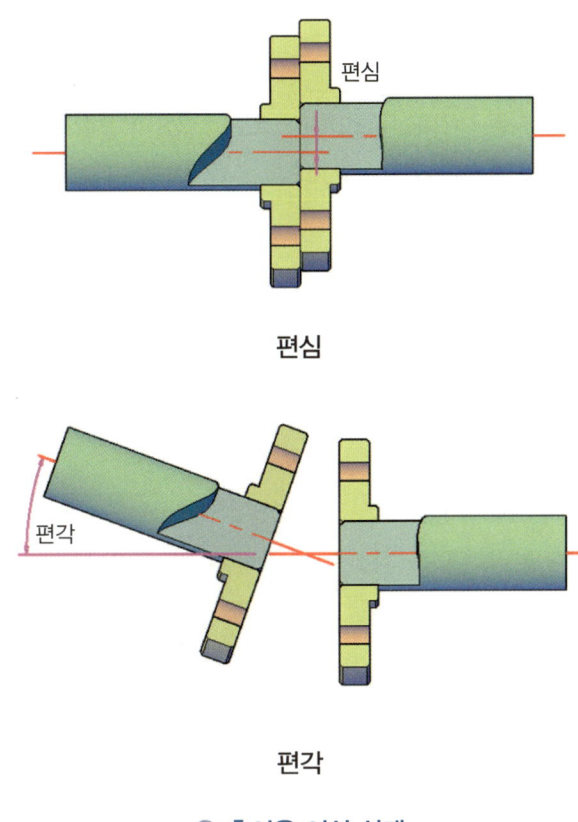

편심

편각

▲ 축이음 이상 상태

다) 센터링 방법

(1) 두 축을 동시에 회전하여 센터(center)를 측정

㈎ 모터 축을 180° 회전 후 다이얼 게이지를 설치한다.

㈏ 두 축을 회전시키는 동시에 0°, 90°, 180°, 270° 각 지점의 측정값을 기록한다.

㈐ 커플링 면 간격을 틈새 게이지(thickness gauge)로 측정 후 측정값을 기록한다.

㈑ 수정값과 수정 방향을 결정할 평균값을 산출하고 규정 내의 값이면 이상 없으나, 규정 값 이상이면 조정 작업을 한다.

㈒ 조정 작업 시 산출 근거에 의한 심 플레이트(shim plate)를 조정 기초 볼트(base bolt)에 삽입할 수 있도록 제작한다.

㈓ 라이너(liner)를 낮은 축의 기초 볼트(base bolt)에 삽입한다.

(사) 다이얼 게이지를 설치하고, 게이지의 눈금을 확인하면서 좌우, 전후로 기초 볼트를 조인다.

(아) 양 축을 회전시키면서 0°, 90°, 180°, 270° 지점의 원주 사이와 면 간격을 다이얼 게이지와 틈새 게이지로 측정한다.

(자) 수정값에 의한 올바른 센터링이 되었는가를 확인하고, 양호하면 측정값을 기록하여 보관한다.

(2) 하나의 축을 회전하여 센터(center)를 측정

(가) 커플링 외면을 세척한다.

(나) 0°, 90°, 180°, 270° 지점을 표시한다.

(다) 양쪽 커플링의 진원도를 측정한다.

(라) 작업이 편리하도록 회전이 용이한 모터 축이나 종동축 어느 쪽이든 관계없이 마그네틱 베이스를 설치한다.

(마) 다이얼 게이지를 고정하는 축을 회전시키며 0°, 90°, 180°, 270° 지점의 측정값을 기록한다.

(바) 커플링 면 간격을 틈새 게이지(thickness gauge)로 측정 후 측정값을 기록한다.

(사) 다이얼 게이지를 고정하지 않은 축을 180° 회전시킨 후 다시 마그네틱 베이스를 설치한다.

(아) 다시 다이얼 게이지를 고정하는 축을 회전시키며 0°, 90°, 180°, 270° 지점의 측정값을 기록한다.

(자) 다이얼 게이지를 고정하지 않은 축을 180° 회전시킨 후 커플링 면 간격을 틈새 게이지(thickness gauge)로 측정한다.

(차) 수정값과 수정 방향을 결정할 평균값을 산출하고 규정 내의 값이면 이상 없으나, 규정 값 이상이면 조정 작업을 한다.

(카) 축(shift)의 변형이 없다면 180°의 측정은 불필요하나, 축 휨의 평균값을 위해서라도 0°와 180°의 측정이 중요하다.

(타) 조정 작업 시 산출 근거에 의한 심 플레이트(shim plate)를 준비하고 라이너(liner)를 조정 측에 삽입한다.

(파) 다이얼 게이지를 설치하고, 게이지의 눈금을 확인하면서 좌우, 전후로 기초 볼트를 조인다.

㈎ 수정값에 의한 올바른 센터링이 되었는가를 다이얼 게이지와 틈새 게이지로 0°, 90°, 180°, 270° 지점의 측정값을 확인하고 기록하여 보관한다.

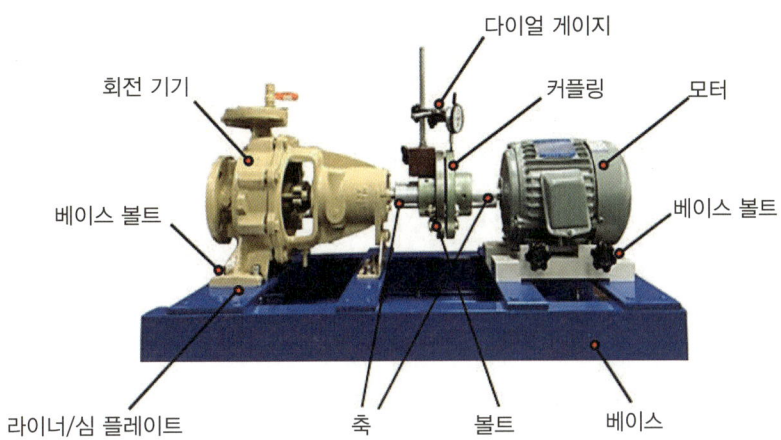

▲ 센터링

▲ 심 플레이트

다) 센터링 작업 시 사용하는 공기구

(1) 다이얼 게이지
(2) 틈새 게이지
(3) 스트레이트 에지

라. 베어링 보전

축에 작용하는 하중을 지지하고, 회전하는 축의 마찰 저항을 작게 하며, 운동을 원활하게 하기 위한 기계요소를 베어링이라 한다.

1) 베어링 점검

정기적인 진동계측과 윤활유 점검에 의해 베어링의 고장징후를 검출할 수 있다.

가) 일상 점검

베어링 수명을 길게 하고, 양호한 상태로 유지하기 위해 고장징후를 조기에 발견하고 대응하기 위해 적절한 일상 점검이 필요하다.

(1) 온도: 베어링 온도 상승 시 최고의 허용치는 규격이나 기준에 따라 다르나 일반적으로 대기온도 +40℃ 이내를 정상으로 판정한다.

(2) 소리: 숙련된 사람은 작은 음질의 변화로도 고장 검출이 가능하며, 음향으로 이상을 검지하고 각종 설비진단 방법 등으로 상세히 조사한다.

(3) 진동: 베어링부의 진동 점검은 베어링의 이상 상태와 회전체의 이상 상태의 검출을 목적으로 실시한다. 베어링의 이상 발생 시 진동은 KHz 이상의 고주파역으로 증대한다.

일상 점검 항목	점검 방법	이상 유무 확인	조치 방법
소음	청각, 머신체커	소음 여부 (기어음, 베어링음, 기타 접촉음)	소음에 특이한 변화가 있거나 머신체커 판정치가 주의 값일 경우: 점검창을 통한 점검 또는 설비진단에 의한 정밀점검 실시
진동	청각, 머신체커, 상태감시시스템(CMS)	특이한 진동변화 여부	진동에 특이한 변화가 있거나 머신체커 판정치가 주의 값일 경우: 점검창을 통한 점검 또는 설비진단에 의한 정밀점검 실시

발열	촉각 온도계	이상 발열 여부	• 대기온도 +40℃ 이내 • 이상온도 상승 시 부하조건, 주위온도, 윤활 관계를 재점검하여 허용범위 내로 유지
유온	온도계	이상온도 상승 또는 저하	• 40±5℃ 이내 • 주위온도, 쿨러, 히터 등을 확인하여 원인 분석 후 조치
윤활	육안, 촉각, 압력계	원활한 공급 여부, 윤활유 공급 압력	• 급유 불량 시 즉시 조치 • 설정 압력값 유지
유량	레벨 게이지, 유량계	적정 유량	• 레벨 게이지 기준값 • 설정 유량 유지
누유	육안	누유 여부	누유부 원인 파악 후 조치

나) 정기 점검

중요 설비에 대해서는 시간기준정비(TBM)를 적용하여 분해점검을 한다.

정기 점검 항목	점검 방법	판정 기준
구름 베어링 전동체 레이스 홈	육안 검사	유해한 흠이 없을 것
구름 베어링 전동체 레이스 마모	육안 검사	심한 마모가 없을 것
구름 베어링 눌어붙음	육안 검사	눌어붙은 흔적이 없을 것
구름 베어링 리테이너	육안 검사	심한 녹이 없을 것
구름 베어링 파손	육안 검사	파손된 곳이 없을 것
구름 베어링 하우징 축과의 끼워맞춤	치수계측	허용범위 내에 있을 것

2) 베어링 취급

베어링은 정밀한 기계요소이므로 취급에 신중을 기해야 하며, 취급과 관리가 제대로 이루어지지 않는다면 고정도·고성능의 기능을 얻을 수 없다.

가) 베어링 취급 시 유의사항

(1) 베어링과 베어링이 사용되는 주변 환경을 청결히 유지한다.
(2) 청결한 윤활제를 사용한다.
(3) 베어링의 취급은 조심스럽게 한다.
(4) 베어링의 녹 발생에 유의한다.
(5) 베어링은 재가공하여 사용하지 않는다.
(6) 적절한 전용공구를 사용한다.

나) 베어링 조립 시 유의사항

(1) 조립부품의 조립부 먼지나 돌기 등의 이물질을 제거한다.
(2) 도면에 규정된 끼워맞춤을 준수한다.
(3) 베어링에 충격이나 열을 가하지 말아야 한다.
(4) 억지 끼워맞춤 시 조립되는 내륜 또는 외륜에만 하중을 가해야 한다.
 - 축에 조립: 내륜에 하중
 - 하우징에 조립: 외륜에 하중
(5) 고정밀, 중형 이상의 베어링은 가열박음이 유리하다.

다) 베어링 조립 시 안전사항

(1) 모든 측정기는 사용 전 '0'점 확인을 한다.
(2) 베어링 전용 지그를 사용한다.
(3) 가열된 베어링은 화상에 주의하고 반드시 보호 장갑을 착용한다.
(4) 조립 및 분해 시에는 해머로 베어링을 직접 타격해서는 안 된다.
(5) 각종 공기구 사용 시 사용수칙과 안전사항을 준수한다.

라) 베어링 조립 전 준비 및 유의사항

(1) 환경이 청결하고 건조하며 진동이 없는 장소에서 실시한다.

(2) 조립할 베어링과 상관부품의 청결유지에 힘쓴다.

    (가) 조립 직전에 포장을 뜯는다.
    (나) 베어링의 방청유는 그대로 사용해도 무방하다.
    (다) 재사용 베어링은 세척 직후 윤활한다.

(3) 베어링과 관련된 상세설계 내용을 파악 후 작업계획을 수립한다.

    (가) 조립될 베어링과 도면의 일치 여부를 확인한다.
    (나) 조립될 베어링의 규격 등 정보를 확인한다.
    (다) 상관 부품의 치수공차, 형상공차, 표면 거칠기 등을 측정·확인한다.

(4) 조립 전 측정 작업을 한다.

    (가) 도면에 규정된 끼워 맞춤을 준수한다.
    (나) 축, 베어링, 하우징의 형상 정도 및 치수공차를 측정한다.
    (다) 치수공차 측정 후 요구되는 끼워 맞춤 정도에 따라 조립 방법을 선택한다.
    (라) 억지 끼워 맞춤의 경우 가열온도를 산출한다.

마) 베어링 조립 방법

(1) 프레스에 의한 압입

(2) 열팽창에 의한 끼워 맞춤

    (가) 유도 가열기에 의한 방법
    (나) 가열판에 의한 가열 방법
    (다) 유욕식 가열 방법
    (라) 열풍 캐비닛에 의한 방법

(3) 구름 베어링 조립 시 주의사항

    (가) 베어링에 무리한 충격이나 힘을 가하지 않도록 한다.
    (나) 방향성이 있는 베어링의 경우 조립 방향에 주의한다.
    (다) 억지 끼워 맞춤에 의해 내륜의 팽창이나 외륜의 축소로 지름방향 틈새가 감소되므로 지름 방향 틈새가 고려되어야 한다.

(4) 타격식 조립 시 주의사항

  (가) 베어링 조립에 적합한 지그를 선택한다.

  (나) 베어링 측면과 지그 사이에 받침대를 삽입하여 베어링 손상에 주의한다.

  (다) 베어링이 수직으로 조립되는지 확인하고, 균일한 힘이 작용하도록 타격한다.

  (라) 억지 끼워 맞춤 조립 시에는 내륜 또는 외륜에만 하중이 가해지도록 한다.

   ① 축에 조립: 내륜에 하중(a)

   ② 하우징에 조립: 외륜에 하중(b)

   ③ 내·외륜 동시 조립: 받침대 사용(c)

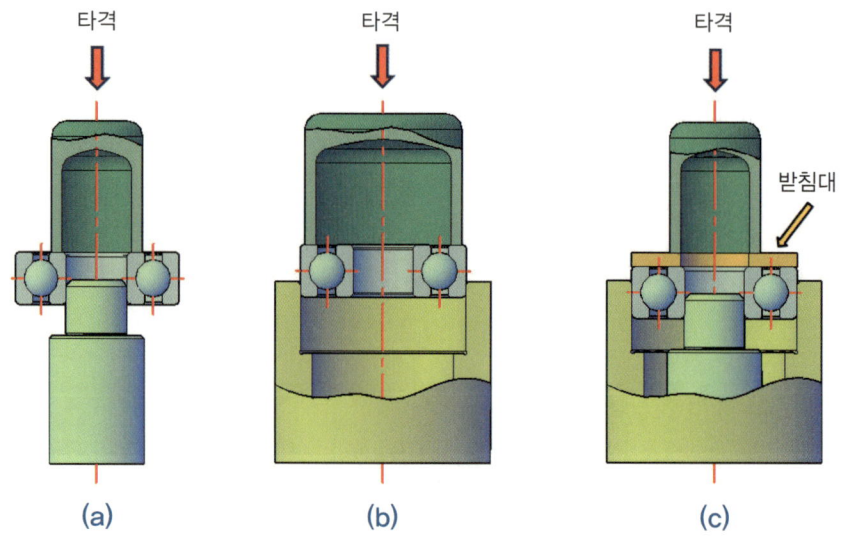

(a)　　　　　(b)　　　　　(c)

(5) 가열식 조립 시 주의사항

  (가) 베어링 조립에 적합한 지그를 선택한다.

  (나) 베어링 측면과 지그 사이에 받침대를 삽입하여 베어링 손상에 주의한다.

  (다) 베어링이 수직으로 조립되는지 확인하고, 균일한 힘이 작용하도록 타격한다.

  (라) 억지 끼워 맞춤 조립 시에는 내륜 또는 외륜에만 하중이 가해지도록 한다.

(6) 가열식 조립 방법

(가) 측정된 치수공차를 통해 가열온도를 산출한다.
(나) 유도 가열기 막대에 베어링을 걸고 온도 센서를 베어링 내부에 장착한다.
(다) 유도 가열기의 온도를 설정하고 전원을 공급하여 베어링을 가열한다.
(라) 베어링의 가열한계 온도는 120℃가 넘지 않도록 한다.
(마) 베어링 가열 후 반드시 탈자기 작업이 이루어져야 한다.
(바) 화상 예방을 위해 보호 장갑을 착용하고 베어링을 분리한다.
(사) 축에 베어링을 삽입한다.
(아) 조립 시에는 이물질의 침입에 주의하고, 만약 조립이 안될 경우에는 재가열한다.
(자) 가열된 베어링을 축에 조립한 후 상온이 되도록 자연 냉각시킨다.
(차) 냉각 후 내륜과 축의 단에 틈새가 생기지 않도록 주의한다.
(카) 베어링의 위치를 확인한다.
　① 틈새가 생긴 경우에는 이물질의 혼입과 접촉면 찌그러짐 등을 검사하고 수정하여 완전히 맞도록 조립한다.
　② 축의 중심과 베어링 중심에 편각이 생겼을 경우 분해 후 축과 베어링을 세척하고 재조립한다.
(타) 멈춤 링과 너트를 조인다.
　① 멈춤 링으로 베어링 위치를 고정할 때 전용 공구인 멈춤 링 플라이어를 이용하여 끼운다.
　② 너트로 베어링을 고정하는 부분은 혀붙이 와셔를 먼저 조립하고, 후크 스패너나 전용 공구로 측면 홈붙이 둥근 너트(베어링 로크 너트)를 조인다.
　③ 너트 체결 후 혀붙이 와셔를 구부려 너트의 홈과 일치하도록 한다.

▲ 베어링 유도 가열기

(7) 조립 상태 점검

㈎ 손으로 축이나 하우징을 회전시켜 원활한 회전 상태를 검사한다.
㈏ 이물질, 압흔 등의 표면 손상에 의한 걸림 현상을 검사한다.
㈐ 다이얼 게이지를 이용하여 베어링 내륜의 원주면과 측면을 검사하여 설치 오차에 의한 정렬 불량이나 내부 틈새를 측정한다.
㈑ 정밀도가 불량하면 분해하여 재조립한다.
㈒ 동력을 연결하여 베어링 체커와 소음측정기로 검사한다.

바) 베어링 해체

베어링 해체는 베어링 정기 점검이나 교체 시에 실시한다. 해체 작업도 설치할 때처럼 세심한 주의가 필요하다.

(1) 베어링 해체 순서

㈎ 멈춤 링을 플라이어를 이용하여 분리한다.
㈏ 베어링 로크 너트와 결합된 혀붙이 와셔의 구부려진 부분을 편다.
㈐ 후크 스패너로 베어링 로크 너트를 푼다.
㈑ 축에 고정된 베어링의 경우 풀러나 지그를 베어링 내륜부에 지지한다.
㈒ 풀러의 조임 볼트와 축의 중심 일치를 확인하고, 오른쪽으로 돌려 베어링을 분리한다.
㈓ 분리 작업 중에는 조임 볼트와 축의 중심 일치 확인 및 풀러의 후크부와 베어링 내륜부의 물림 상태를 확인한다.
㈔ 해머로 타격하여 분리할 경우에는 연질 해머를 사용하고 반드시 받침쇠를 받쳐 준다.

① 내륜 해체

㈎ 소형 베어링은 고무망치나 인발 공구 또는 프레스에 의한 방법이 능률적이다.
㈏ 대형 베어링의 억지끼워 맞춤인 경우는 큰 인발력이 요구되므로 유압을 이용한 오일 인젝션 방법이 널리 사용된다.
 - 오일 인젝션법은 끼워 맞춤면에 압입한 유막 두께만큼 내륜을 팽창시켜 해체를 용이하게 한 것이다.

▲ 인발공구에 의한 내륜 해체

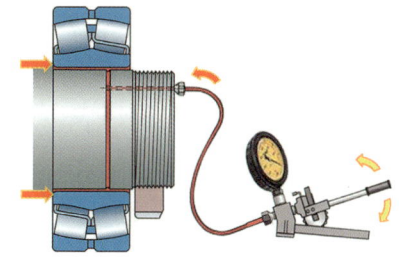
▲ 오일 인젝션법에 의한 내륜 해체

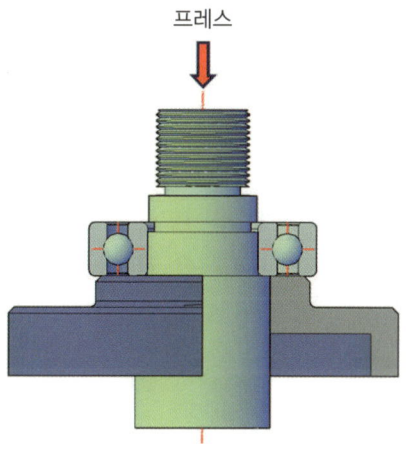
▲ 프레스에 의한 내륜의 해체

② 외륜 해체

㉮ 하우징에 외륜 압출볼트를 원주상에 몇 곳에 설치하고 볼트를 균등하게 조이면서 해체한다.

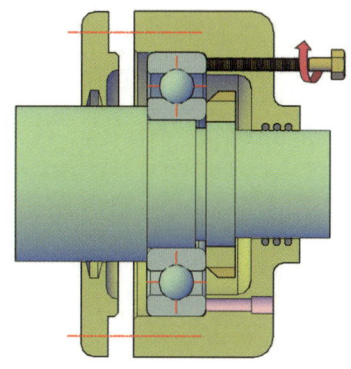
▲ 압출용 나사에 의한 외륜 해체

(2) 베어링 세척

㈎ 세척유는 백등유나 가솔린을 사용한다.

㈏ 베어링을 등유 속에 담가 이물질이 제거된 후 초벌 세척한다.

㈐ 마무리 세척 후 방청 처리를 한다.

사) 베어링 운전 성능 검사

(1) 소형 베어링

㈎ 손으로 축 또는 하우징을 회전시켜 원활한 회전 상태를 검사한다.

㈏ 이물질, 압흔 등 표면 손상에 의한 걸림 현상을 검사한다.

㈐ 베어링 장착면의 가공 불량에 의한 회전 토크의 변동, 내부 틈새 과소, 설치 오차를 검사한다.

㈑ 설치 오차에 의한 미스 얼라이먼트 등으로 인한 시일 간섭량 증감에 의한 기동 토크의 변동 및 과대 등을 검사한다.

㈒ 이상이 없을 시 동력을 가한 상태에서 운전 성능 검사를 한다.

(2) 대형 베어링

㈎ 무부하 상태에서 동력을 가하여 기동시킨다.

㈏ 동력을 끊고 회전 상태 및 부품 간섭 여부 등을 확인 후 동력 운전 검사를 한다.

(3) 동력운전 검사

㈎ 무부하 및 저속으로 시동하여 소정의 속도로 가속시켜 정격운전에 들어간다.

㈏ 회전 중 소음 및 이상음 유무를 확인한다.

㈐ 베어링 온도 추이 및 발열에 의한 온도 상승을 검사한다.

㈑ 윤활제의 변색 및 누유 등을 검사한다.

㈒ 운전 중 이상 발생 시 운전을 중지하고, 기계의 상태를 점검하며 필요시 해체하여 조사한다.

(4) 회전음 검사

 (가) 청음기를 하우징에 대고 음의 크기 및 음질을 조사한다.

 (나) 높은 주파수의 금속성 음이나 불규칙한 음이 발생할 경우 이상이 있다는 의미이다.

 (다) 진동 측정기나 주파수 분석기 등을 이용하여 진동의 진폭 및 주파수 특성 등을 정량적으로 조사하여 문제점을 파악·조치한다.

(5) 온도 검사

 (가) 일반적으로 하우징의 외면 온도로부터 추측할 수 있다.

 (나) 정확한 측정은 오일 홈 등을 이용하여 베어링 외륜의 온도를 측정할 수 있다.

 (다) 베어링의 온도는 운전 이후 서서히 상승하여 1~2시간이 지나면 정상운전 상태에 도달한다.

 (라) 베어링 설치오차 및 내부 틈새 과다, 밀봉장치의 마찰 과대 등의 이상조건이 있으면 단시간 내에 급격히 상승하므로 점검이 필요하다.

마. 베어링 예압

구름 베어링은 일반적인 운전 상태에서 적당한 클리어런스를 갖도록 선정되어 사용된다. 여러 가지 목적에 따라서 베어링을 설치했을 때 마이너스의 클리어런스를 주어 의도된 내부응력을 발생시킨 상태의 사용방법을 예압이라 한다.

가) 예압의 목적

(1) 축의 레이디얼 방향 및 축선 방향의 위치결정을 정확하게 하며 축의 진동억제를 위해

(2) 베어링의 강성 향상을 위해

(3) 축 방향의 진동 및 공진에 의한 이상음 방지를 위해

(4) 전동체의 공전 및 자전, 선회 미끄럼 억제를 위해

(5) 전동체를 궤도륜에 대해서 바른 위치로 유지하기 위해

나) 베어링 전동체의 접촉상태와 축심의 위치 변위

(1) 내부 틈새가 있는 경우

베어링에 내부 틈새가 있는 경우 하중이 작용하는 방향 가장 가까운 위치의 전동체에 큰 하중이 가해지고, 이러한 하중에 의해 궤도부와 전동체의 접촉부에 미소한 탄성변형이 발생한다.

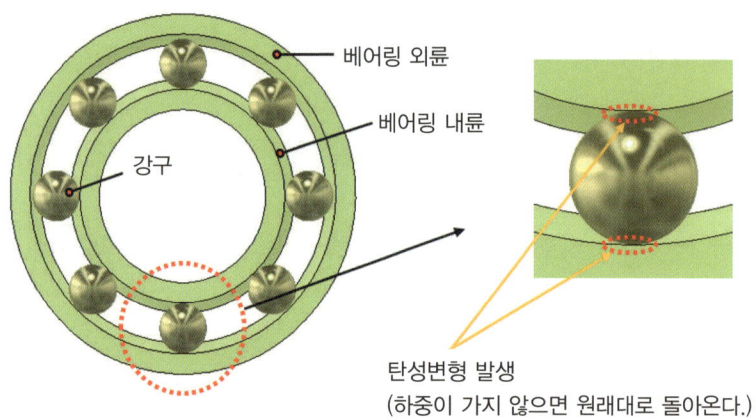

🔺 **레이디얼 베어링 예**

(가) 전동체의 위치에 따른 탄성변형의 차이로 베어링의 축심의 위치가 근소하게 변한다.
(나) 하중이 걸리는 방향이 변하는 경우 진동의 원인이 된다.
(다) 하중이 작용하는 반대쪽의 전동체에는 부하가 걸리지 않아 탄성변형이 생기지 않는다.
(라) 하중이 작용하지 않으면 탄성변형은 없어진다.

(2) 베어링에 예압을 준 경우

예압을 주면 베어링 내부 틈새가 마이너스가 되어 더 많은 전동체가 내륜과 외륜에 접촉하여 전동체와 궤도륜의 접촉 위치에 따른 탄성 변형량의 차이가 작아진다.

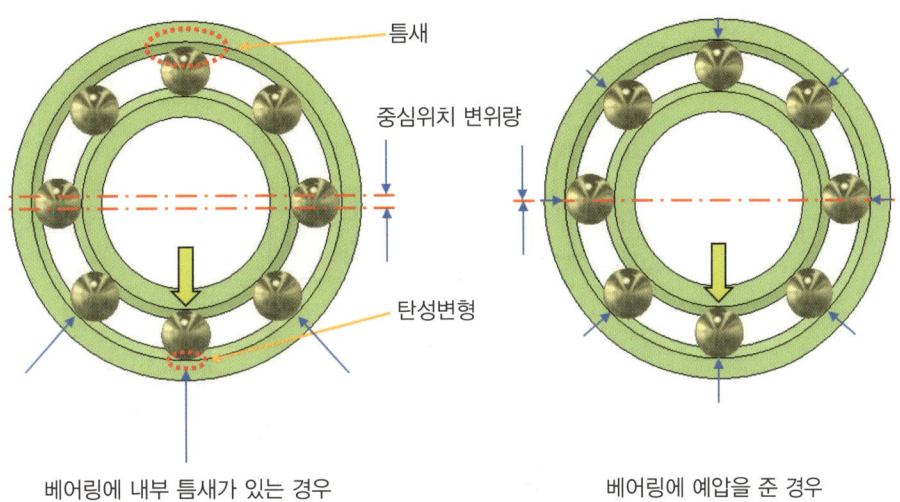

㈎ 베어링 축심 위치의 변화량을 적게 하여 축의 강성을 높인다.
㈏ 롤러 베어링은 볼 베어링보다 가해지는 하중에 따른 탄성 변형량이 적어서 높은 강성을 얻을 수 있다.

다) 예압 방법

예압 방법으로는 정위치 예압과 정압 예압으로 구분한다.

(1) 정위치 예압

미리 예압 조정이 된 한 쌍의 베어링을 조여 사용하는 방법으로 서로 마주보는 베어링 축 방향의 상대적 위치가 운전 중에도 변화하지 않고, 일정하게 되는 예압 방법이다.

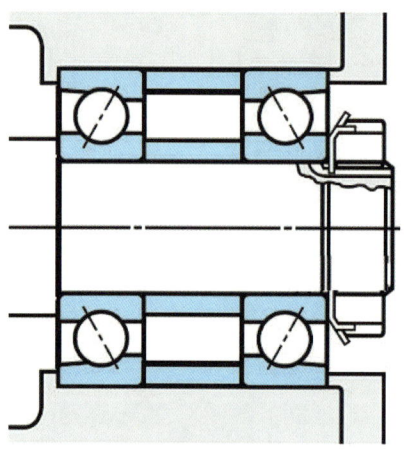

△ 정위치 예압

(가) 정위치 예압 특징
① 정압 예압과 비교하여 동일한 예압량의 경우 변형량이 적고 강성이 높다.
② 베어링 조립 시 공차에 대한 정밀한 관리가 요구된다.
③ 회전체의 원심력과 온도상승에 대한 변화가 있다.

(나) 정위치 예압 방법
① 예압을 주기 위해 차폭치수 또는 축 방향의 클리어런스를 정정한 조합 베어링을 사용하는 방법
② 예압을 주도록 치수를 조정한 심(shim)을 사용하는 방법
③ 축 방향 클리어런스 조정이 가능한 볼트나 너트 등을 사용하는 방법

(2) 정압 예압

코일 스프링이나 접시 스프링 등을 이용하여 적정한 예압을 베어링에 주는 방법이다.

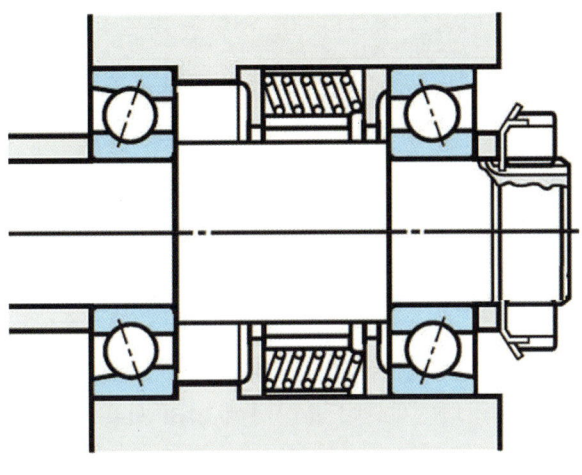

◎ 정압 예압

(개) 정압 예압 특징
  ① 베어링의 상대적인 위치가 사용 중에 변화하여도 예압량을 일정하게 유지한다.
  ② 베어링 하중에 대한 강성의 변화는 정위치 예압에 비해 크다.
  ③ 온도 및 하중에 의한 예압 변화는 정위치 예압에 비해 작다.
(내) 예압 방법 비교
  ① 강성을 높이는 목적에는 정위치 예압이 적합하다.
  ② 고속회전의 경우는 정압 예압이 적합하다.
  ③ 축 방향의 진동을 방지하기 위한 경우는 정압 예압이 적합하다.
  ④ 스러스트 베어링을 사용하는 경우는 정압 예압이 적합하다.

② 전동요소 보전

전동요소는 직접전동 기계요소와 간접전동 기계요소로 크게 구분할 수 있다. 직접전동 요소 중 기어는 정확한 속도비로 회전운동을 연속적으로 전달하고, 내구력이 큰 특징이 있다. 큰 감속비와 회전력을 전달하므로 정확한 속도비가 필요한 전동장치나 변속 장치에 많이 사용된다. 충격을 흡수하지 못해 소음이나 진동이 발생하는 단점이 있다.

가. 기어 보전

1) 기어의 종류

가) 스퍼 기어(spur gear)

두 축이 서로 평행한 경우 사용하는 대표적인 형식으로 직선형의 치형을 가지며 잇줄이 축에 평행하다. 제작이 용이하여 널리 사용하지만 소음 발생의 단점이 있다.

▲ 스퍼 기어

나) 내접 기어(internal gear)

두 축이 평행하며, 원통의 큰 기어 안쪽에 이가 만들어져 있다. 안쪽에 작은 기어와 맞물려 회전하고, 잇줄이 축에 대하여 평행하다. 맞물린 두 기어의 회전 방향이 같으며 높은 속도비가 필요한 경우에 사용된다.

▲ 내접 기어

다) 랙(rack)과 피니언(pinion)

두 축이 평행하며, 랙은 직선형의 막대에 이를 가공한 것으로 작은 기어(피니언 기어)와 맞물리고, 잇줄이 축 방향과 일치한다. 피니언의 회전운동에 대하여 랙은 직선운동을 한다.

▲ 랙과 피니언

라) 헬리컬 기어(helical gear)

두 축이 평행하며, 잇줄이 축 방향과 일치하지 않고 헬리컬 곡선으로 경사진 형태의 기어이다. 스퍼 기어에 비하여 접촉선의 길이가 길어 물림이 좋고 큰 힘을 전달할 수 있다. 진동과 소음이 적어 정숙한 운전을 하나 축 방향 하중이 발생하는 단점이 있다.

▲ 헬리컬 기어

마) 직선 베벨 기어(straight bevel gear)

두 축이 직각으로 교차하며, 원뿔형 기어로 이가 원뿔의 꼭지점을 향하여 직선으로 일치하는 기어이다. 두 축이 교차하는 전동용으로 널리 사용된다.

▲ 직선 베벨 기어

바) 앵귤러 베벨 기어(angular bevel gear)

직선 베벨 기어와 같으나 두 축이 직각이 아닌 일정한 각도로 만나는 기어이다.

△ 앵귤러 베벨 기어

사) 스파이럴 베벨 기어(spiral bevel gear)

두 축이 직각으로 교차하며, 기어는 원뿔형으로 잇줄이 스파이럴 곡선이고, 모직선에 비틀려 있는 기어이다. 이 물림이 좋고 진동과 소음이 적어 정숙한 회전에 적합하나 가공이 어렵다.

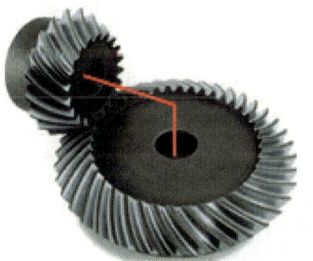

△ 스파이럴 베벨 기어

아) 원통 웜 기어(cylindrical worm gear)와 웜 휠(worm wheel)

두 축이 직각을 이루는 경우에 적합하다. 구동기어인 웜에 웜 휠이 선 접촉을 하며 큰 감속비를 얻을 수 있다. 효율이 낮고 감속기에 주로 사용된다.

▲ 원통 웜 기어와 웜 휠

자) 하이포이드 기어(hypoid gear)

기어는 원뿔형으로 두 축이 서로 평행하지도 않고 교차하지도 않는 스큐(엇갈림) 축 사이의 운동을 전달하는 기어이다. 큰 감속비를 얻을 수 있다.

▲ 하이포이드 기어

2) 기어의 점검

가) 기어 점검 방법

(1) 일상적인 운전 중에 기어 박스의 상태나 기능을 점검한다.
(2) 정지된 상태에서 기어 박스를 분해하여 기어의 상태나 기능을 점검한다.

나) 기어 일상 점검

일상 점검 항목	점검 방법	이상 유무 확인	조치 방법
소음	청각, 머신체커	소음 여부 (기어음, 베어링음, 기타 접촉음)	소음에 특이한 변화가 있거나 머신체커 판정치가 주의 값일 경우: 점검창을 통한 점검 또는 설비진단에 의한 정밀점검 실시
진동	청각, 머신체커, CMS	특이한 진동 변화 여부	진동에 특이한 변화가 있거나 머신체커 판정치가 주의 값일 경우: 점검창을 통한 점검 또는 설비진단에 의한 정밀점검 실시
발열	촉각 온도계	이상 발열 여부	• 대기온도 +40℃ 이내 • 이상온도 상승 시 부하조건, 주위온도, 윤활 관계를 재점검하여 허용범위 내로 유지
유온	온도계	이상 온도 상승 또는 저하	• 40±5℃ 이내 • 주위온도, 쿨러, 히터 등을 확인하여 원인 분석 후 조치
윤활	육안, 촉각, 압력계	원활한 공급 여부, 윤활유 공급 압력	• 급유 불량 시 즉시 조치 • 설정 압력값 유지
유량	레벨 게이지, 유량계	적정 유량	• 레벨 게이지 기준값 • 설정 유량 유지
누유	육안	누유 여부	누유부 원인 파악 후 조치

다) 기어 정기 점검

정기 점검 항목	점검 방법	이상 유무 확인	조치 방법
치면 상태	육안	치면의 부분마모, 편마모 유무, 부분 결함 유무, 치면의 점상 부식 유무	• 정기적 관찰에 의한 진행성 유무 조사 • 치면 수정 • 기어 교체
이 접촉 상태	육안, 광명단 이용 치합 측정	이물림 정도	• 이 접촉 불량 시 정밀검사 실시 • 기어 조류별 기준 다름
백래시	다이얼 게이지, 연선(실납)	백래시 기준값	• 백래시 불량 시 정밀점검 실시 • 교체 및 수정
균열	육안, 침투탐상 검사	이 뿌리부 크랙 유무	• 균열 의심 시 정밀점검 실시 • 기어 교체
회전 상태	다이얼 게이지, 회전 검사	축의 휨 여부, 흔들림 측정	휨 또는 흔들림 불량 시 수정 및 교체

라) 기어 조립 검사

(1) **치합**

㈎ 한 쌍의 기어가 서로 맞물리는 이 접촉 괘적을 말한다.

㈏ 이 접촉은 기어의 오차와 밀접한 관계가 있다.

㈐ 이 접촉 면적이나 위치는 운전 성능에 큰 영향을 끼친다.

① 치합 검사 방법: 기어 박스의 상부를 개방하고, 기어에 광명단을 도포하여 손으로 축을 회전시키며 0°, 90°, 180°, 270°로 기어 치면의 접촉 상태를 점검한다.

② 치합률 기준

기어 구분	기어 등급	치폭 방향	이 높이 방향
스퍼기어, 헬리컬기어	A등급	유효 이폭 길이의 70% 이상	유효 이 높이의 40% 이상
	B등급	유효 이폭 길이의 50% 이상	유효 이 높이의 30% 이상
	C등급	유효 이폭 길이의 35% 이상	유효 이 높이의 20% 이상
베벨 기어	A등급	유효 이폭 길이의 50% 이상	유효 이 높이의 40% 이상
	B등급	유효 이폭 길이의 35% 이상	유효 이 높이의 30% 이상
	C등급	유효 이폭 길이의 25% 이상	유효 이 높이의 20% 이상
웜과 웜 휠	A등급	유효 이폭 길이의 50% 이상	유효 이 높이의 70% 이상
	B등급	유효 이폭 길이의 35% 이상	유효 이 높이의 70% 이상
	C등급	유효 이폭 길이의 25% 이상	유효 이 높이의 70% 이상

(2) 백래시(backlash)

㈎ 기어가 맞물릴 때 원주 방향으로 이와 이 사이에 벌어진 틈새를 말한다.

㈏ 기어가 소음 없이 부드럽게 회전하기 위해서는 반드시 백래시가 필요하다.

㈐ 피치 원주상의 원호의 길이로 나타내는 원주 방향 백래시와 이면 사이의 최소 틈새로 나타내는 법선 방향 백래시가 있다.

① 원주 방향 백래시 측정 방법

㉮ 한 쌍의 기어 중 한쪽 기어를 움직이지 않도록 고정하고, 다른 한쪽 기어의 이면에 다이얼 게이지를 접촉시킨다.

㉯ 이 기어의 이틈에 한하여 앞·뒤로 회전시켜 다이얼 게이지의 변동값을 측정한다.

㉰ 측정 시 다이얼 게이지의 스핀들이 옆의 이 끝에 접촉하지 않도록 주의한다.

㉱ 원주 방향 백래시 측정 방법의 허용 기준값은 KS에 규정되어 있다.

② 법선 방향 백래시 측정 방법

㉮ 한 쌍의 기어에 있어서 이와 이 사이에 틈새가 생기도록 회전시킨다.

㉯ 이 사이의 틈새에 길이 방향으로 연선(실납)을 압입한다.

㉰ 연선이 물려 들어가는 방향으로 회전시켜 완전히 통과할 때까지 압입해 넣는다.

㉱ 연선이 물려 들어간 반대 방향으로 회전시켜 연선을 빼낸 후 연선이 눌려져 있는 부분 두께의 최소 수치를 마이크로미터로 측정한다.

나. 감속기 보전

1) 감속기 점검

가) 감속기 점검 방법

(1) 일상적인 운전 중에 케이스의 과열상태, 소음과 진동 유무를 점검
(2) 운전 중 또는 정지된 상태에서 오일의 누유를 점검
(2) 정지된 상태에서 케이스를 분해하여 기어의 상태나 기능을 점검

나) 감속기 고장 원인과 대책

고장	고장 원인	조치 방법
소음	• 규칙적인 소음 발생: 기어 접촉면 불량, 베어링 손상 • 불규칙적인 소음 발생: 이물질 침입, 베어링 손상 • 높은 금속음 발생: 윤활유 부족, 기어 백래시 적음	• 기어 교체, 베어링 교체, 윤활유 보충 • 이물질 제거, 윤활유 교체, 베어링 교체 • 윤활유 보충, 베어링 교체
진동	• 기어 치부의 마모 • 베어링 손상 • 이물질 침입 • 볼트 체결 불량 • 축 정렬 불량	• 기어 교체 • 베어링 교체 • 이물질 제거, 윤활유 교체 • 볼트 조임 • 센터링 작업
발열	• 과부하 운전 • 윤활유 과다 또는 과소 • 윤활유 불량 또는 열화 • 모터 통풍 불량 • 축의 휨이나 장력 불량 • 벨트 헐거움 • 베어링 불량, 억지끼워 맞춤에 의한 마찰	• 부하조절, 대용량으로 교체 • 오일 게이지 점검 • 윤활유 교체 • 방해 요인 제거 • 평행도, 센터링 작업, 장력조절 • 벨트 교체 및 아이들러 풀리 부착 • 베어링 교체 및 분해 점검 후 조립
누유	• 오일 실 손상 • 접합 부 패킹 불량 • 유면계 파손 및 조임 불량 • 드레인 플러그 조임 불량	• 오일 실 교체 • 패킹 교체 및 정밀 조립 • 유면계 교체 • 플러그 조임

기어 마모	• 과부하 운전 • 윤활유 부족 또는 열화 • 이물질에 의한 파손 • 기동 시 충격 하중 • 운전 온도가 높음	• 부하조절, 대용량으로 교체 • 윤활유 교체 • 새 부품 교체 • 용량 교체 • 원활한 통풍
기동 불능	• 기어 마멸 • 입력축 키의 파손 • 입력축, 출력축 파손	• 기어 교체 • 축 정비, 키 교체 • 축 정비, 파손 축 교체

③ 자동화 시스템 보전

시스템을 사전에 좋은 상태가 되도록 유지하고, 고장 후에도 빠르게 정상 상태가 될 수 있도록 하는 것이 자동화 시스템의 보전이다. 또한, 설비의 가동상태를 질적, 양적인 측면에서 파악하여 경제적 이익을 꾀하는 설비의 효율화를 말한다.

가. 보전의 목적

1) 양적 측면

시스템 보전의 양적 측면에서는 설비의 가동시간과 단위시간 내 완성도 증대이다.

2) 질적 측면

시스템 보전의 질적 측면에서는 불량품 감소와 품질을 향상시키고, 설비가 안정화된 상태로 충분한 능력을 발휘하는 것이다. 또한, 설비사고를 제로화하여 불량이 발생하지 않도록 항상 최적의 상태로 시스템을 유지하는 것이다.

나. 보전의 가치

자동화 시스템의 보전관리를 잘 수행함으로써 생산계획의 확실성이 보장되고 품질이 향상된다. 원가 절감과 더불어 납기 준수와 산업재해 예방의 효과도 있다. 설비관리 측면에서 보면 생산계획이 보장된다는 장점이 있다.

(1) 돌발고장에 따른 생산 손실을 방지한다.
(2) 수리 기간이 정기적이고 단축시킬 수 있다.
(3) 설비 수명이 길어져 투자금액의 절감 효과를 가져온다.
(4) 시간과 노력이 절약되고 요점을 잘 파악할 수 있다.
(5) 항상 정도가 유지되고 제품의 품질이 균일하다.
(6) 수리를 위한 공장휴지계획을 관리자가 알 수 있다.
(7) 자금계획, 판매계획, 재고계획이 올바르게 입안된다.

다. 보전의 신뢰성

설비 신뢰성을 나타내는 척도는 신뢰도, 평균고장간격시간(MTBF), 평균고장수리시간(MTTR), 평균고장시간(MTTF), 고장률 등이 있다.

1) 신뢰도

$$신뢰도 = \frac{설비 또는 한계통 설비의 총수 - 운전하고자 하는 시간까지의 고장 수}{설비 또는 한계통설비의 총수} \times 100$$

2) 평균고장간격시간(MTBF)

$$MTBF = \frac{x_1 + x_2 + x_3 + \cdots x_n \,(각 고장까지의 시간)}{r \,(고장 발생 수)}$$

3) 평균고장수리시간(MTTR)

$$MTTR = \frac{x_1 + x_2 + x_3 + \cdots x_n \,(각 고장 수리 시간)}{r \,(고장 발생 수)}$$

4) 평균고장시간(MTTF)

신뢰성의 대상물이 사용되어 처음 고장이 발생할 때까지의 평균시간을 말한다.

5) 고장률

고장률은 평균고장간격(MTBF)의 역비이다.

라. 고장의 종류

1) 열화

작업표준에 의해 올바르게 사용하여도 시간의 경과에 따른 물리적 변동으로 초기성능이 저하되는 자연적 열화와 일상정비를 하지 않아 발생되는 인위적 열화에 의한 강제열화가 있다.

2) 복원

열화된 것을 본래의 상태로 되돌리는 것을 말한다.

3) 미결함

결함으로 판정하기 어려운 미소결함으로 먼지, 오염, 흔들림 등이 있다.

마. 고장 발생 순서

(1) 미결함의 발생(잠재적 결함)
(2) 미결함 현재화
(3) 마모, 진동, 온도, 습도 등에 의한 성능이나 효율이 점차 저하하는 기능 저하형 고장 (생산량 저하, 품질의 불규칙, 수율 저하, 순간 정지 발생 등)
(4) 부분적 파손, 돌발적 고장정이 등으로 인한 기능 정지형 고장(축의 절손, 전기의 단선, 용기의 파괴 등)

X 윤활관리

① 윤활관리 기초

윤활이란 베어링 또는 축과 슬리브 같은 2개의 부품이 조립되어 상대 운동을 할 때 뻑뻑하지 않고 매끄럽게 하는 것을 의미한다. 그 접촉면에 유막을 만들어 마찰로 인한 마모나 발열을 감소시키는 일을 윤활이라 한다. 이처럼 마찰과 마모를 줄이기 위해 두 물체 사이에 삽입하는 물질을 윤활제라고 한다.

가. 윤활관리

1) 윤활관리와 설비보전

기계설비에 대한 효율적인 윤활관리는 설비의 수명증대와 생산성 향상에 크게 기여한다.

가) 설비관리

생산성 향상 및 생산비의 절감에 기여하는 기능이다.

나) 생산정비

설비에 대하여 경제적으로 설비보전을 실시하는 기능이다.

다) 설비보전

(1) 일상정비를 통한 설비의 열화방지 활동이다.
(2) 설비의 열화측정 및 경향 조사이다.
(3) 열화회복을 위해 어느 시설의 어느 개소를 수리할 것인가를 예측한다.
(4) 필요한 자재와 인원을 준비하여 실시하는 계획적인 보수이다.
(5) 일반적으로 생산보전(PM)으로 통한다.

라) 생산보전

기계설비의 설계에서부터 운전 및 보전에 이르기까지 설비 자체의 비용과 설비 열화에 의한 손실 등의 합계를 적게 하고 기업의 생산성을 높이는 것이 기본 개념이다.

(1) 생산보전의 추진 방법

 (가) 예방보전

 (나) 개량보전

 (다) 사후보전 및 보전예방

  ① 예방보전

   ㉮ 생산보전의 추진 방법 중에서 가장 중요한 보전방법

   ㉯ PM 시스템은 예방보전이 중심을 이룸

   ㉰ 윤활관리는 예방보전 활동의 일환

2) 윤활관리 목적

올바른 윤활과 정기적인 점검으로 기계나 설비의 완전운전을 보장하고, 고장이나 성능저하를 없애 설비의 성능향상을 꾀하여 생산성 증대 및 생산비 절감에 기여하는 데 있다.

가) 윤활관리 목적

(1) 설비관리 유지비용 절감

(2) 기계설비의 가동률 증대

(3) 설비 수명 연장

(4) 윤활비와 동력비 절감

(5) 생산량 증대

나) 윤활관리의 기본적 효과

(1) 제품 정도의 향상

(2) 윤활사고의 방지

(3) 기계 정도와 기능의 유지

(4) 윤활의식의 고양

다) 윤활관리의 경제적 효과

(1) 기계나 설비의 수리 및 정비 작업비 등의 유지관리비 절감

(2) 기계나 설비의 부품의 수명 연장과 교환 비용 감소에 의한 비용 절감

(3) 완전운전에 의한 유지비의 경감과 생산 가동 시간의 증대

(4) 기계의 급유에 필요한 비용 절감
(5) 윤활제 구입 비용 감소
(6) 마찰감소에 의한 에너지 소비량 절감
(7) 자동화를 통한 윤활관리자의 노동력 감소

3) 윤활관리 방법

적정 윤활제를 선정하여, 적정 간격으로 적당한 시기에, 적정량을 공급하고, 적합한 급유 방법을 결정한다. 즉, 윤활관리의 4원칙은 적유, 적기, 적량, 적법이다. 이러한 윤활관리를 실시함으로써 기계설비의 성능과 정밀도를 유지할 수 있다.

가) 적정유 선정

(1) 운전상태, 급유법, 온도 등 환경에 적합한 윤활제를 선정한다.
(2) 유종의 간소화를 고려하고 적합한 윤활제를 선정한다.

나) 급유 관리

(1) 급유구 및 급유통에 이물질 혼입이 없도록 관리한다.
(2) 급유관의 누설 여부를 점검, 관리한다.
(3) 올바른 급유량과 급유 간격을 결정한다.
(4) 최적의 급유 방법으로 개선한다.

다) 사용유 관리

(1) 적절한 세정설비를 갖추고 오일의 청결을 유지한다.
(2) 적정 간격으로 사용유를 분석하고 열화 상태를 파악한다.
(3) 적정 시기에 사용유를 교환한다.
(4) 폐유 및 회수유는 올바르게 처리한다.

라) 재고 관리

(1) 윤활제의 최적 교환 주기를 설계한다.
(2) 라벨 부착을 통해 합리적으로 관리한다.

나. 윤활제 선정

1) 윤활제의 종류와 특성

가) 윤활제의 종류

외관 형태의 분류에 따라 액체 윤활제, 반고체 윤활제, 고체 윤활제로 분류된다.

윤활제의 분류		종류
액체 윤활제 (윤활유)	광유계	• 순광유 및 순광유에 첨가제가 함유된 윤활유 • 유압 작동유, 기어, 엔진오일 등에 사용
	합성계	• 광유에 지방유를 합성한 윤활유 • 고온, 고압, 극저온 등 특수 환경에 사용 • PAQ, 에스테르 등 • 특수 엔진유, 항공용 윤활유 등에 사용
	천연유지계	• 유성이 필요한 경우 사용 • 동식물 유지(에스테르 화합물) • 압연유, 절삭유 등에 사용
	동식물계	지방유
반고체 윤활제 (그리스)	그리스	• 윤활유로 적합하지 않은 곳 • 기어, 베어링 등 점착성이 교구되는 부분에 사용
고체 윤활제	고체	MoS, PbO, 흑연, 그라파이트 등
	반고체 혼합	그리스와 고체 물질의 혼합
	액체와 혼합	광유와 고체 물질의 혼합

나) 윤활유 특성

액상의 윤활유가 윤활제로 가장 많이 사용되며, 광유계와 합성유계, 수용성계가 있다.

(1) 액상 윤활유가 갖추어야 할 성질

㈎ 사용 상태에서 충분한 점도를 가질 것
㈏ 한계윤활 상태에서 견디어 낼 수 있는 유성이 있을 것
㈐ 산화나 열에 대한 안정성이 높고 화학적으로 안정될 것

X. 윤활관리

(2) 광물성 윤활유

　(개) 원유를 온도 차이에 의해서 분류할 때 중유와 아스팔트 사이에서 정제한 것이다.
　(내) 내연기관에 주로 사용된다.

(3) 식물성 윤활유

　(개) 피마자유와 해바라기유
　(내) 점도가 높고 내압성이 양호하나 고온에서 유성과 점성이 변화하는 단점이 있다.

(4) 점도

　(개) 윤활제의 점도는 40℃에서의 점도를 사용한다.
　(내) ISO VG 32는 온도가 40℃일 때 평균 점도가 32라는 의미이다.

2) 윤활유 선정기준

가) 적정 윤활제 선정

윤활요소인 마찰면의 조건, 급유 방법, 윤활제의 종류와 특성을 고려한다. 일반적인 윤활제의 선택은 윤활제의 점도, 열 및 산화안정성, 부식성, 적합성 등을 고려한다. 불량한 윤활은 기계의 성능저하를 초래하여 대량 생산 손실이 발생한다.

나) 윤활유 선정 시 고려사항

윤활유 선정 시 가장 기본적인 요소는 점도이다. 그 밖에 요구되는 특성으로는 산화안정성, 방식 및 내부식성, 내열성, 저유동성, 소포성 등이 있다.

(1) 베어링 윤활유 선정 시 고려사항

　(개) 적정 점도
　(내) 운전 속도
　(대) 하중
　(라) 운전 온도
　(마) 급유 방법 및 주위 환경

다) 그리스 선정 기준

온도, 속도, 하중 등의 조건에 의해 적당한 것을 선택한다. 본질적인 특성은 증주제 및 기유제로 결정되며, 첨가제는 그리스 성능에 큰 영향을 미친다.

(1) 증주제

금속, 비누, 벤톤 등

(2) 기유제

광유, 합성유 등

(3) 첨가제

산화방지제, 방청제, 극압제 등

2 윤활 방법과 시험

가. 윤활 급유법

1) 윤활유계 급유법 종류

사용한 윤활유를 회수하지 않고 폐기하는 방식의 비순환 급유법과 사용한 윤활유를 회수하여 반복 공급하는 순환 급유법으로 구분한다.
비순환 급유법은 소량의 윤활유를 사용하며, 순환 급유법은 자기 순환 급유법과 펌프를 이용한 강제 순환 장치가 있다.

가) 비순환 급유법

기계의 구조상 순환 급유법을 채용할 수 없는 경우 사용되는 방법으로 고온으로 윤활유의 증발이 쉽게 발생되는 경우나, 고온으로 인하여 윤활유의 열화가 쉽게 발생되는 경우에 적합하다. 손 급유법, 적하 급유법, 가시부상 유적 급유법 등이 있다.

(1) 손 급유법(hand oiling)

작업자가 급유 위치에 급유하는 가장 간단한 급유 방법이다. 기름 소모가 많고 급유가 불안전하여 불량한 급유 방법이다.

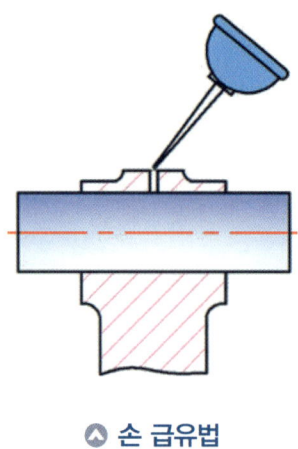

◎ 손 급유법

(2) 적하 급유법(droop-feed oiling)

유리 용기에 오일을 넣고 급유량을 조절하면서 급유한다. 급유할 마찰 면이 넓고, 시동되는 횟수가 많을 경우나 손 급유법이 불가한 경우에 사용한다. 오일 충진 시기에 주의하면 급유는 계속되며 오일 소비량이 많다.

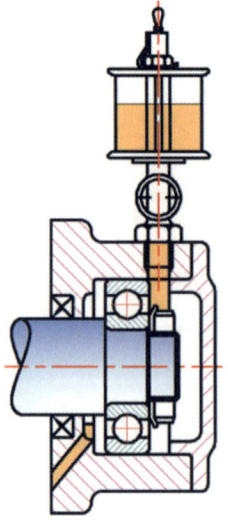

◎ 적하 급유법

(가) 사이펀 급유법(siphon oiling)

심지 급유법으로 용기 내의 오일을 심지가 모세관현상을 이용하여 기름을 빨아 올리고, 다른 쪽에 적하하는 방법이다.

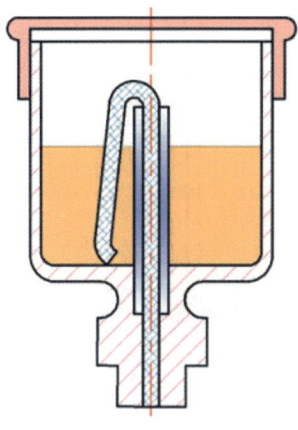

△ 사이펀 급유법

(나) 바늘 급유법(needle oiling)

축의 회전운동에 의한 진동으로 바늘이 움직이며 틈새로 오일을 적하하는 급유 방법이다. 바늘의 굵기나 축의 회전수 증가에 따라 공급량이 변화한다.

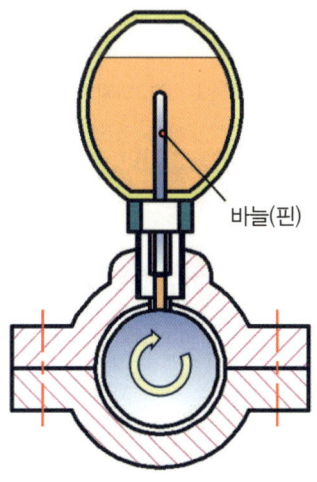

△ 바늘 급유법

㈐ 가시적하 급유법(sight droop-feed oiling)

니들 밸브로 구멍의 크기를 변화시켜 적하량을 조절한다. 오일 적하량을 확인할 수 있도록 유리로 제작되었다.

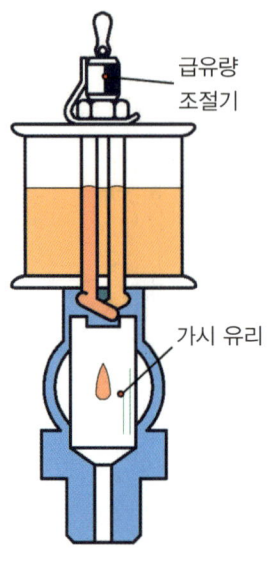

◎ **가시적하 급유법**

(3) 가시부상 유적 급유법

물이나 기타의 액체를 가득 채운 유리관 속의 유적(기름방울)을 서서히 떠오르게 하는 방법으로 급유한다. 외부에서 급유 상태를 정확히 볼 수 있다는 장점이 있다.

나) 순환 급유법

윤활유를 마찰면에 반복하여 공급하는 방식으로 패드 급유법, 유륜식 급유법, 체인 급유법, 원심 급유법, 비말 급유법, 유욕 급유법, 중력순환 급유법, 강제순환급유법 등이 있다.

(1) **패드 급유법**(pad oiling)

모세관 현상을 이용한 방법으로 패드를 가볍게 저널에 접속시켜 급유하는 방법이다.

(가) 접촉 급유법(비순환 급유법)

무명 실뭉치 또는 털실에 기름을 적셔 축과 접촉하게 하는 급유 방법이다.

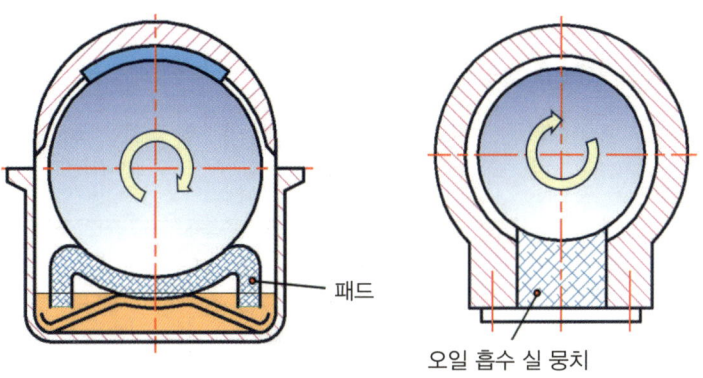

◎ 패드 급유법

(2) 유륜(오일 링) 급유법(ring oiling)

축의 회전과 함께 오일 링이 회전하며 마찰 면에 오일을 운반하여 윤활하고, 나머지 대부분의 오일은 마찰 면의 열을 제거한 후 탱크로 돌아온다.

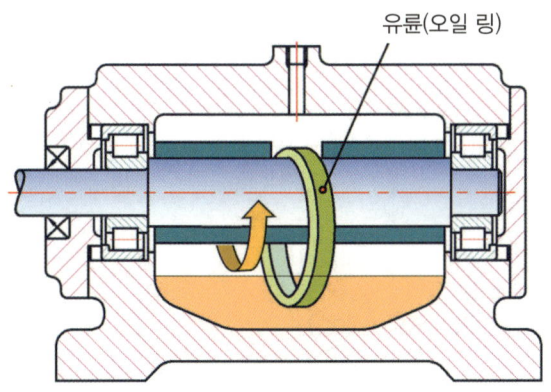

◎ 유륜(오일 링) 급유법

(3) 체인 급유법(chain oiling)

오일링 급유법보다 점도가 높은 오일을 사용할 때의 급유법으로 탱크 유면과 축이 떨어져 있는 경우와 고속 고하중에 적합하다.

(4) 원심 급유법(centrifugal oiling)

엔진 류의 크랭크 핀의 급유에 사용되며, 원심력을 이용한 급유 방법이다.

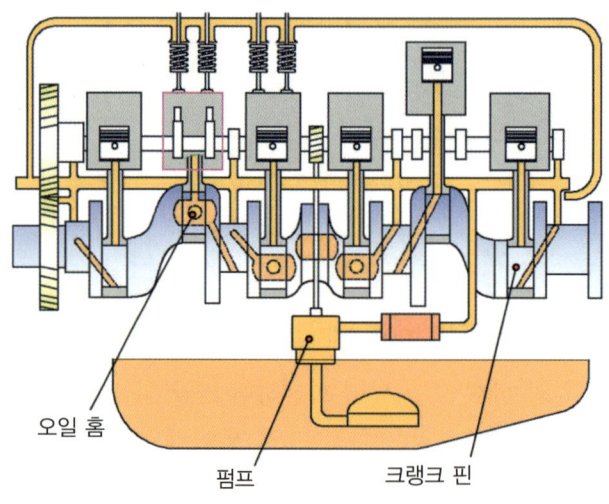

🔺 **원심 급유법**

(5) 칼라 급유법(collar oiling)

누께와 너비가 큰 링을 축에 고정시킨 것으로, 오일링 급유법과 같고, 저속 고하중에 적합하다.

(6) 버킷 급유법(bucket oiling)

칼라 급유법과 비슷하며, 저속 고하중에 적합하고, 축이 베어링의 일단에서 끝나는 부분에 사용한다.

(7) 롤러 급유법(roller oiling)

유면에 닿게 롤러를 설치하고, 롤러에 묻어나는 오일로 윤활하는 급유 방법이다.

다) 비말 급유법(splash oiling)

회전체 일부의 운동부가 유면에 접하여 오일의 미립자 형태 또는 분무 형태로 마찰 면에 비산시켜 급유하는 방법이다. 냉각효과가 크고, 여러 부위의 마찰 면을 동시에 급유할 수 있다.

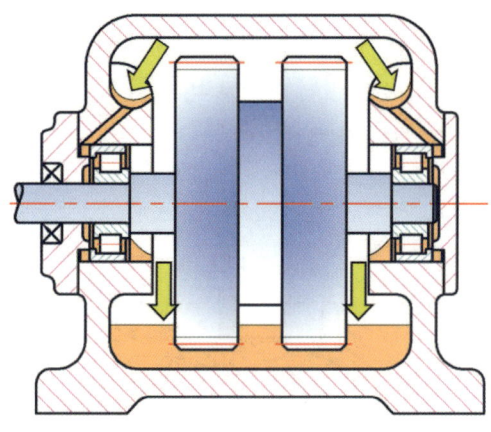

△ 비말 급유법

(1) 유욕 급유법(bath oiling)

마찰 면이 오일 속에 잠겨 윤활하는 방법으로 비말 급유법에 비해 적극적으로 윤활시킬 수 있고, 냉각 효과도 우수하다.

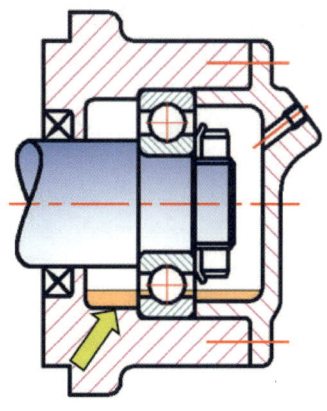

△ 유욕 급유법

(2) 중력 순환 급유법(gravity oiling)

높은 곳에 있는 오일 탱크에서 분배된 관을 통해 오일을 흘려보내며 급유하는 방법으로 온도 상승에 따른 점도 변화가 없다.

(3) 강제 순환 급유법(forced circulation oiling)

고온·고속의 베어링에 오일을 펌프에 의해 강제적으로 공급하는 급유 방법으로 여러 개의 베어링을 하나의 계통으로 강제 순환시킨다. 고속 내연기관, 자동차, 항공기, 공작기계 등에 사용된다.

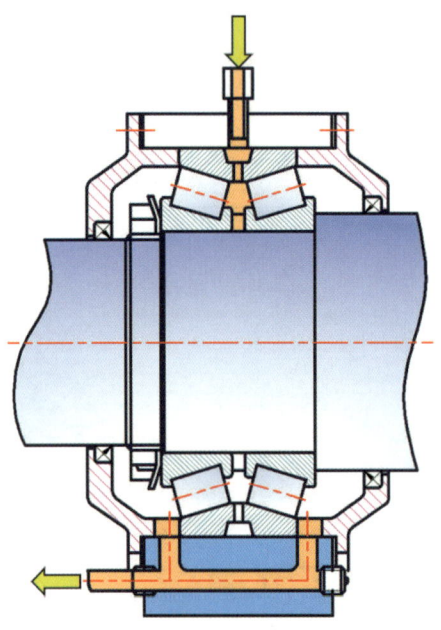

△ 강제 순환 급유법

(4) 분무 급유법(fog lubricating)

미스트 급유법이라고도 하며, 소량의 오일과 다량의 공기가 분무 형태로 마찰면을 적실 정도의 급유 방법이다.

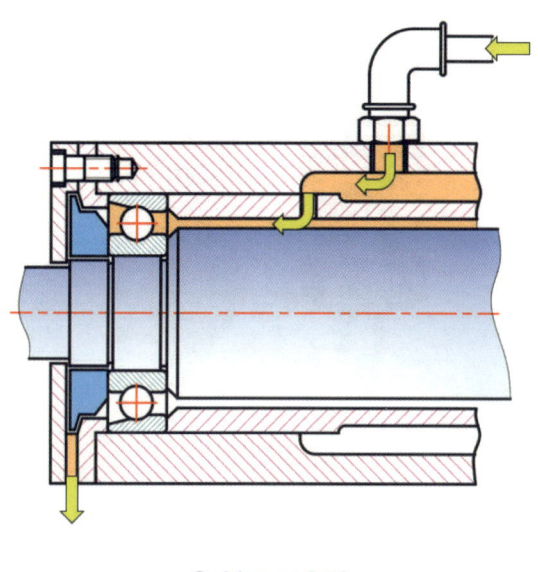

▲ 분무 급유법

2) 그리스 급유법 종류

그리스 급유법에는 그리스 패킹, 그리스 컵, 그리스 건(손 급유법) 및 집중 그리스 윤활장치 등이 있다.

가) 그리스 패킹

소형의 베어링에 그리스를 충진하여 밀봉하는 방법이며, 주입량은 용적의 1/2 정도가 적당하다. 과하면 마찰 손실이 커지고, 온도가 상승하며, 동력 손실도 커진다.

나) 그리스 컵

그리스 컵 내의 그리스는 조절된 스프링 압력에 의해 급유되는 방식이다. 그리스는 적하 점(dropping point) 이상의 온도가 아닌 보통의 사용온도에서는 스스로 급유가 되지 않으므로 스프링식이 주로 사용되며, 수동식은 가끔 압력을 가해 주어야 한다.

△ 그리스 컵

다) 그리스 건

그리스 공급이 간헐적으로 필요한 때에 사용되며, 휴대용 그리스 펌프로 베어링에 주입하는 방법이다.

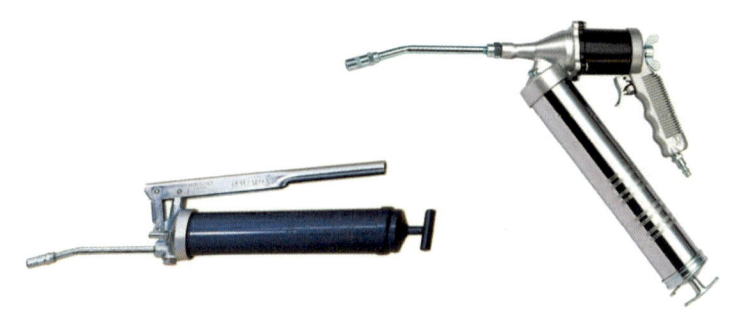

△ 수동 그리스 건   △ 에어 그리스 건

라) 그리스 펌프

그리스 건보다 효율적인 방법으로 자동과 수동이 있다.

▲ 수동 그리스 펌프   ▲ 에어 그리스 펌프

마) 집중 그리스 윤활장치

그리스 공급 시스템으로 다수의 베어링에 일정량의 그리스를 동시에 확실히 급유하는 방법이다.

(1) 집중 그리스 윤활 장치

　㈎ 그리스 펌프를 이용하여 여러 윤활 부위에 동시에 일정량의 그리스를 강제로 공급한다.
　㈏ 급유개소에 일정량을 급유하고 급유량을 조절할 수 있어야 한다.
　㈐ 펌프, 분배밸브, 공급관, 제어 및 지시장치로 구성되어 있다.

(2) 윤활유 윤활과 비교한 그리스 윤활의 특징

　㈎ 그리스 윤활의 장점
　　① 밀봉 효과가 우수하다.
　　② 이물질 혼입을 방지한다.
　　③ 내수성이 강하다.
　　④ 장기간 보존이 가능하다.
　　⑤ 비교적 높은 온도에서도 사용이 가능하다.
　　⑥ 적하유출이 적다.
　　⑦ 내하중성이 우수하다.

(나) 그리스 윤활의 단점
① 냉각효과가 작다.
② 세부 윤활이 어렵다.
③ 이물질 혼합 시 제거가 곤란하다.
④ 급유량 조절, 교환 등이 불편하다.

(3) 그리스 윤활의 일반적인 장·단점

(가) 장점
① 급유 기간이 길다.
② 내부 누설이 적다.
③ 양호한 윤활성으로 내하중성이 크다.
④ 녹이나 부식을 방지한다.
⑤ 흡착력으로 고하중에 잘 견딘다.
⑥ 비용이 적게 든다.

(나) 단점
① 냉각효과가 작아 온도상승 제어가 곤란하다.
② 초고속 운동에는 부적합하다.
③ 초기 회전 시 저항이 크다.
④ 급유, 급유량 조절, 교환, 세정 등이 어렵다.

나. 윤활기술

1) 윤활기술

설비의 자동화에 의한 대량생산체계와 설비의 대형화가 이루어짐에 따라 설비의 생산성 향상과 휴지손실 방지를 꾀하고 있다. 설비진단기술을 이용하여 유분석을 하는 윤활진단기술의 중요성이 부각되고 있다.

가) 유분석과 윤활기술

올바른 윤활관리를 위해서는 유분석을 통한 윤활유의 특성, 시료 채취기술, 각종 오염도의 분석을 실시하여 설비의 신뢰성을 확보하는 것이 중요하다.

나) 유분석을 통한 취득 가능 정보

(1) 고장의 근본 원인을 파악할 수 있다.
(2) 고장의 원인을 통한 설비의 고장방지 대책을 수립할 수 있다.
(3) 기계의 열화로 인한 수리 또는 교체시기를 파악할 수 있다.
(4) 초기 마모의 진행 상태를 파악할 수 있다.

다) 유분석의 범위

(1) 마모입자 분석
(2) 물리·화학적 성분 분석
(3) 오염도 분석

라) 유분석을 위한 시료채취 방법

(1) 가능한 한 가동 중인 설비에서 채취한다.
(2) 정지한 설비에서는 3분 이내에 채취한다.
(3) 플러싱을 실시한 채취 밸브와 채취 기구를 이용한다.
(4) 깨끗한 용기로 채취한다.
(5) 채취 시간을 기입한다.
(6) 채취 후 48시간 이내로 신속히 분석한다.
(7) 적절한 주기로 채취한다.

2) 윤활계의 운전과 보전

윤활제를 순환 급유할 경우 장치들의 원활한 작동과 설비 성능을 유지하기 위해 운전과 정비를 병행하여 윤활설비를 관리할 필요가 있다.

가) 윤활유 펌프

0.2~0.4 MPa 정도의 기어 펌프가 널리 사용되며, 고장을 대비하여 2쌍 이상의 펌프를 설비하는 것이 좋다. 펌프에는 여과기를 설치하여 기름 속의 불순물을 제거하고 펌프의 고장을 방지한다.

나) 윤활유 냉각기

순환계통 중 윤활유는 냉각기를 통과할 때 윤활유의 온도를 조절해 적당한 점도를 유지시켜 준다.

다) 드레인 탱크

크기는 순환되는 유량에 따라 다르며, 엔진의 형식과 발생 동력에 의하여 결정된다.

라) 윤활계통 보수

윤활급유 장치 중 기름과 직접 접촉하지 않는 부분은 수분이 응축되기 쉬워 녹이 발생된다. 녹은 표면을 거칠게 하고 기름 속에 혼입되어 윤활마모의 원인이 된다. 따라서 윤활장치의 운전 중에는 마찰 부분의 온도, 진동 및 소음에 주의하고 윤활유의 출입구 온도 및 오염 상태에 주의해야 한다.

마) 플러싱(flushing)

새 기계 순환계통에 윤활유를 넣거나 열화된 오일을 새 기름으로 교환하는 경우 세정제를 사용하여 이물질을 제거하는 작업을 말한다. 플러싱은 시기와 목적에 따라 다르므로 적합한 세척제와 세척유를 적용한다.

(1) 플러싱 종류

- ㈎ 산세정(황산 → 물 → 가성소다 → 물 → 오일): 신규로 설치된 배관 내의 금속, 모래, 녹, 먼지 등을 제거한다.
- ㈏ 분해세정: 방청 및 슬러지를 제거하는 용제처리 과정이다.
- ㈐ 윤활유: 이물질이나 고형물질 등을 제거한다.
- ㈑ 화학: 화학물질에 의한 세정작업

(2) 플러싱유의 선택

- ㈎ 사용 오일과 동질의 오일을 사용할 것
- ㈏ 저점도 오일로서 인화점이 높을 것
- ㈐ 고온의 청정분산성을 가질 것
- ㈑ 방청성이 매우 우수할 것

(3) 플러싱 실시 시기

 ㈎ 기계장치 신설 시
 ㈏ 윤활유 교환 시
 ㈐ 윤활장치 분해 시
 ㈑ 윤활계 검사 시
 ㈒ 운전개시 시

(4) 플러싱 작업의 전처리

작업 전에는 윤활계통 내 녹이나 스케일 등의 이물질을 제거하고, 청소 상태를 검사하여 이상이 없어야 한다.

(5) 유압유 플러싱 장비

◎ 유압유 플러싱 장비

3) 윤활제 열화관리와 오염관리

가) 윤활유 열화 원인

최상의 윤활유도 사용하면 변질되어 성질이 전하되는 현상을 윤활유의 열화라고 한다.

(1) 화학 변화

윤활유 자신이 일으키는 내부 변화로 산화와 탄화가 있다.

(2) 윤활유 열화

외부적 요인에 의하여 생기는 변화로 희석, 유화, 이물질 혼입 등이 있다.

나) 윤활유 열화 방지와 오염

사용하고 있는 윤활유의 열화를 방지하고 수명을 연장시켜 양호한 윤활상태를 유지하려면 윤활유의 산화 촉진 원인을 제거해야 한다.

방법으로는 순환계통을 항상 깨끗이 하여 불순물의 침입이나 산화생성물이 생기지 않도록 주의해야 한다. 또한, 적절한 시기에 신규 오일로 교환 또는 보충하여 관리해야 한다.

(1) 윤활유 열화 방지 및 오염관리 방법 고려사항

㈎ 윤활유가 고온부에 접촉하는 시간을 짧게 하고 유압을 올려서 순환급유를 많게 하여 유온을 일정하게 유지시킨다.
㈏ 적절한 냉각기의 부착에 의해 유온 상승을 방지한다.
㈐ 이종유 혼합 사용은 절대 피한다.
㈑ 기계 신규 도입 시에는 충분히 세척을 행한 후 사용한다.
㈒ 오일 교환 시에는 열화유를 완전히 제거한다.
㈓ 수분, 먼지, 금속, 연료유 혼입 시에는 신속히 제거한다.
㈔ 연 1회 정도 세척을 실시하여 순환계통을 청정하게 유지한다.
㈕ 사용유는 가능한 원심분리기, 백토 처리 등의 재생법을 활용한다.
㈖ 필요시 적당한 첨가제를 사용한다.
㈗ 급유를 원활히 한다.
㈘ 필터를 주기적으로 관리하여 설비고장의 원인을 찾는 데 활용한다.

4) 윤활제에 의한 설비진단

가) 마모 성분 분석법

(1) 간단 실험(현장)

- (가) 외관시험: 시험관에 각각 신유와 사용유를 담아 색채, 냄새, 투명도 등으로 판단한다.
- (나) 고형물 조사: 탱크 내 기름의 운동을 정지시키고 바닥의 침전물을 긁어모아 확대경 등으로 이물질의 종류와 상태를 검사한다.
- (다) 수분 함유 상태: 탱크 아랫부분의 기름을 채취하여 가열철판 위에 떨어뜨려 증발되는 소리로 판정한다.
- (라) 스폿시험: 사용 중 기름의 일부를 스폿시험지에 떨어뜨려 변색의 정도, 검은 반점의 여부 등을 조사한다.

(2) 오염 정도 측정(실험실)

- (가) 중량법: 시료유 100 ㎖ 중의 오염물질 중량을 측정한다.
- (나) 계수법: 시료유 100 ㎖ 중의 오염물질 크기와 개수를 측정한다.
- (다) 오염 지수법: 오일 중의 미립자 또는 젤라틴상의 물질에 따라 변화되는 현상을 파악하여 시료의 오염도로 산출한다(SAE에 측정법이 규정).
- (라) 수분 측정법: 크실렌 등의 용제와 혼합한 시료를 가열, 증류하여 검수관에 분리된 수분을 측정하여 시료에 대한 용량 또는 중량을 표시하는 방법이다.
- (마) 기포성 측정법: 규정 온도에서 5분간 공기를 불어넣은 직후의 거품량(㎖)을 측정하는 방법이다.

5) 윤활설비의 고장과 원인

가) 윤활유에 의한 원인

(1) 부적정유 사용
(2) 기름의 열화와 오염
(3) 기름의 누설
(4) 성질이 다른 이종유 혼합 사용

나) 마찰 면에 의한 원인

(1) 마찰 면의 재질불량 및 사용불량
(2) 과도한 작용 및 설계불량
(3) 마찰면 마모에 의한 부품의 늘어짐 및 조기피로

다) 작업에 의한 원인

(1) 급유 작업의 부주의
(2) 과잉 급유 및 부주의
(3) 급유가 빠르거나 너무 느림
(4) 플러싱 불충분
(5) 작업상의 움직임과 충격

라) 급유 방법에 의한 원인

(1) 급유방법 설계불량에 따른 부적당
(2) 급유장치 고장

마) 환경에 의한 원인

(1) 높은 전도열 및 마찰면의 불충분한 방열
(2) 불순물 혼합 및 큰 온도 변화
(3) 열수의 증기, 염분 등

다. 윤활제 시험법

1) 윤활유 시험방법

가) 비중

비중 측정은 중량과 용량을 비교해서 환산하는데 윤활제의 성능과는 관계가 없다. 규정의 기름인지 또는 연료유 등의 이물질이 혼입되었는지 여부를 확인하는데 유용하게 사용된다.

나) 점도

액체가 유동할 때 나타나는 내부 저항을 의미하며, 윤활유의 물리·화학적 성질 중 가장 기본이 되는 성질 중 하나이다. 기계 윤활 시 동일한 기계조건에서 마찰손실, 마찰열, 기계적 효율이 점도로서 크게 좌우된다.

(1) 점도가 높을수록 유동저항이 커지고, 온도 상승이 높아지며, 동력소모가 많아진다.
(2) 점도가 낮을수록 누설이 증가하고 유막 파손에 의한 마모가 증가한다.
(3) 열수의 증기, 염분 등

다) 동점도

일정량의 시료가 일정한 온도에서 일정한 길이를 통과하는 데 걸리는 시간을 측정하여 계산되며, 윤활유 선정에 있어 매우 중요한 항목 중 하나이다.

라) 점도지수

온도 변화에 따른 윤활유의 점도 변화가 작은 정도를 나타내는 수치이다. 점도지수(VI, Viscosity Index)는 지수로서 단위를 사용하지 않는다. VI 값은 0~100을 기준으로 점도지수가 클수록 온도 변화에 따라 점도 변화의 폭이 작다는 것을 의미하며, 점도지수가 높을수록 고급유에 해당한다.

마) 유동점

윤활유의 온도를 낮추어 냉각시키면 유동성을 잃어 응고가 된다. 이처럼 유동성을 잃기 직전의 온도, 즉 유동할 수 있는 최저의 온도를 유동점이라 한다.

바) 인화점

석유 제품은 모두 그들의 온도에 상당하는 증기압을 가지고 있다. 이들은 어느 온도까지 가열하면 증기가 발생되고, 그 증기는 공기와의 혼합가스로 되어 인화성 또는 약한 폭발성을 가지게 된다. 이 혼합가스에 화염을 접근시키면 순간적으로 섬광을 내며 인화되어 발생 증기가 소멸된다. 이때 온도를 인화점이라 하고 석유제품에서 인화점은 대단히 중요하다. 그것은 인화의 위험을 표기하는 척도로 사용되기 때문에 취급 및 사용상에서뿐만 아니라 불순물의 혼입을 판단하는 데 유용하다.

사) 전산가(TAN)

오일 중에 포함되어 있는 산성 성분의 양을 나타내며, 시료 1g 중에 함유된 전 산성 성분을 중화하는 데 소요되는 수산화칼륨의 양을 mg으로 표시한 값이다. 전산가의 값이 클수록 윤활유의 산화가 증가되었음을 의미한다.

아) 전알칼리가(TBN)

시료 1g 중에 함유된 전알칼리성 성분을 중화하는 데 소요되는 산과 같은 당량의 수산화칼륨의 양을 mg으로 표시한 것이다.

자) 잔류탄소분

오일을 공기가 부족한 상태에서 불완전 연소시켜 열분해한 후에 발생되는 탄화잔류물이다. 고온으로 작동되는 내연기관용 윤활유에는 잔류탄소분으로 인하여 윤활유의 산화와 부식을 촉진시킨다. 보통 휘발성이 높고 점도가 낮은 윤활유는 잔류탄소분이 적다.

차) 동판부식

기름 중에 함유된 유리 유황 및 부식성 물질로 인한 금속의 부식 여부에 관한 시험으로 연마된 동판을 시료에 담가 규정 시간, 규정 온도로 유지한 후 이것을 꺼내어 세정하고, 동판부식 표준시험편과 비교하여 시료의 부식성을 판정한다.

카) 황산회분

시료가 연소하고 남은 탄화잔류물에 황산을 가하여 가열한 후 황량으로 된 회분을 말한다. 윤활유의 첨가제를 정량적으로 측정하는 데 그 목적이 있다.

타) 산화안정도

윤활유는 탄화수소화합물이므로 공기 중의 산소와 반응하여 산화하거나, 산화조건 중 온도촉매에서는 반응속도가 빨라진다. 산화된 윤활유는 물질 특성의 변화를 가져온다. 윤활유의 산화안정도 시험은 내산화도를 평가하는 방법이고, 일정한 온도, 시간, 촉매에서 산화시킨 후 신유와의 점도 비, 전산가증가 등을 시험하여 오일의 산화안정성을 평가한다.

2) 그리스 시험방법

가) 주도

그리스의 굳은 정도를 나타내며 윤활유의 점도에 해당한다.

규정된 원추를 그리스 표면에 떨어뜨려 일정 시간(5초)에 들어간 깊이를 측정하여 그 깊이(mm)에 10을 곱한 수치로 나타낸다.

(1) **혼화 주도**: 시험온도를 25℃로 유지하여 혼화기 내에서 그리스를 60회 혼화한 후 측정한 주도이다.

(2) **불혼화 주도**: 그리스를 혼화하지 않은 상태로 측정한 주도이다.

(3) **고형 주도**: 절단된 고형시료를 25℃에서 측정하는 주도로서, 주도가 85 이하인 그리스에 적용된다.

NLGI 주도 번호	ASTM 혼화 주도	외관
000	445~475	유동상
00	400~430	반유동상
0	355~385	반유동상~연질
1	310~340	연질
2	265~295	보통
3	220~250	보통~약한 경질
4	175~205	약한 경질
5	130~160	경질
6	85~115	고체

나) 적점

적하점이라고도 하며 그리스를 가열했을 때 반고체 상태의 그리스가 액체 상태로 되어 떨어지는 최초의 온도를 말한다. 적점은 내열성 평가의 기준이 되며 그리스의 사용 온도가 결정된다.

다) 이유도

그리스를 장기간 사용하지 않고 저장할 경우나 사용 중에 그리스를 구성하고 있는 기름이 분리되는 현상을 말한다. 이장현상이라고도 하며, 제조 시 농축이 잘못된 경우나 사용 과정 중 외력에 의해 온도가 상승한 경우 발생된다.

라) 혼화안정도

전단안정성, 즉 기계적 안정성을 평가하는 방법이다. 혼화기에 시료를 채우고 혼화장치에서 1분간 60회씩 10만 회 혼화 후 주도를 측정해서 주도변화를 비교 측정하는 방법이다.

마) 수세내수도

베어링 내의 그리스가 물에 씻겨 나가는 특성을 측정하는 방법으로 한 시간 동안 씻겨져 나간 그리스의 양을 측정하는 방법이다.

③ 현장 윤활

가. 윤활개소 윤활관리

1) 압축기 윤활관리

가) 공기압축기

공기압축기는 구조, 토출압력, 토출량, 급유방식 등에 따라 여러 가지가 있으며, 구조에 따라 왕복식, 회전식 및 원심 축류식으로 구분된다. 일반적으로 $1\,kgf/cm^2$ 이상을 압축기, 그 이하를 송풍기로 구분한다.

왕복식 압축기는 윤활 조건이 가장 가혹하다. 사용되는 윤활유는 실린더 계통을 윤활하는 내부유와 크랭크케이스 계통의 각종 베어링부를 윤활하는 외부유로 구별된다. 이에 따라 내부 윤활과 외부 윤활로 구분되며, 일반적으로 왕복식 압축기의 내부윤활유의 동점도는 ISO VG 68터빈유가 널리 사용된다.

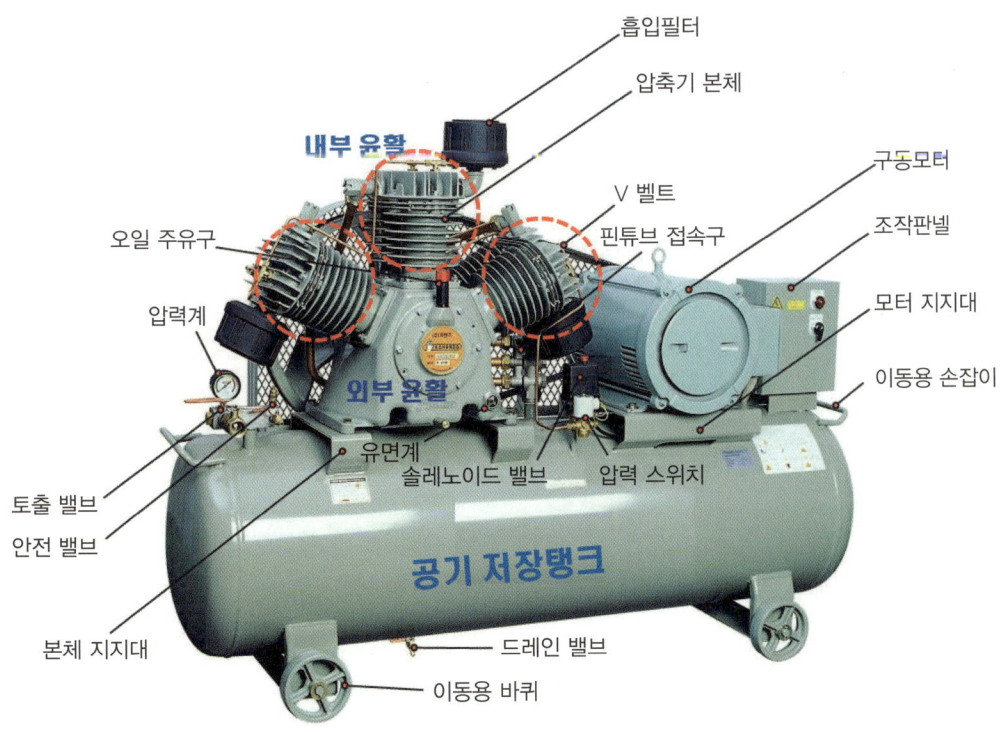

▲ 3단 왕복동 피스톤압축기

X. 윤활관리 223

(1) 압축기 내부 윤활유

왕복식 압축기에서는 실린더 라이너와 피스톤링의 윤활을 주체로 하여 유동부분에 유막을 형성하여 마찰을 감소시키는 감마작용, 압축가스 밀봉작용 및 각부의 방청 작용을 한다. 회전식에서는 로터와 베인 끝단 마찰 부분의 윤활작용을 하지만 터보형에는 내부윤활이 필요 없다.

(가) 공기압축기 윤활 트러블 원인
   ① 드레인: 드레인 트랩의 작동불량
   ② 탄소: 탄소의 부착, 발화 등
   ③ 마모: 실린더, 피스톤 링의 마모
   ④ 발열: 이상발열은 압축기 고장의 27% 차지

(나) 내부 윤활유의 요구 성능
   ① 적정 점도
   ② 열, 산화안정성
   ③ 연질의 생성탄소
   ④ 내 부식성
   ⑤ 금속 표면에 대한 부착성

(다) 내부 윤활유의 적정 점도
   점도는 압력에 의한 영향이 매우 크며, 윤활유 선정 시 적정 점도를 유의해서 선정해야 한다. 적정 점도는 실린더의 온도, 압력, 회전수, 실린더의 직경, 행정길이 등에 의해서 결정되지만 제작회사에서는 기종별, 온도조건별로 급유량 및 점도를 정하고 있다.

(2) 압축기 외부 윤활유

실린더 이외의 윤활개소에 적용하며, 외부 윤활은 왕복식 압축기에서는 크로스헤드 또는 크랭크의 윤활, 회전형에서는 베어링이나 구동기어의 윤활에 해당한다.

(가) 외부 윤활유의 요구 성능
   ① 적정 점도
   ② 높은 점도지수(VI, Viscosity Index)
   ③ 산화안정성

④ 방청성, 소포성
⑤ 양호한 수분성
⑥ 낮은 유동성

(나) 압축기 보수 관리
① 적유 선정
② 적정 급유량
③ 공기 흡입구 관리
④ 필터, 흡입관 관리
⑤ 실린더의 냉각상태
⑥ 압축비
⑦ 토출밸브와 토출관의 점검
⑧ 각 단의 중간 트레인
⑨ 유 분리기와 냉각기 점검

나) 공기압축기 점검과 정비

고장 내용	고장 원인	정비 및 대책
실린더 주위에서 이상음 발생	흡입·토출밸브의 볼트 풀림	볼트 조임
	흡입·토출밸브의 파손	신품 교체
	피스톤과 헤드 사이에 이물질 혼입	이물질 제거
	피스톤 또는 실린더 마모로 간극이 큼	신품 교체
크랭크실 주위에서 이상음 발생	크랭크축 핀 마모	신품 교체
	크랭크축 핀 부싱 마모	신품 교체
	크랭크축의 축 방향 공차의 대·소	0.1~0.5 mm 범위
	베어링에 이물질 혼입 혹은 베어링 마모	청소, 신품 교체
	플라이휠 풀리 볼트 풀림	볼트 조임
이상 진동	베어링 마모	신품 교체
	기초 볼트, 너트의 풀림	볼트, 너트 조임
	각 부분의 볼트, 너트 풀림	볼트, 너트 조임
	플라이휠 풀리 볼트 풀림	볼트 조임
	압축기가 기울게 설치	평평한 장소에 설치

고장 내용	고장 원인	정비 및 대책
토출 공기의 이상 고온	토출 밸브의 손상	신품 교체
	토출 밸브의 카본 부착	청소, 신품 교체
	냉각핀 튜브 오염 및 플라이휠에 의한 냉각 불량	점검, 청소
	압축기실 주위 온도가 40℃ 이상	압축기실 환기
토출압력의 이상 강하	흡입·토출밸브에 공기가 새거나 손상	신품 교체
	각 조립 부분에서 공기가 샘	신품 교체
	안전밸브에서 공기가 샘	접촉부 멈춤, 신품 교체
	헤드 가스켓 파손	신품 교체
	솔레노이드 밸브의 이상 작동	청소, 신품 교체
	언로드 파일롯 밸브의 조정불량, 작동 이상	스프링 조정
	압력 스위치 작동 이상	점검, 신품 교체
	공기탱크·파이프·나수부에 공기가 샘	조임
	흡입·토출밸브에 이물질 부착	청소
	흡입·토출밸브 파손	신품 교체
	V 벨트의 느슨함	장력조정
압력이 오르지 않거나 시간이 많이 소요	각 조립 부분에서 공기가 샘	조임
	밸브의 마모 또는 파손	신품 교체
	공기 사용량 과다	압축기 증설
	압력계 지침 틀림	신품 교체
오일 소비량 과다	피스톤링의 마모	분해청소, 신품 교체
	피스톤의 마모	분해청소, 신품 교체
	실린더 마모	피스톤링 교체
	크랭크에서 누유	가스켓 교환, 볼트 조임
	피스톤링을 상하 반대로 조립	표시부를 위쪽
운전 중 급정지	윤활유 부족에 의한 소손	오일 확인, 부품 교환, 지정 오일 사용
	모터 고장	모터 점검
	일정 압력 이상으로 압력이 상승한 때	압력 스위치 점검
	퓨즈가 끊어짐	신품 교체
	부품의 파손	부품 교환
	마그네트 손상	부품 교환

2) 베어링 윤활관리

가) 베어링 윤활 목적

베어링 내부의 마찰 및 마모를 방지하고 정확한 회전을 유지하기 위해 적절한 윤활제와 윤활방법을 선택하는 것이 중요하다. 베어링의 구름 피로수명은 구름접촉면이 충분한 윤활이 이루어지는 경우에는 길어지고, 반대로 오일의 점도가 낮고, 유막의 두께가 불충분하면 짧아진다.

(1) 마찰 및 마모 감소
(2) 피로수명 연장
(3) 마찰열의 방출, 냉각
(4) 베어링 내부에 이물질 침입 방지

나) 윤활유와 그리스와의 비교

베어링의 기능을 충분히 발휘하기 위해서는 사용조건, 사용목적에 적합한 윤활법을 적용하는 것이 바람직하다. 윤활방법은 윤활유 윤활과 그리스 윤활이 있으며, 윤활유 윤활은 윤활 측면에서 우수하지만 그리스 윤활은 베어링 주변의 구조를 간략히 할 수 있다.

(1) 베어링 윤활 시 고려사항

㈎ 적정 점도
㈏ 운전 속도
㈐ 하중
㈑ 운전 온도
㈒ 급유 방법

(2) 베어링 윤활유 교환

운전온도가 50℃ 이하의 양호한 환경의 경우는 1년에 1회 정도 교환한다. 그러나 온도가 100℃ 정도 되는 경우는 3개월에 1회 또는 그 이내에 교환한다. 수분의 침입, 이물질의 침입이 있는 경우는 교환주기를 더 짧게 한다.

다) 베어링 급유법

　(1) 미끄럼 베어링: 전손식, 유욕식, 순환식

　(2) 구름 베어링: 적하식, 유욕식, 분무식

라) 그리스의 충진

베어링의 회전 속도, 하우징의 구조, 공간용적 등에 따라 하우징 내에 그리스의 충진량은 달라진다.

우선 베어링 내부에 충분한 그리스를 채우고, 하우징 내부의 축 및 베어링을 제외한 공간용적에 대하여 허용회전수에 따라 아래와 같이 충진한다.

　(1) 허용회전수 50% 이하의 회전: 공간 용적의 $\frac{1}{2} \sim \frac{2}{3}$

　(2) 허용회전수 50% 이상의 회전: 공간 용적의 $\frac{1}{3} \sim \frac{1}{2}$

3) 기어 윤활관리

가) 기어의 윤활

기어는 밀폐형과 개방형으로 분류된다. 기어유의 제반 조건과 관련하여 운전속도, 운전온도, 하중, 급유법 등에 따라 윤활의 효과가 좌우되므로 윤활유 선정 시 이러한 조건을 고려해야 한다.

　(1) 밀폐형 기어의 급유: 유욕식 급유법, 강제 순환식 급유법

　(2) 개방형 기어의 급유: 브러시 급유법, 손 급유법

나) 기어유 관리 기준

기어유 열화 및 교환 시기의 판정은 보수 관리상 대단히 중요하다. 열화는 기계의 사용조건이나 환경요인에 따라 크게 달라지므로 상태나 진행도를 일률적으로 파악하기 어렵다. 그러므로 정기적으로 사용유를 채취 분석해 기어유로 기인되는 트러블을 미연에 방지하고 사용 한계를 판정하는 것이 효과적이다. 점도 증가 15%, 전산가 1.0을 일반적인 교환기준으로 본다. 또한, 유체의 열화와 더불어 물, 스케일, 그리스 등의 혼입에 의한 오손이 발생될 수 있으므로 충분한 관리가 필요하다.

다) 기어 윤활 시 고려사항

기어 윤활에서 윤활제의 종류와 등급, 윤활 방법의 적정한 선정을 위해서 다음을 고려해야 한다.

(1) **기어의 종류**: 평 기어, 웜 기어, 하이포이드 기어 등

(2) **크기**: 피치 직경, 이 폭, 총 이높이

(3) **하우징 종류**: 오염물로부터 기어를 보호할 수 있는지 여부

(4) **하중 특성**: 연속적·주기적인지 여부, 충격하중의 가능성 등

(5) **속도**: 기어의 피치선 속도

(6) **온도**: 기동 시 최저온도, 작동 시 최고온도

4) 유압 작동유 및 오염 관리

가) 유압 작동유 종류

광유계 작동유와 불연성 작동유로 분류된다. 석유계 작동유는 일반 작동유, 고점도지수 작동유, 내마모성 작동유 등으로 다시 구분되고, 난연성 작동유는 수용성 작동유, 합성 작동유로 나누어진다.

작동유는 흡입필터를 통해 펌프에 흡입되어 가압되고, 라인필터를 통하여 실린더로 보내진다.

나) 유압 작동유 오염 관리

(1) **수분의 혼입**

  (가) 공기 중의 습도가 응축하여 혼입: 유압실 내 노점온도 관리 필요
  (나) 냉각기의 고장에 의한 혼입: 냉각기 정비 후 누수 테스트 필요
  (다) 공작기계에서 수용성 절삭유의 혼입

(2) **이종유 혼입**

이종유가 혼입될 경우 가장 먼저 시일 재질의 열화가 시작된다. 오일을 교환하거나 보충 시 기존의 오일과 같은가를 반드시 확인해야 한다.

(3) 협잡물 혼입

협잡물은 밸브의 습동부, 시트부 또는 배관, 파일럿 배관에 끼어 고장의 원인이 되므로 오염관리를 위해서는 필터 관리가 매우 중요하다.

㈎ 배관, 탱크 등 회로 내부: 패킹 조각, 금속 마모 분, 주물사, 불용해성 슬러지
㈏ 운전 중 외부에서 침입: 절단 스케일, 시일테이프, 페인트, 천 조각, 실 조각

CHAPTER 02

공유압 회로 구성

Ⅰ. 공압기기
Ⅱ. 유압기기
Ⅲ. 제어 기기 기호
Ⅳ. 전기회로 구성
Ⅴ. 공압 회로 구성
Ⅵ. 공압 회로 구성 및 조립
Ⅶ. 유압 회로 구성 및 조립

CHAPTER 02 공유압 회로 구성

I 공압기기

① 공기압 발생 장치

가. 공기압축기

압축 공기를 생산하여 에너지로 사용하려면 공기를 작업 압력으로 만들어 주는 장치가 필요하다. 공기압축기는 공기를 흡입하여 압축하는 과정에서 공기압 에너지를 만드는 장치이다.

1) 공기압축기의 기능

가) 압축 공기를 생산하여 작업 압력까지 공기를 압축시키는 장치
나) 압축된 공기는 공기 저장 탱크에 보관하여 공압 장치에 공기 공급
다) 시스템에 필요한 작업 압력과 공급 부피를 고려하여 결정

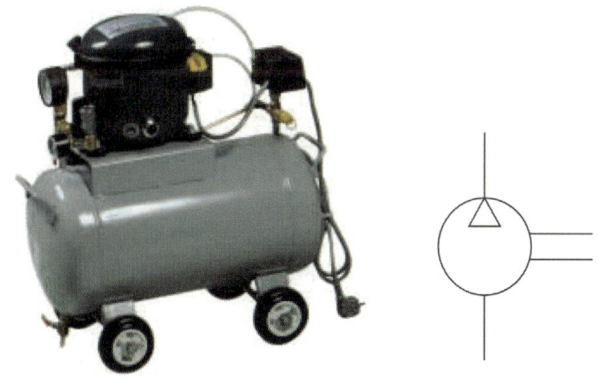

▲ 공기압축기

2) 공기압축기의 분류

가) 작동 원리에 따른 분류

(1) 왕복형: 피스톤형, 다이어프램형

(2) 회전형: 나사형, 베인형

(3) 터보형: 원심형, 축류형

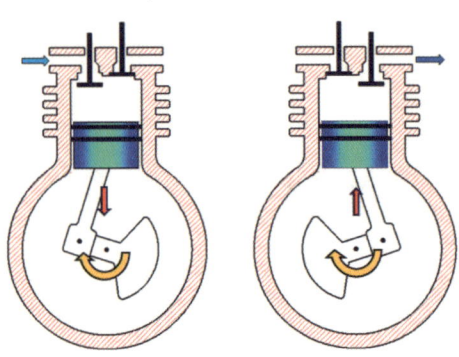

▲ 피스톤형 압축기

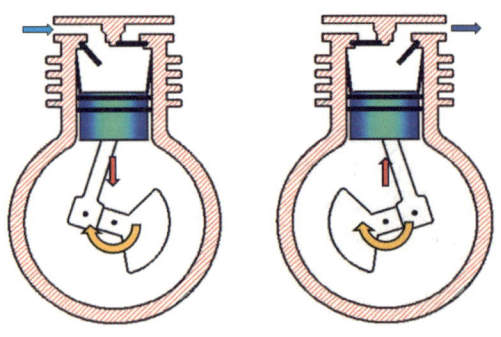

▲ 다이어프램형 압축기

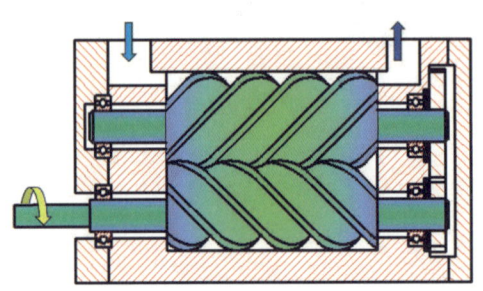

▲ 나사형 압축기

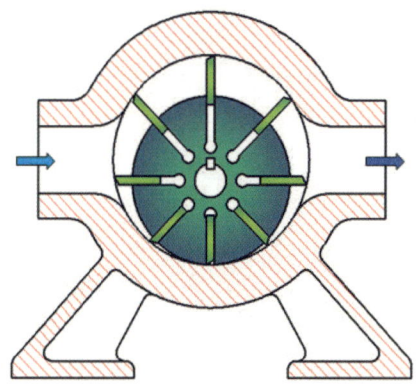

▲ 베인형 압축기

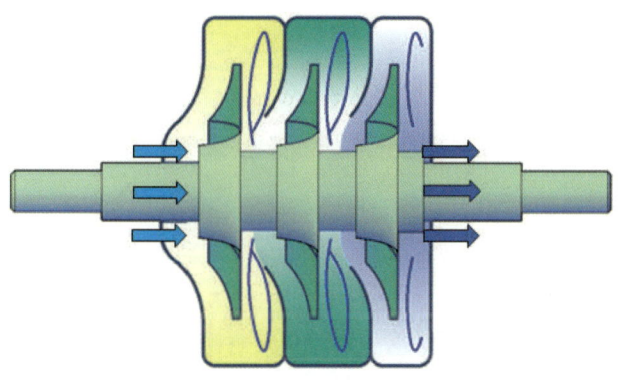

▲ 원심형 압축기

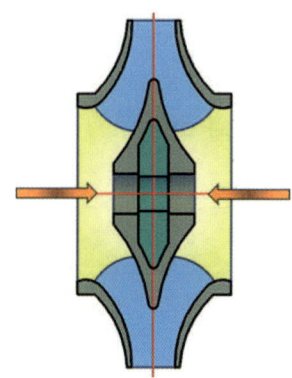

▲ 축류형 압축기

나) 출력에 따른 분류

(1) 소형 압축기: 출력은 0.2kW~7.5kW, 공랭식
(2) 중형 압축기: 출력은 7.5kW~75kW, 공랭식, 수랭식
(3) 대형 압축기: 출력은 75kW 이상, 수랭식

다) 토출압력에 따른 분류

(1) 저압 압축기: 토출 공기 압력이 1~8kgf/cm^2
(2) 중압 압축기: 토출 공기 압력이 10~16kgf/cm^2
(3) 고압 압축기: 토출 공기 압력이 16kgf/cm^2 이상

3) 공기압축기의 특성

특성 \ 분류	왕복형	회전형	터보형
구조	비교적 간단	간단하고 섭동부가 큼	대형, 복잡
소음	큼	적음	적음
진동	많음	적음	적음
보수성	좋다	섭동 부품의 정기 교환이 필요	오버홀(Overhaul)이 필요
토출 공기	중·고압	중압	많은 공기량
가격	저가	비교적 고가	고가

나. 압축 공기 조절 유닛(air service unit)

압축 공기 조절 유닛의 구성은 다음과 같다.
1) 압축 공기필터
2) 압축 공기조절기(감압 밸브)
3) 압축 공기윤활기(루브리게이터)

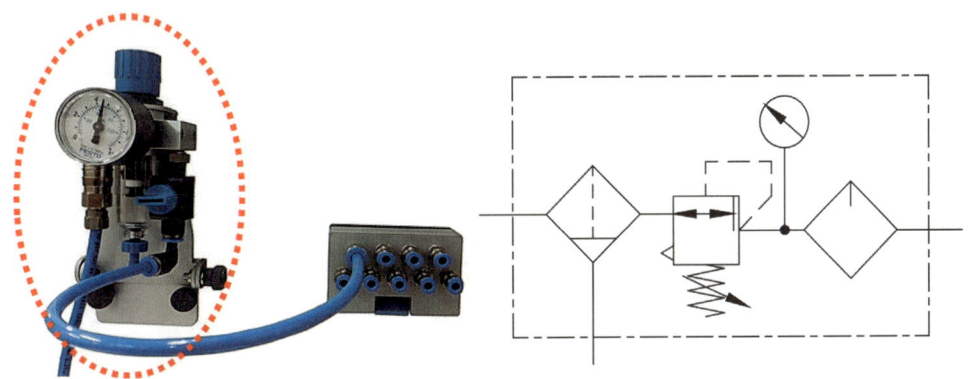

▲ 압축 공기 조절 유닛

가) 압축 공기 조절 유닛의 구조

(1) 압축 공기 조절 유닛

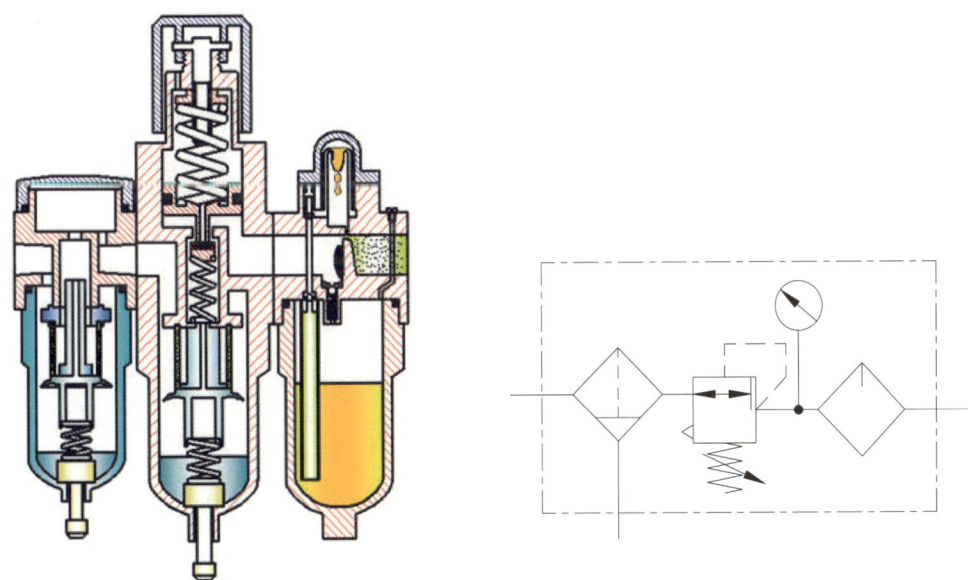

▲ 압축 공기 조절 유닛

(2) 압축 공기필터

　㈎ 이물질 제거 및 응축수 제거

　㈏ 원심 분리법에 의한 이물질 제거

　㈐ 격자는 40μm

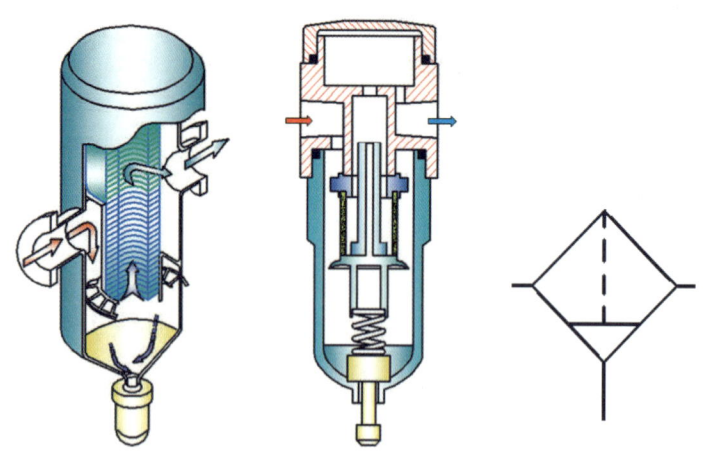

▲ 압축 공기필터

(3) 감압밸브

　㈎ 압축 공기의 압력을 항상 일정한 압력 이하로 공급

　㈏ 조절나사의 조절로 요구 압력 설정

　㈐ 압력계를 통한 설정압력 확인

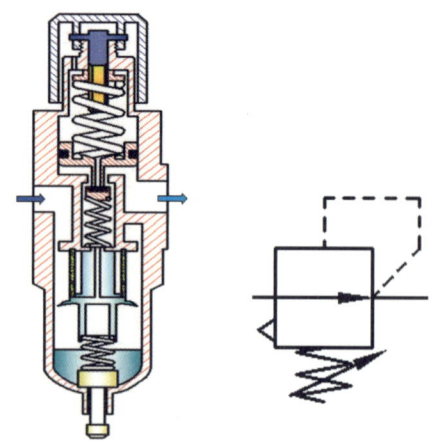

▲ 감압밸브

(4) 윤활기

　(가) 압축 공기와 윤활유를 혼합하여 회로에 공급

　(나) 밸브의 스풀, 액추에이터 구동부 윤활

　(다) 마찰, 마모 방지, 저항감소, 내구성 향상

다. 압력 조절 밸브

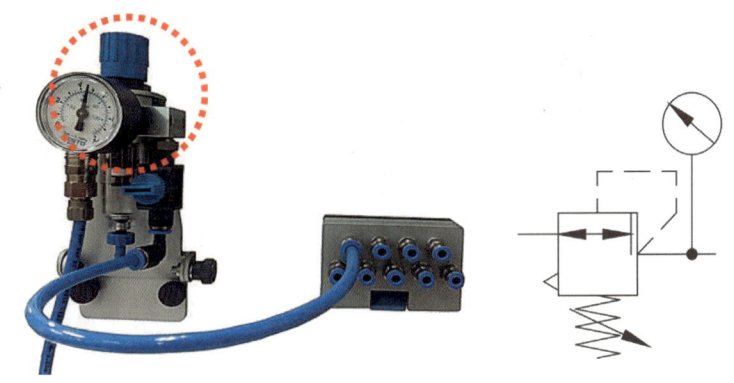

라. 공기 분배기

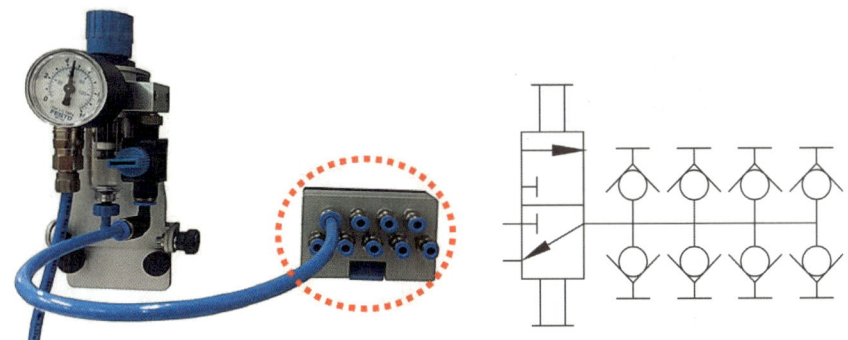

② 공압 밸브

가. 압력 조절 밸브

고압의 압축 공기를 낮은 일정의 적정한 압력으로 감압하여 안정된 압축 공기를 공기압 기기에 공급하는 기능을 한다.

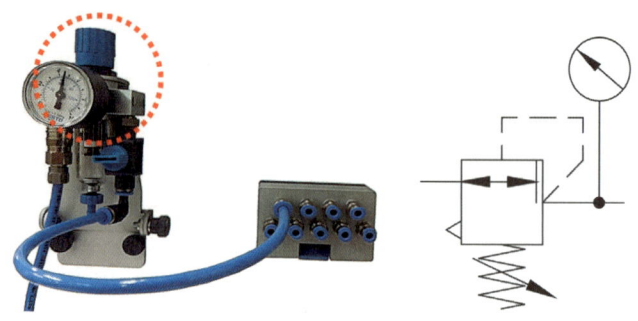

나. 교축 밸브

공기압 회로의 유량을 일정하게 유지할 때 사용한다.
1) 교축부를 조절나사로 조절하여 흡기, 배기를 교축
2) 양방향 유량 조절

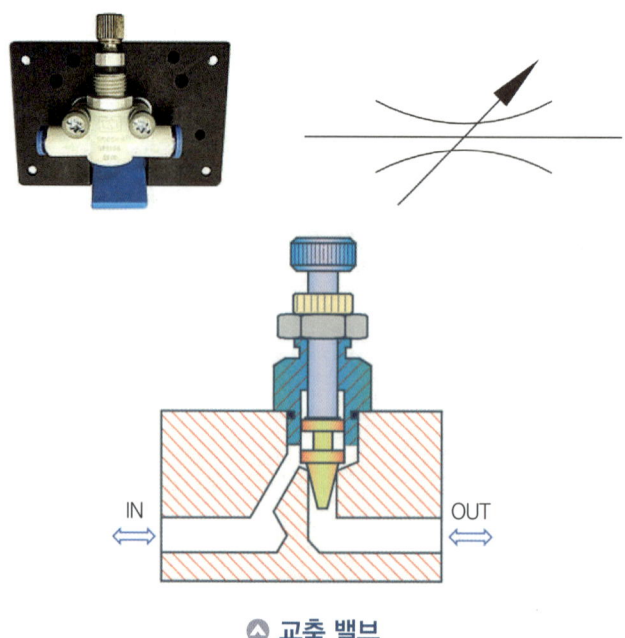

▲ 교축 밸브

다. 속도제어 밸브

유량을 조절하는 동시에 흐름의 방향에 따라서 교축 작용을 한다.
1) 유로의 단면적을 교축하여 조절 나사로 간격 조절
2) 한쪽 방향으로만 유량 조절
3) IN 방향에서 OUT 방향으로 유량 조절
4) OUT 방향에서 IN 방향 유량조절 불가

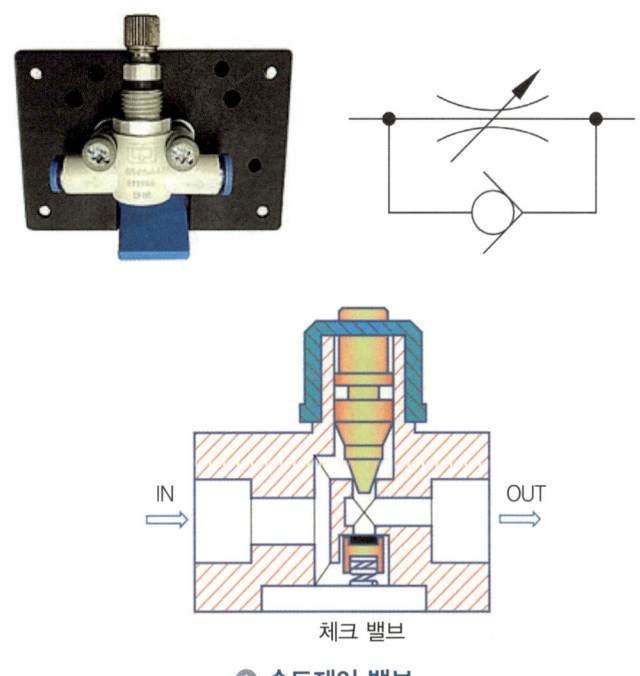

▲ 속도제어 밸브

라. 급속배기 밸브

액추에이터 내의 공기를 급속히 방출하여 속도를 증가시킬 목적으로 사용한다.
1) 배기저항 감소
2) 액추에이터 속도 증가
3) P 포트에서 A 포트로 공기 공급
4) A 포트에서 EXIT로 공기 배출

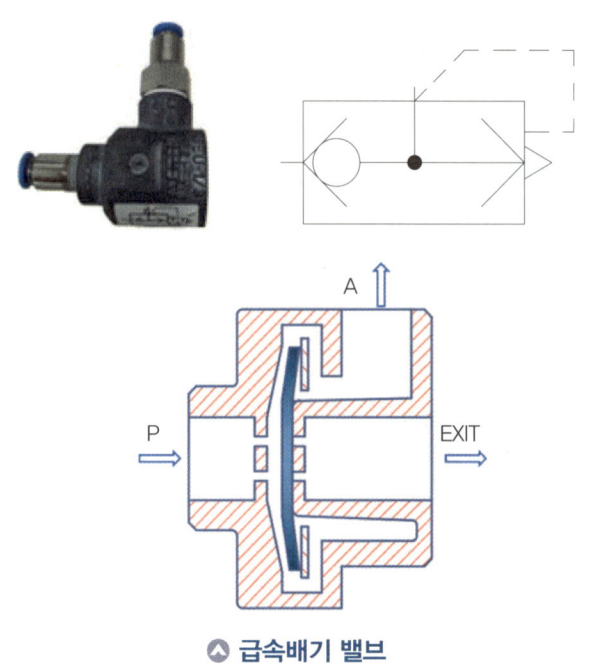

▲ 급속배기 밸브

③ 전기 공압 밸브

가. 5/2-Way 단동 솔레노이드 밸브

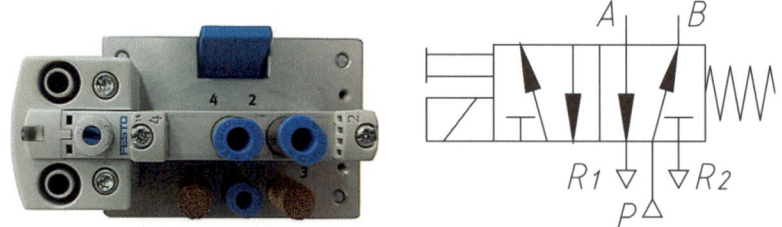

나. 5/2-Way 복동 솔레노이드 밸브

4 공압 실린더

가. 에어쿠션 내장형 공압 복동 실린더

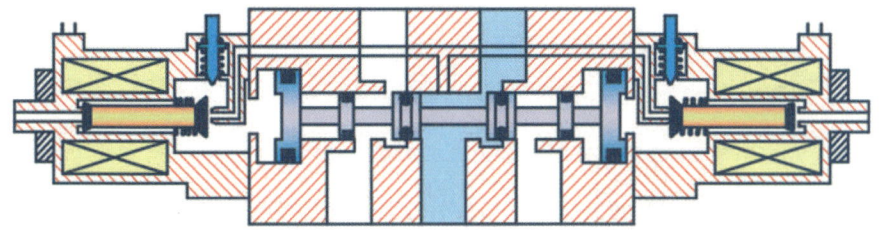

나. 공압 복동 실린더 구조

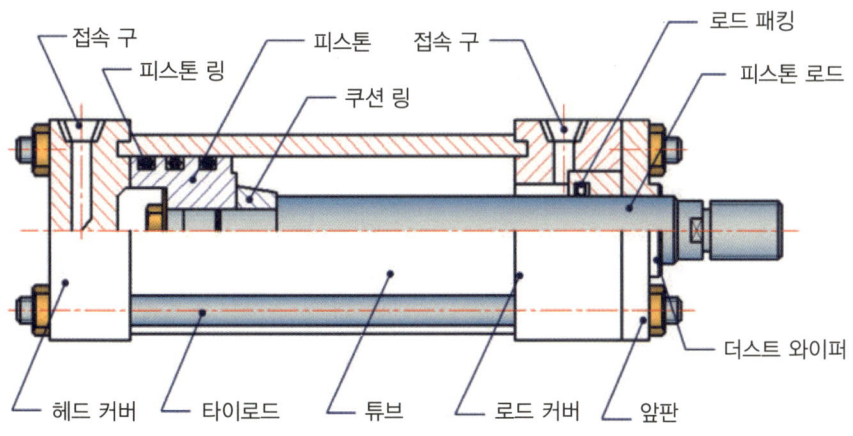

▲ 복동 실린더 구조

다. 공압 실린더 분류

1) 단동 실린더

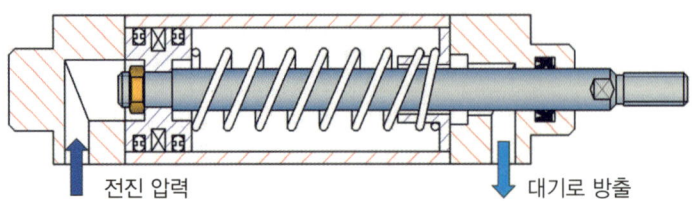

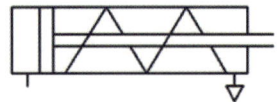

▲ 단동 실린더

2) 복동 실린더

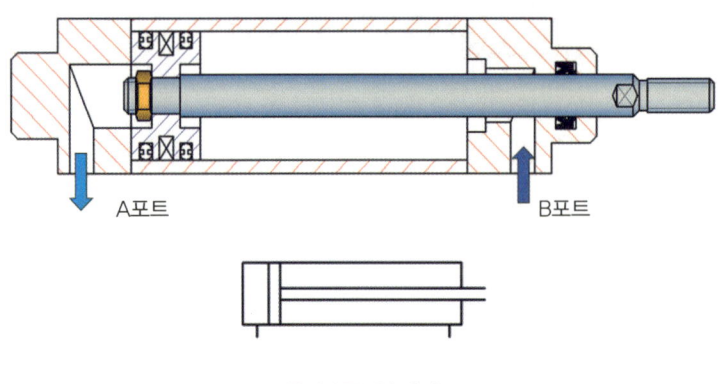

▲ 복동 실린더

3) 양 로드 실린더

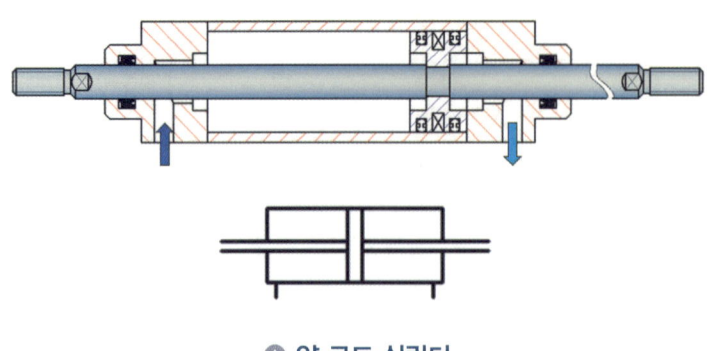

▲ 양 로드 실린더

4) 탠덤 실린더

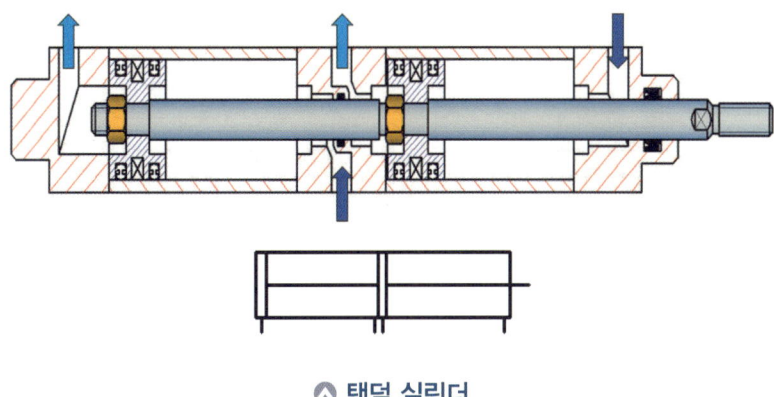

▲ 탠덤 실린더

라. 공압 실린더의 세부 분류

1) 피스톤 형식에 따른 분류

가) 피스톤형

나) 플런저(램)형

다) 다이어프램형

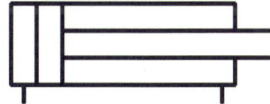 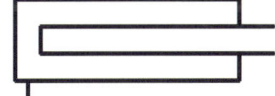 

2) 작동 형식에 따른 분류

가) 단동형

나) 복동형

다) 차동형

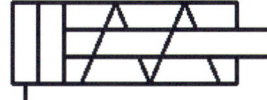 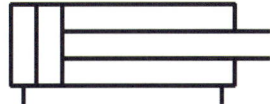 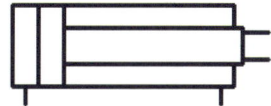

3) 피스톤 로드 형식에 따른 분류

　가) 한쪽 로드형
　나) 양쪽 로드형

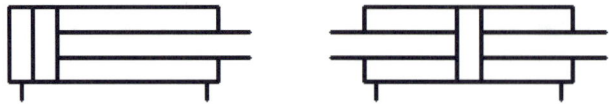

4) 쿠션 장치 유무에 따른 분류

　가) 쿠션 없음
　나) 한쪽 쿠션
　다) 양쪽 쿠션

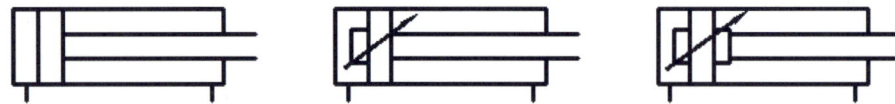

5) 위치 결정 형식에 따른 분류

　가) 2위치형
　나) 다위치형
　다) 브레이크 붙이형

6) 장착 형식에 따른 분류

가) 고정형

나) 직선 운동

　(1) 풋형

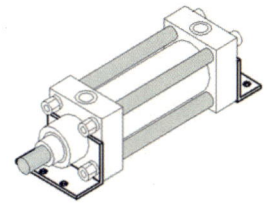 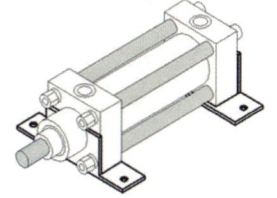

　(2) 플랜지형

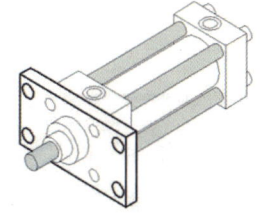 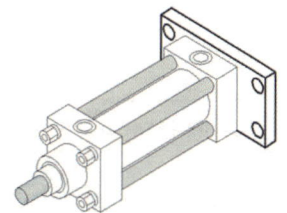

다) 요동형

라) 요동 운동

　(1) 클레비스형

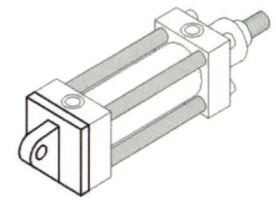 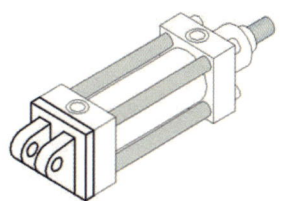

　(2) 트러니언형

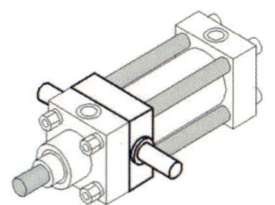 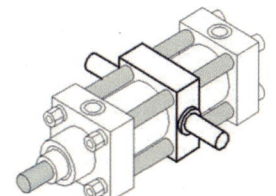

5 기타

가. 전원 공급기

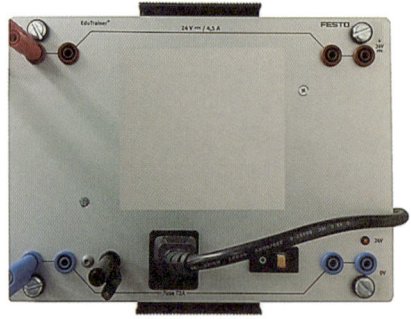

나. 3쌍 릴레이 유닛

다. 신호입력 스위치 유닛

라. 전기 리밋(limit) 스위치(좌)

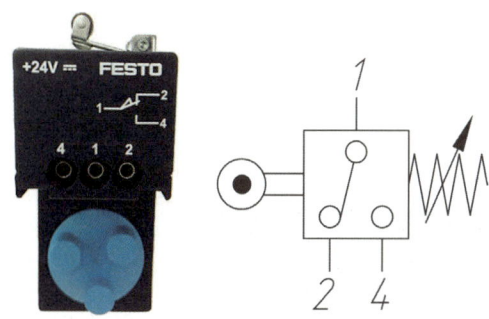

마. 전기 리밋(limit) 스위치(우)

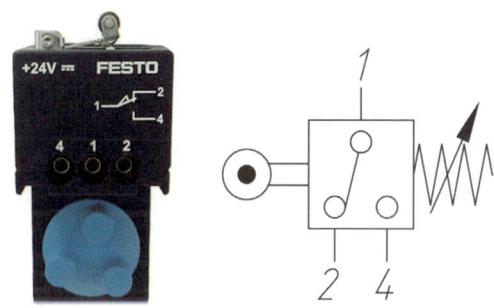

사. 근접 스위치

1) 유도형 스위치

고주파 교류장을 이용 와전류에 의한 것으로 리미트, 리드 스위치 등 사용이 불가능한 곳에 사용되며 금속에만 반응한다.

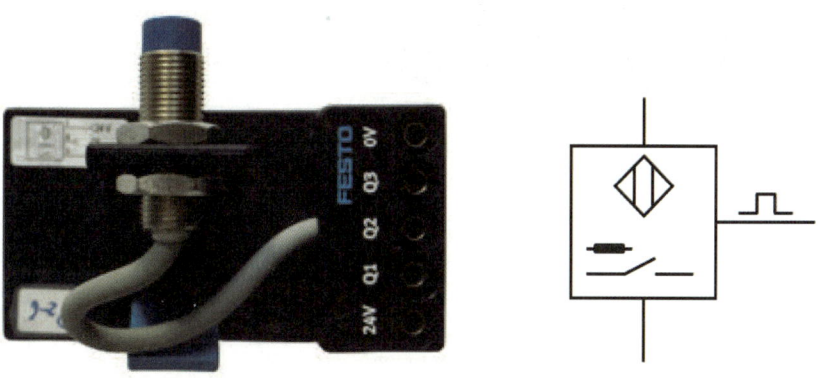

2) 용량형 스위치

절연 특성이 있는 비금속(플라스틱, 유체 등) 금속이나 먼지 등 외란의 영향을 받는다.

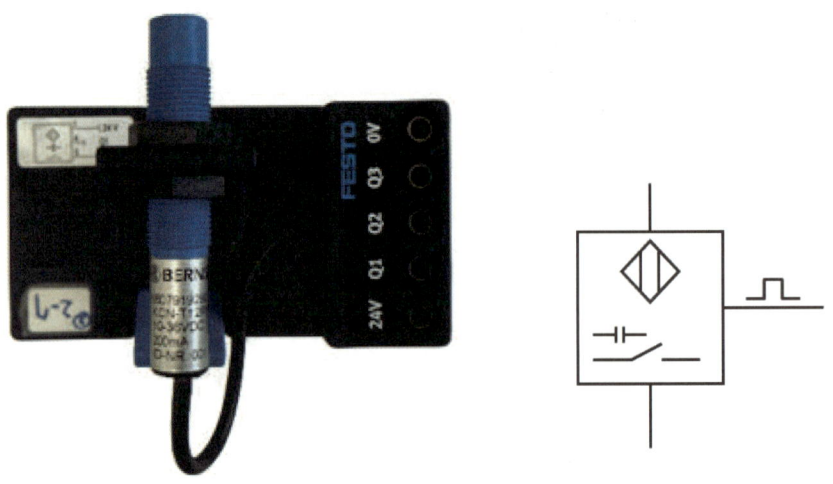

3) 광전형 스위치

빛을 이용한 센서로서 비교적 원거리에도 사용 가능하며, 절연이 필요한 곳에 사용되며, 외란의 영향이 적다.

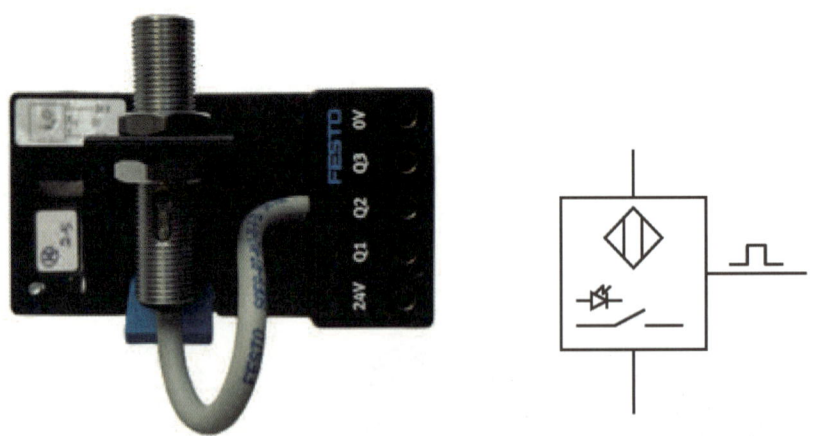

Ⅱ. 유압기기

1. 유압 동력원

가. 유압 펌프 유닛

전동기에서 공급되는 기계적 에너지를 유압 에너지로 변환하는 기기로, 흡입과 토출 작용을 한다.

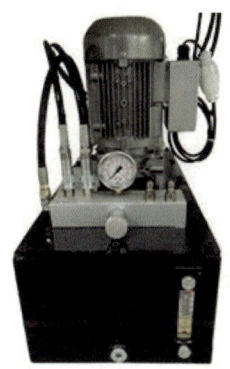
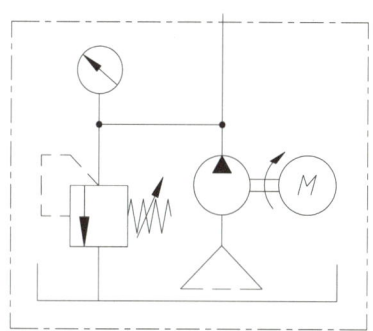

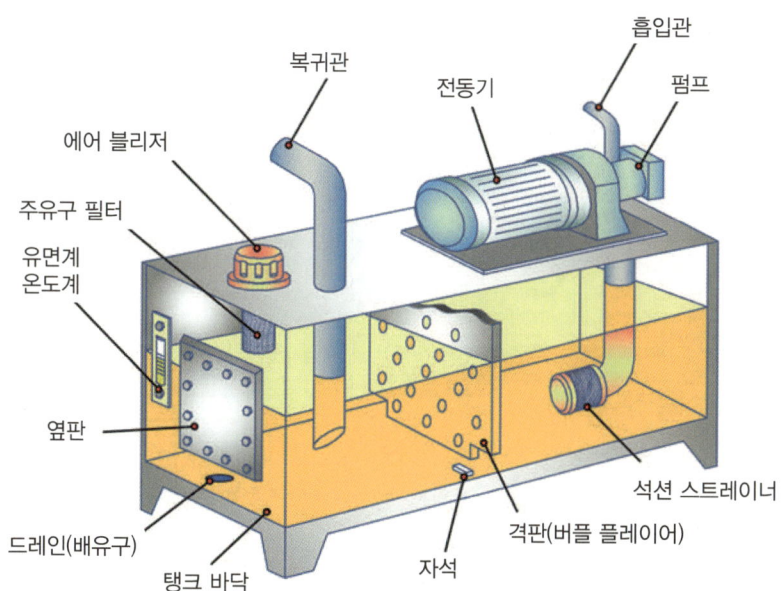

▲ 유압 펌프 유닛

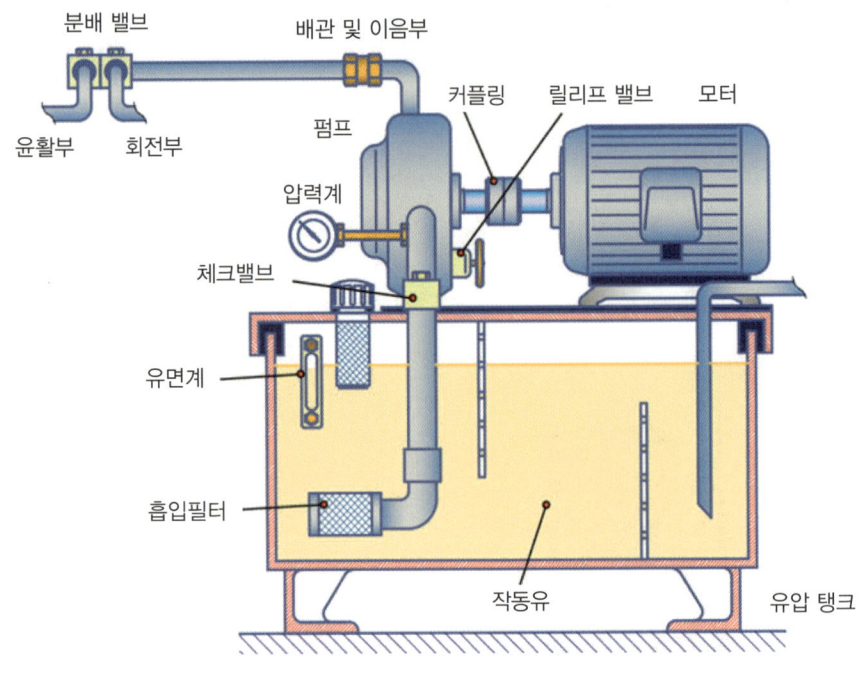

▲ 유압시스템 윤활 계통

나. 압력필터 모듈 장치

1) 유압필터의 기능

가) 작동유 이물질 제거
나) 깨끗한 작동유를 시스템에 공급
다) 흡입, 복귀 관로 등에 설치
라) 여과 방식
   (1) 표면식
   (2) 적층식
   (3) 자기식

▲ 필터

2) 설치 위치에 따른 필터의 분류

명칭	설치 위치	내용
흡입필터	흡입 측 설치	이물질에 의한 펌프 파손을 예방
라인필터	토출 측 설치	이물질로부터 보호
복귀필터	탱크로 돌아오는 관로에 설치	유압시스템에서 가장 중요한 필터
순환필터	탱크 안의 오일을 흡입필터를 거쳐 순환	탱크 안의 작동유 청정
공기필터	유압 탱크 상부에 설치	공기 중의 이물질이 탱크 내 유입 방지

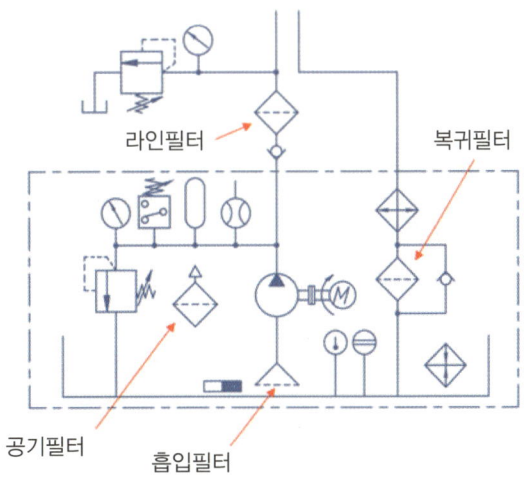

▲ 유압필터의 설치 위치

다. 유량계

라. 어큐뮬레이터

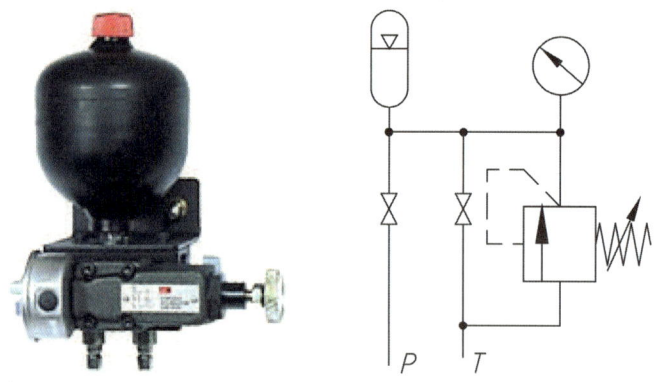

② 유압 밸브

가. 압력 릴리프 밸브

회로의 최고 압력을 제한하는 밸브로 유압 회로의 압력을 일정하게 유지시키는 밸브이다.

1) 직동형 릴리프 밸브

가) 회로의 설정압력 유지, 최고 사용압력 제한
나) 회로 내 과부하 방지
다) 소유량 저압 회로에 적합

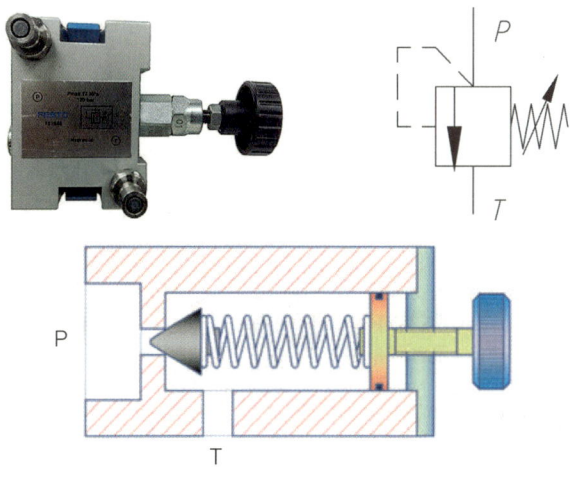

▲ 직동형 릴리프 밸브

나. 카운터 밸런스 밸브

유압 회로의 일부에 배압을 발생시키고자 할 때 사용하는 밸브이다.

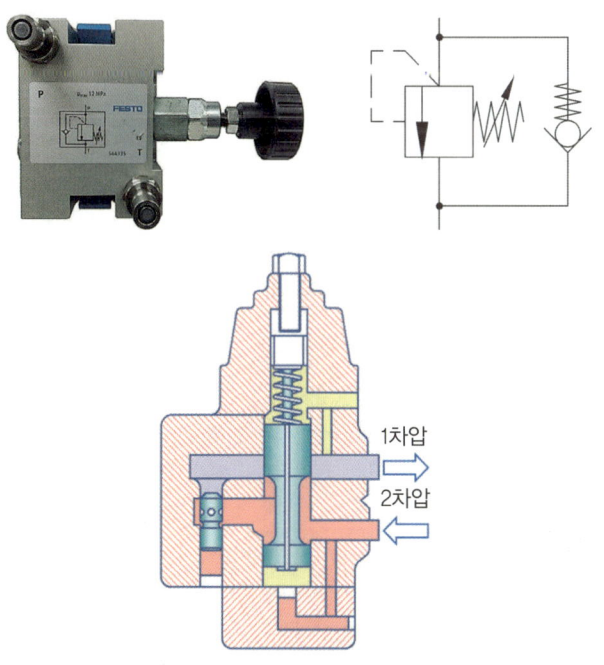

▲ 카운터 밸런스 밸브

다. 감압 밸브

분기회로의 압력을 주회로의 압력보다 저압이 필요할 때 사용되며, 사용조건 변동에 대응하여 2차 회로의 설정 공급압력을 일정하게 유지시키는 밸브이다.

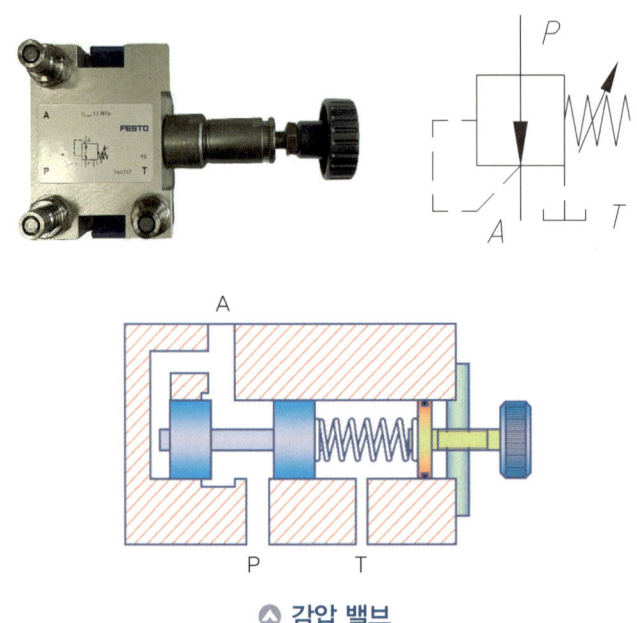

◎ 감압 밸브

라. 스로틀 밸브

양쪽 방향 유량 흐름에 대한 제어가 가능한 밸브이다.
1) 교축부 간격 조절
2) 양쪽 방향으로 유량 조절
3) 미소유량 조절과 대유량 조절에도 적합

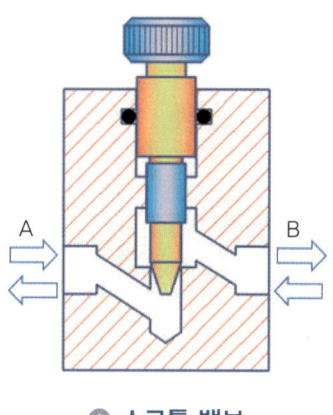

▲ 스로틀 밸브

마. 스로틀 체크 밸브

한쪽 방향의 유량 흐름에 대한 제어가 가능하고 역방향의 흐름은 제어가 불가능한 밸브이다.

1) 교축부 간격 조절
2) 한쪽 방향으로 유량 조절
3) 면적이 다른 액추에이터 속도제어에 적합

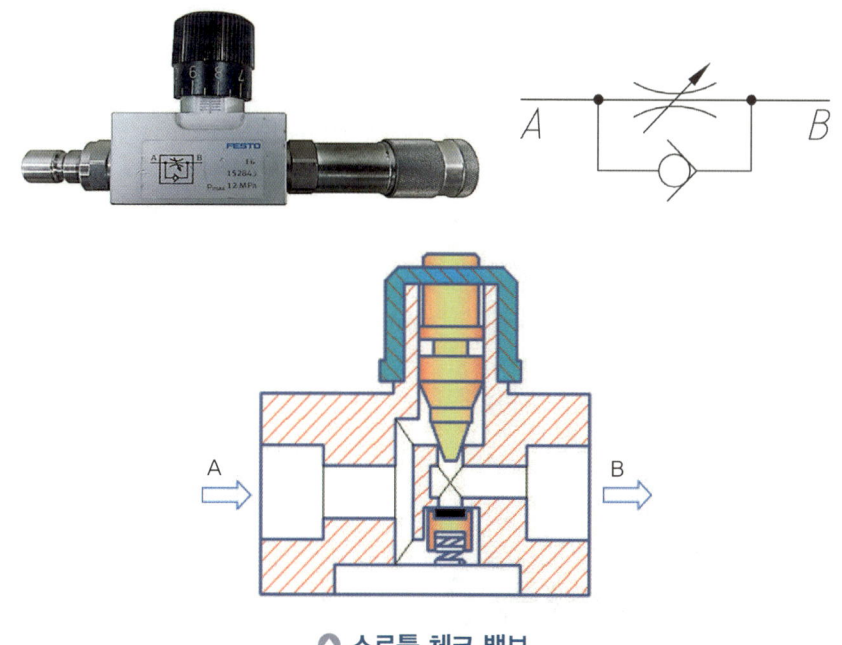

▲ 스로틀 체크 밸브

바. 차단 밸브

사. 라인 체크 밸브

아. 파일럿 조작 체크 밸브

1) 체크 밸브에 파일럿 포트 추가된 구조
2) A, B 포트는 유압유의 흐름 라인
3) Z 포트는 외부 파일럿 압력 유입
4) 파일럿 작동에 의해 필요시 역류 가능
5) A 포트에서 B 포트로는 자유로운 유동
6) B 포트에서 A 포트로 역류 시 Z 포트의 파일럿에 의해 동작

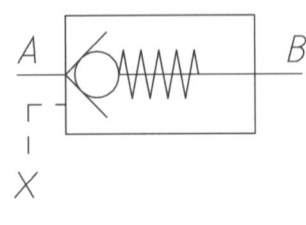

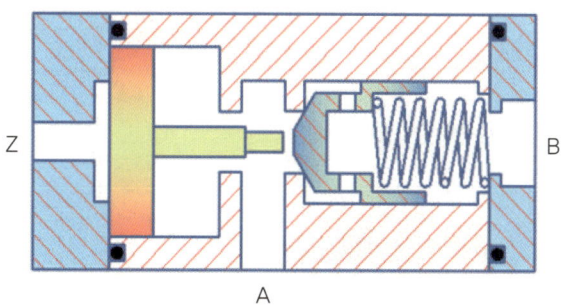

◎ 파일럿 조작 체크 밸브

자. 프레서 센시티브 스위치

◎ 압력 스위치

③ 전기 유압 밸브

가. 2/2-Way 단동 솔레노이드 밸브(N.C)

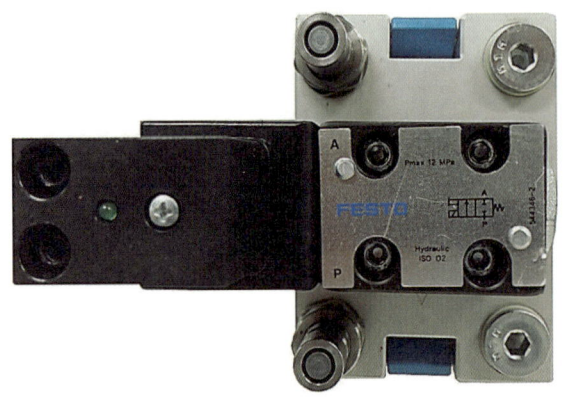
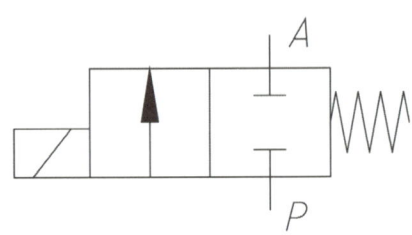

나. 3/2-Way 단동 솔레노이드 밸브

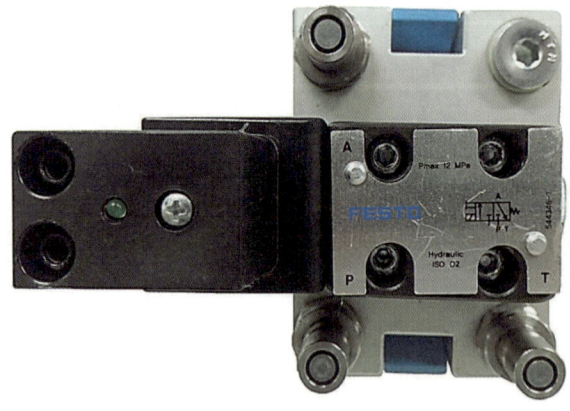
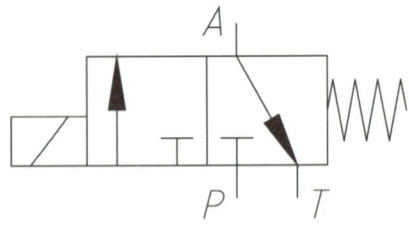

다. 4/2-Way 단동 솔레노이드 밸브

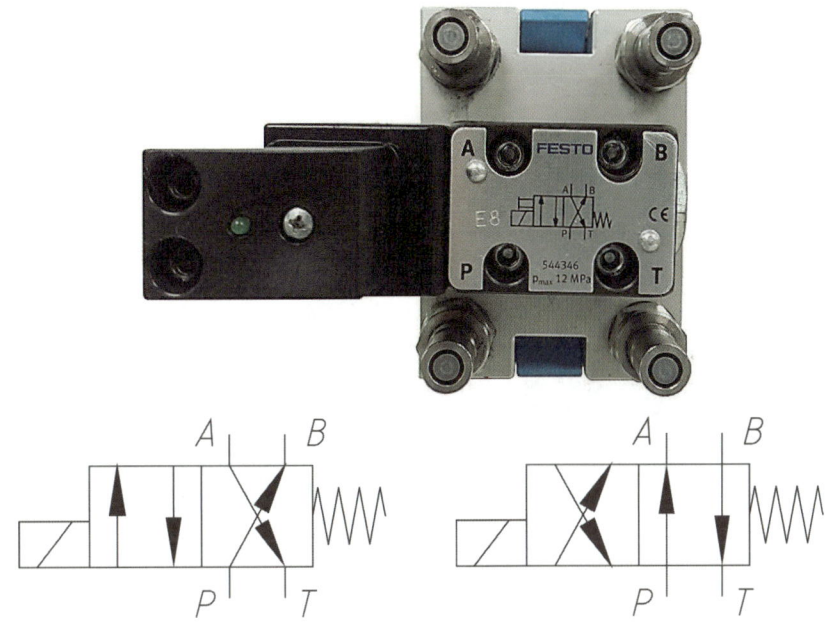

리. 4/2-Way 복동 솔레노이드 밸브

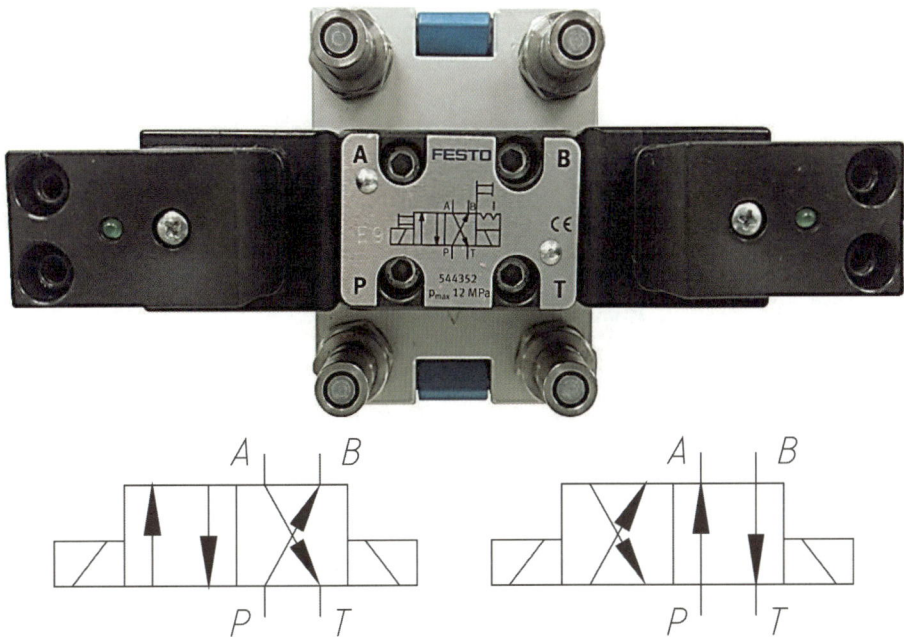

마. 4/3-Way 복동 솔레노이드 밸브(탠덤 센터형)

1) 중립 위치에서 P, T 2개의 포트가 연결된 구조
2) 센터 바이패스 형
3) 작업 포트 A, B는 차단된 구조
4) 공회전 시 유압유는 탱크로 귀환되어 무부하 운전
5) 실린더의 임의 위치에 고정

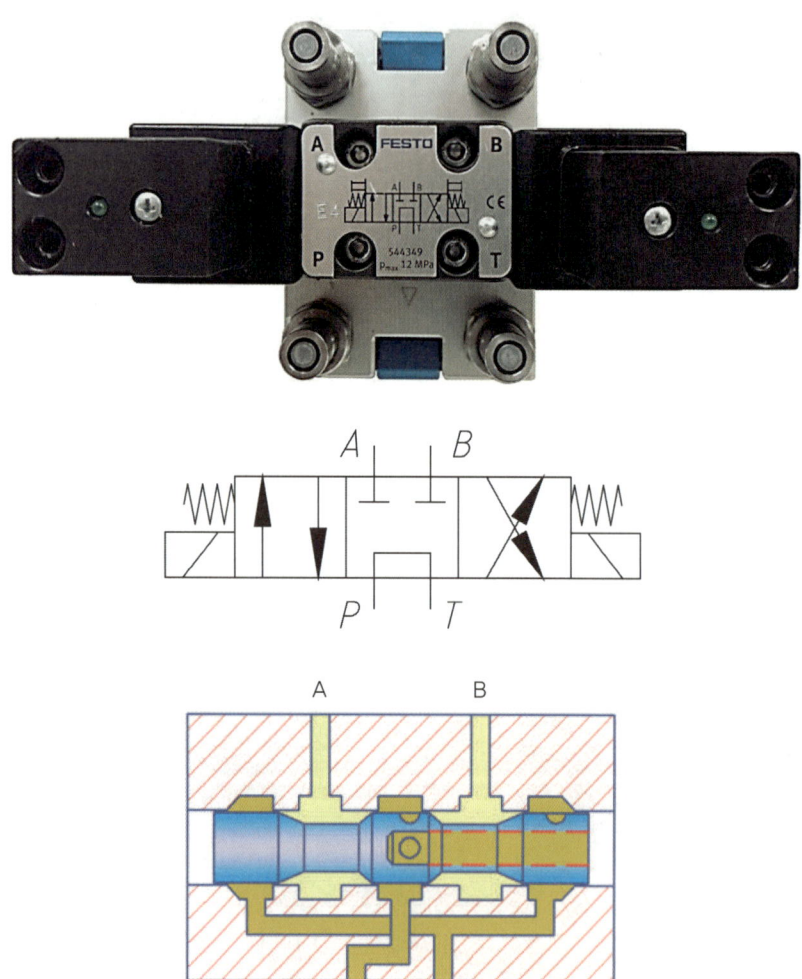

바. 4/3-Way 복동 솔레노이드 밸브(클로즈 센터형)

1) 중립 위치에서 4개의 포트가 막힌 구조
2) 공회전 시 유압유는 릴리프 밸브를 통해 탱크로 귀환
3) 토출된 유압유를 다른 회로에 사용 가능
4) 급격한 작동 시 서지압 발생
5) 실린더의 임의 위치에 고정

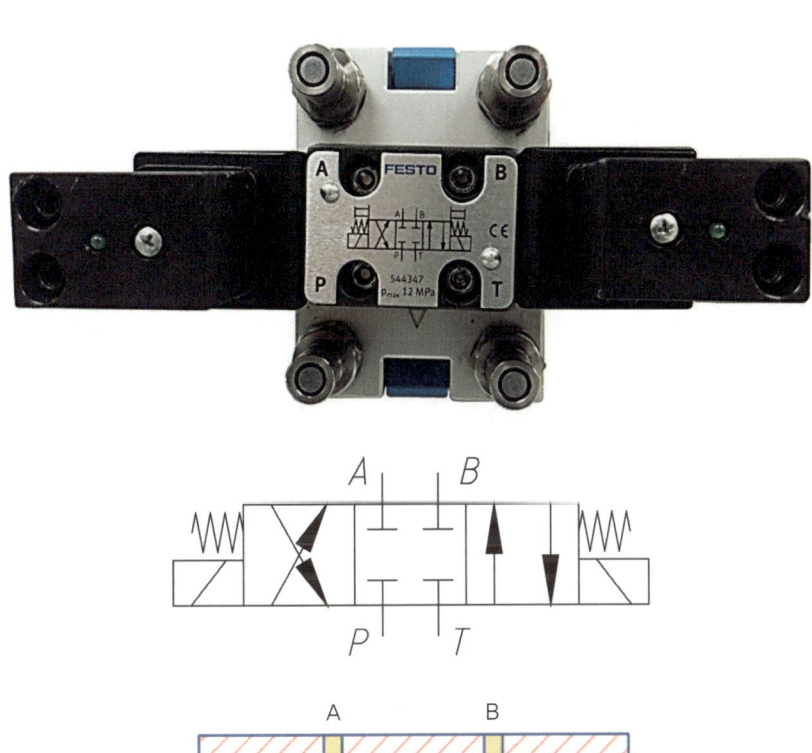

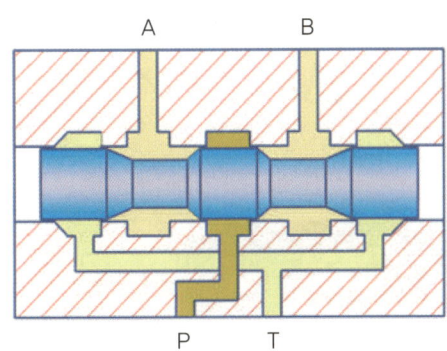

사. 4/3-Way 복동 솔레노이드 밸브(오픈 센터형)

1) 중립 위치에서 4개의 포트가 연결된 구조
2) 공회전 시 유압유는 탱크로 귀환되어 무부하 운전
3) 방향전환 성능이 좋음
4) 방향전환 시 충격이 적음
5) 실린더를 임의의 위치에 확실히 고정시킬 수 없음

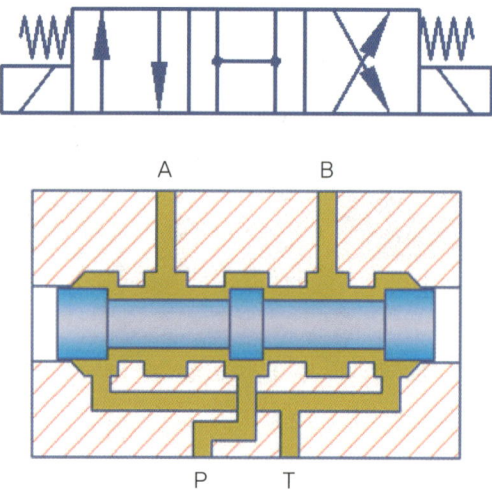

④ 유압 액추에이터

가. 유압 복동 실린더

나. 유압 복동 실린더 구조

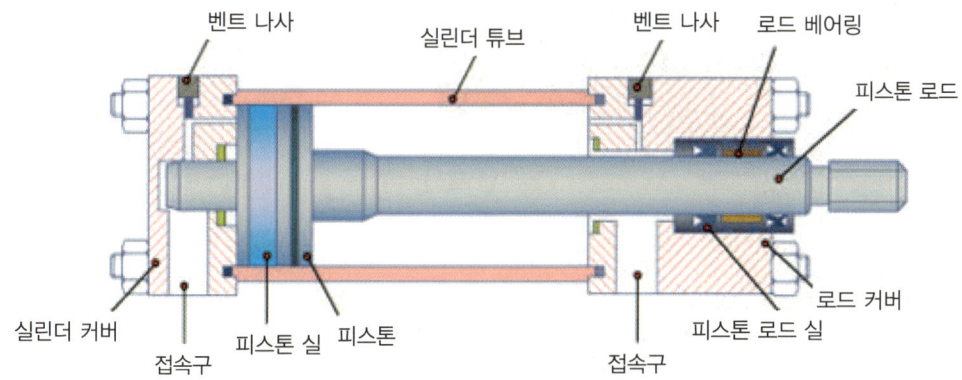

▲ 유압 복동 실린더

다. 유압 복동 실린더 기호 요소

1) 실선: 주관로, 파일럿 밸브의 공급 관로, 전기 신호선
2) 복선(기계적 결합): 회전축, 레버, 피스톤 로드
3) 정삼각형: 유압 또는 공기압 구분, 유체 에너지 방향, 유체의 종류, 에너지원
4) 직사각형: 실린더, 밸브, 피스톤

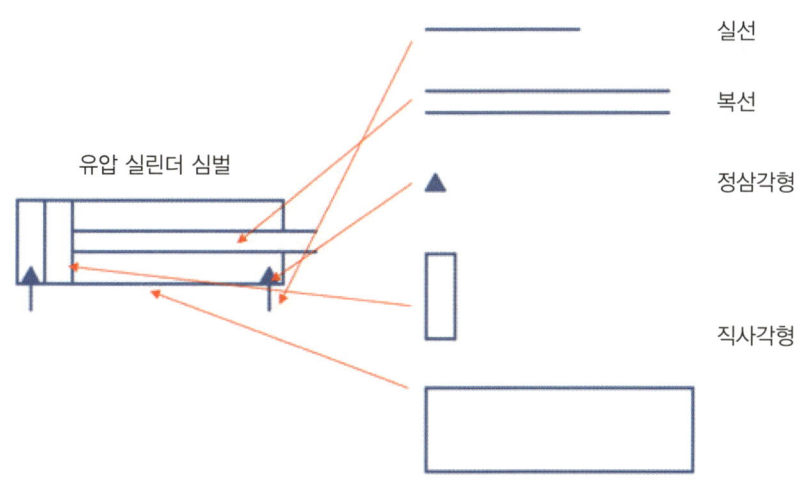

▲ 유복동 실린더 기호 요소

라. 유압 모터

◎ 유압 모터

마. 유압 모터 기호 요소

1) 실선: 주관로, 파일럿 밸브의 공급 관로, 전기 신호선
2) 복선(기계적 결합): 회전축, 레버, 피스톤 로드
3) 파선: 파일럿 조작 관로, 드레인 관, 필터, 밸브의 과도 위치
4) 정삼각형: 유압 또는 공기압 구분, 유체 에너지 방향, 유체의 종류, 에너지원
5) 요형[소]: 유압 탱크(통기식)의 국소 표시
6) 화살표시 곡선: 열류의 방향, 회전운동(화살표는 축의 자유단에서 본 회전 방향을 표시
7) 대원: 에너지 변환기, 펌프, 압축기, 전동기
8) 반원: 회전 각도가 제한을 받는 펌프 또는 액추에이터

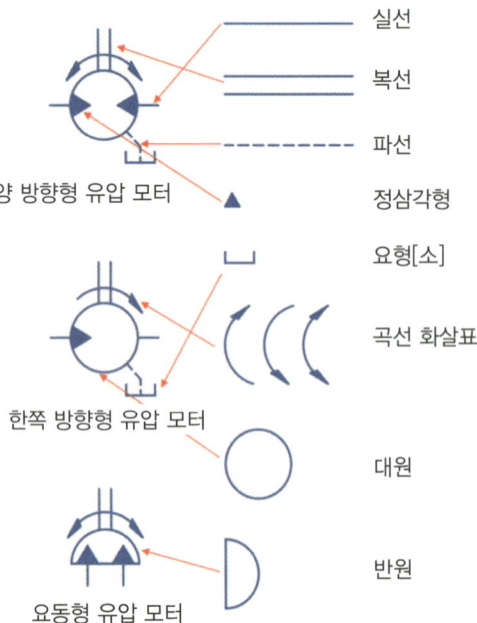

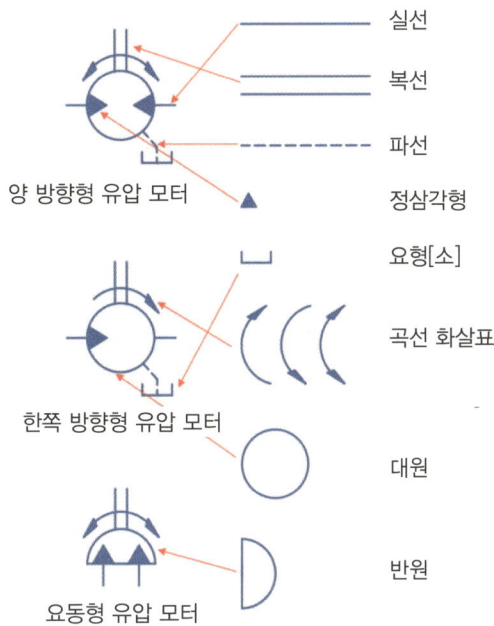

5 기타

가. 전원 공급기

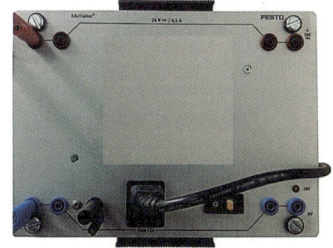

나. 3쌍 릴레이 유닛

다. 신호입력 스위치 유닛

라. 타임 릴레이 유닛

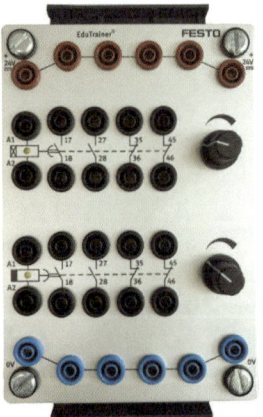

마. 카운터 유닛

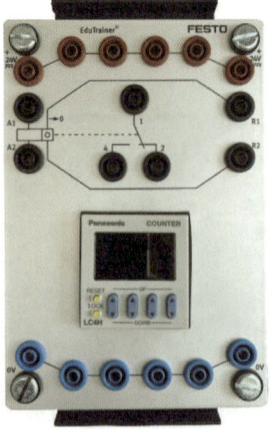

바. 버저(buzzer) & 램프 유닛

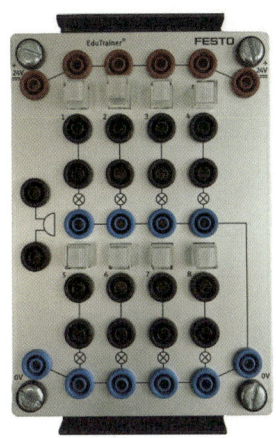

사. 전기 리밋(limit) 스위치(좌)

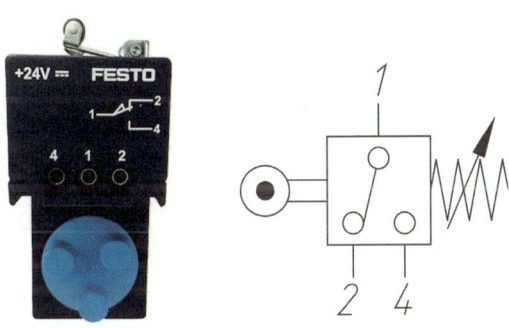

아. 전기 리밋(limit) 스위치(우)

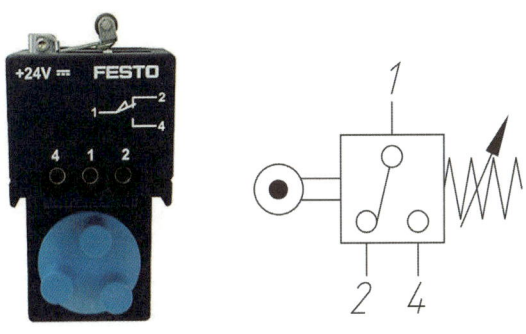

자. 압력 게이지

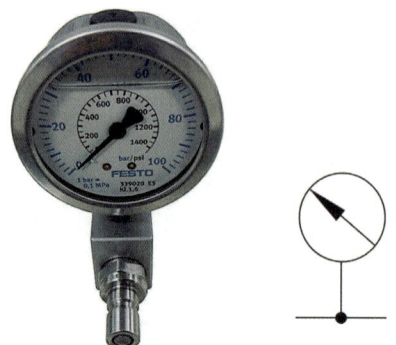

차. T-커넥터

카. 압력 제거기

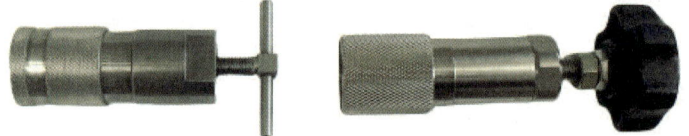

6 유압 회로

가. 압력설정 회로

1) 모든 유압 회로의 기본
2) 회로 내의 압력을 설정 압력으로 조정하는 회로
3) 안전 측면에서도 필수 회로
4) 설정 압력 이상이 될 때는 릴리프 밸브가 열려 탱크로 작동유 귀환

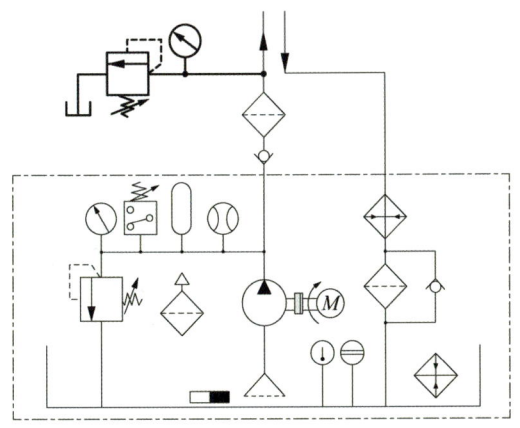
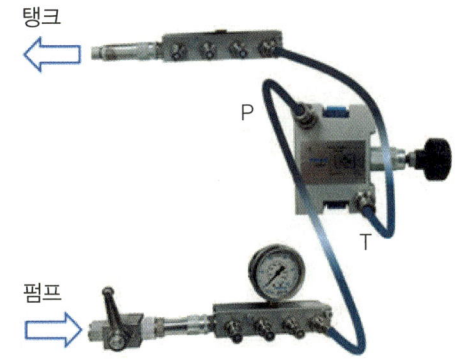

▲ 압력설정 회로

나. 무부하 회로

1) 무부하 회로의 정의

가) 회로에서 작동유가 필요하지 않을 때

나) 일을 하지 않을 때 작동유를 탱크로 귀환

다) 펌프에 부하가 가지 않는 회로

2) 무부하 회로의 장점

가) 펌프의 구동력 절약

나) 유압 장치의 가열 방지

다) 펌프의 수명 연장

라) 효율 증가

마) 유온 상승 방지

바) 유압유 노화 방지

3) 무부하 방법

가) 방향제어 밸브에 의한 무부하

(1) 4포트 3위치 방향제어 밸브 사용

(2) 중립 위치에서 탠덤 센터형인 3위치 전환 밸브 사용

(3) 간단한 방법의 무부하

(4) 간단한 방법의 무부하

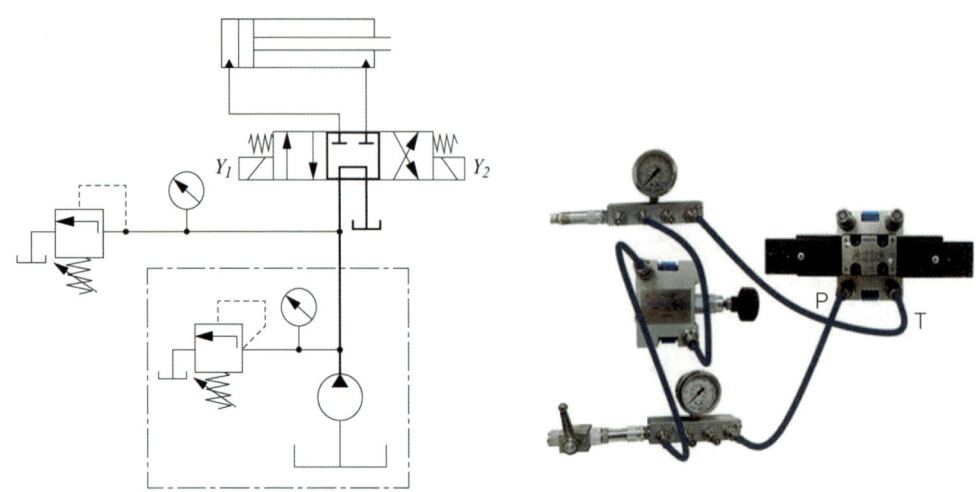

▲ 방향제어 밸브에 의한 무부하

나) 단락에 의한 무부하

(1) 압력 스위치 접점의 단락에 의한 방법
(2) 펌프 토출 전량을 저압 그대로 탱크에 귀환시키는 회로
(3) 회로 구성 간단
(4) 유압 회로에 압력이 전혀 필요 없을 경우 적합

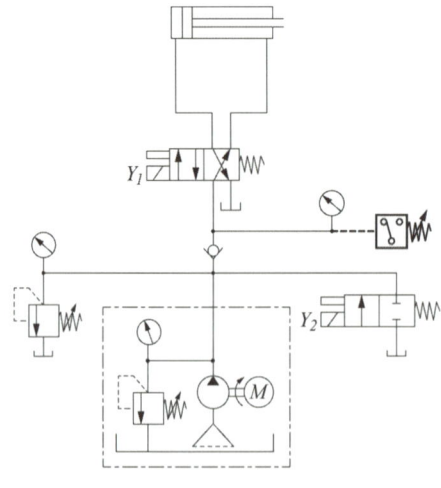

▲ 단락에 의한 무부하

다) 압력보상 가변 용량형 펌프에 의한 무부하

　　(1) 압력보상 가변 용량형 펌프 사용
　　(2) 방향제어 밸브는 클로즈 센터형
　　(3) 펌프는 밸브의 누유에 상당하는 양만 보충
　　(4) 최소 토출 상태가 되어 동력 소비 절감

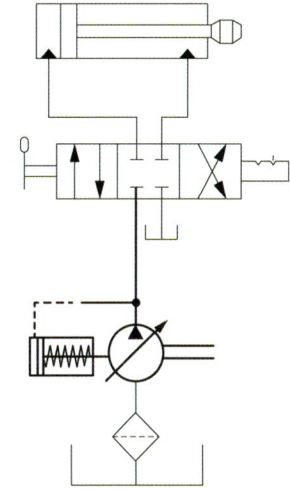

🔺 **입력보상 가변 용량형 펌프에 의한 무부하**

다. 압력제어 회로

1) 압력제어 회로의 정의

　가) 회로의 최고압을 제어
　나) 회로의 일부 압력을 감압
　다) 작동 목적에 적합한 압력을 얻기 위함

2) 압력제어 회로의 종류

가) 최대압력 제한 회로

　　(1) 프레스에 주로 응용
　　(2) 고압 릴리프 밸브와 저압 릴리프 밸브 2종 사용
　　(3) 하강 행정은 고압 릴리프 밸브

(4) 상승 행정은 저압 릴리프 밸브
(5) 저압 릴리프 밸브로 동력 절감

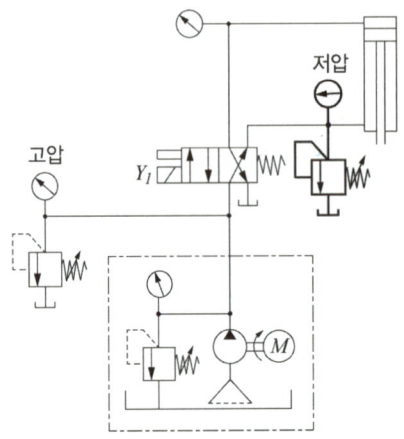

▲ 최대압력 제한 회로

나) 2압력 회로

(1) 1개의 회로에 2종류의 압력 활용
(2) 점 용접기에 응용
(3) A 실린더 작업: 감압 밸브 압력
(4) B 실린더 고정: 릴리프 밸브 압력

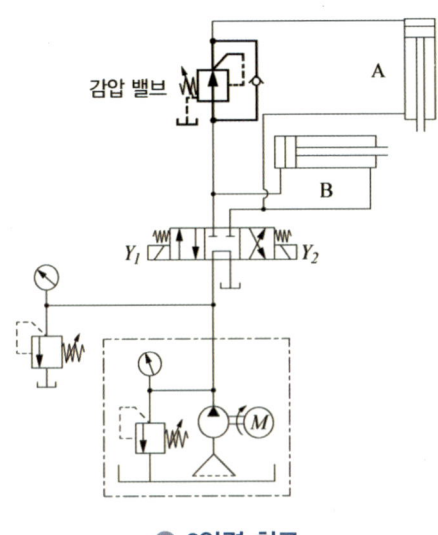

▲ 2압력 회로

다) 배압 유지 회로

(1) 릴리프 밸브와 체크 밸브 병렬 조합
(2) 회로의 일부에 배압 유지

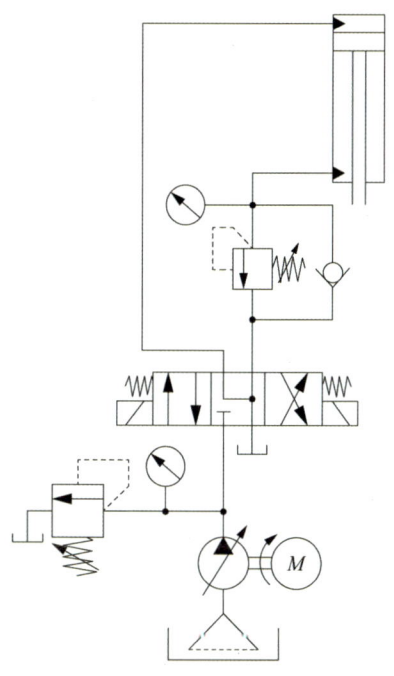

▲ 배압 유지 회로

라. 속도제어 회로

1) 속도제어 회로의 정의

가) 공급 또는 배출되는 유량을 조절
나) 실린더, 모터 등의 액추에이터 속도를 가감할 수 있는 회로

2) 속도제어 회로의 종류

가) 미터 인 회로

(1) 실린더로 유입되는 유량 조절
(2) 실린더에서 배출되는 유량은 자유로운 흐름

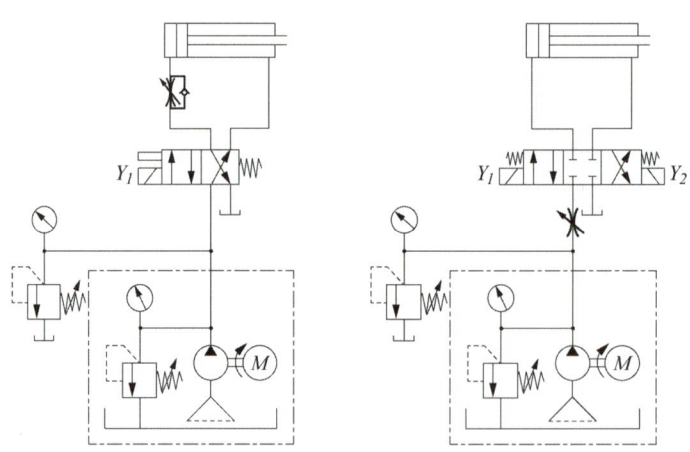

▲ 미터 인 회로

나) 미터 아웃 회로

(1) 실린더에서 유출되는 유량 조절
(2) 실린더로 유입되는 유량은 자유로운 흐름
(3) 일정한 속도제어 용이

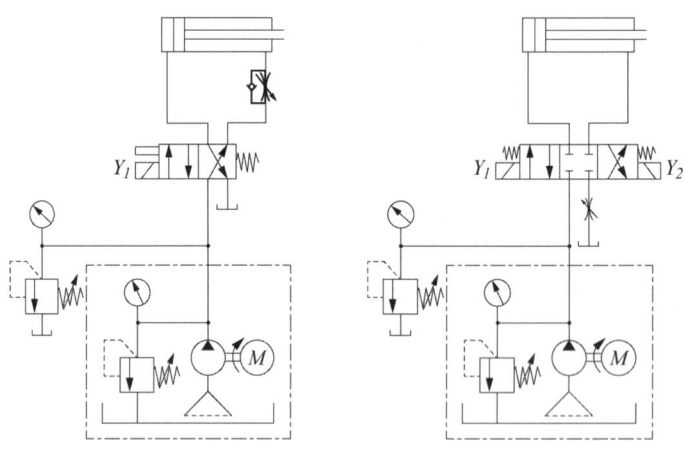

▲ 미터 아웃 회로

다) 블리드 오프 회로

(1) 분기 회로에 유량제어 밸브 설치
(2) 피스톤 이송 부정확

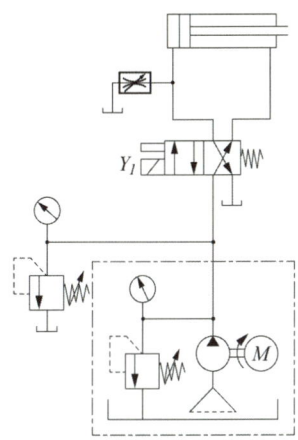

○ 블리드 오프 회로

Ⅲ 제어 기기 기호

1 스위치와 릴레이

가. 접점

1) 스위치

　　가) 열림 접점(A접점)　　나) 닫힘 접점(B접점)　　다) 전환 접점(C접점)

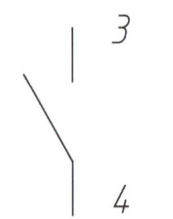  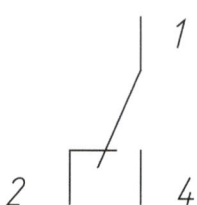

나. 푸시 버튼

1) 수동 작동

　　가) 열림 접점(A접점)　나) 닫힘 접점(B접점)　다) A접점(Lock)　라) B접점(Lock)

다. 리밋 스위치

1) 기계적(롤러) 작동

　　가) 열림 접점(A접점)　나) 닫힘 접점(B접점)　다) A접점(동작)　라) B접점(동작)

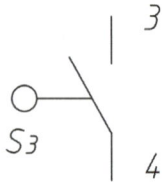 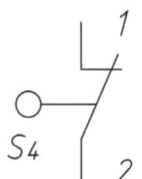 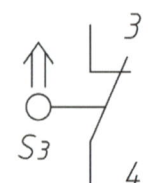 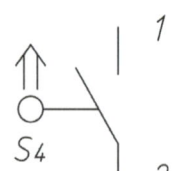

라. 릴레이

1) 릴레이와 엑추에이터 코일

가) 릴레이   나) 여자지연 릴레이   다) 소자지연 릴레이   라) 솔레노이드 밸브

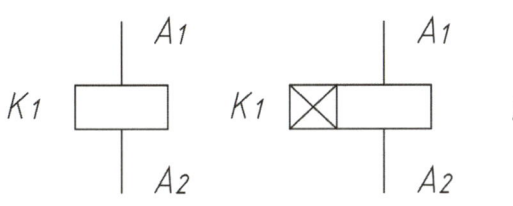 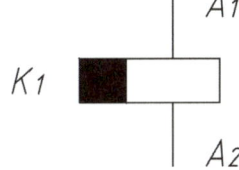 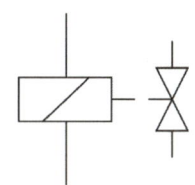

2) 지시기

가) 램프(시각)   나) 부저(청각)   다) 압력계(측정)

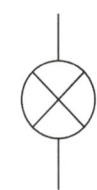 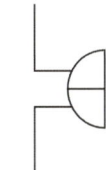 

2 솔레노이드

1) 기계적 전기적 작동

가) 솔레노이드   나) 복동 솔레노이드   다) 단동 솔레노이드

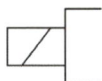 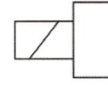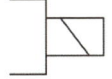 

라) 수동 작동   마) 간접 작동   바) 압력-전기 신호변환기

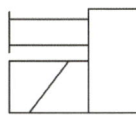 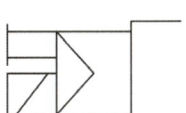 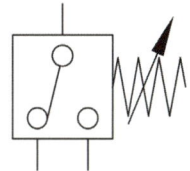

3 밸브의 표시

1) 밸브의 표시

가) 밸브의 제어 위치 사각형으로 표시   나) 제어 위치 수는 사각형 수로 표시

다) 유로의 방향은 화살표로 표시   라) 차단 표시 직각선을 그어 표시

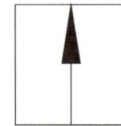   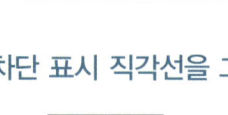

마) 배관 연결부는 짧은 선으로 표시

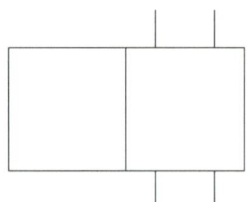

2) 포트와 제어 위치

가) 2/2-Way 방향제어 밸브(N.C)   나) 2/2-Way 방향제어 밸브(N.O)

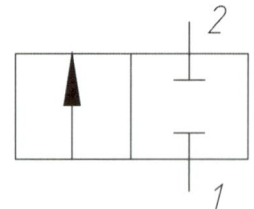   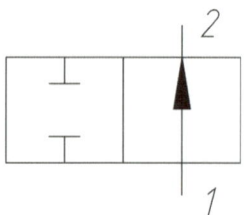

다) 3/2-Way 방향제어 밸브(N.C)　　라) 3/2-Way 방향제어 밸브(N.O)

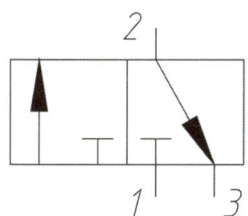　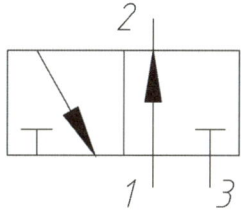

마) 4/2-Way 방향제어 밸브　　바) 5/2-Way 방향제어 밸브

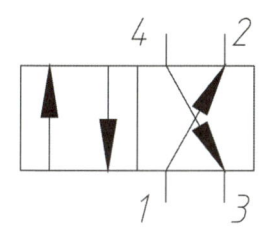　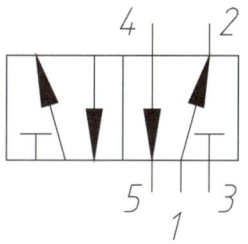

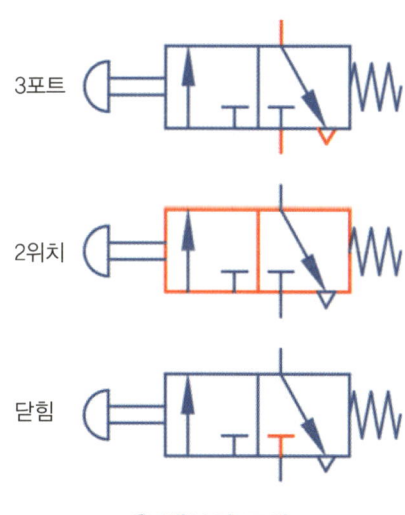

▲ 밸브의 표시

3) 구조에 따른 분류

가) 포핏 타입

(1) 구조가 간단
(2) 내구성 강함

나) 스풀 타입

(1) 다 방향 밸브에 적합

다) 미끄럼 타입

 (1) 스풀 타입의 평면구조
 (2) 큰 마찰면과 조작력 필요

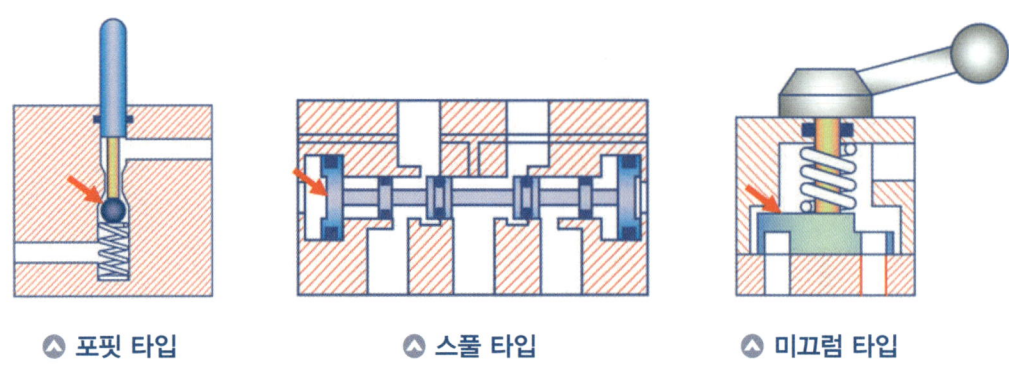

△ 포핏 타입   △ 스풀 타입   △ 미끄럼 타입

4 공압 심벌

가. 공압 발생 장치

1) 압축기   2) 저장 탱크   3) 서비스 유닛   4) 공압원

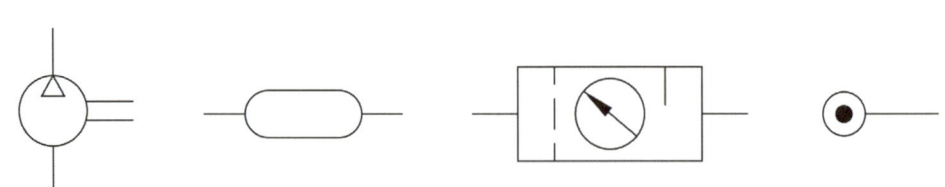

5) 서비스 유닛의 구성(필터, 압력 조절기, 압력 게이지, 윤활기)

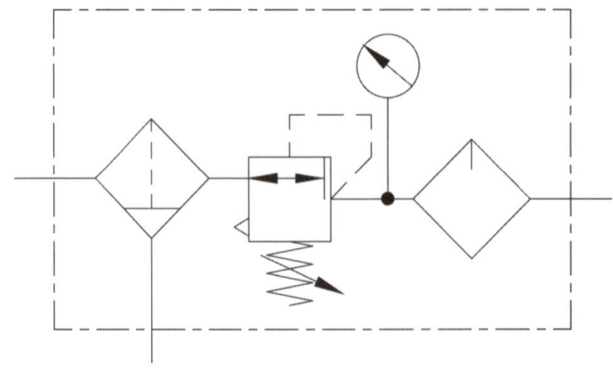

나. 논리턴 밸브와 유량제어 밸브

1) 체크 밸브   2) 이압(AND) 밸브   3) 셔틀(OR) 밸브   4) 급속배기 밸브

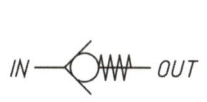 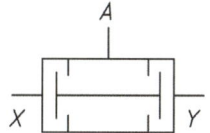 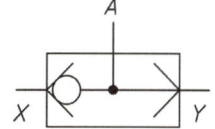 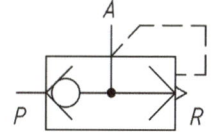

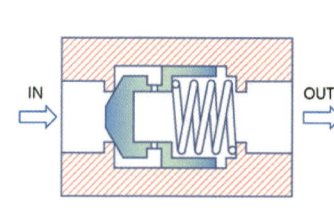 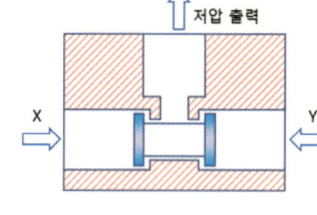 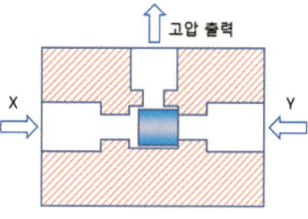

▲ 체크 밸브   ▲ 이압 밸브   ▲ 셔틀 밸브

5) 교축 밸브   6) 교축 밸브(압력보상)   7) 체크밸브 붙이 유량제어 밸브

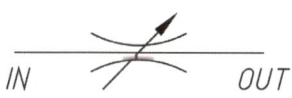 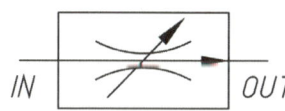 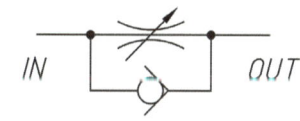

다. 방향제어 밸브

1) 5/2-Way 복동 솔레노이드 밸브   2) 5/2-Way 단동 솔레노이드 밸브

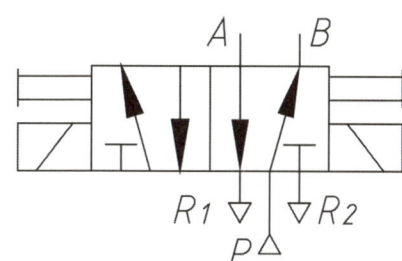 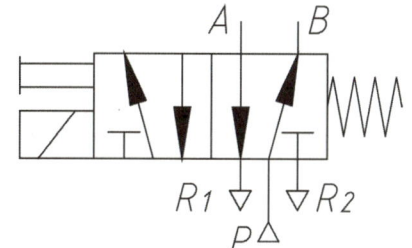

라. 선형 액추에이터

1) 단동 실린더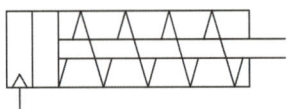

2) 복동 실린더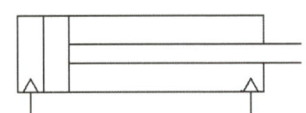

3) 복동 실린더(쿠션 내장)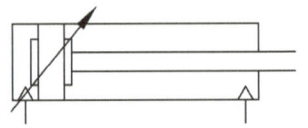

5 유압 심벌

가. 유압 파워 유닛

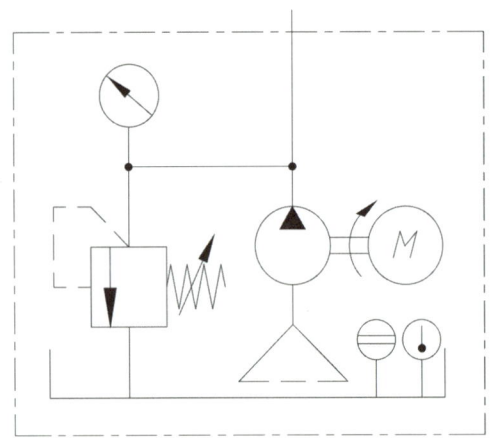

나. 유량제어 밸브

1) 스로틀 밸브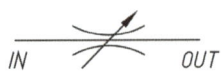

2) 체크 밸브

3) 스로틀 체크 밸브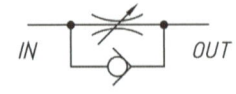

4) 파일럿 체크 밸브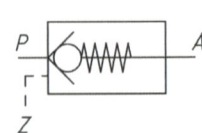

다. 압력제어 밸브

1) 릴리프 밸브　　2) 감압 밸브　　3) 언로딩 밸브　　4) 카운터밸런스 밸브

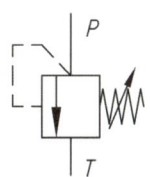 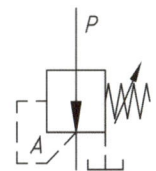 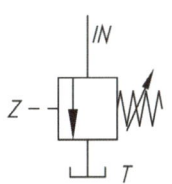 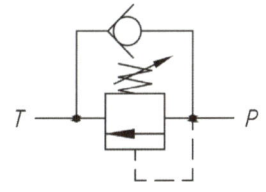

라. 방향제어 밸브

1) 2/2-Way 밸브(N.C)　　　　　　2) 2/2-Way 밸브(N.O)

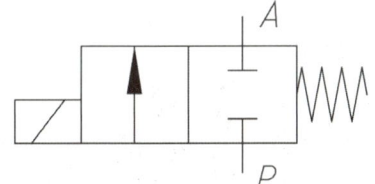 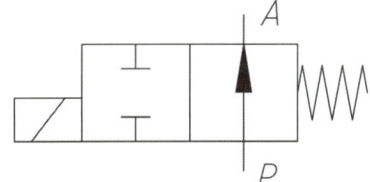

3) 3/2-Way 밸브(N.C)　　　　　　4) 3/2-Way 밸브(N.O)

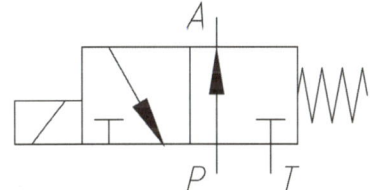

5) 4/2-Way 밸브(단동 솔레노이드)　　6) 4/2-Way 밸브(복동 솔레노이드)

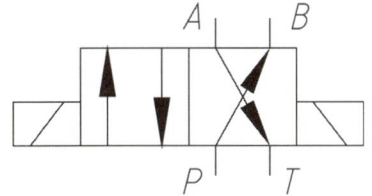

7) 4/3-Way 밸브(탠덤 센터형)　　8) 4/3-Way 밸브(클로즈 센터형)

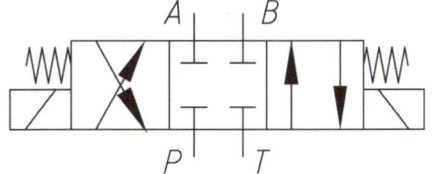

Ⅳ 전기회로 구성

1 접점

가. 정상상태 열림 접점(A접점)

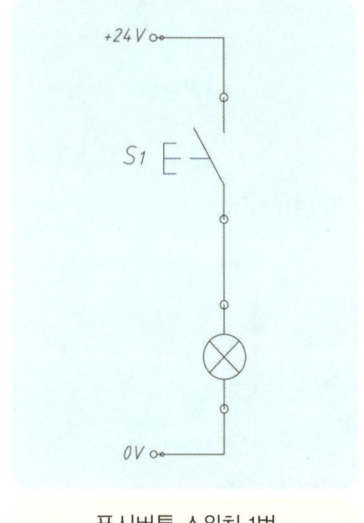

푸시버튼 스위치 1번
작동 시 램프 점등

나. 정상상태 닫힘 접점(B접점)

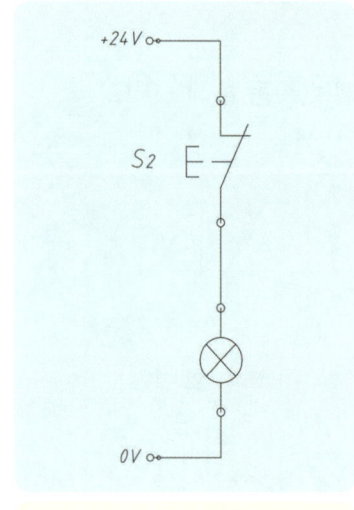

푸시버튼 스위치 1번
작동 시 램프 소등

② 논리 회로

가. 직렬 접속(AND 논리 회로)

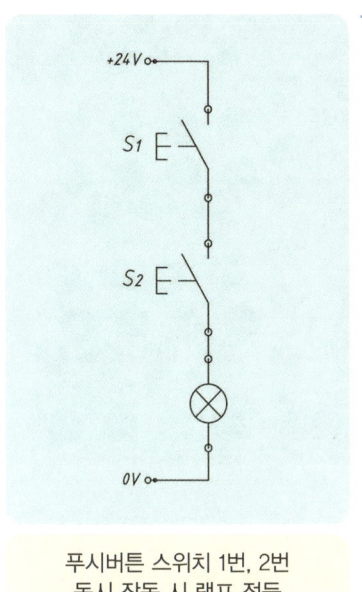

푸시버튼 스위치 1번, 2번
동시 작동 시 램프 점등

나. 병렬 접속(OR 논리 회로)

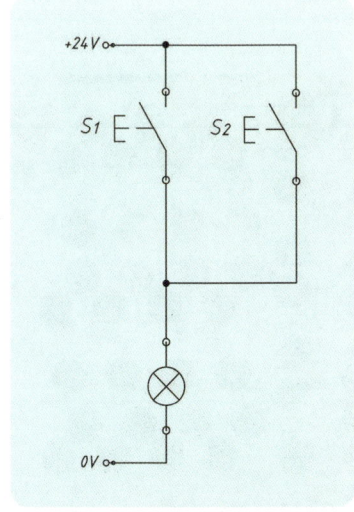

푸시버튼 스위치 1번 또는 2번
작동 시 램프 점등

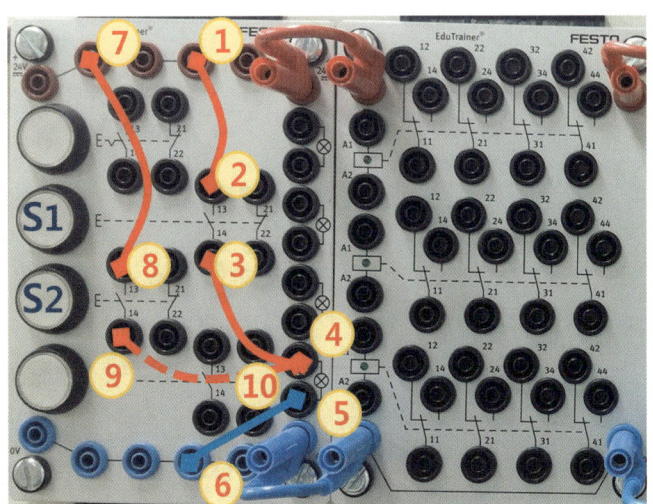

다. 스위치 연동 회로(기계적 연계)

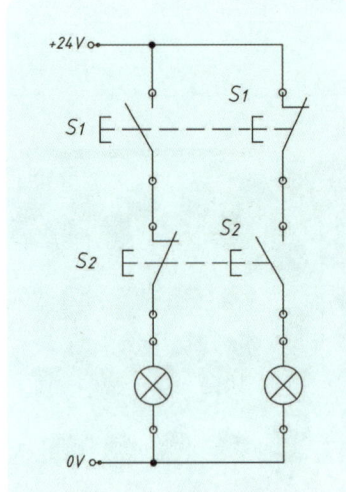

스위치 1번 – 램프1 점등
스위치 2번 – 램프2 점등

③ 릴레이 제어

가. 릴레이를 이용한 제어 회로

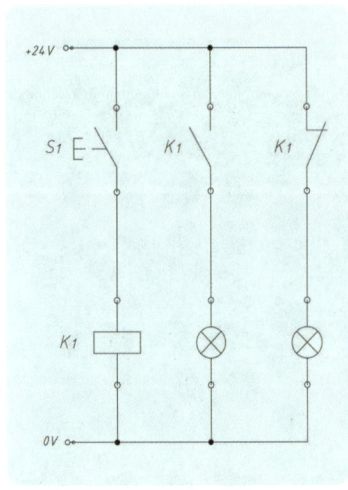
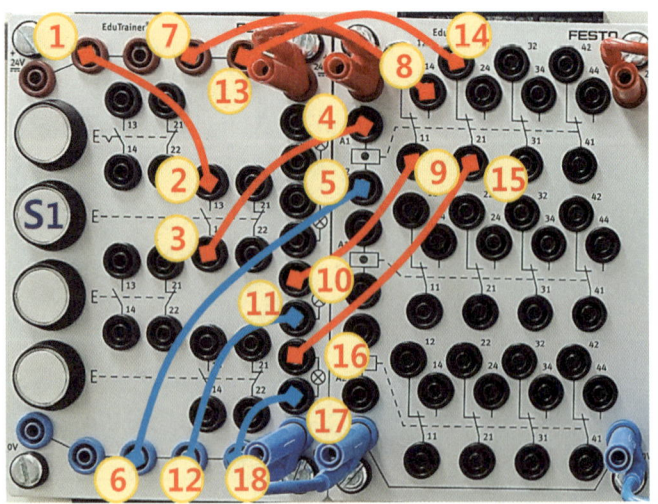

초기 상태 2번 램프 점등
– 스위치 작동 시 1번 램프 점등,
  2번 램프 소등

나. 자기 유지 회로(Off 우선)

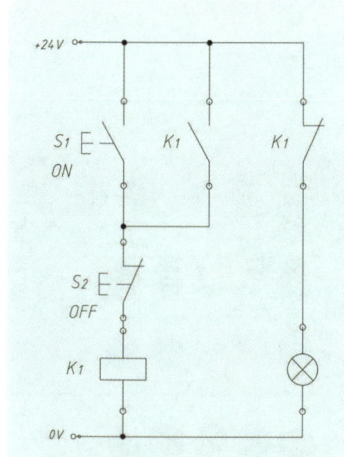

초기 상태 램프 점등
- 스위치 1번 작동 시 램프 소등, 스위치 2번 Reset
- 스위치 1번, 2번 동시 작동 시 Off 우선

다. 자기 유지 회로(On 우선)

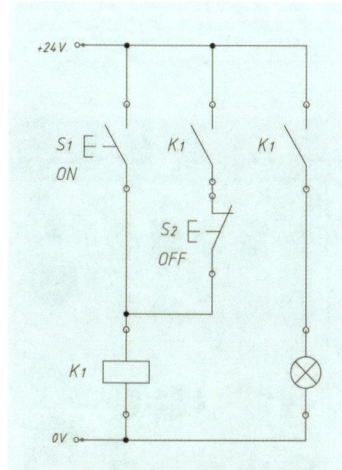

초기 상태 램프 소등
- 스위치 1번 작동 시 램프 점등, 스위치 2번 Reset
- 스위치 1번, 2번 동시 작동 시 On 우선

4 시간지연 회로

가. 여자지연(ON) 릴레이

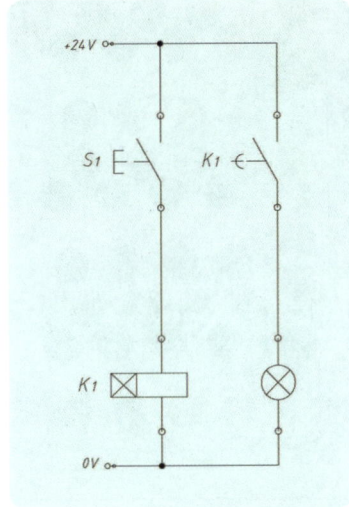
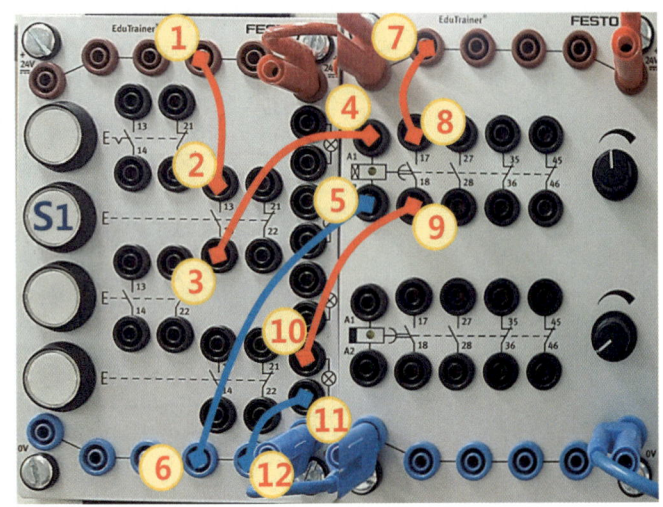

스위치 작동 시 설정 시간 후 램프 점등(길게 누를 것)

나. 소자지연(OFF) 릴레이

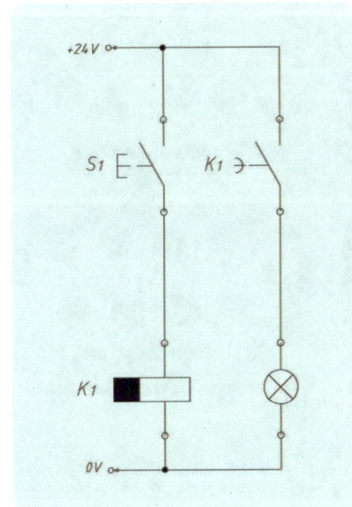
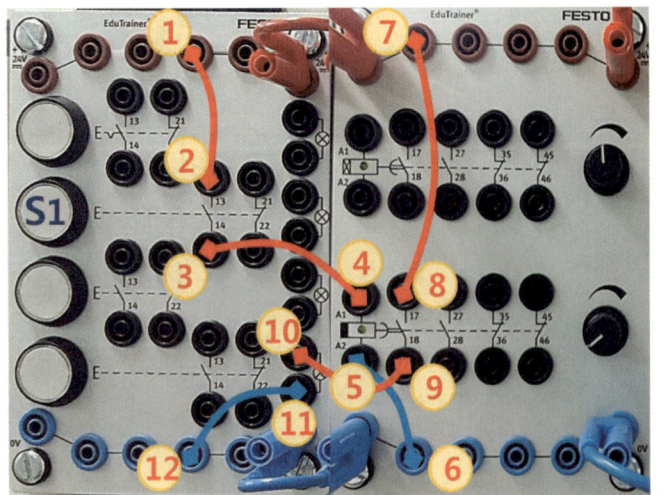

스위치 작동 시 램프 점등
- 설정 시간 유지 후 소등

5 기타 회로

가. 인터록 회로

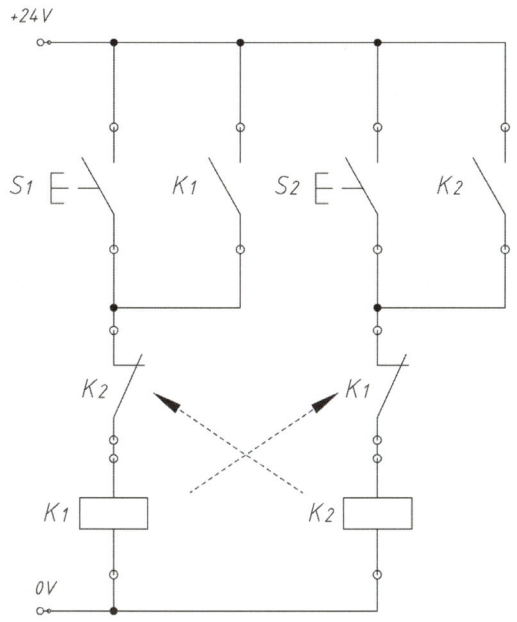

나. 병렬우선 회로

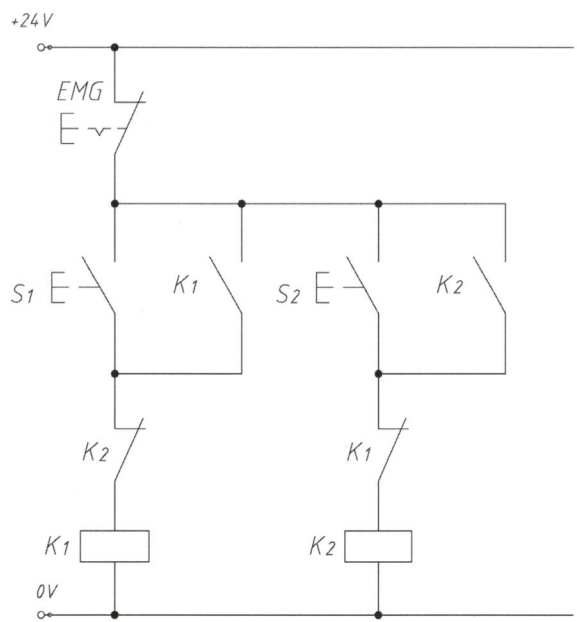

다. 직렬우선 회로

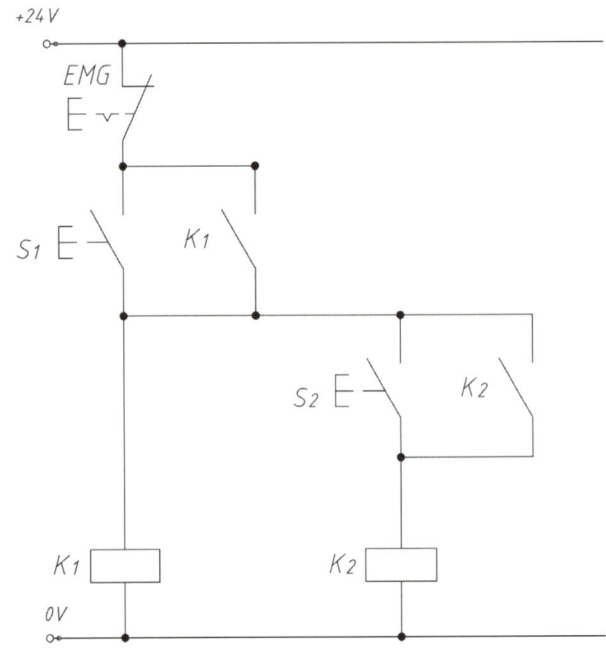

라. 선입력 우선 회로

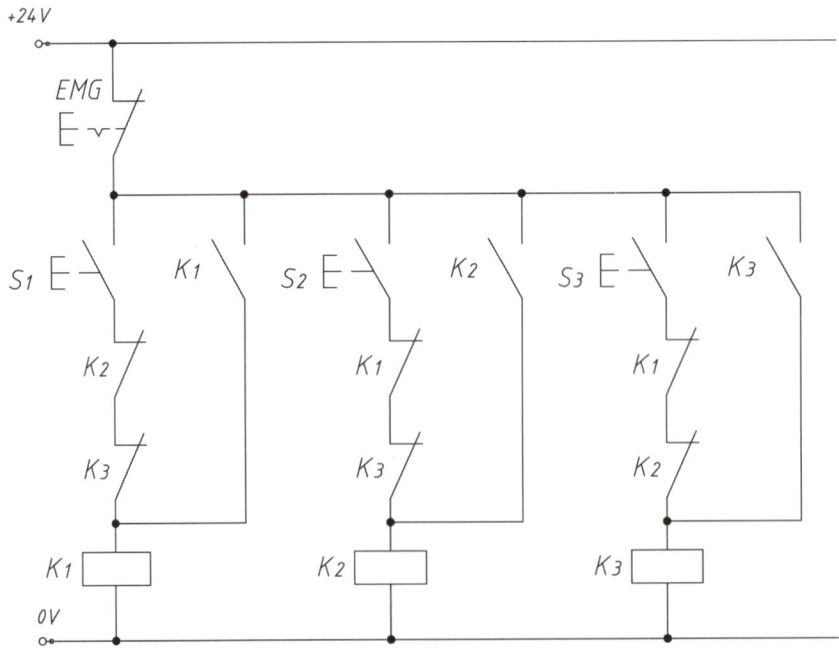

마. 후입력 우선 회로

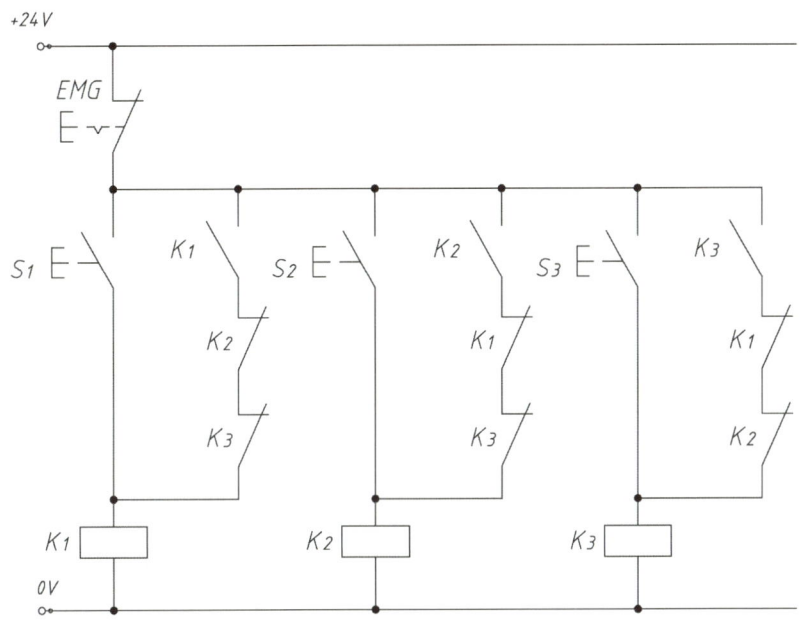

바. 연속 회로

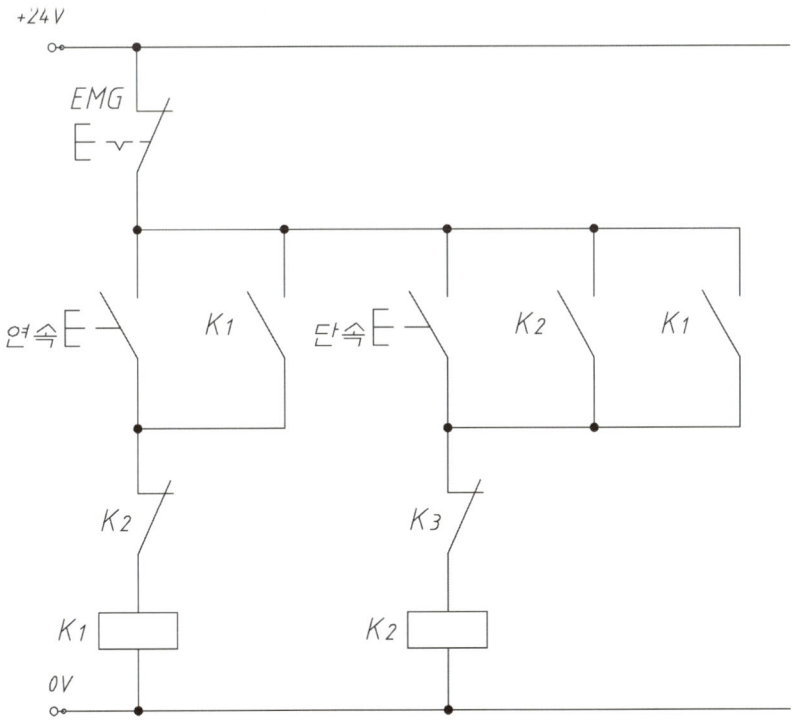

사. 카운터 회로

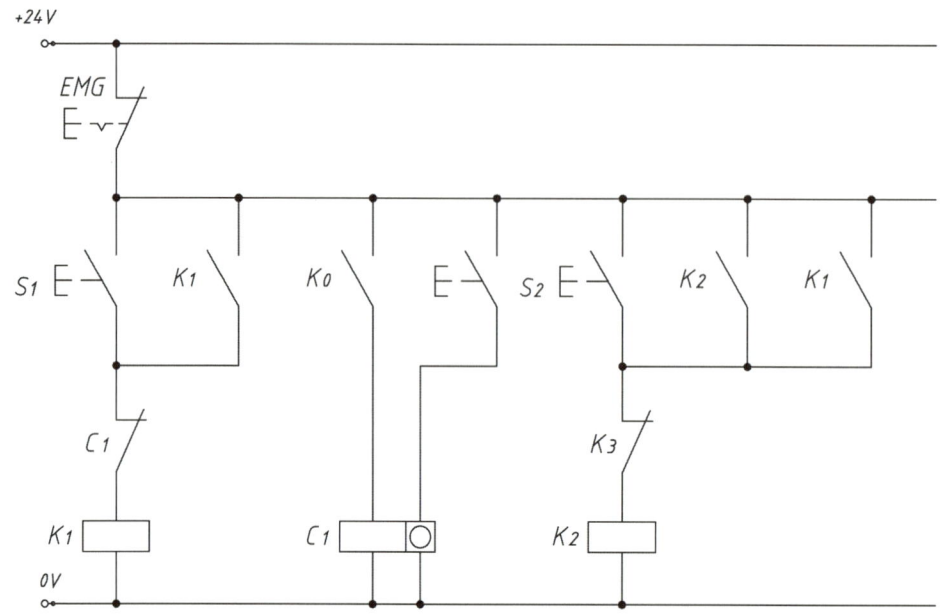

V. 공압 회로 구성

1 회로의 배치

가. 공압 회로의 배치

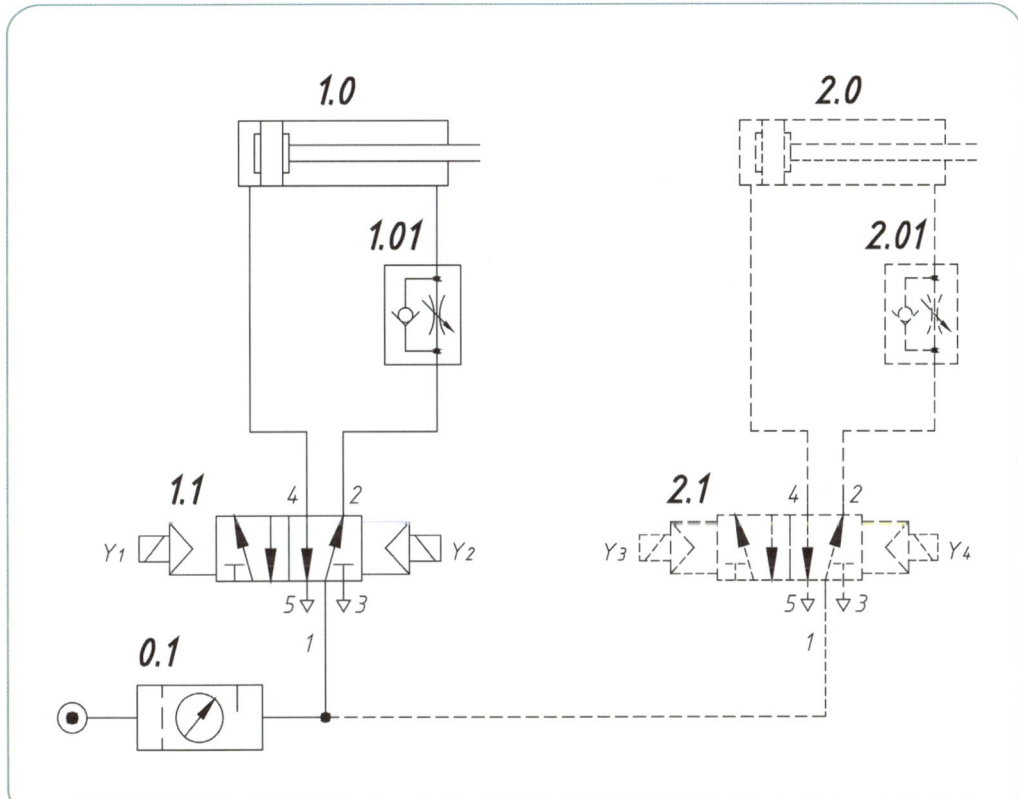

1) 공압 회로 요소 신호 흐름은 아래에서 위로 향하도록 배치한다.
2) 다음 기준에 의해 공압 회로 요소의 숫자 시스템이 결정된다.

0	공압 공급 요소
1.0, 2.0 등	작업 요소(액추에이터)
.1	최종 제어 요소
.01, .02 등	제어 요소와 작업 요소 사이의 공압 요소

나. 전기회로의 배치

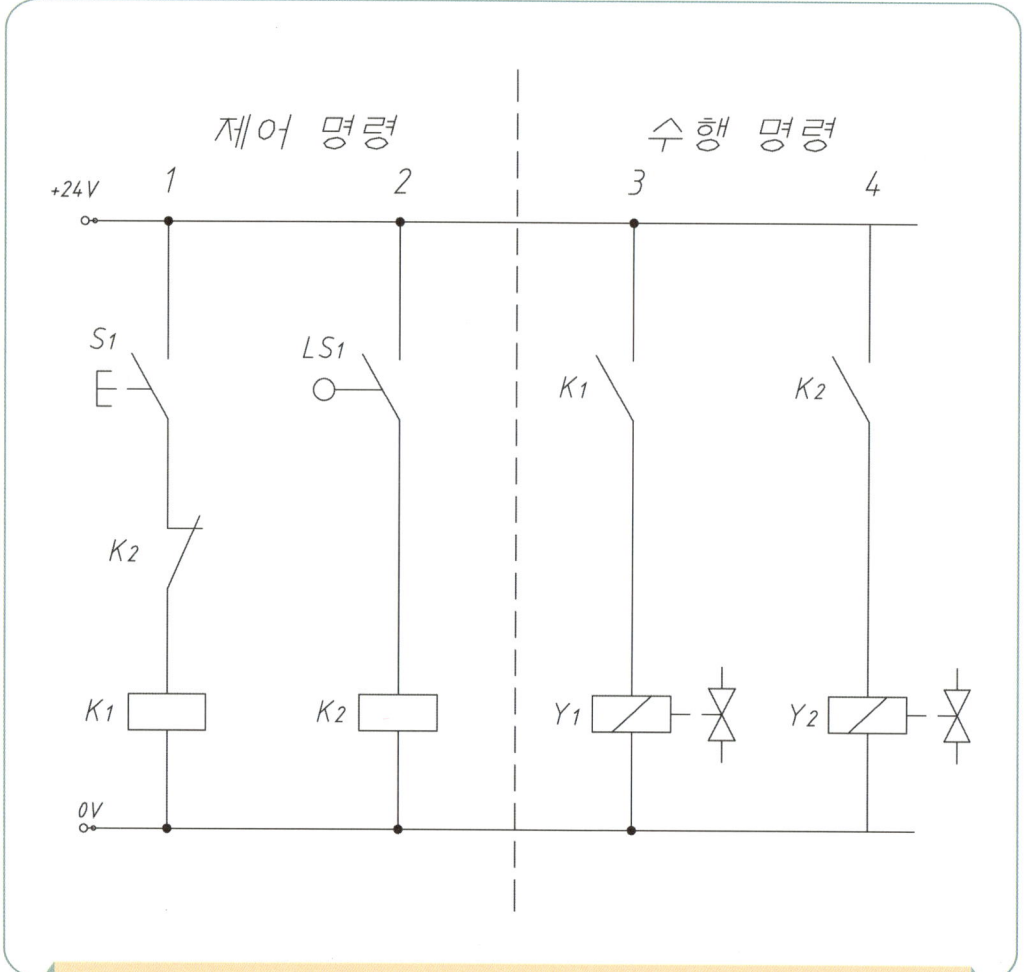

1) 전기회로 요소는 위에서 아래로, 신호 흐름에 따라 왼쪽에서 오른쪽으로 번호를 부여한다.
2) 시동 스위치와 정지 스위치 같은 주요 스위치는 따로 정의해 줄 수도 있다.

다. 신호의 흐름

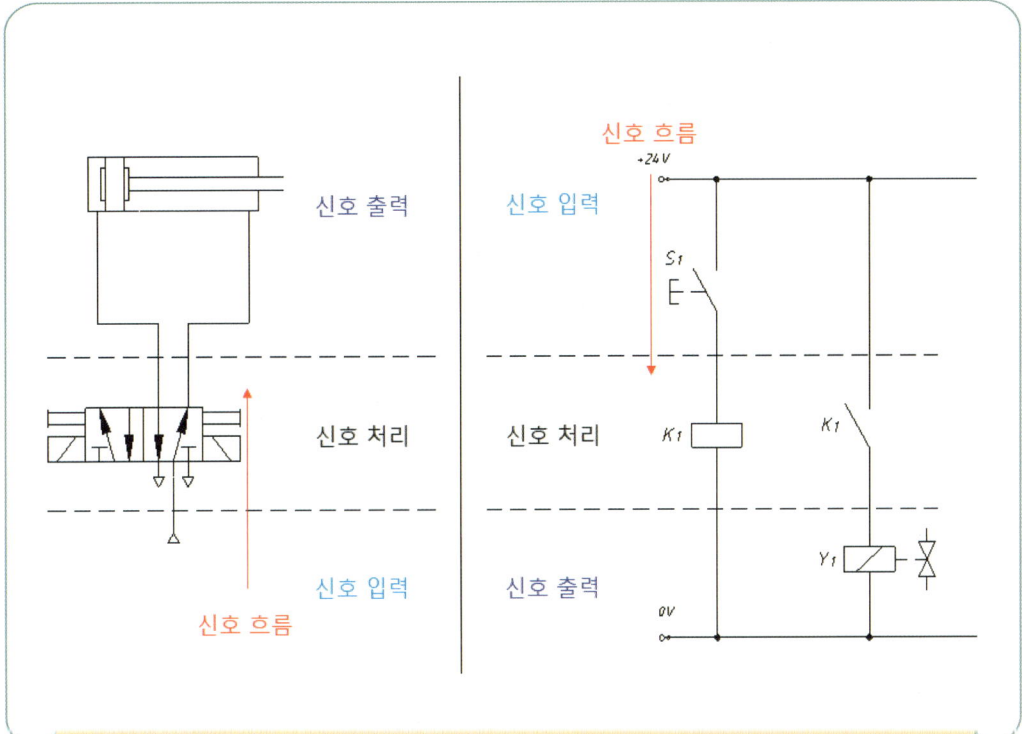

1) 공유압 회로에서 신호의 흐름은 아래에서 위로 흐른다.
2) 전기회로에서 신호의 흐름은 위에서 아래로, 좌측에서 우측으로의 순서이다.

② 회로 설계

가. 전기회로 설계

1) 위(+24V)와 아래(0V)에 제어 명령부와 수행 명령부 모선을 수평으로 그린다.
2) 제어 기기를 연결하는 접속선은 위와 아래의 모선 사이에 수직선으로 그린다.
3) 제어 기기는 전원이 투입되지 않은 상태의 접속 상태로 표현한다.
4) 제어 기기 등은 전기용 심벌 기호와 문자 기호를 사용한다.
5) 제어 기기의 심벌 기호를 동작의 순서에 따라 위에서 아래의 순서로 접속한다.
6) 모선 사이의 스텝별 접속선은 동작 순서에 따라 왼쪽에서 오른쪽 순서로 표시한다.

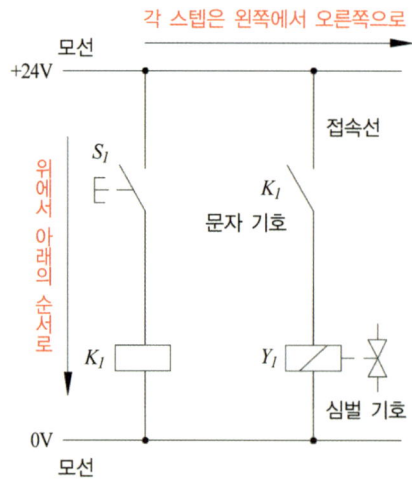

1) 개폐기나 스위치 접점의 상태 표시

가) 릴레이의 접점은 접점을 구동하는 코일이 자력을 잃은 상태를 표시한다.
나) 수동 접점은 손을 떼었을 때의 상태를 표시한다.
다) 그 밖의 접점은 정지 상태를 표시한다.
라) 릴레이와 그 릴레이에 의해 동작하는 접점에 같은 기호 또는 번호를 붙인다.

나. 스테퍼 회로 설계

1) 그룹을 최대로 나눈다.

가) 복동 솔레노이드 밸브에 적용
나) 단동 솔레노이드 밸브에 적용

2) 회로 변경 용이

가) 설비 개선에 따른 회로 변경

나) 공정 개선에 따른 회로 변경

3) 단동 솔레노이드 및 단동·복동 솔레노이드 사용 시

가) 캐스케이드 3원칙 미적용

나) 모두 공급되고 모두 차단(제어 명령부에서 수행 명령부는 해당 없음)

다) 최종 self holding 적용 범위에 따라 단동 솔레노이드와 복동 솔레노이드 적용 가능

- A-복동 솔레노이드 밸브
- B-단동 솔레노이드 밸브
- 변위단계 선도와 동작 회로도

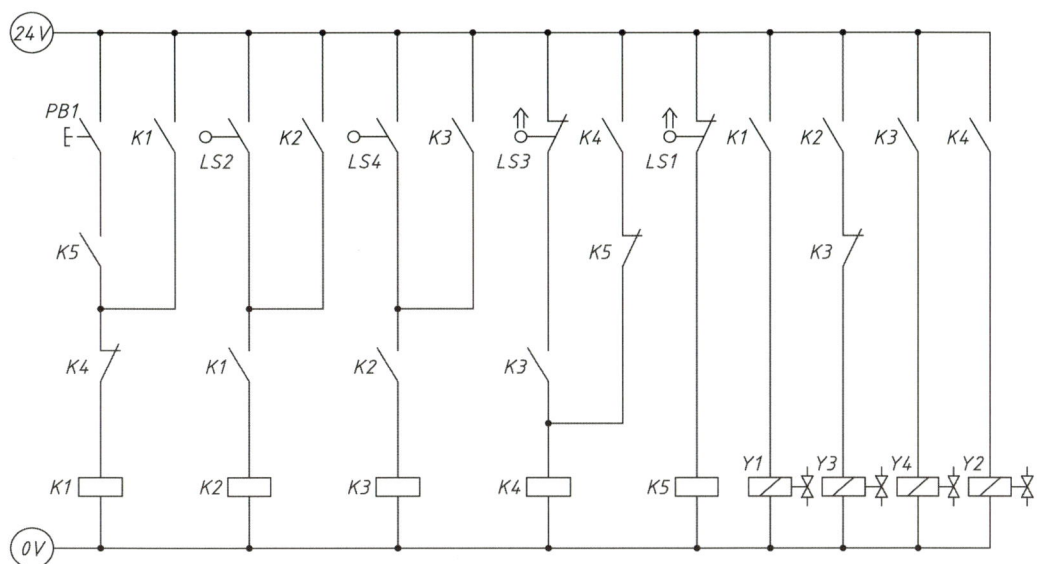

(1) Step 01

A+	B+	B-	A-	sequence
K1	K2	K3	K4	signal processor
LS2	LS4	LS3	LS1	check back signal

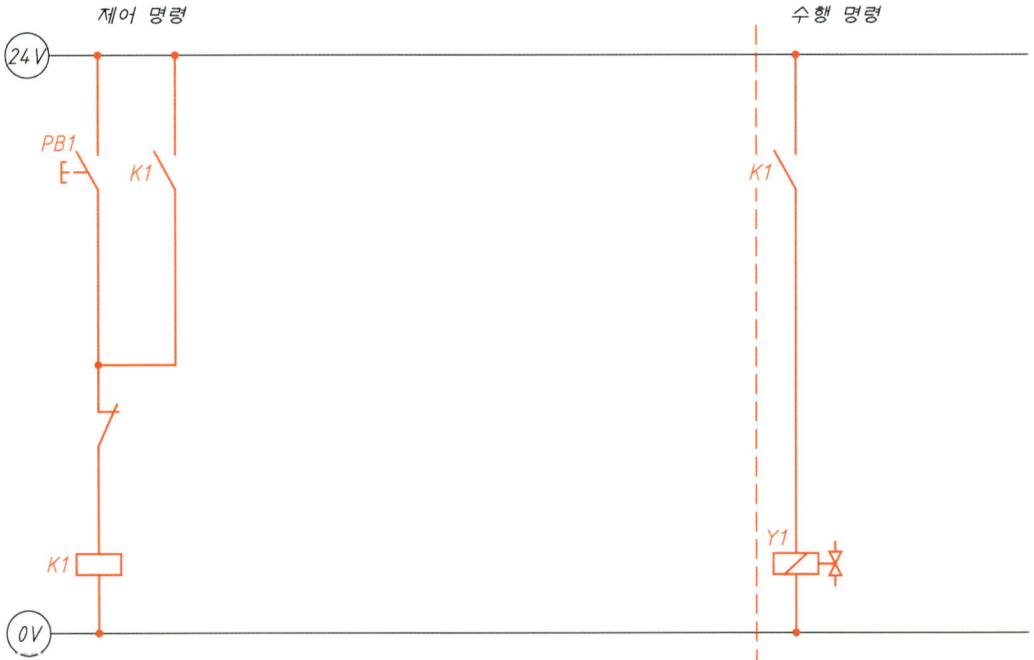

(2) Step 02

A+	B+	B-	A-	sequence
K1	K2	K3	K4	signal processor
LS2	LS4	LS3	LS1	check back signal

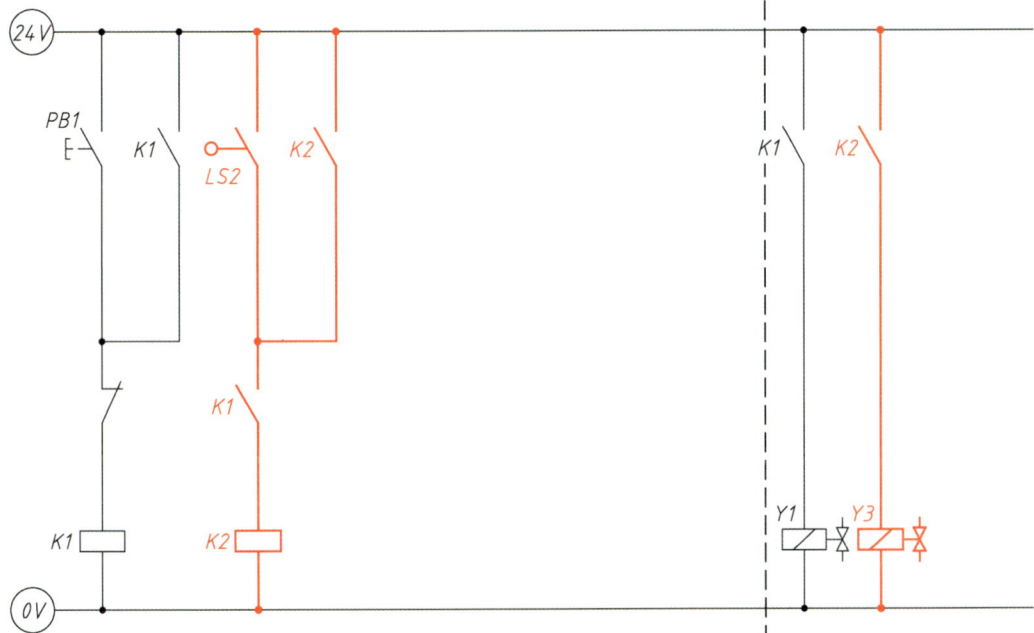

(3) Step 03

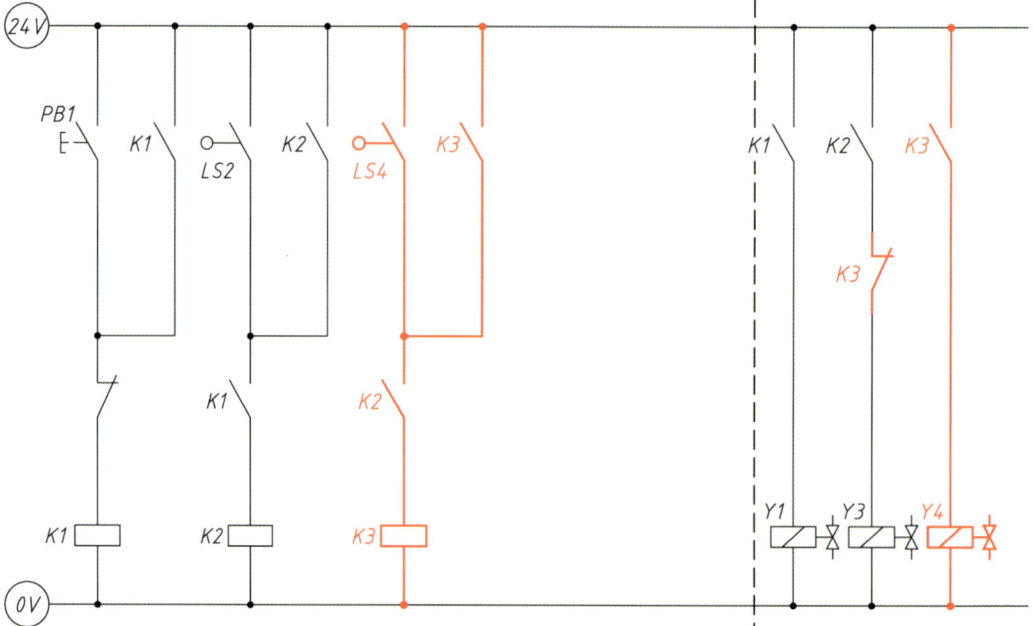

(4) Step 04

A+	B+	B-	A-	sequence
K1	K2	K3	K4	signal processor
LS2	LS4	LS3	LS1	check back signal

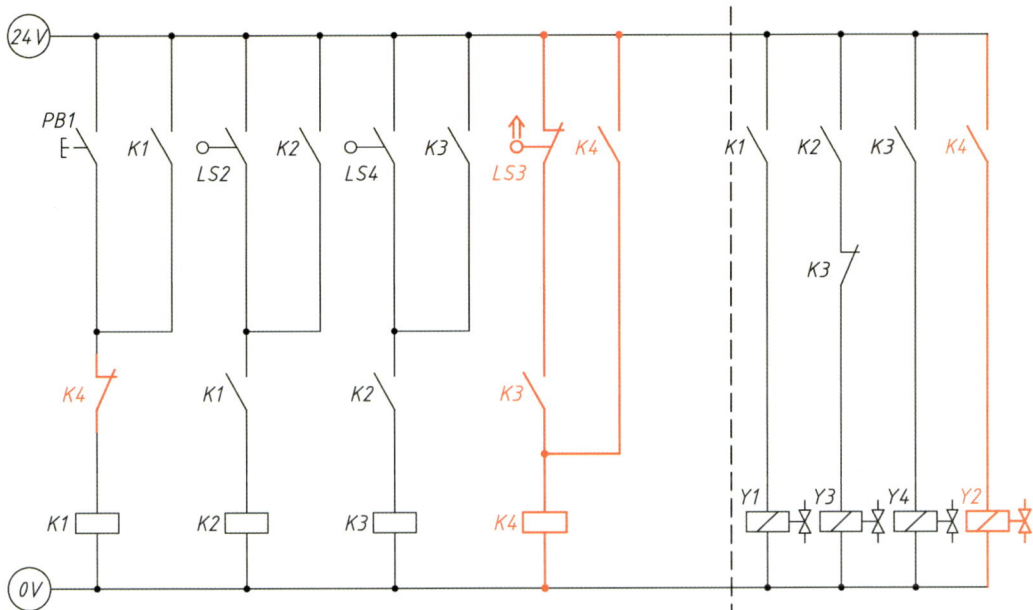

(5) Step 05

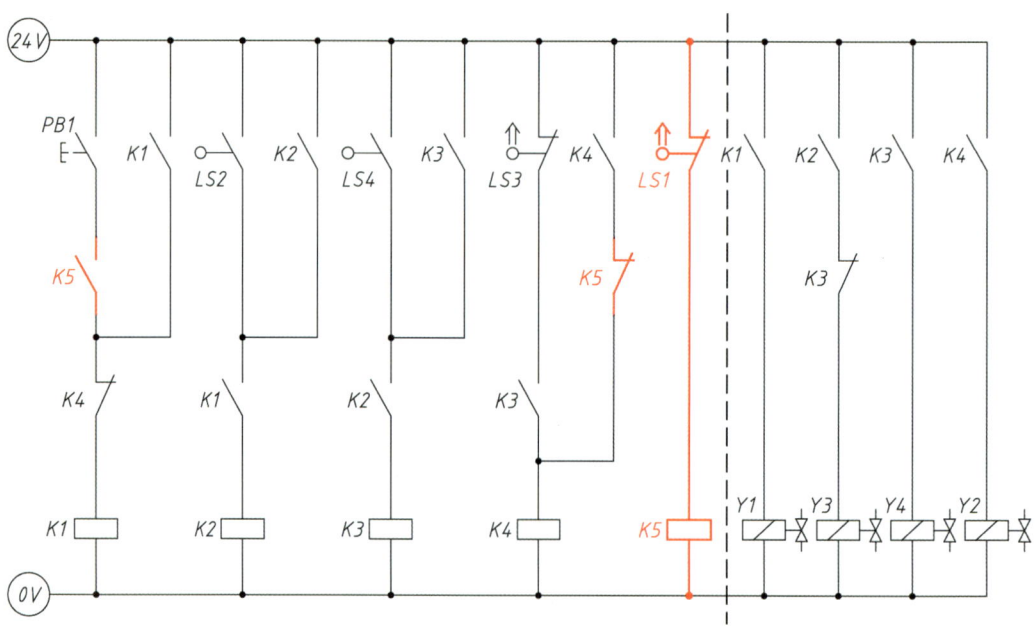

- A-단동 솔레노이드 밸브
- B-복동 솔레노이드 밸브
- 변위단계 선도와 동작 회로도

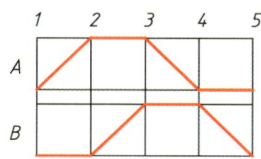

A+	B+	A-	B-	sequence
K1	K2	K3	K4	signal processor
LS2	LS4	LS1	LS3	check back signal

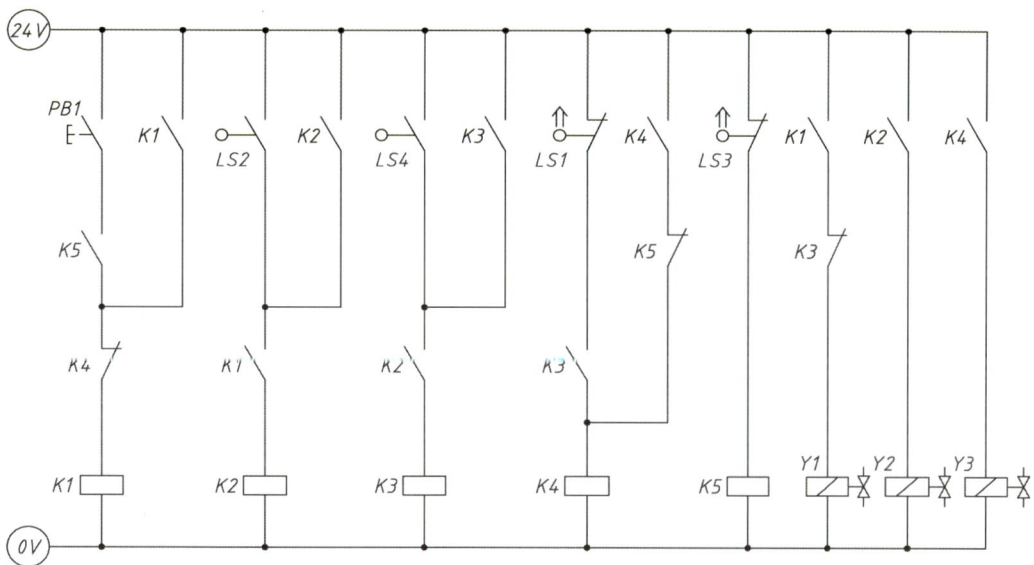

(1) Step 01

A+	B+	A-	B-	sequence
K1	K2	K3	K4	signal processor
LS2	LS4	LS1	LS3	check back signal

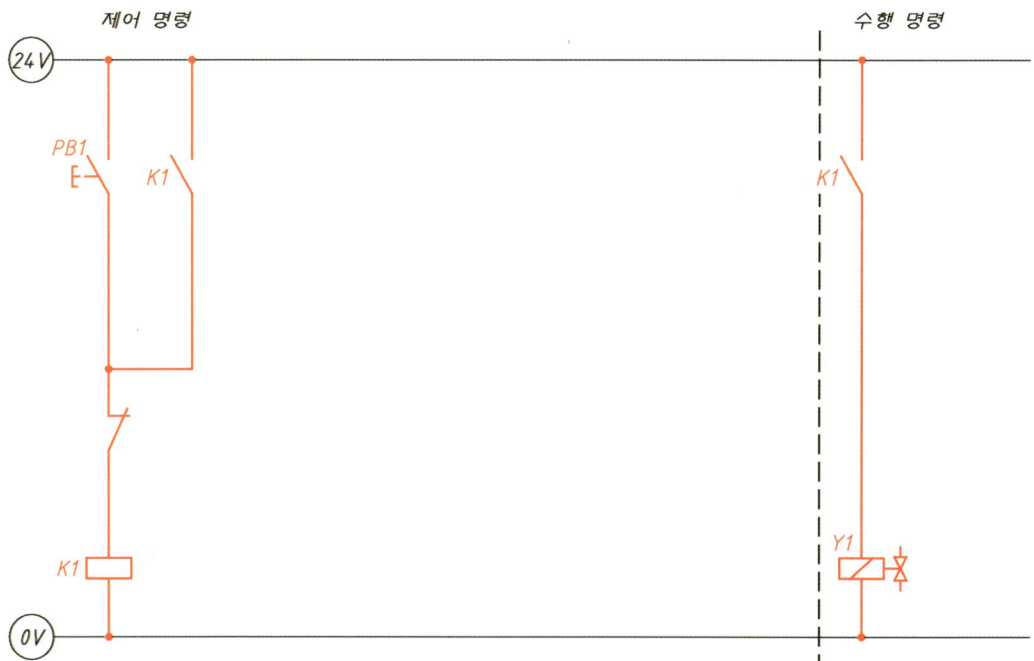

(2) Step 02

A+	B+	A-	B-	sequence
K1	K2	K3	K4	signal processor
LS2	LS4	LS1	LS3	check back signal

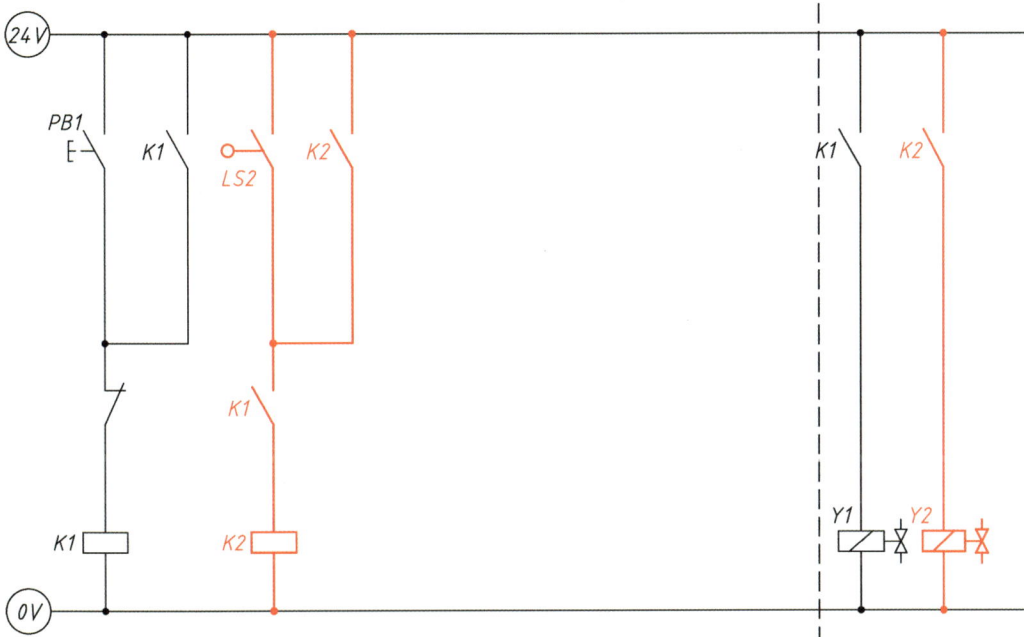

(3) Step 03

A+	B+	A-	B-	sequence
K1	K2	K3	K4	signal processor
LS2	LS4	LS1	LS3	check back signal

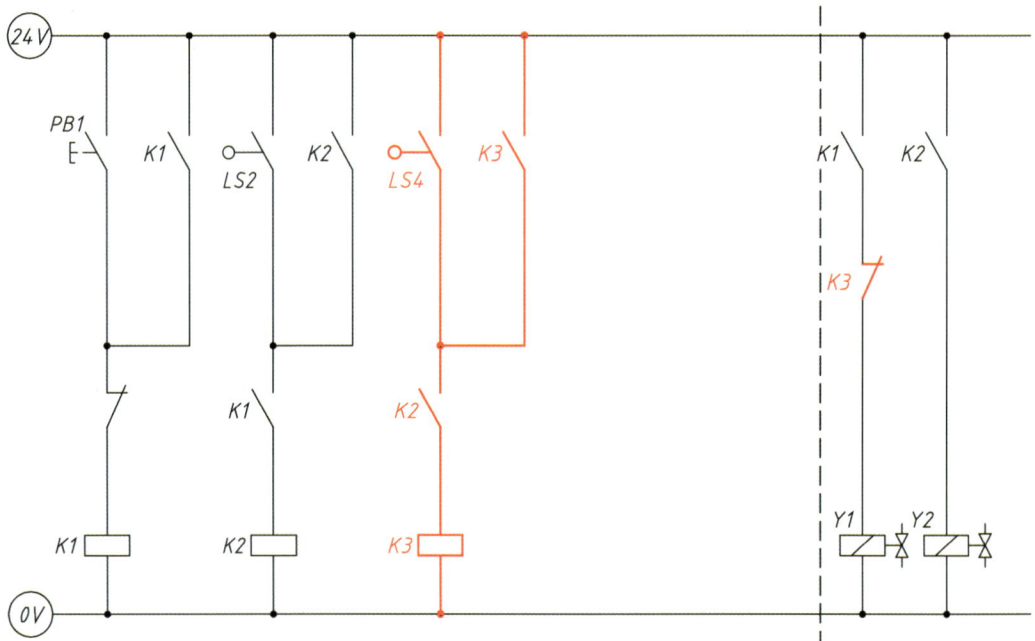

(4) Step 04

A+	B+	A-	B-	sequence
K1	K2	K3	K4	signal processor
LS2	LS4	LS1	LS3	check back signal

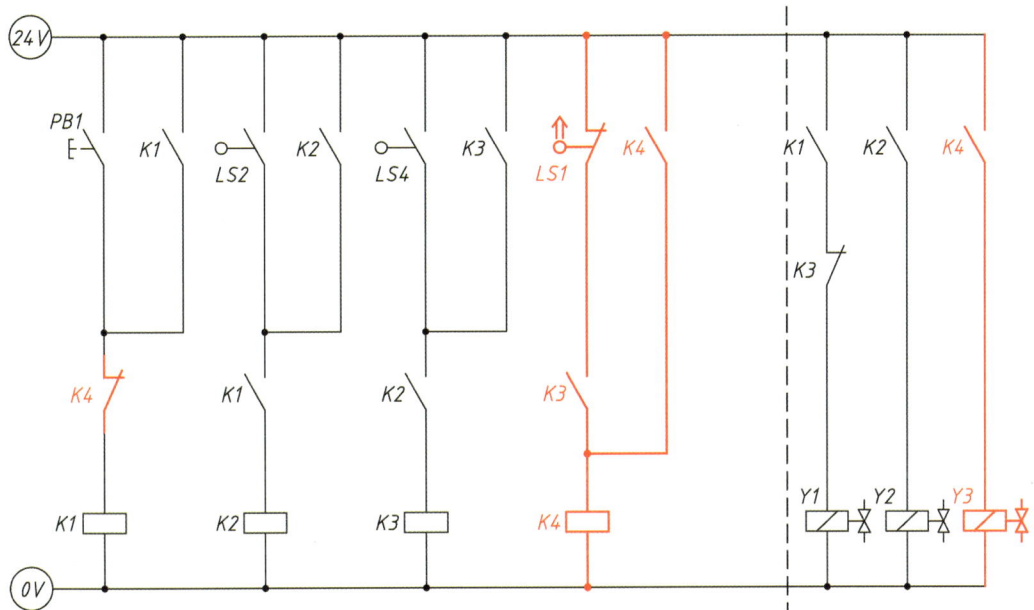

(5) Step 05

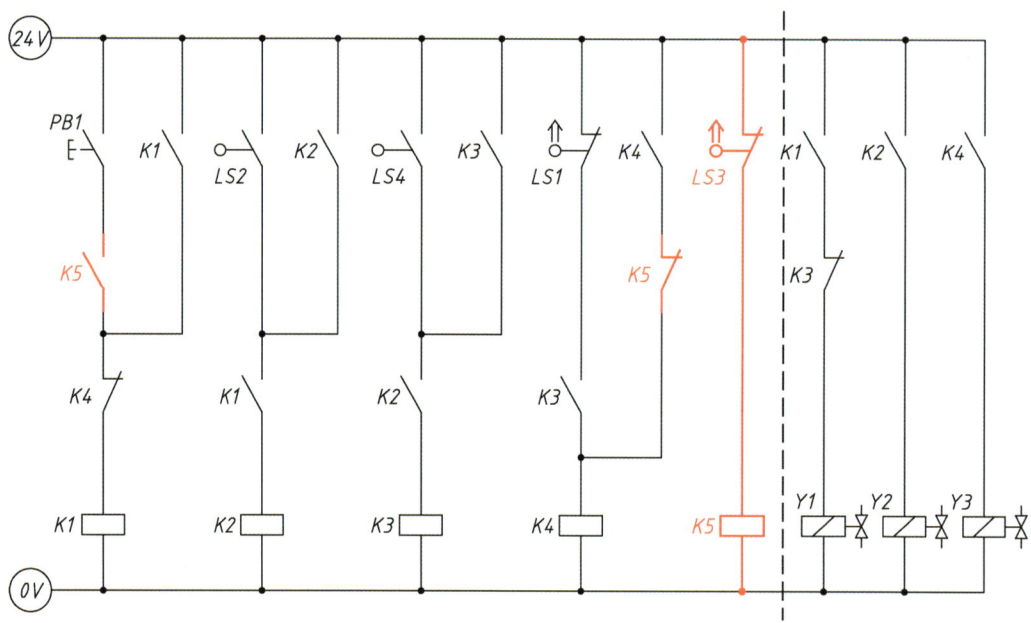

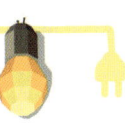

- A-단동 솔레노이드 밸브
- B-단동 솔레노이드 밸브
- 변위단계 선도와 동작 회로도

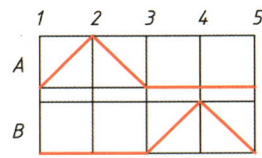

A+	A-	B+	B-	sequence
K1	K2	K3	K4	signal processor
LS2	LS1	LS4	LS3	check back signal

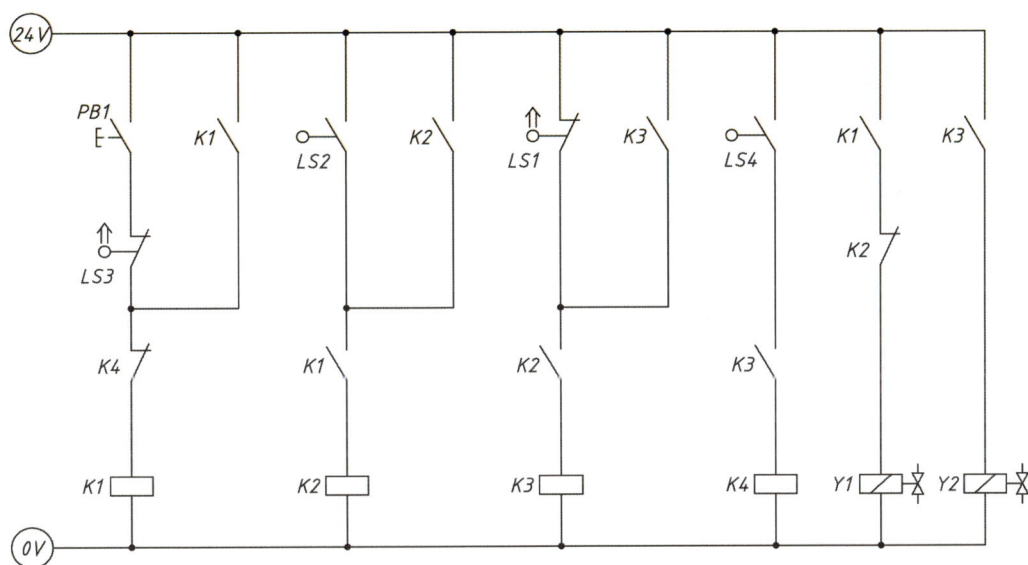

(1) Step 01

A+	A-	B+	B-	sequence
K1	K2	K3	K4	signal processor
LS2	LS1	LS4	LS3	check back signal

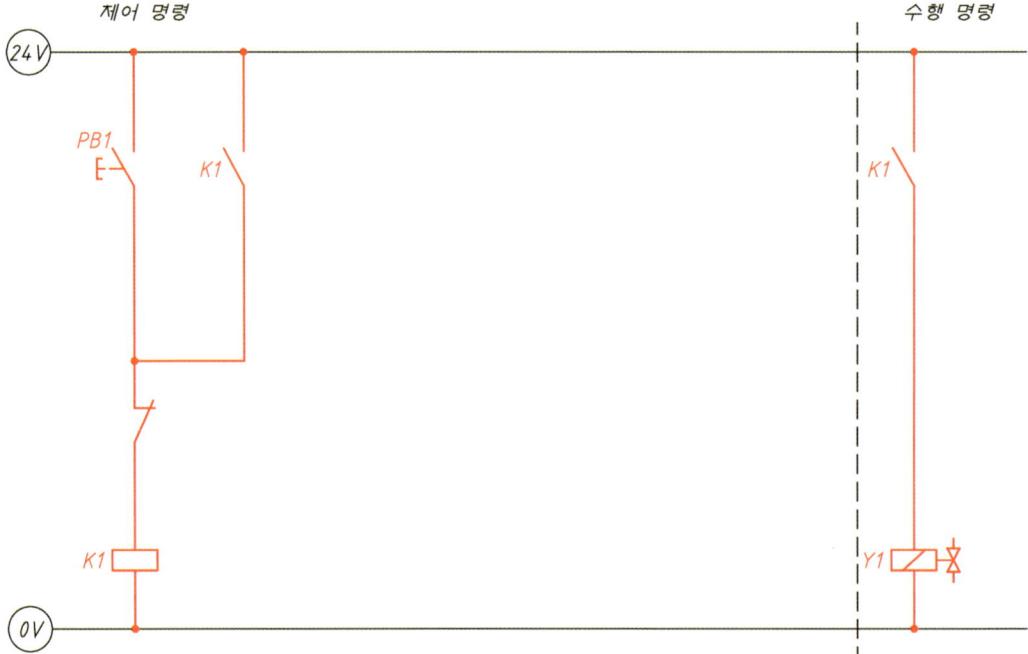

(2) Step 02

A+	A-	B+	B-	sequence
K1	K2	K3	K4	signal processor
LS2	LS1	LS4	LS3	check back signal

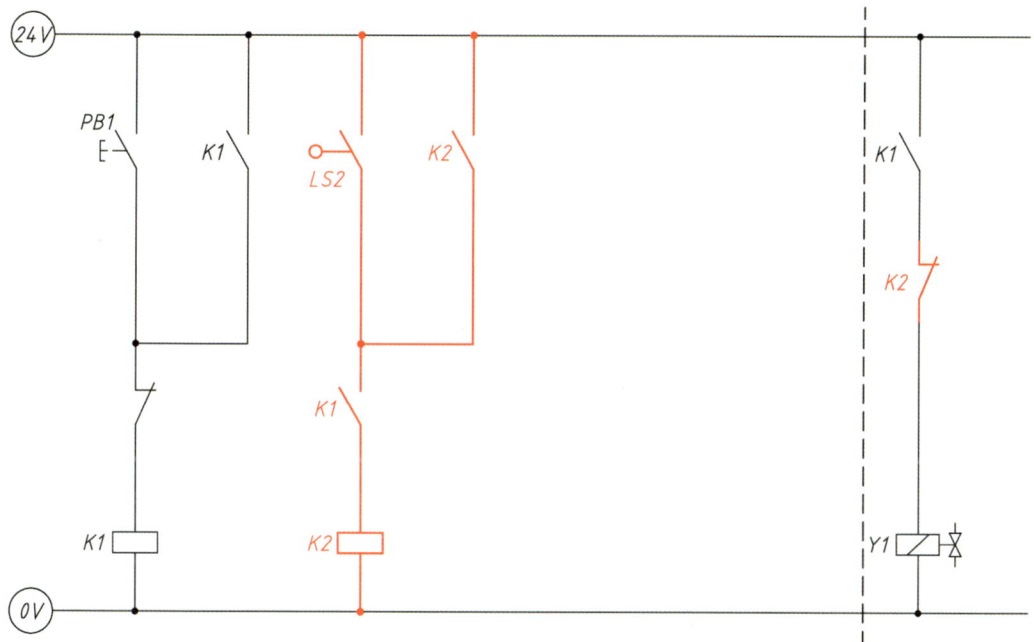

(3) Step 03

A+	A-	B+	B-	sequence
K1	K2	K3	K4	signal processor
LS2	LS1	LS4	LS3	check back signal

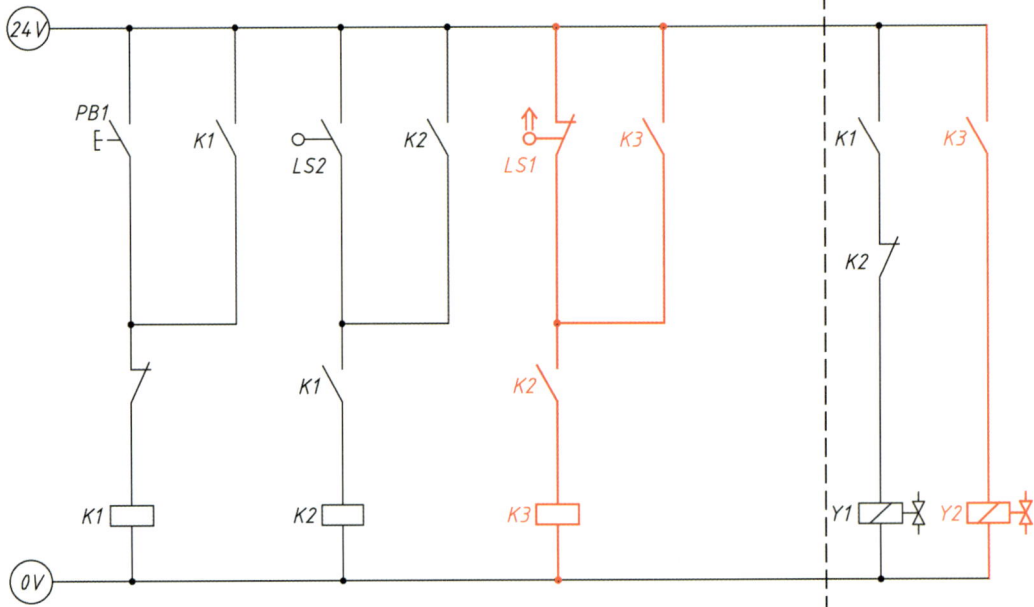

(4) Step 04

A+	A-	B+	B-	sequence
K1	K2	K3	K4	signal processor
LS2	LS1	LS4	LS3	check back signal

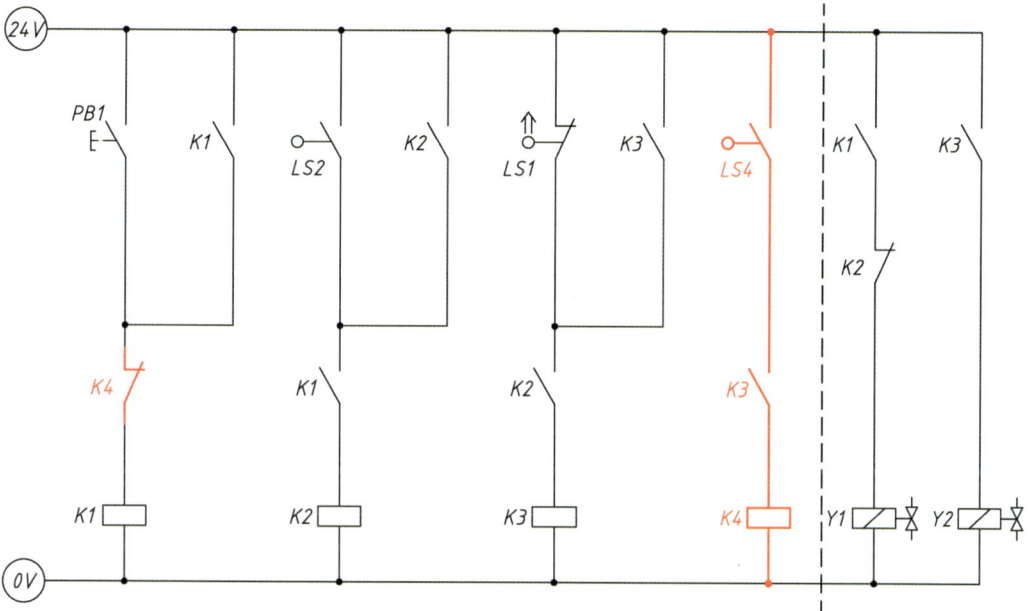

(5) Step 05

A+	A-	B+	B-	sequence
K1	K2	K3	K4	signal processor
LS2	LS1	LS4	LS3	check back signal

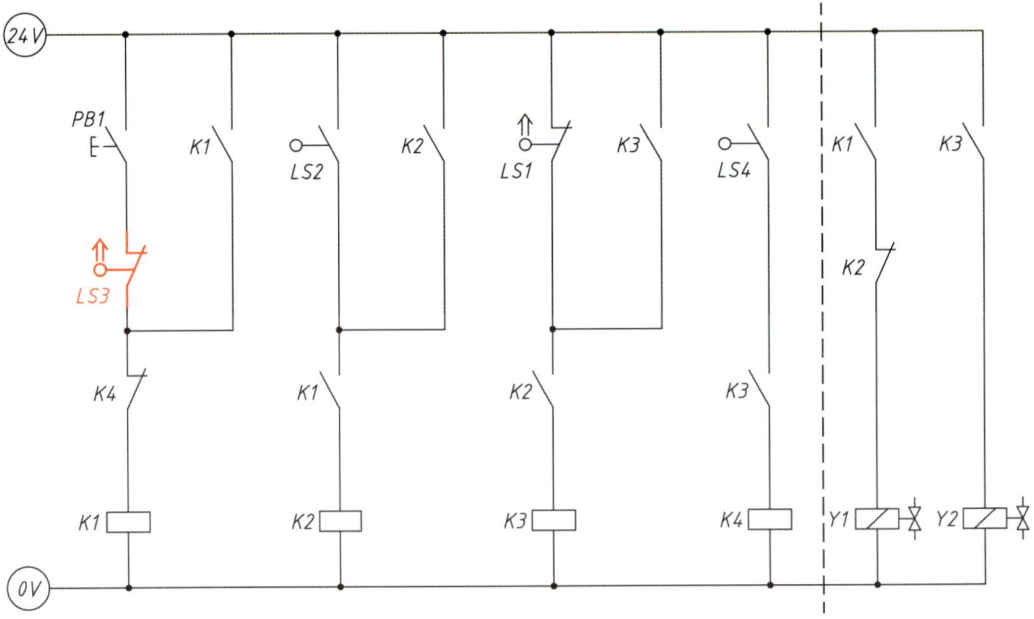

- A-단동 솔레노이드 밸브
- B-단동 솔레노이드 밸브
- 변위단계 선도와 동작 회로도

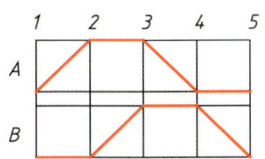

A+	B+	A-	B-	sequence
K1	K2	K3	K4	signal processor
LS2	LS4	LS1	LS3	check back signal

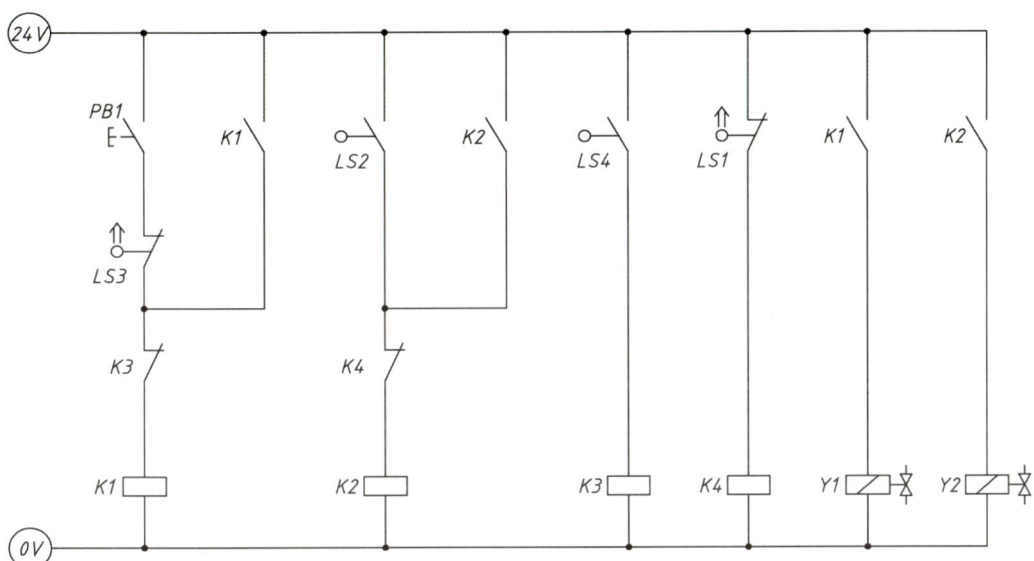

(1) Step 01

A+	B+	A-	B-	sequence
K1	K2	K3	K4	signal processor
LS2	LS4	LS1	LS3	check back signal

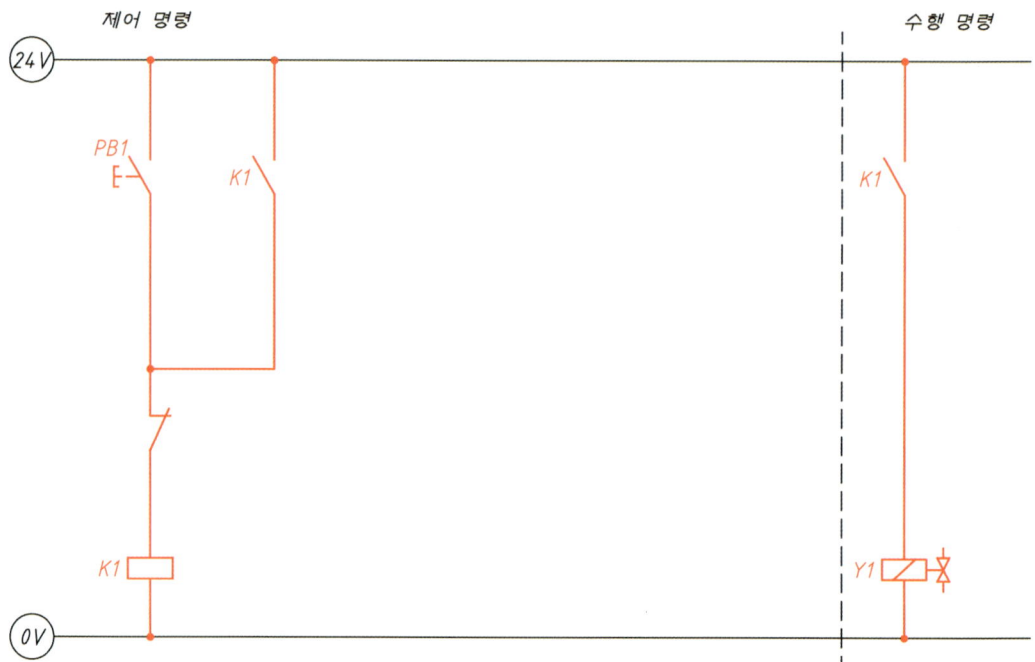

(2) Step 02

A+	B+	A-	B-	sequence
K1	K2	K3	K4	signal processor
LS2	LS4	LS1	LS3	check back signal

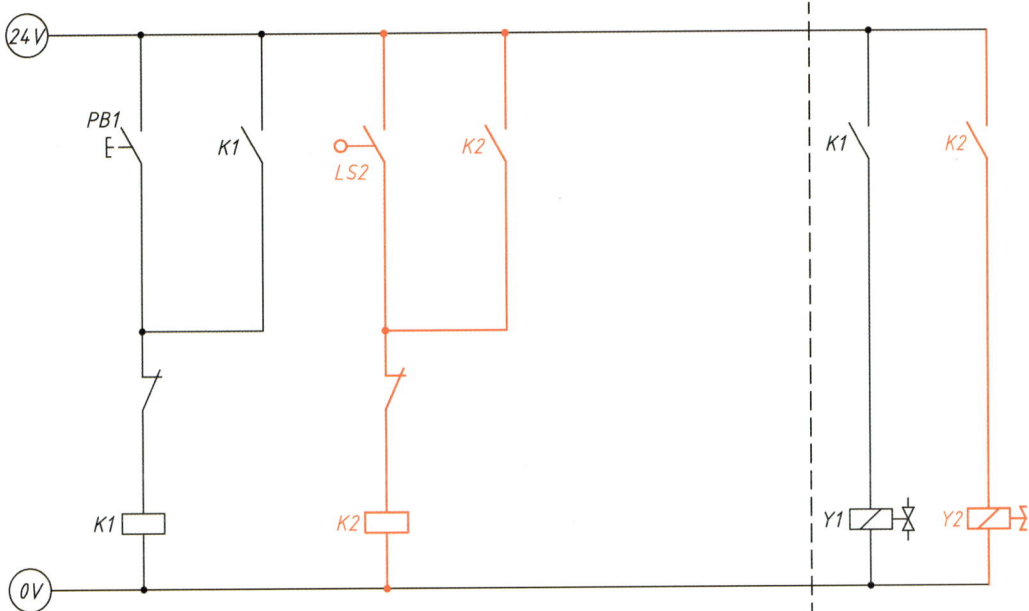

(3) Step 03

A+	B+	A-	B-	sequence
K1	K2	K3	K4	signal processor
LS2	LS4	LS1	LS3	check back signal

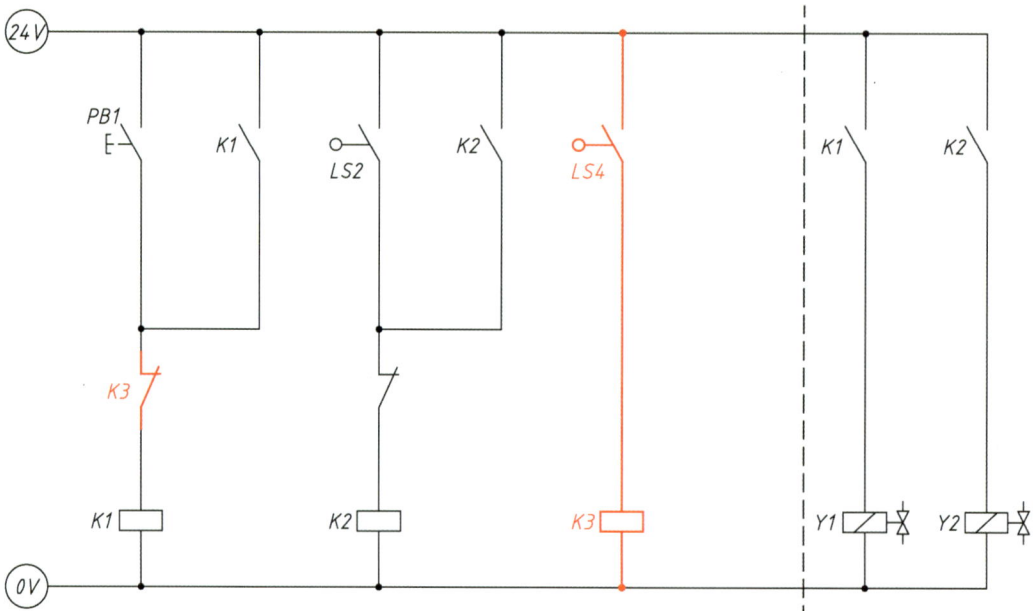

(4) Step 04

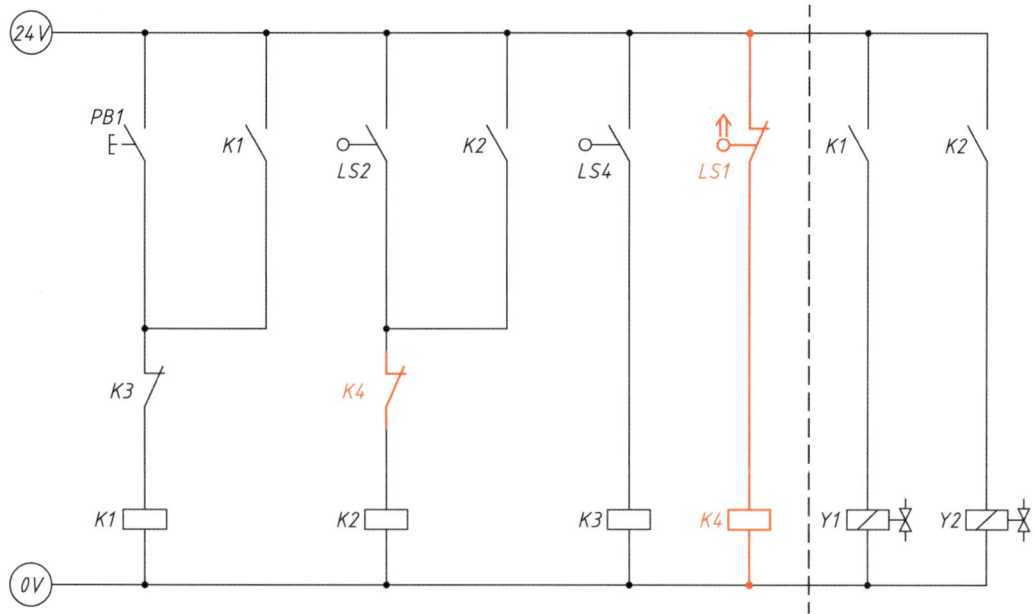

(5) Step 05

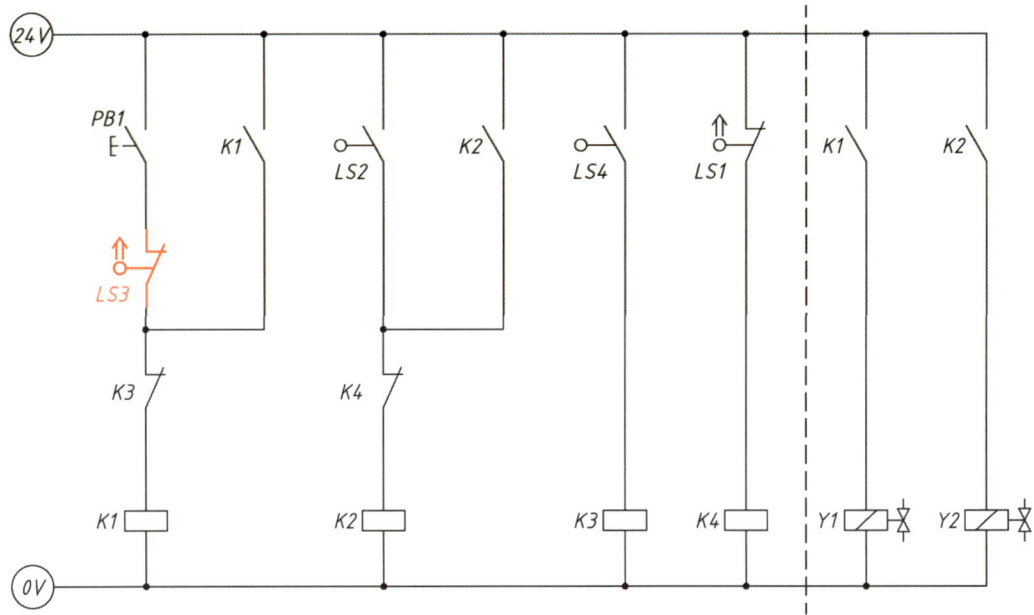

- A-단동 솔레노이드 밸브
- B-복동 솔레노이드 밸브
- 변위단계 선도와 동작 회로도

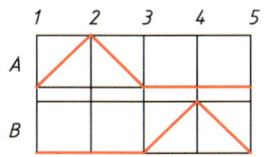

A+	A-	B+	B-	sequence
K1	K2	K3	K4	signal processor
LS2	LS1	LS4	LS3	check back signal

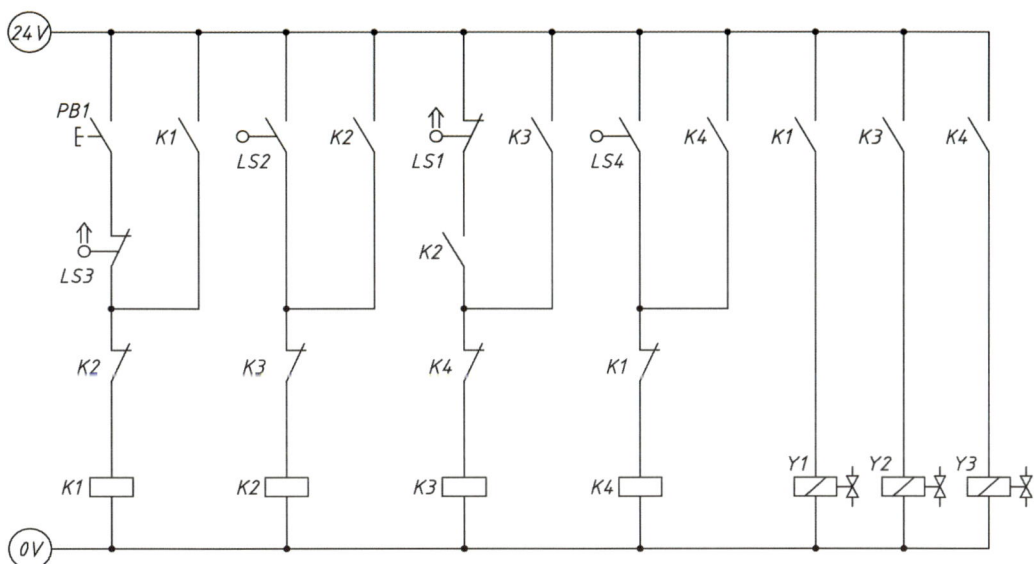

(1) Step 01

A+	A-	B+	B-	sequence
K1	K2	K3	K4	signal processor
LS2	LS1	LS4	LS3	check back signal

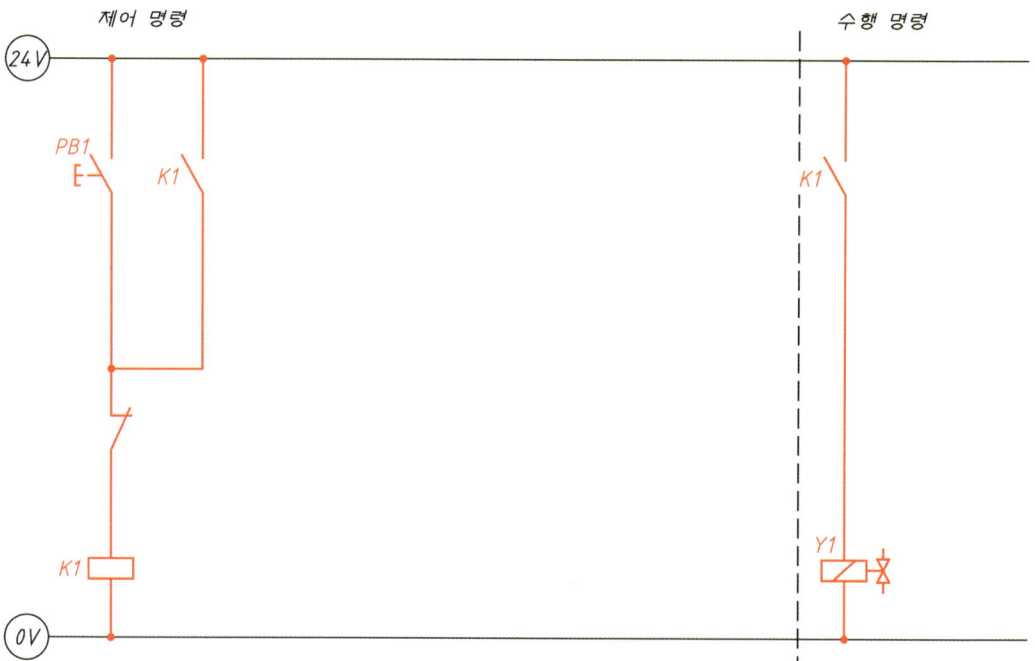

(2) Step 02

A+	A-	B+	B-	sequence
K1	K2	K3	K4	signal processor
LS2	LS1	LS4	LS3	check back signal

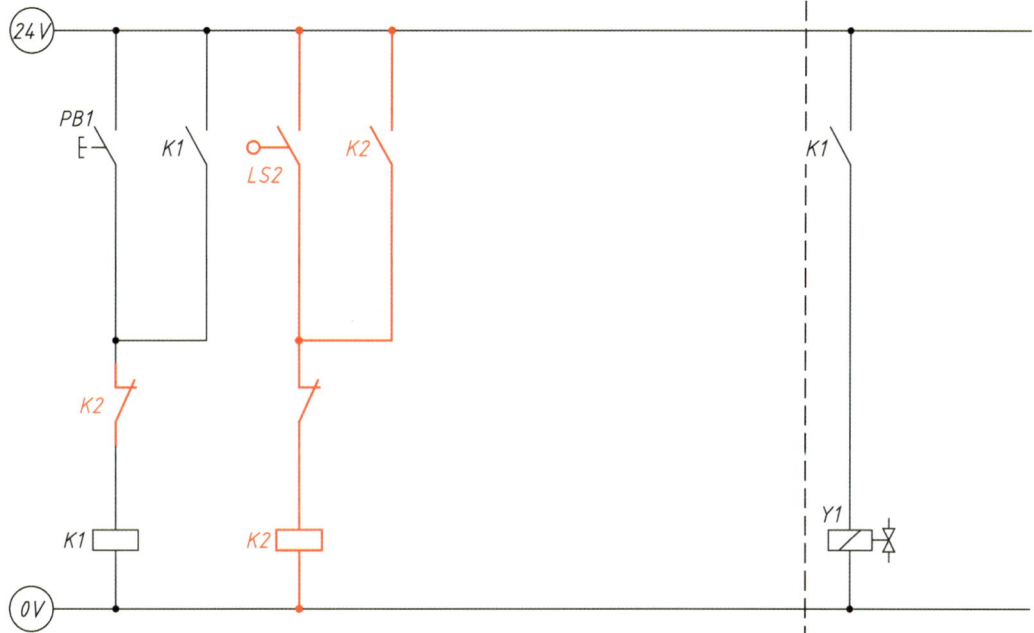

(3) Step 03

A+	A-	B+	B-	sequence
K1	K2	K3	K4	signal processor
LS2	LS1	LS4	LS3	check back signal

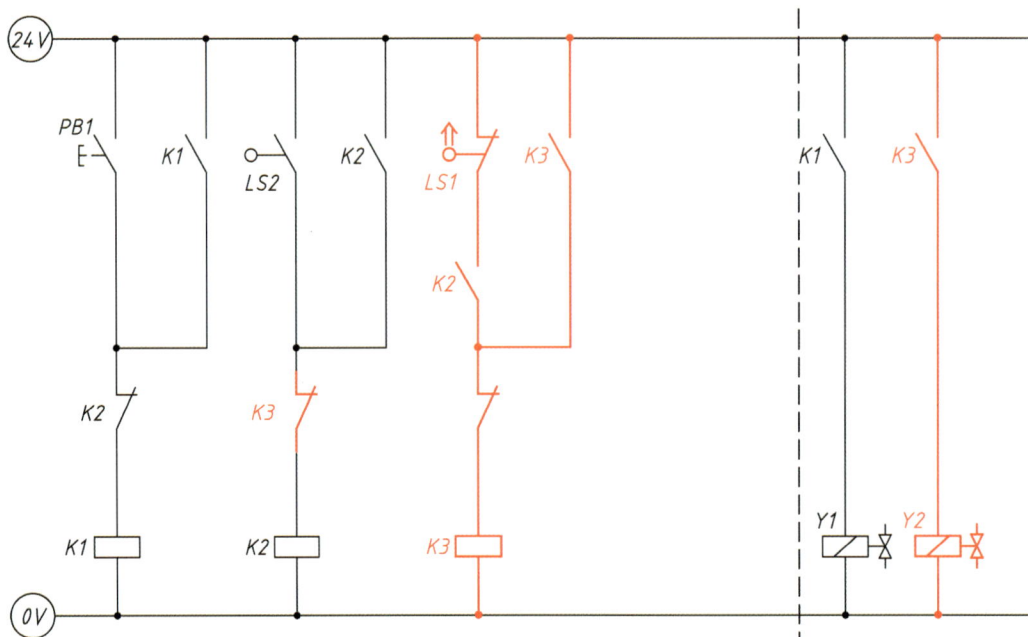

(4) Step 04

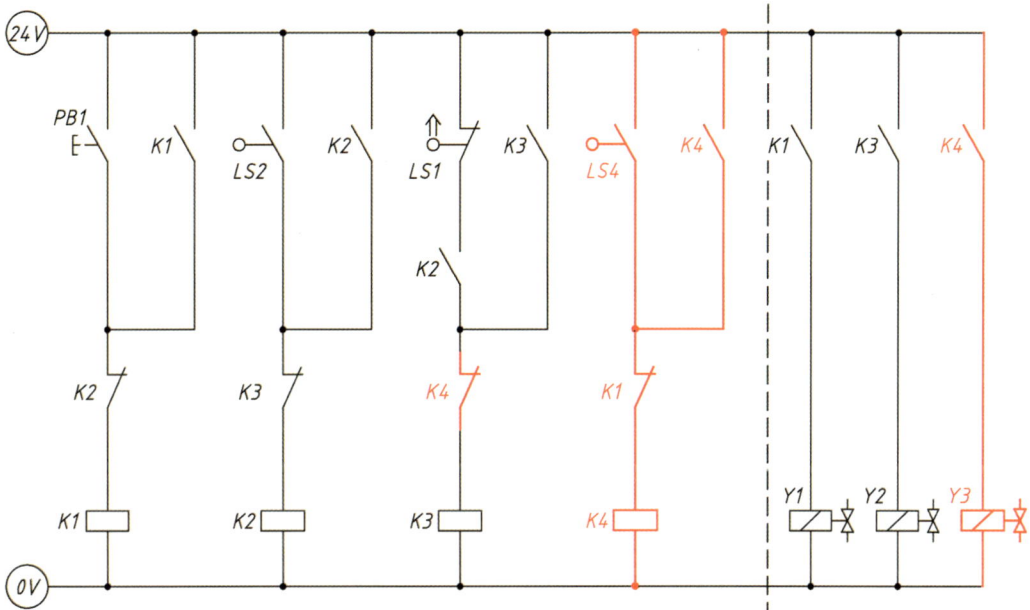

(5) Step 05

A+	A-	B+	B-	sequence
K1	K2	K3	K4	signal processor
LS2	LS1	LS4	LS3	check back signal

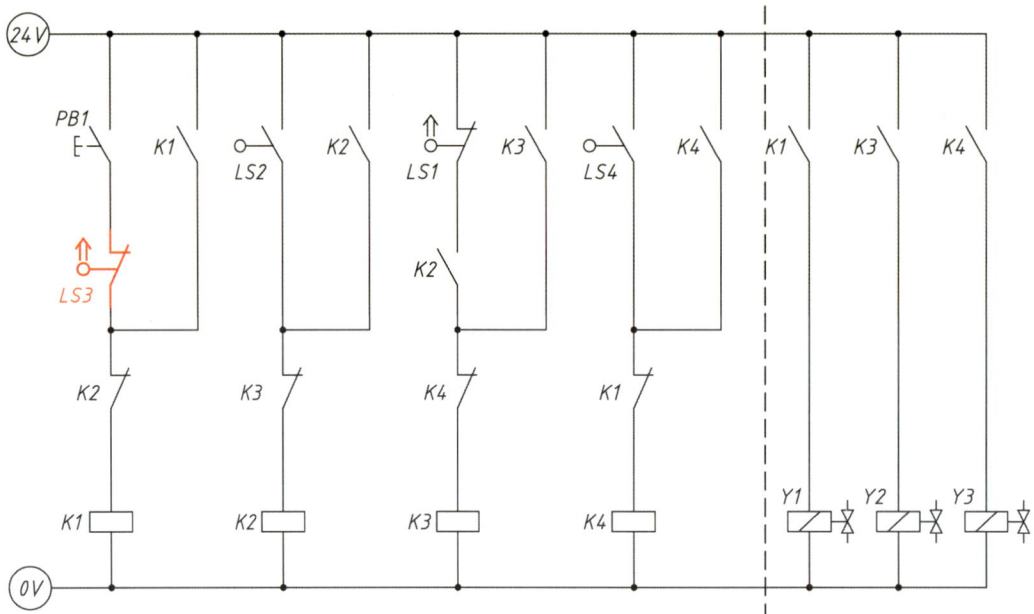

다. 캐스케이드 회로 설계

1) 그룹을 최소로 나눈다.

가) 간섭이 생기지 않도록 구분
나) 앞 그룹의 동작과 상반되는 동작이 일어나는 곳에서 나눈다.

2) 그룹의 개수만큼 제어 릴레이가 필요

가) signal group이 2개일 때는 제어 릴레이는 1개만 사용
나) signal group이 3개 이상일 경우 동수의 릴레이 필요

3) 복동 솔레노이드 밸브 이용 시 적용

가) 동작이 연이어서 전·후진되면 단동 솔레노이드 밸브에 적용 가능

4) 융통성이 없다.

5) 3원칙

가) 한 동작에 1개의 릴레이만 ON 되어야 한다.
나) 차례대로 순서를 지키며 릴레이가 ON 되어야 한다.
다) 마지막 릴레이는 최초에 ON 되어야 한다.

6) 회로 작성법

가) 각 그룹의 첫 작업은 power line에서 직접 전기를 공급받는다.
나) 각 그룹의 다음 작업은 power line에서 전기를 받아 check back signal을 거쳐 동작한다.
다) 각 그룹의 마지막 check back line signal은 그룹 전환 요소이다.

- A-복동 솔레노이드 밸브
- B-단동 솔레노이드 밸브
- 변위단계 선도와 동작 회로도

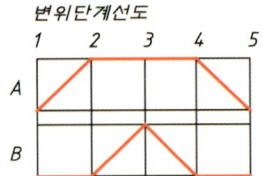

A+	B+	B-	A-	sequence
I		II		group
LS2	LS4	LS3	LS1	check back signal

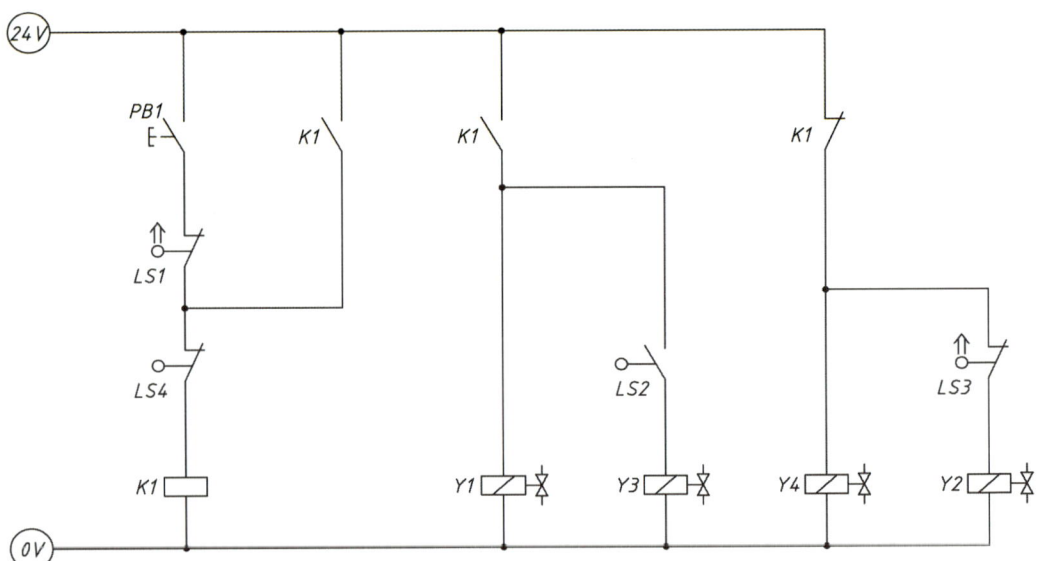

(1) Step 01

A+	B+	B-	A-	sequence
I		II		group
LS2	LS4	LS3	LS1	check back signal

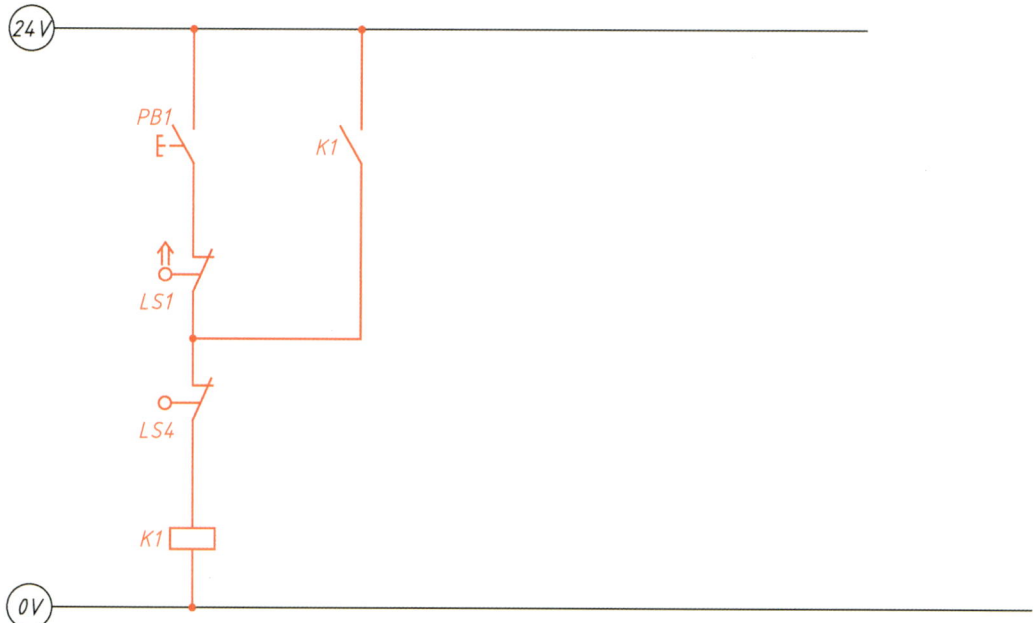

(2) Step 02

A+	B+	B-	A-	sequence
I		II		group
LS2	LS4	LS3	LS1	check back signal

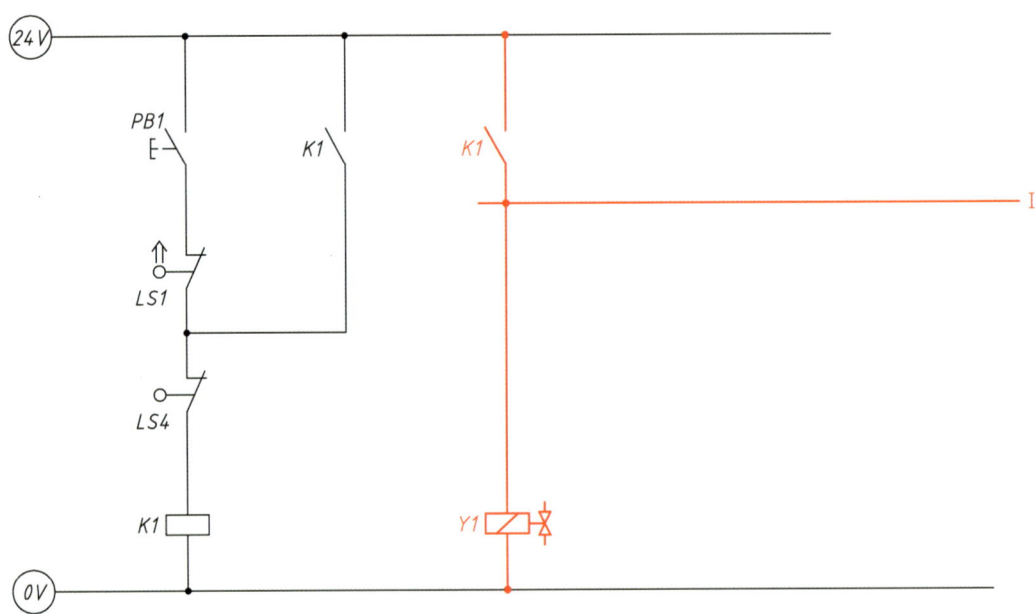

(3) Step 03

A+	B+	B-	A-	sequence
I		II		group
LS2	LS4	LS3	LS1	check back signal

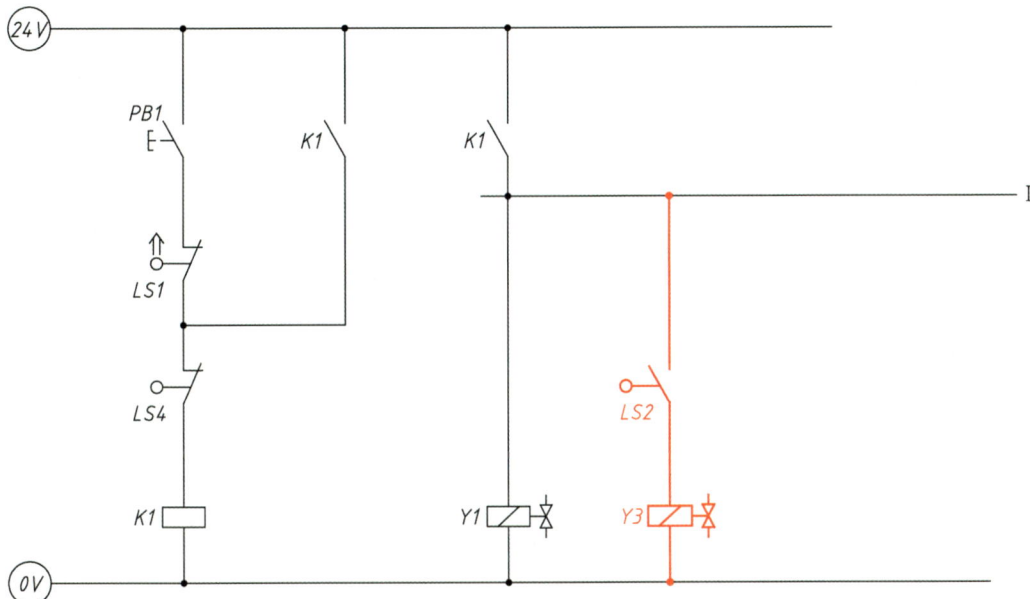

(4) Step 04

A+	B+	B-	A-	sequence
I		II		group
LS2	LS4	LS3	LS1	check back signal

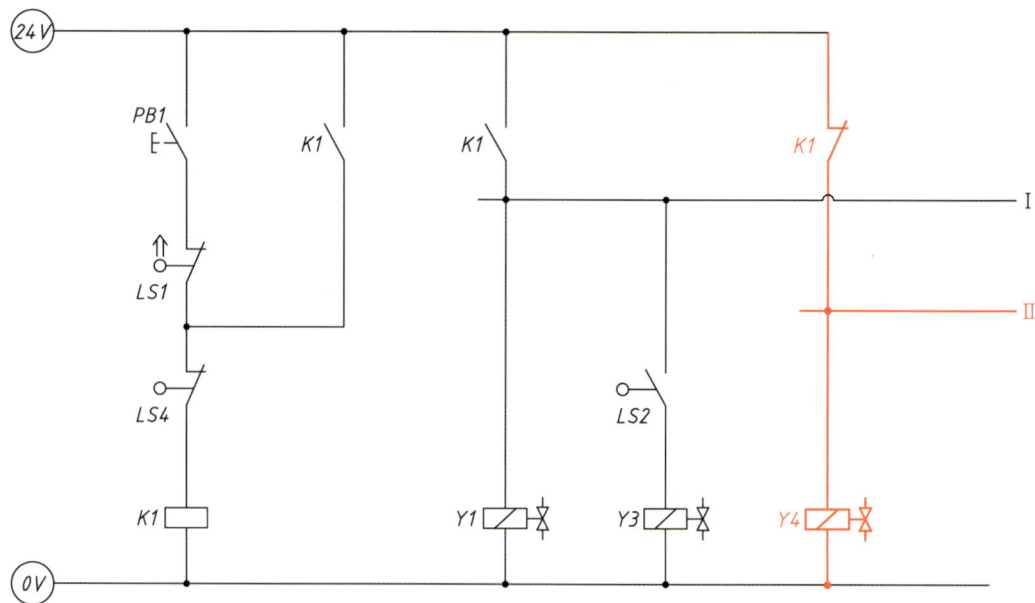

(5) Step 05

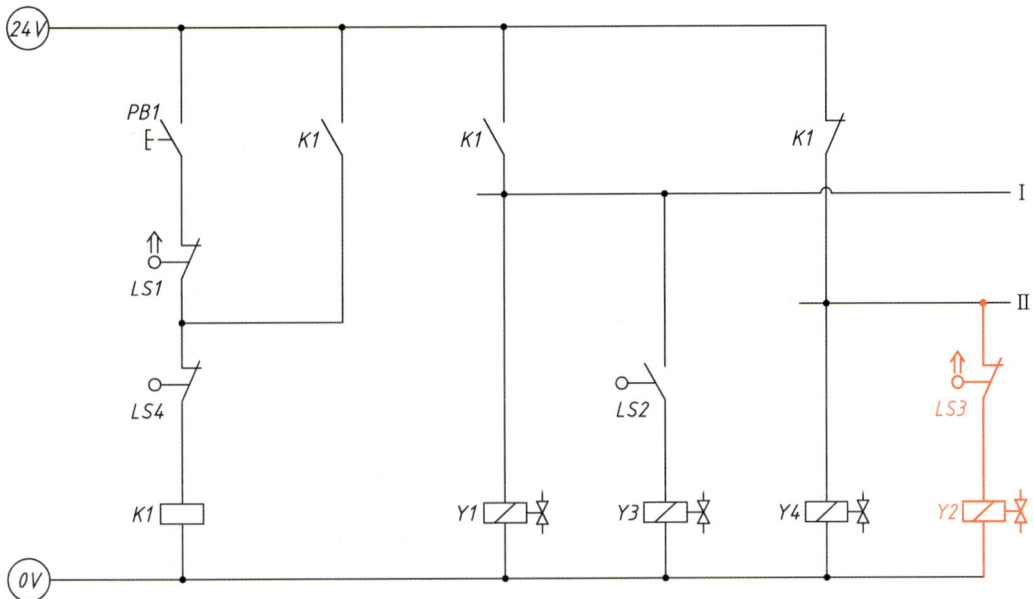

③ 단동 솔레노이드 밸브를 이용한 실린더 직접 제어

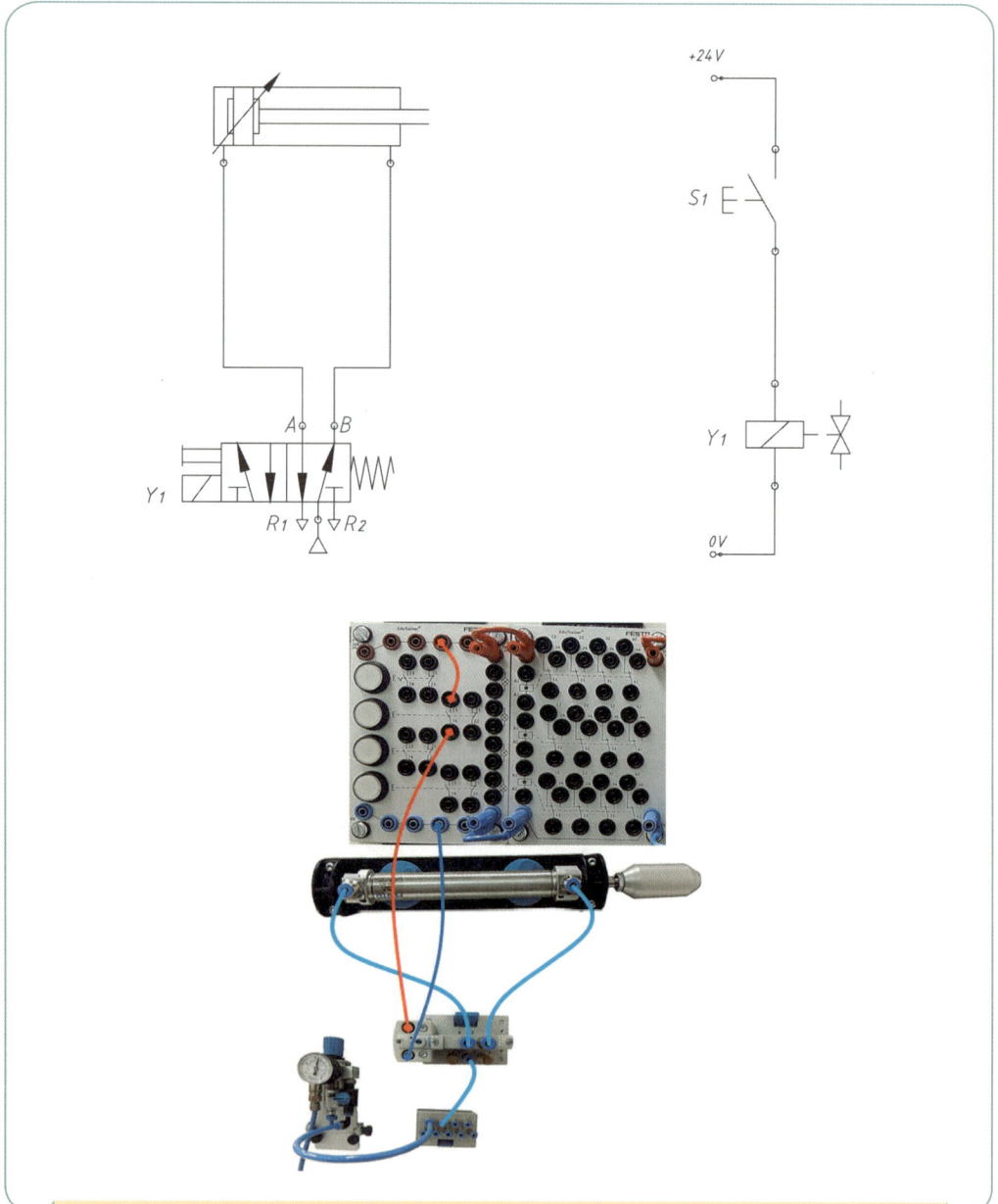

스위치 S1을 누르면 실린더 전진 제어, 스위치 S1의 신호를 회수하면 실린더 후진 제어에 사용된다. 푸시버튼 S1을 누르면 솔레노이드 Y1에 전류가 공급되고 5/2-Way 밸브는 방향이 전환된다. 누르고 있는 동안 실린더는 전진하고, 누른 신호를 회수하면 스프링에 의해 스풀이 원위치로 이동하며, 실린더는 복귀한다.

④ 단동 솔레노이드 밸브를 이용한 실린더 간접 제어

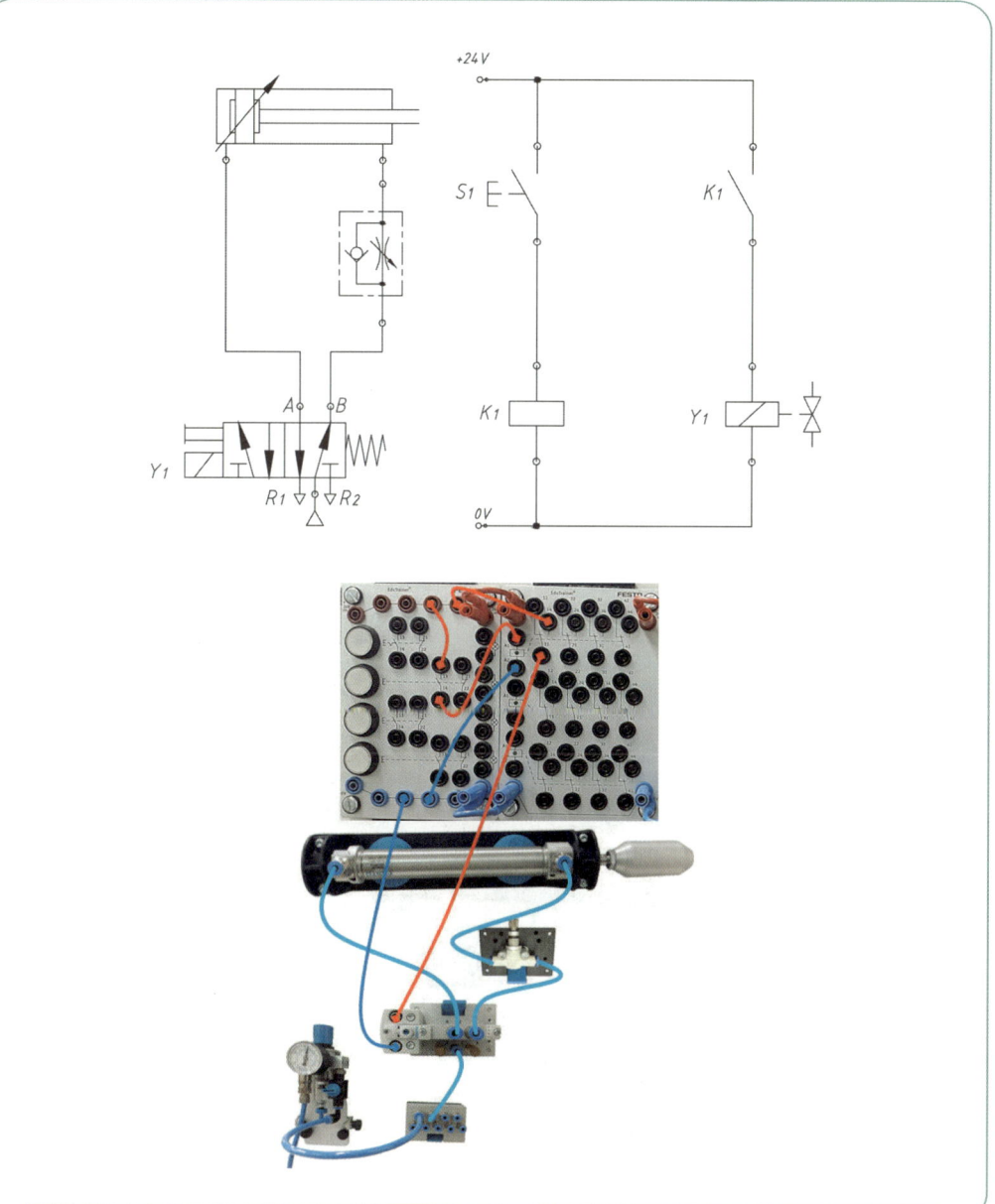

스위치 S1을 누르면 실린더 전진 제어, 스위치 S1의 신호를 회수하면 실린더 후진 제어에 사용된다. 푸시버튼 S1을 누르면 솔레노이드 Y1에 전류가 공급되고 5/2-Way 밸브는 방향이 전환된다. 누르고 있는 동안 실린더는 전진하고, 누른 신호를 회수하면 스프링에 의해 스풀이 원위치로 이동하며, 실린더는 복귀한다.

⑤ 복동 솔레노이드 밸브를 이용한 실린더 직접 제어

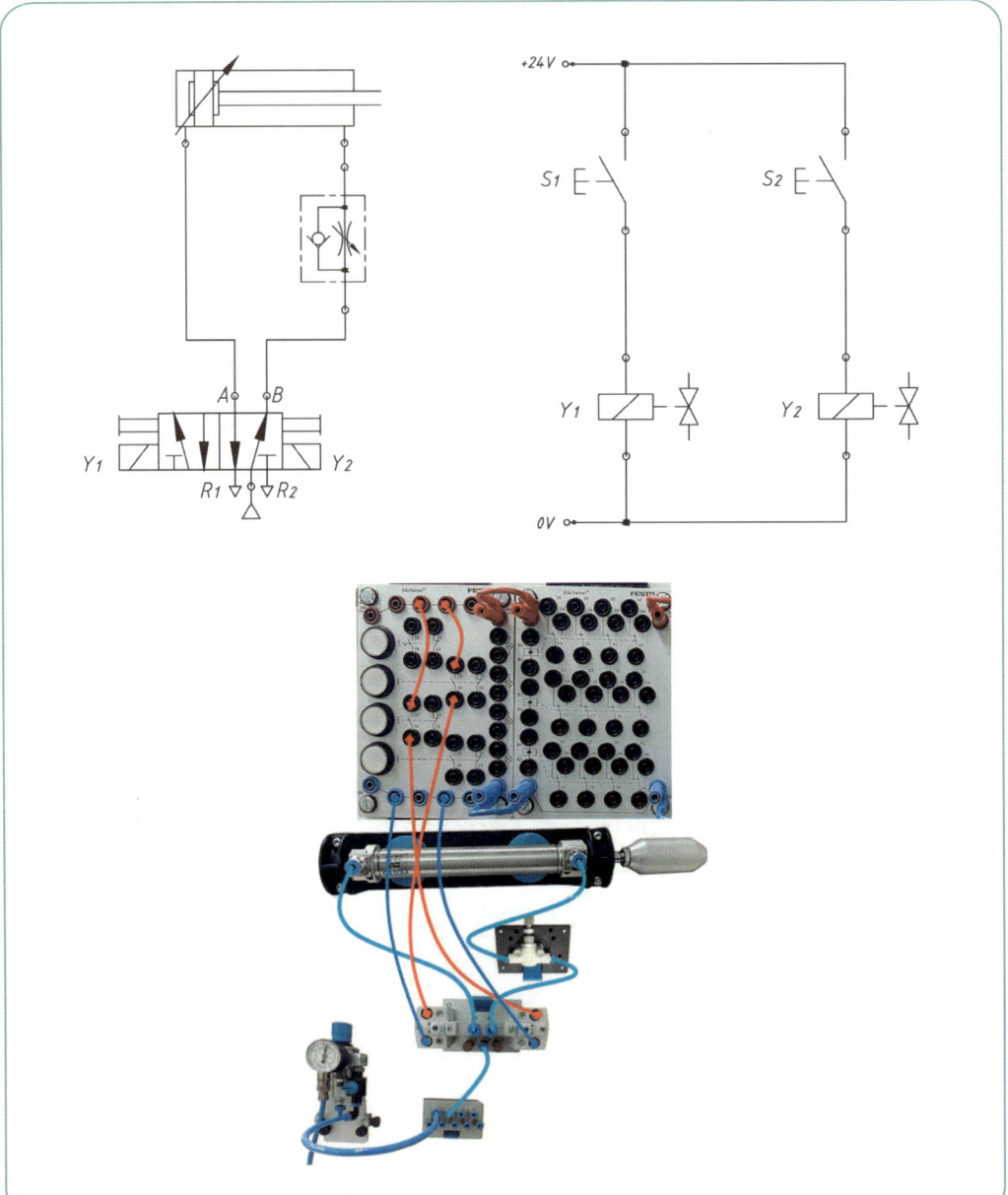

스위치 S1은 실린더 전진 제어, 스위치 S2는 실린더 후진 제어에 사용된다. 푸시버튼 S1을 누르면 솔레노이드 Y1에 전류가 공급되고 5/2-Way 밸브는 방향이 전환된다. 이때 실린더는 전진하여 최종 전진 위치에 머무르게 된다(전기적 기억 기능). 푸시버튼 S2는 솔레노이드 Y2에 전기를 공급하여 피스톤을 복귀시킨다.

6 복동 솔레노이드 밸브를 이용한 실린더 간접 제어

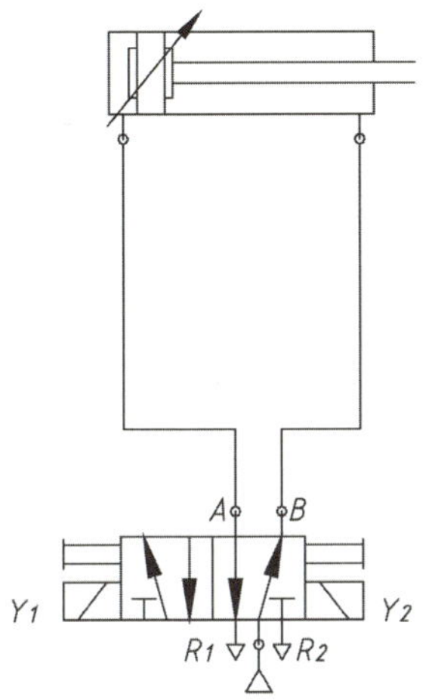

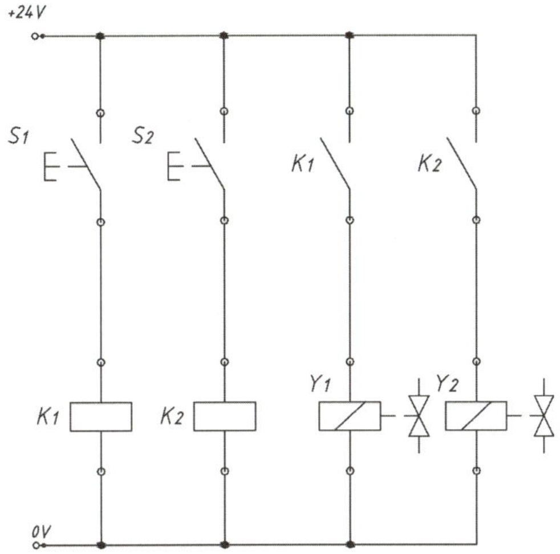

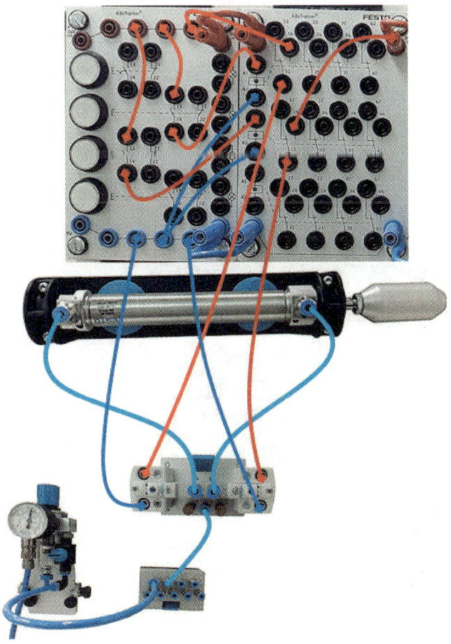

푸시버튼 S1을 누르면 릴레이 K1이 여자되고 접점 K1이 연결되어 솔레노이드 Y1에 전기가 공급되고 5/2-Way 밸브는 방향이 전환된다. 이때 실린더는 전진하여 최종 전진 위치에 머무르게 된다(전기적 기억 기능).
푸시버튼 S2를 누르면 릴레이 K2가 여자되고 접점 K2가 연결되어 솔레노이드 Y2에 전기가 공급되어 실린더를 복귀시킨다.

7 복동 솔레노이드 밸브를 이용한 실린더 직접 자동복귀 회로

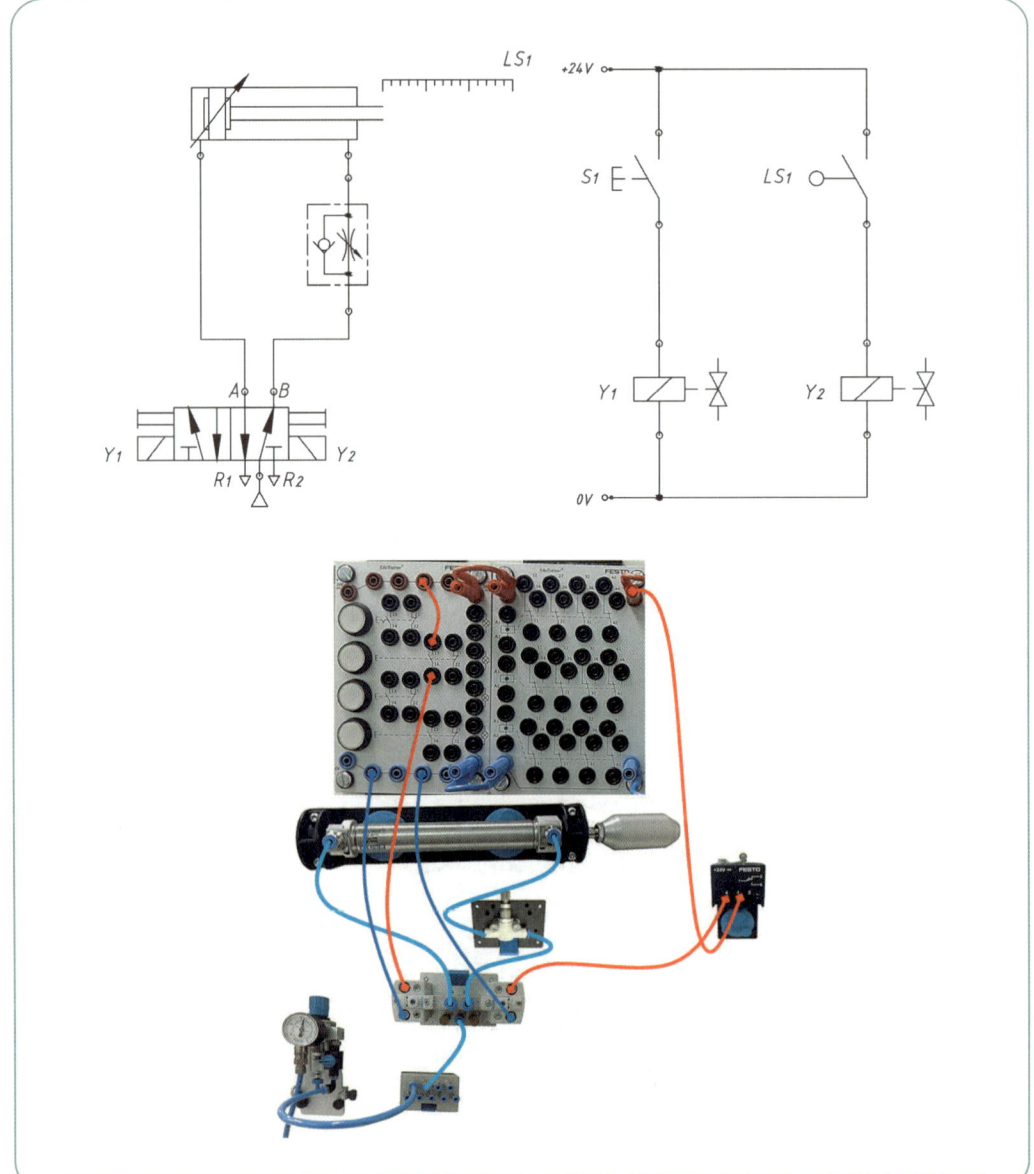

푸시버튼 스위치와 리밋 스위치에 의해서 복동 실린더를 1회 왕복운동시킨다.
푸시버튼 S1을 누르면 솔레노이드 Y1에 전기가 공급되고 5/2-Way 밸브는 방향이 전환된다.
이때 실린더가 전진하여 최종 위치에 도달하면 리밋 스위치를 동작시켜 LS1은 Y2에 전류를 공급하게 되고 밸브의 방향이 전환되어 실린더를 후진시킨다. 이때 밸브 전환이 가능한 이유는 S1의 신호가 회수된 상태이기 때문이다.

8 복동 솔레노이드 밸브를 이용한 실린더 직접 자동왕복 회로

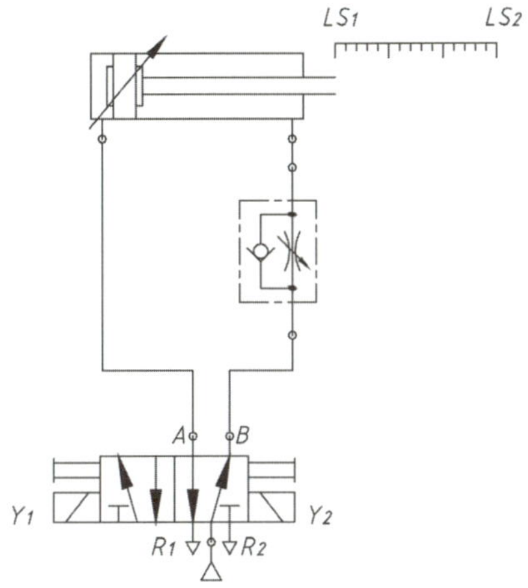

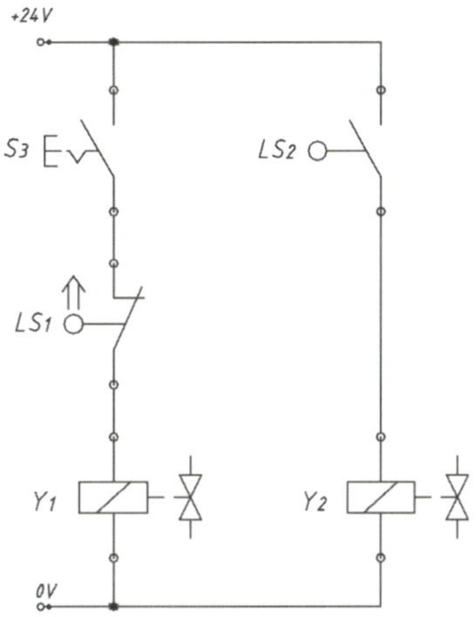

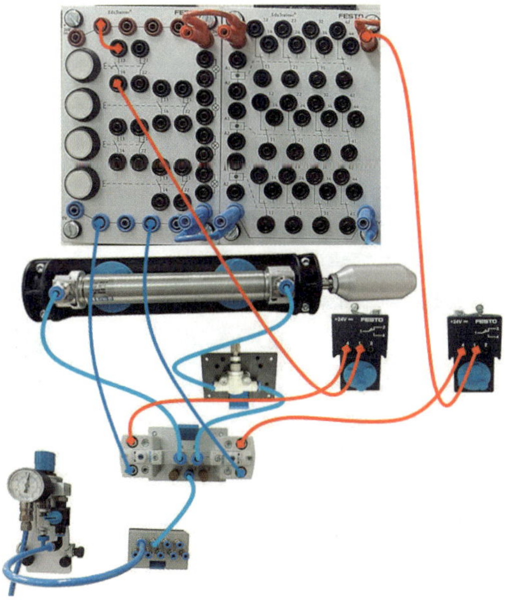

로크형 스위치와 리밋 스위치 2개를 이용하여 복동 실린더를 자동으로 왕복운동시킨다.
로크형 스위치 S3을 누르면 리밋 스위치 LS1은 접점이 연결된 상태이므로 솔레노이드 Y1에 전기가 공급되고 실린더가 전진하면 LS1의 접점이 단락된다. 실린더가 전진하여 리밋 스위치 LS2를 동작시키면 솔레노이드 Y2에 전류를 공급하여 실린더를 후진시킨다. 로크 스위치 S3의 신호가 회수될 때까지 왕복운동을 반복한다.

9 단동 솔레노이드 밸브를 이용한 실린더 간접 자동복귀 회로

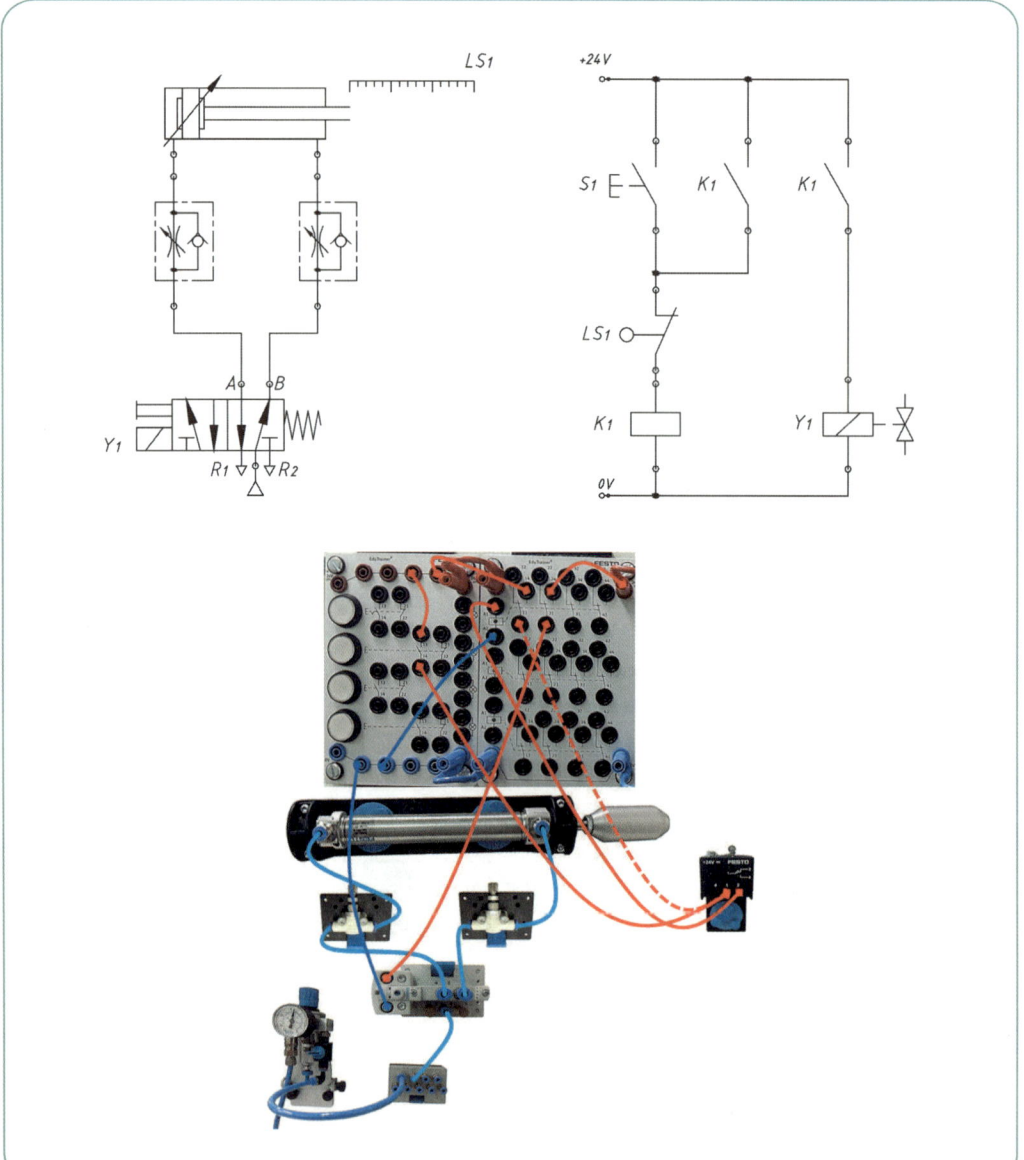

푸시버튼 스위치와 리밋 스위치에 의해서 복동 실린더를 1회 왕복운동시킨다.
푸시버튼 S1을 누르면 리밋 스위치 정상상태 닫힘 접점을 통해 릴레이 K1이 여자되고 접점 K1이 연결되어 솔레노이드 Y1에 전기가 공급되고 실린더가 전진한다. 자기유지를 통해 실린더가 최종 위치에 도달하면 리밋 스위치를 동작시켜 LS1의 접점이 단락되어 스프링의 힘으로 밸브의 방향이 전환되어 실린더를 후진시킨다.

10 단동 솔레노이드 밸브를 이용한 실린더 자동연속 사이클 회로

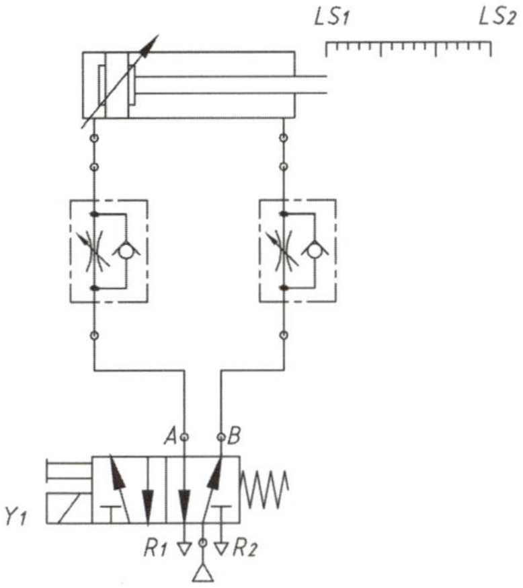

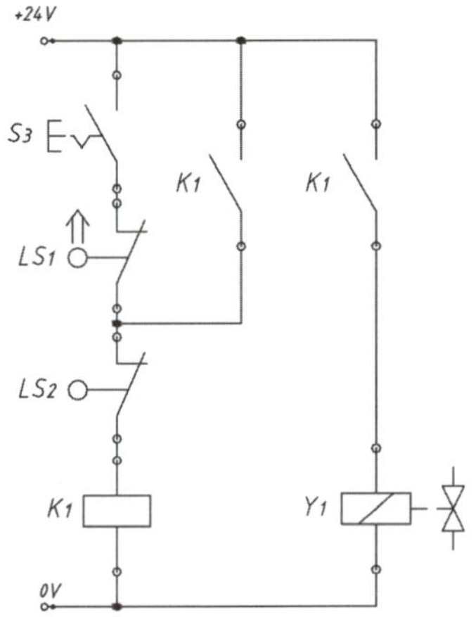

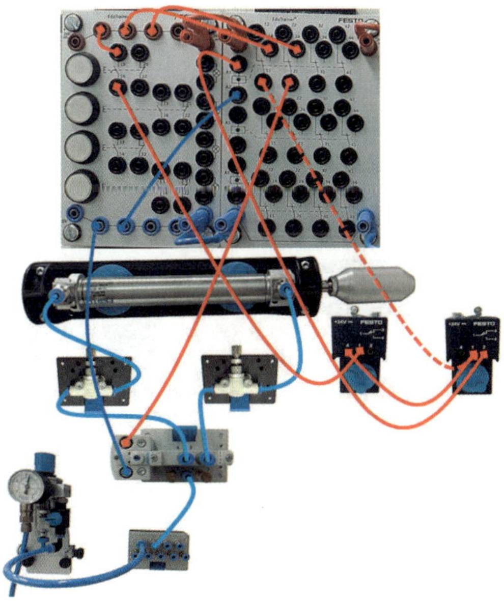

로크형 스위치와 리밋 스위치 2개를 이용하여 복동 실린더를 자동으로 연속 운동시킨다. 스위치 S3을 누르면 리밋 스위치 LS1은 접점이 연결된 상태이므로 리밋 스위치 LS2 정상상태 닫힘 접점을 통해 릴레이 K1이 여자되고 접점 K1이 연결되어 솔레노이드 Y1에 전류를 공급하여 실린더를 전진시킨다. 실린더는 리밋 스위치 LS2를 동작시켜 릴레이 K1이 소자되고 접점 K1이 단락으로 신호가 회수되어 실린더가 복귀한다. 로크 스위치 S3의 신호가 회수될 때까지 왕복운동을 반복한다.

11 단동 솔레노이드 밸브를 이용한 실린더 간접 자동왕복 회로

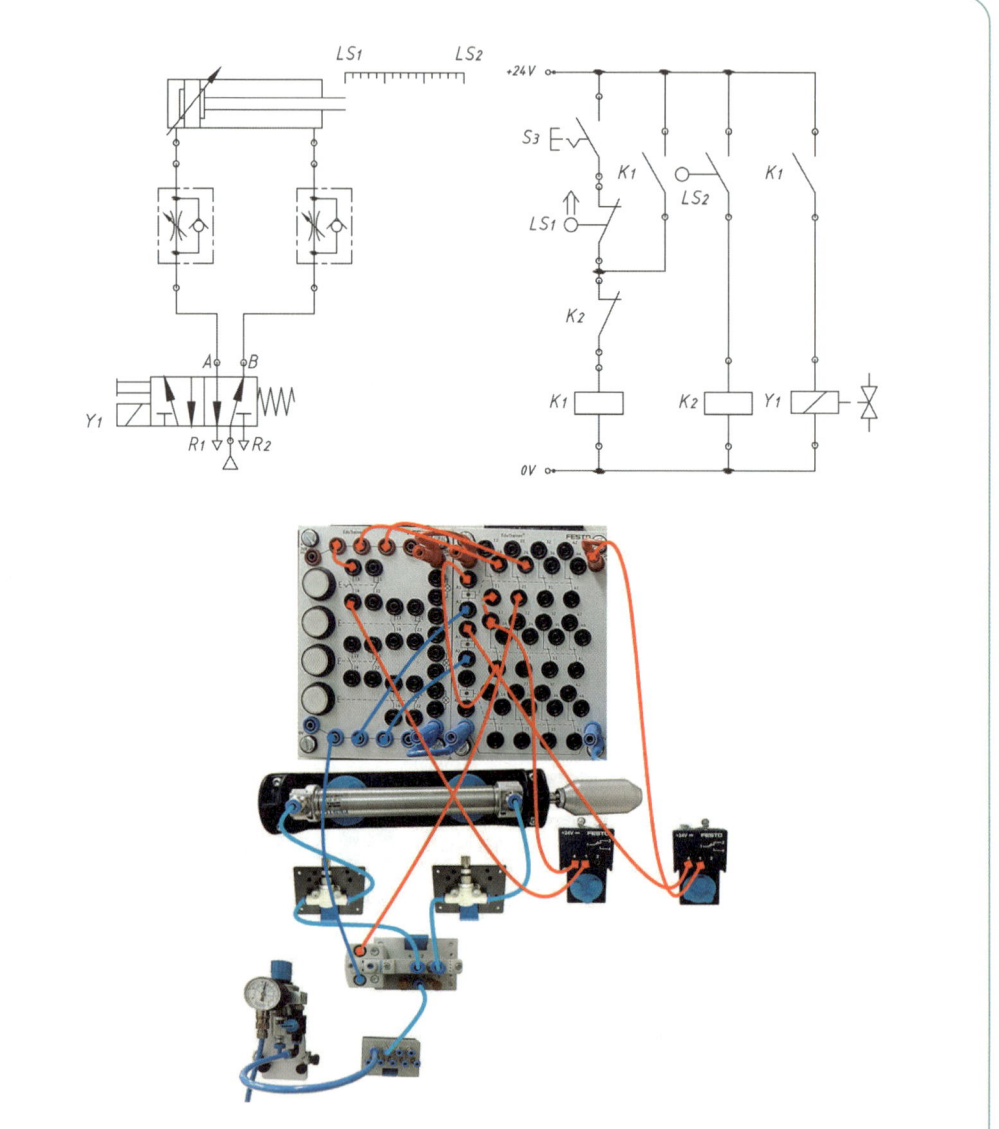

로크형 스위치와 리밋 스위치 2개를 이용하여 복동 실린더를 자동으로 왕복운동시킨다. 스위치 S3을 누르면 리밋 스위치 LS1은 접점이 연결된 상태이므로 접점 K2 정상상태 닫힘 접점을 통해 릴레이 K1이 여자되고 접점 K1이 연결되어 솔레노이드 Y1에 전류를 공급하여 실린더를 전진시킨다. 실린더는 리밋 스위치 LS2를 동작시켜 릴레이 K2가 여자되고 접점 K2가 단락으로 신호가 회수되어 실린더가 복귀한다. 로크 스위치 S3의 신호가 회수될 때까지 왕복운동을 반복한다.

12 복동 솔레노이드 밸브를 이용한 실린더 간접 자동복귀 회로

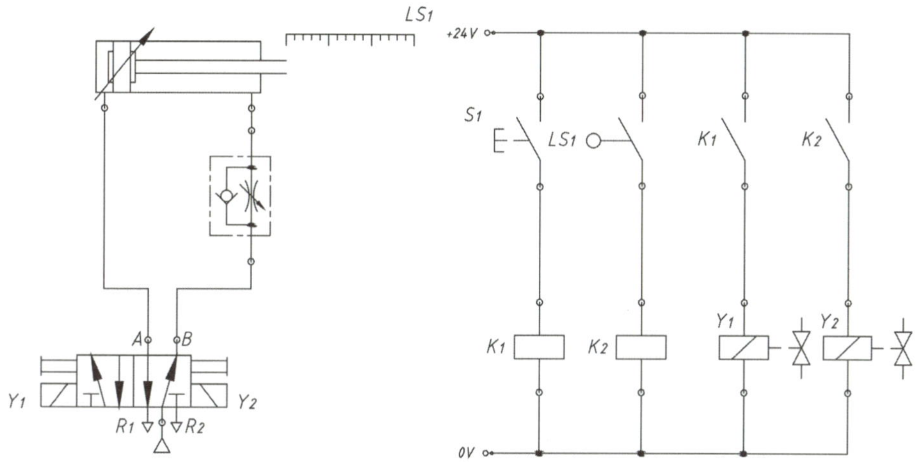

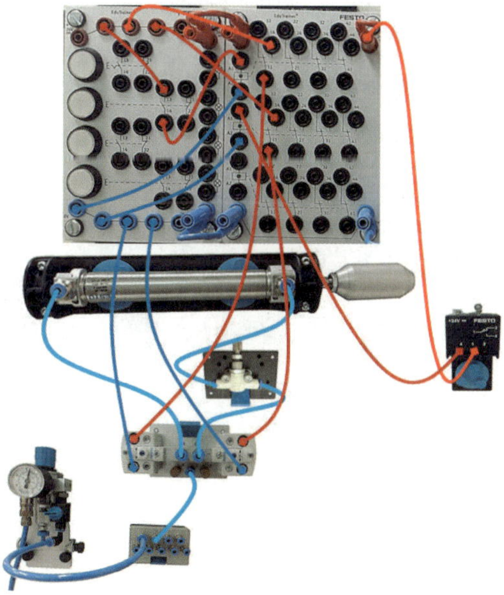

푸시버튼 스위치와 리밋 스위치에 의해서 복동 실린더를 1회 왕복운동시킨다.
푸시버튼 S1을 누르면 릴레이 K1이 여자되고 접점 K1이 연결되어 솔레노이드 Y1에 전기가 공급되고 5/2-Way 밸브는 방향이 전환된다. 이때 실린더가 전진하여 최종 위치에 도달하면 리밋 스위치를 동작시켜 LS1은 접점이 연결되어 릴레이 K2가 여자되고 접점 K2가 연결되어 솔레노이드 Y2에 전류를 공급하게 되고 밸브의 방향이 전환되어 실린더를 후진시킨다.

13 복동 솔레노이드 밸브를 이용한 실린더 간접 자동왕복 회로

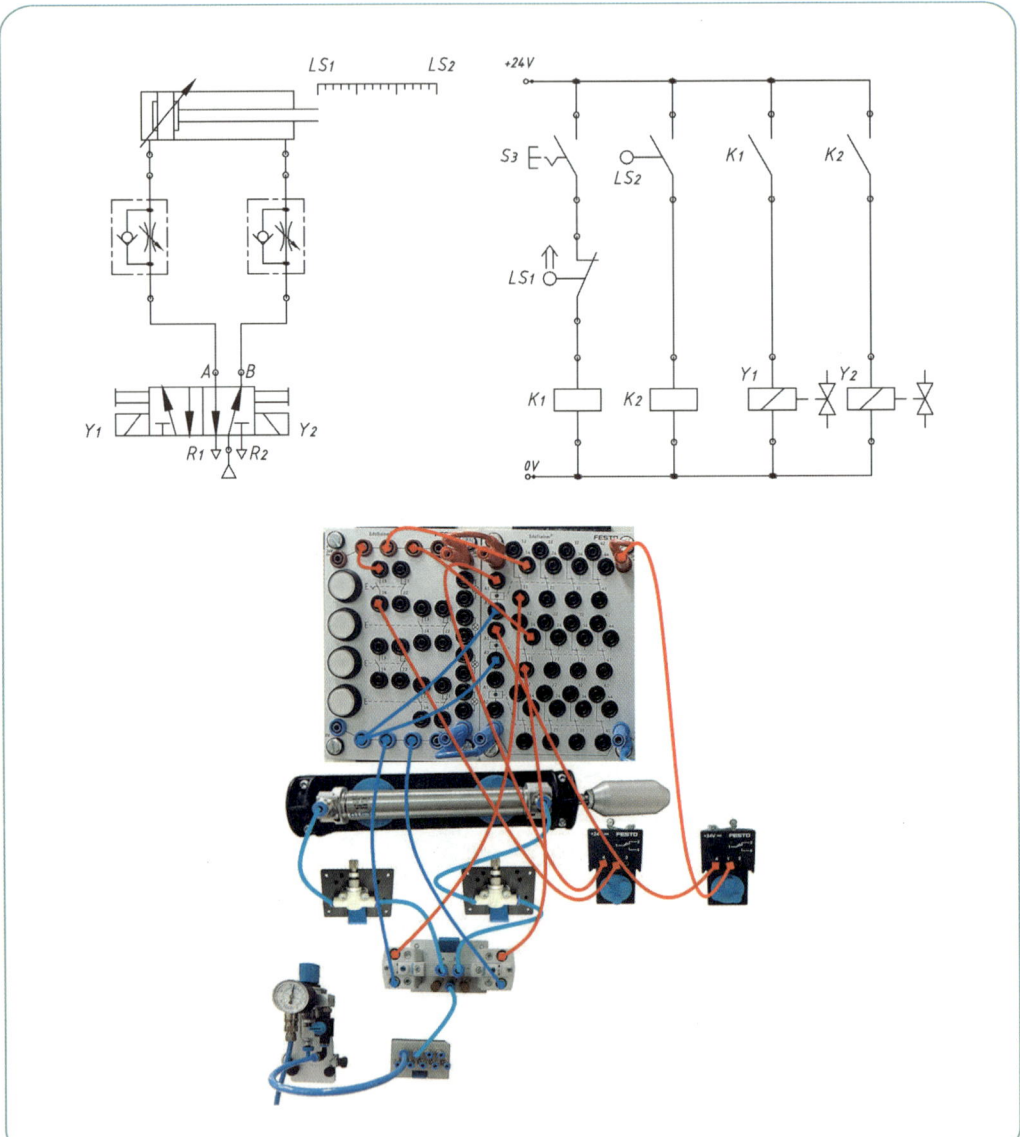

로크형 스위치와 리밋 스위치 2개를 이용하여 복동 실린더를 자동으로 왕복운동시킨다. 스위치 S3을 누르면 리밋 스위치 LS1은 접점이 연결된 상태이므로 릴레이 K1이 여자되고 접점 K1이 연결되어 솔레노이드 Y1에 전류가 공급되면 실린더가 전진하여 LS1의 접점이 단락된다. 실린더가 전진하여 리밋 스위치 LS2를 동작시키면 릴레이 K2가 여자되고 접점 K2가 연결되어 솔레노이드 Y2에 전류를 공급하여 실린더를 후진시킨다. 로크 스위치 S3의 신호가 회수될 때까지 왕복운동을 반복한다.

14 단동 솔레노이드 밸브를 이용한 자동단속·연속 사이클 회로

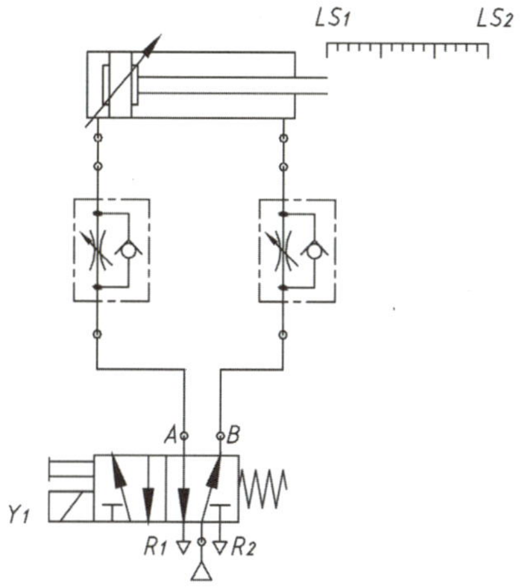

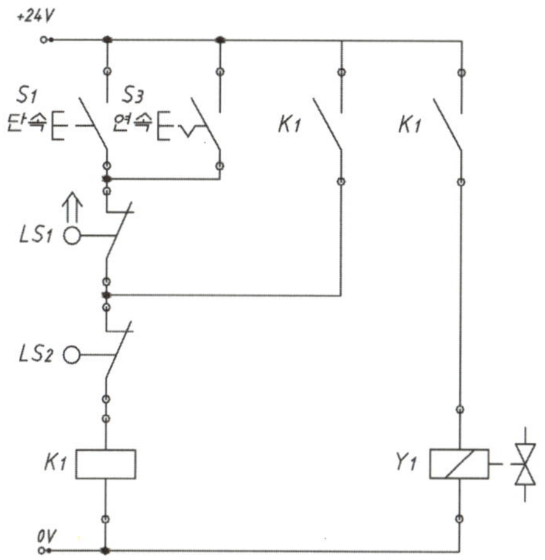

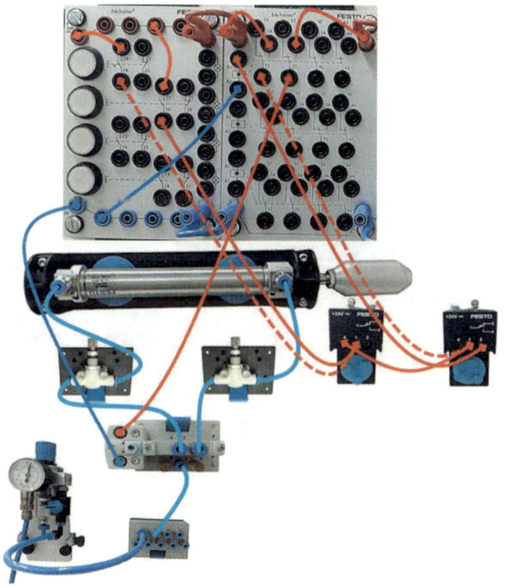

푸시버튼형 스위치와 리밋 스위치 2개를 이용하여 복동 실린더를 자동으로 왕복운동시킨다. 로크형 스위치를 동작시키면 복동 실린더를 자동으로 연속 왕복운동시킨다.

스위치 S1을 누르면 릴레이 K1이 여자되고 접점 K1이 연결되어 솔레노이드 Y1에 전류가 공급되면 실린더가 전진한다. 자기유지를 통해 실린더가 최종 위치에 도달하면 리밋 스위치 LS2의 접점이 단락된다. 이때 릴레이 K1이 소자되고 접점 K1 신호가 단락되어 솔레노이드 Y1에 신호가 회수되며 스프링의 힘으로 밸브의 방향이 전환되어 실린더를 후진시킨다. 로크 스위치 S3을 누르면 신호가 회수될 때까지 연속 왕복운동을 반복한다.

V. 공압 회로 구성 347

15 복동 솔레노이드 밸브를 이용한 자동단속·연속 사이클 회로

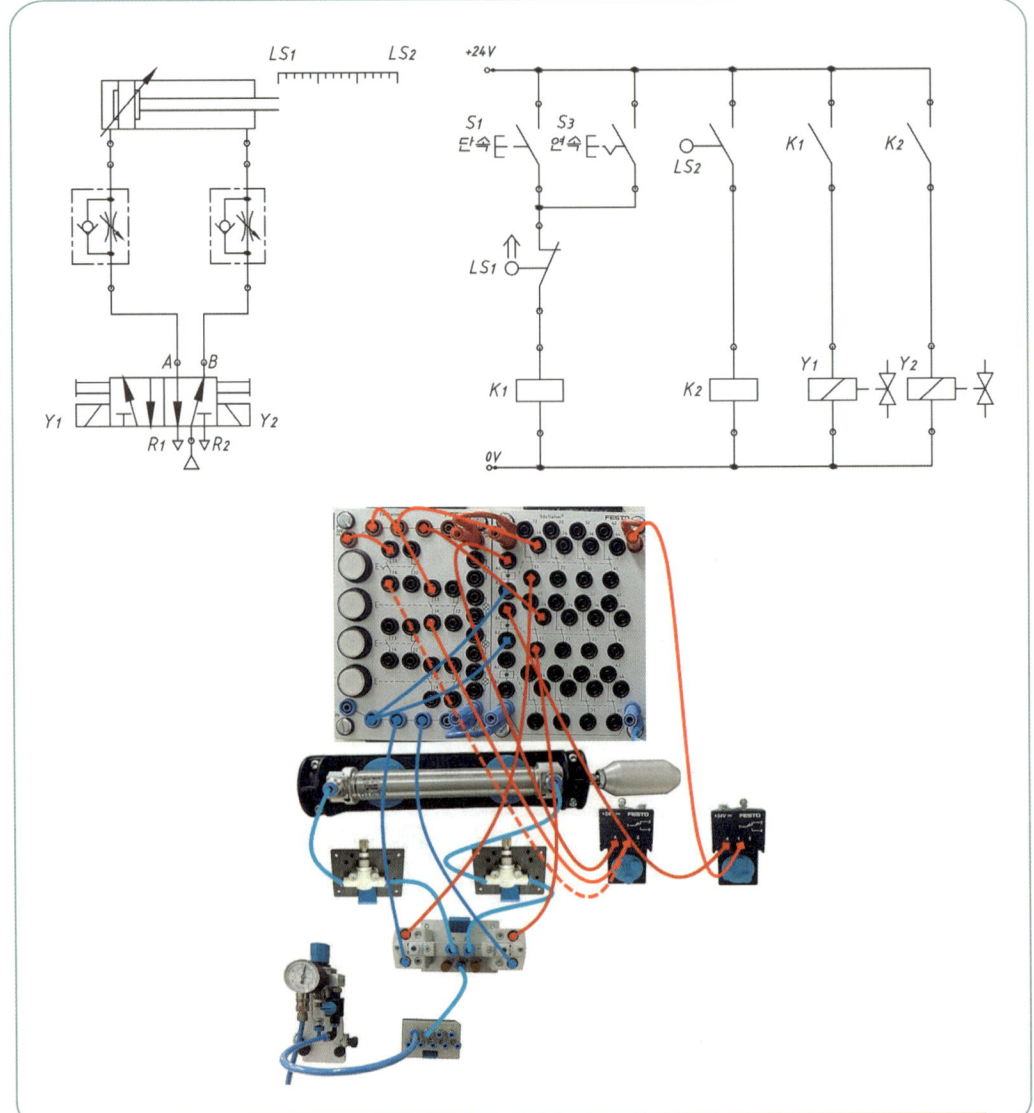

푸시버튼형 스위치, 로크형 스위치와 리밋 스위치 2개를 이용하여 복동 실린더를 자동으로 왕복운동시킨다.
스위치 S1 또는 S3을 누르면 리밋 스위치 LS1은 접점이 연결된 상태이므로 릴레이 K1이 여자되고 접점 K1이 연결되어 솔레노이드 Y1에 전류가 공급되면 실린더가 전진하여 LS1의 접점이 단락된다. 실린더가 전진하여 리밋 스위치 LS2를 동작시키면 릴레이 K2가 여자되고 접점 K2가 연결되어 솔레노이드 Y2에 전류를 공급하여 실린더를 후진시킨다. 연속 동작 시 로크 스위치 S3의 신호가 회수될 때까지 왕복운동을 반복한다.

Ⅵ 공압 회로 구성 및 조립

▶ 설비보전기사 공기압 회로 진단 및 구성 ◀

※ 시험시간: [제1과제] 1시간

1 요구사항

※ 지급된 재료 및 시설을 사용하여 아래 작업을 완성하시오.
※ 한번 제출한 작품의 재작업은 허용되지 않습니다.

가. 공기압 회로도 구성

1) 공기압 회로도와 같이 기기를 선정하여 고정판에 배치하시오.
   가) 기기는 수평 또는 수직 방향으로 수험자가 임의로 배치하고, 리밋 스위치는 방향성을 고려하여 설치하시오.
2) 공기압 호스를 적절한 길이로 절단 및 사용하여 기기를 연결하시오.
   가) 공기압 호스가 시스템 동작에 영향을 주지 않도록 정리하시오.
3) 작업 압력(서비스 유닛)을 0.5±0.05 Mpa로 설정하시오.
4) 실린더 A의 동작을 위해 S1, S2는 정전용량형 센서를 사용하고, 실린더 B의 동작을 위해 LS1, LS2는 전기 리밋 스위치를 사용하시오.
5) 작업이 완료된 상태에서 압축 공기를 공급했을 때 공기 누설이 발생하지 않도록 하시오.

나. 기본동작

1) 전기회로도 중 <u>오류 부분을 수험자가 정정</u>하고 PB1을 ON-OFF하면 변위단계선도와 같이 동작되도록 시스템을 구성하고 시험감독위원에게 확인받으시오.(단, 주어진 전기회로도에서 릴레이의 개수가 증가되거나 감소되지 않도록 하시오.)
   가) 전기 배선은 +는 적색으로, -는 청색 또는 흑색으로 연결하고, 전선이 시스템 동작에 영향을 주지 않도록 정리하시오.
   나) 지정되지 않은 누름버튼 스위치는 자동복귀형 스위치를 사용하시오.

다. 시스템 유지보수

1) 기본동작을 유지보수 계획과 같이 시스템을 변경하고 시험감독위원에게 확인받으시오.

라. 정리정돈

1) 평가 종료 후 작업한 자리의 부품 정리, 공기압 호스 정리, 전선 정리 등 모든 상태를 초기 상태로 정리하시오.

2 수험자 유의사항

※ 다음의 유의사항을 고려하여 요구사항을 완성하시오.
※ 작업형 과제별 배점은 [공기압시스템 진단 및 구성 20점, 유압시스템 진단 및 구성 20점, 보수용접 및 누수 시험 20점]이며, 이외 세부항목 배점은 비공개입니다.

1) 시험 시작 전 장비의 이상유무를 확인합니다.
2) 시험 중 반드시 시험감독위원의 지시에 따라야 하며, 시험감독위원의 지시가 없는 한 시험장을 임의로 이탈할 수 없습니다.
3) 시험에 필요한 기기 이외의 부품이나 장비에 임의로 접촉하지 않도록 주의하시기 바랍니다.
4) 공기압 호스의 제거는 공급 압력을 차단한 후 실시하시기 바랍니다.
5) 전기 합선 시에는 즉시 전원공급 장치의 전원을 차단하시기 바랍니다.
6) 실린더의 작동 부분에는 전선 및 호스가 접촉되지 않도록 주의하여야 합니다.
7) "기본동작 → 시스템 유지보수" 순서대로 시험감독위원에게 평가받습니다. (단, 각 동작의 평가는 전원이 유지된 상태에서 2회 이상 시도하여 동일하게 정상 동작이 되어야 하며, 1회만 동작하고 정상적으로 재동작하지 않으면 인정하지 않습니다.)
8) 평가 기회는 한 번만 부여되오니, 이점 유의하여 평가를 요청하시기 바랍니다. (단, 평가가 불명확하여 재확인이 필요한 경우 시험감독위원의 판단에 따라 다시 동작시킬 수 있습니다. 회로를 변경 또는 수정할 수 없고, 동작만 재시도합니다.)
9) 평가 종료 후 정리정돈 상태에 따라 감점될 수 있음을 유의하시기 바랍니다.

10) 시험 중 작업복 및 안전보호구를 착용하여 안전수칙을 준수하여야 하며, 안전수칙 미준수로 인해 감점될 수 있음을 유의하시기 바랍니다. (단, 슬리퍼, 샌들 착용 등 복장이 작업에 부적합할 경우 응시가 불가능합니다.)
11) 다음 사항은 실격에 해당하여 채점 대상에서 제외됩니다.
　　가) 수험자 본인이 수험 도중 시험에 대한 기권 의사를 표현하는 경우
　　나) 실기시험 과정 중 1개 과정이라도 불참한 경우
　　다) 시설·장비의 조작 또는 재료의 취급이 미숙하여 위해를 일으킬 것으로 시험감독위원 전원이 합의하여 판단한 경우
　　라) 기능이 해당 등급 수준에 전혀 도달하지 못한 것으로 시험감독위원이 판단할 경우
　　마) 부정행위를 한 경우
　　바) 시험시간 내에 작품을 제출하지 못한 경우
　　사) 다른 부품 사용 등으로 주어진 공기압 회로도와 수험자가 작업한 회로가 일치하지 않는 경우
　　아) 기본동작을 완성하지 못한 경우
　　자) 기본동작 구성 시 릴레이의 개수가 증가되거나 감소된 경우

3 도면 ①

가. 공기압 회로도

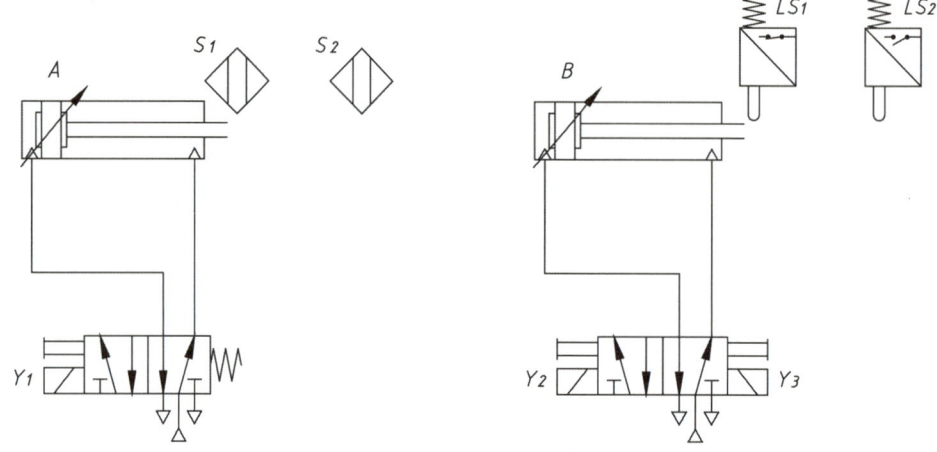

나. 전기회로도

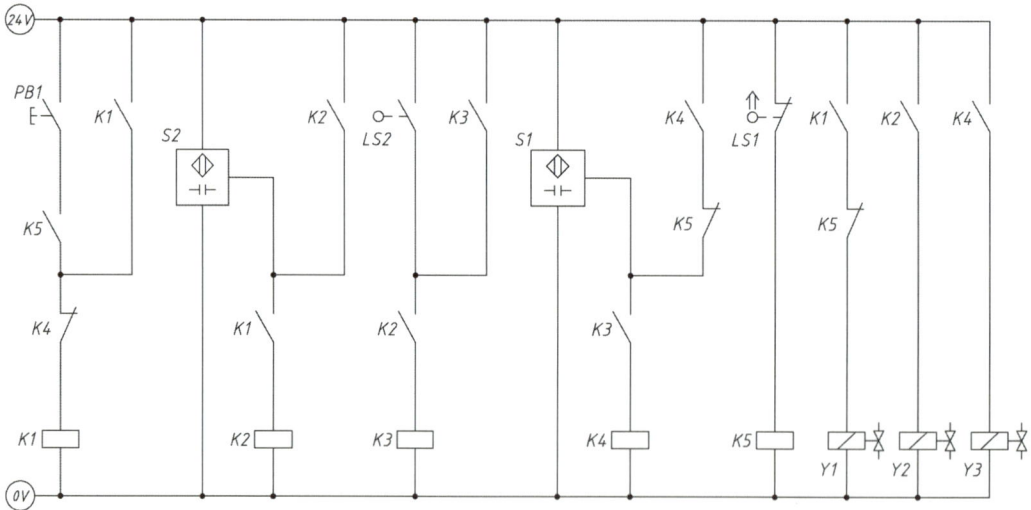

다. 변위단계선도

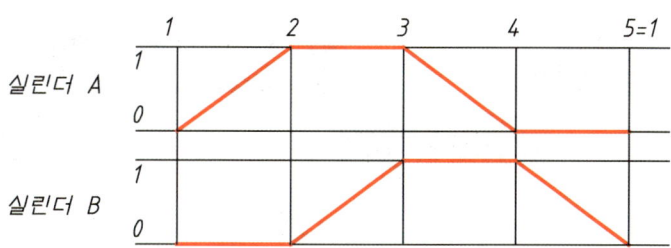

라. 유지보수 계획

1) 연속 스위치(PB2), 카운터 리셋 스위치(PB3)를 추가하여 다음과 같이 동작하도록 회로를 변경하시오.

　　가) PB2를 1회 ON-OFF하면, 기본동작을 3회 연속동작한 후 정지합니다.

　　나) PB3를 1회 ON-OFF하면, 카운터가 리셋됩니다.

　　다) 카운터 리셋 후 PB2를 1회 ON-OFF하면, 연속동작이 재동작합니다.

2) 실린더 A의 전진이 완료되면 3초 후에 실린더 B가 동작하도록 전기타이머를 사용하여 회로를 변경하시오.

3) 실린더 B의 후진속도를 조절하기 위하여 일방향 유량조절 밸브를 사용하여 미터아웃 방식으로 회로를 변경하시오.

마. 오류 수정 회로도

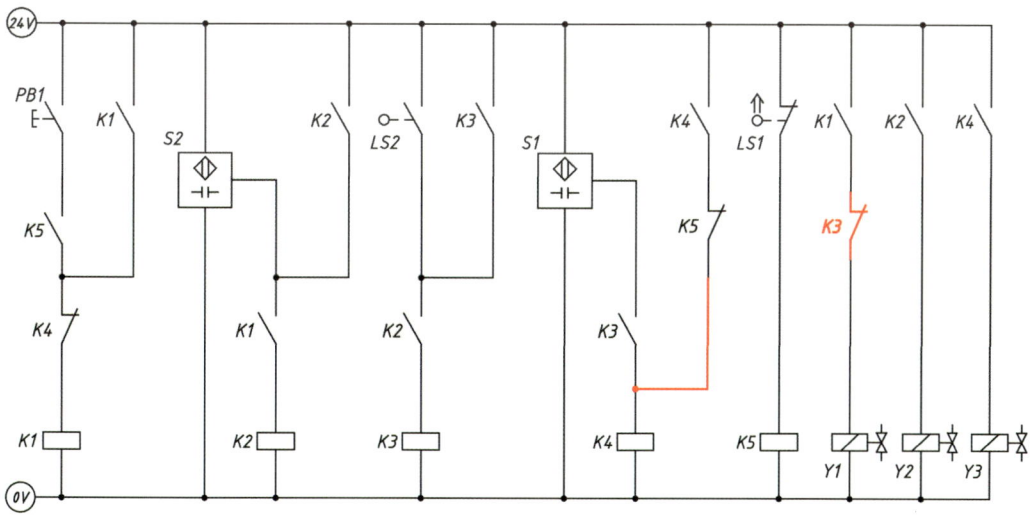

바. 공기압 회로도 참고(유지보수 포함)

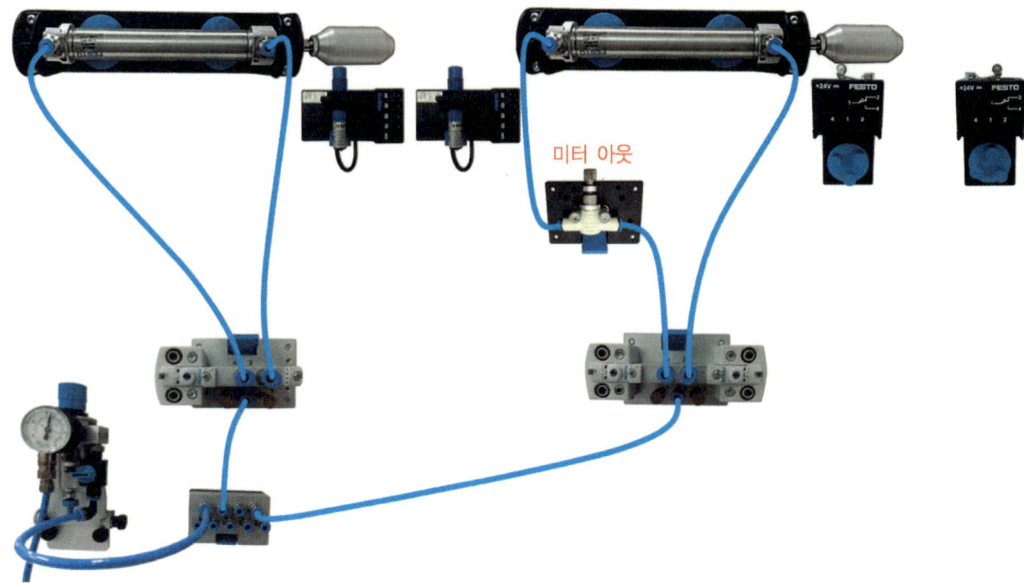

사. 공기압 유지보수 회로도

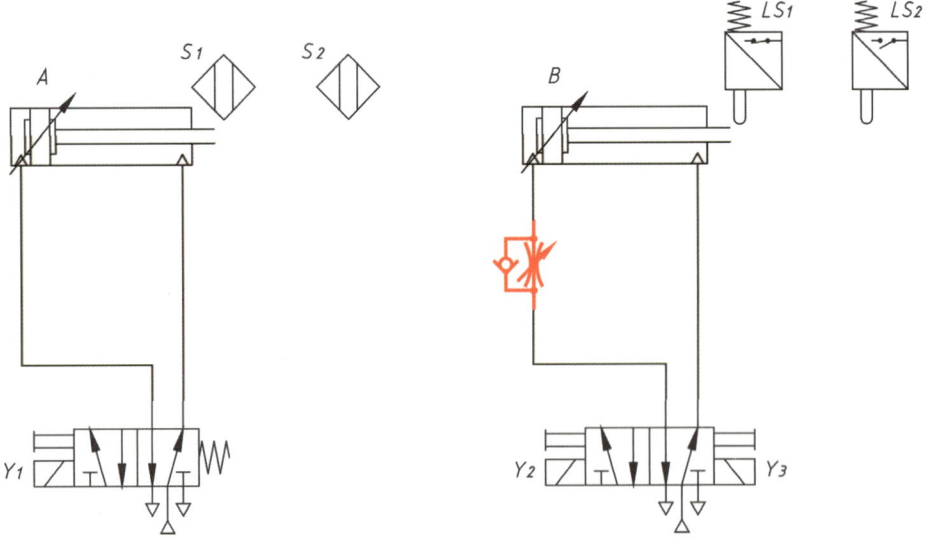

아. 전기 유지보수 회로도

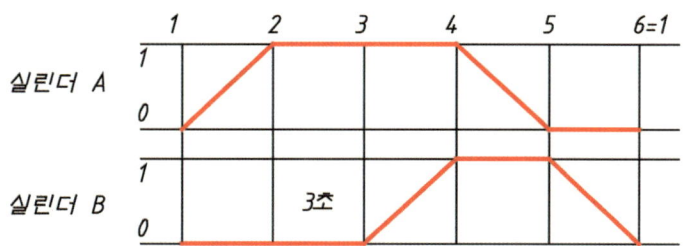

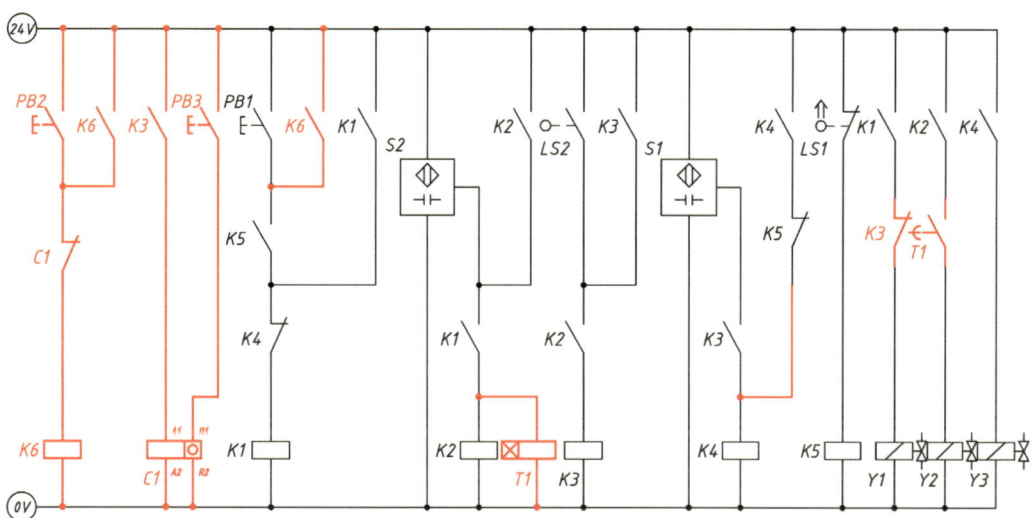

4 도면 ②

가. 공기압 회로도

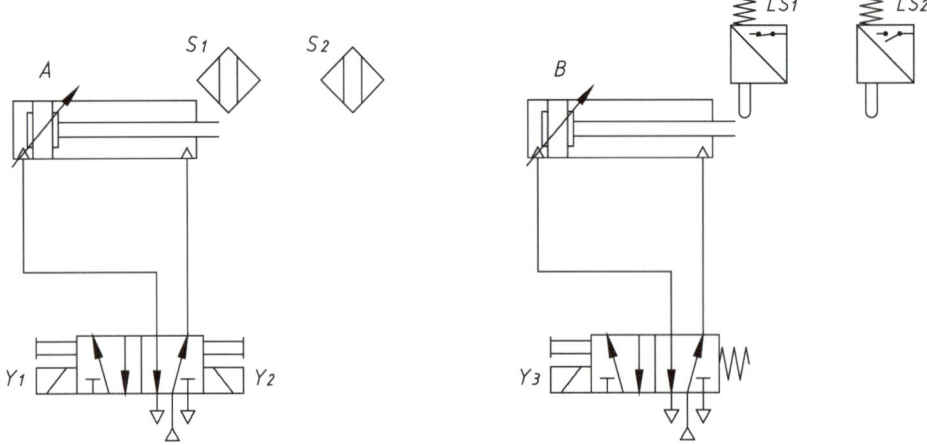

나. 전기회로도

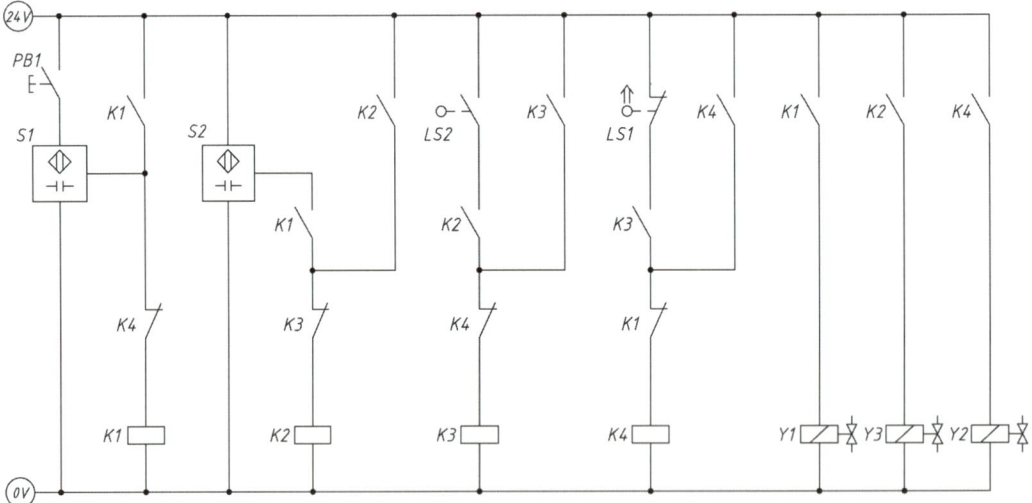

다. 변위단계선도

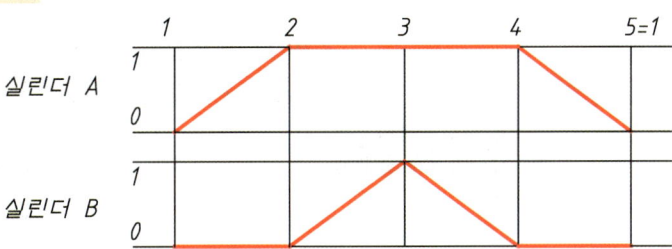

라. 유지보수 계획

1) 연속 스위치(PB2), 카운터 리셋 스위치(PB3)를 추가하여 다음과 같이 동작하도록 회로를 변경하시오.

   가) PB2를 1회 ON-OFF하면, 기본동작을 3회 연속동작한 후 정지합니다.

   나) PB3를 1회 ON-OFF하면, 카운터가 리셋됩니다.

   다) 카운터 리셋 후 PB2를 1회 ON-OFF하면, 연속동작이 재동작합니다.

2) 실린더 B의 방향제어 밸브를 양측 솔레노이드 밸브로 교체한 후 변위단계선도와 같은 동작을 수행할 수 있도록 회로를 변경하시오.

3) 감압밸브를 사용하여 실린더 B의 작동압력이 0.3 ± 0.05 MPa로 제어되도록 회로를 변경하시오.

마. 오류 수정 회로도

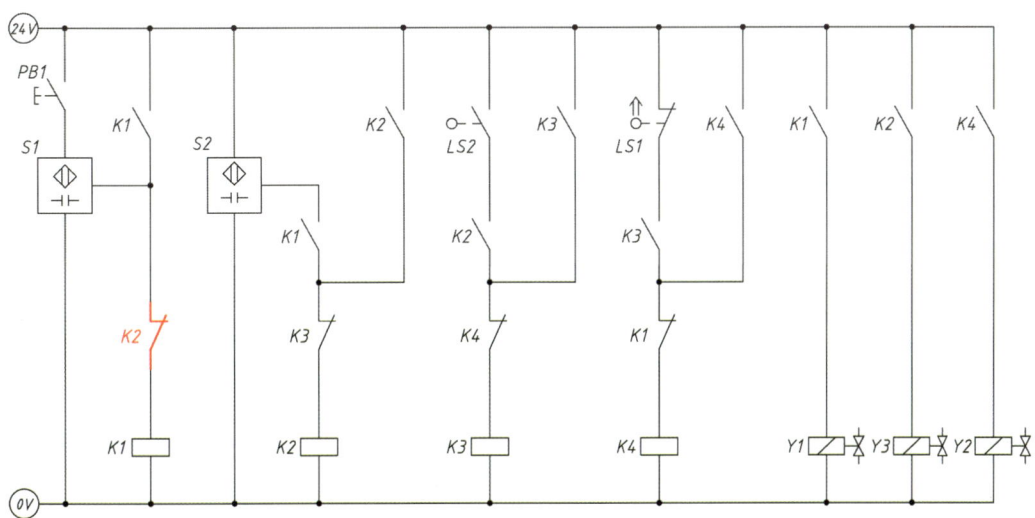

바. 공기압 회로도 참고(유지보수 포함)

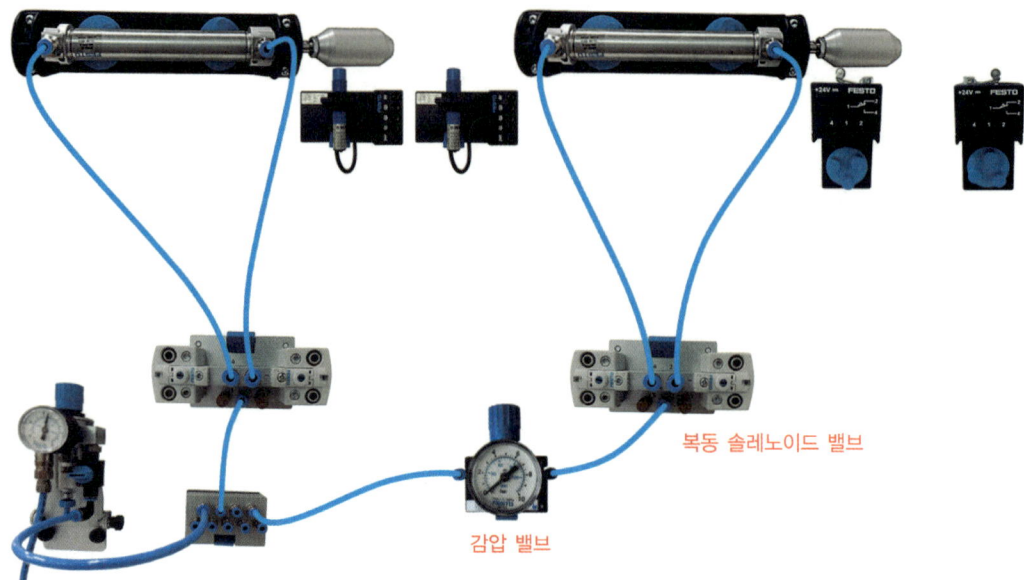

사. 공기압 유지보수 회로도

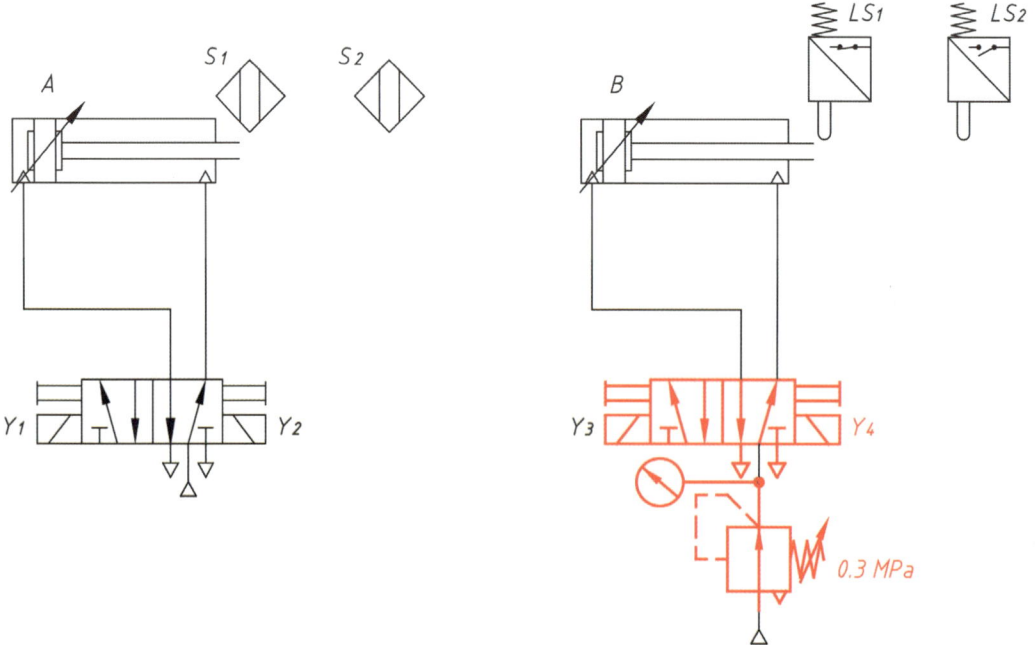

아. 전기 유지보수 회로도

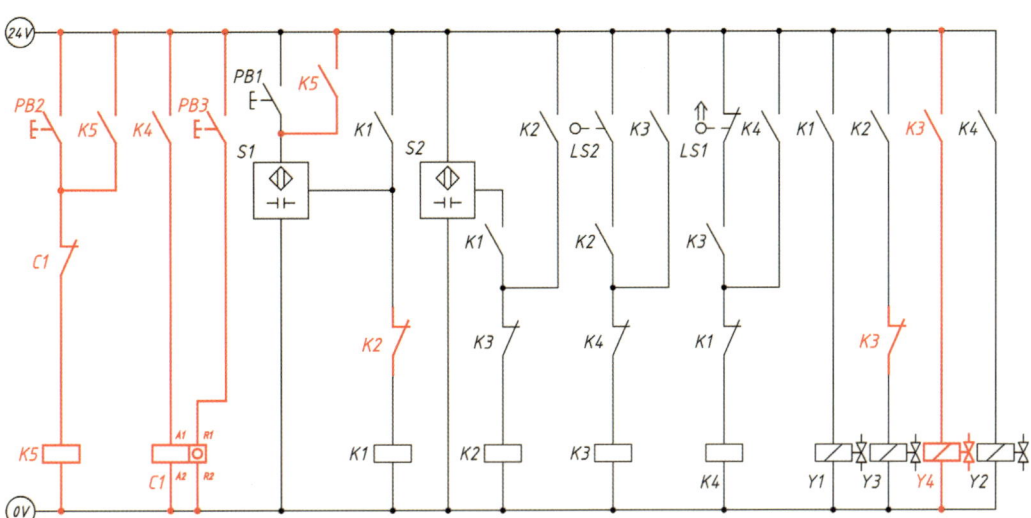

5 도면 ③

가. 공기압 회로도

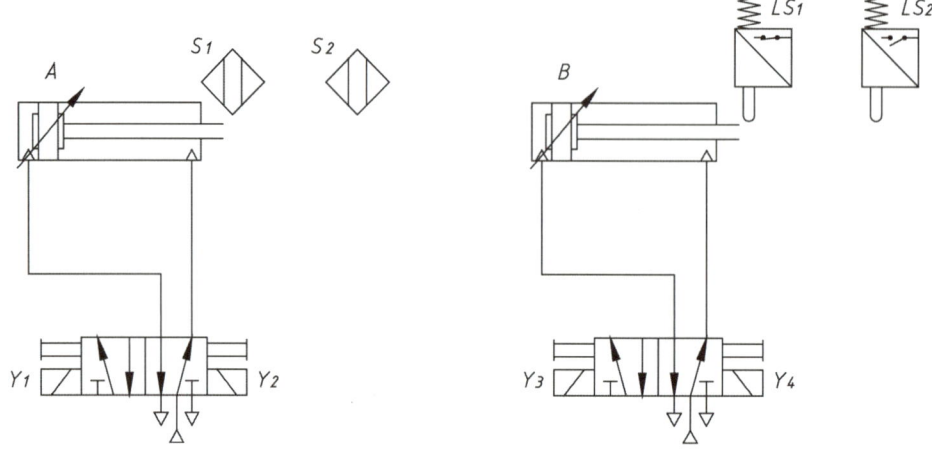

나. 전기회로도

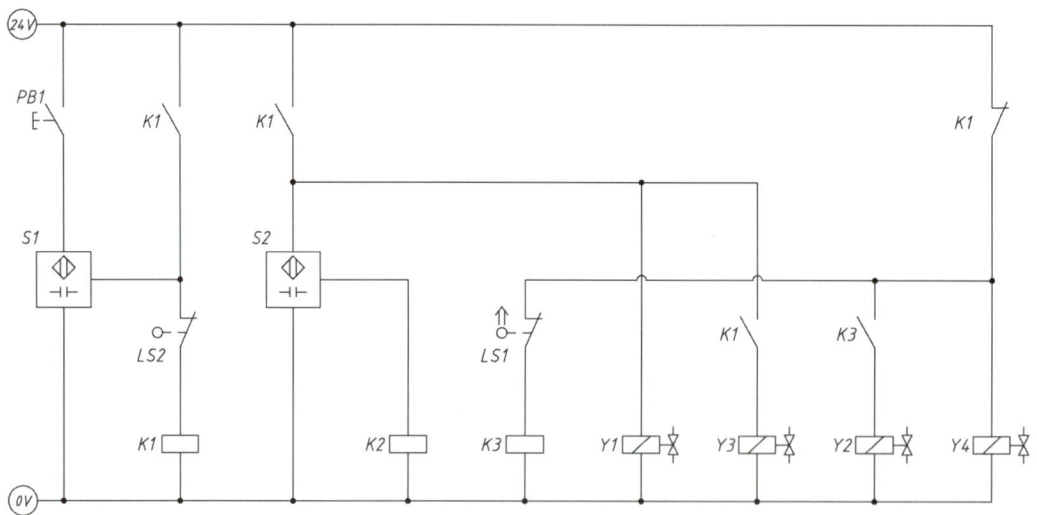

다. 변위단계선도

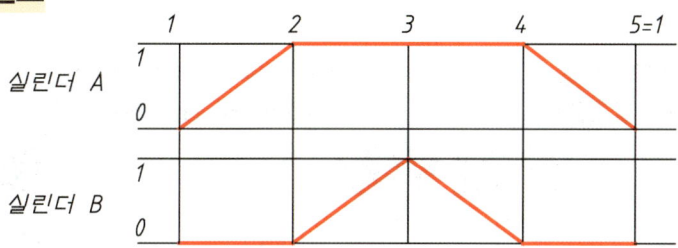

라. 유지보수 계획

1) 연속 스위치(PB2), 비상정지 스위치(유지형 스위치 사용 가능), 램프를 추가하여 다음과 같이 동작하도록 회로를 변경하시오.

　가) PB2를 1회 ON-OFF하면, 기본동작이 연속적으로 동작합니다.

　나) 연속동작 중 비상정지 스위치를 ON하면, 모든 실린더는 후진하며 램프가 점등됩니다.

　다) 비상정지 스위치를 OFF하면, 램프는 소등되고 시스템은 초기화됩니다.

　라) 초기화 후 PB2를 1회 ON-OFF하면, 연속동작이 재동작합니다.

2) 실린더 A의 전진이 완료되면 3초 후에 실린더 B가 동작하도록 전기타이머를 사용하여 회로를 변경하시오.

3) 실린더 B의 후진속도를 증가시키기 위하여 급속배기 밸브를 사용하여 회로를 변경하시오.

마. 오류 수정 회로도

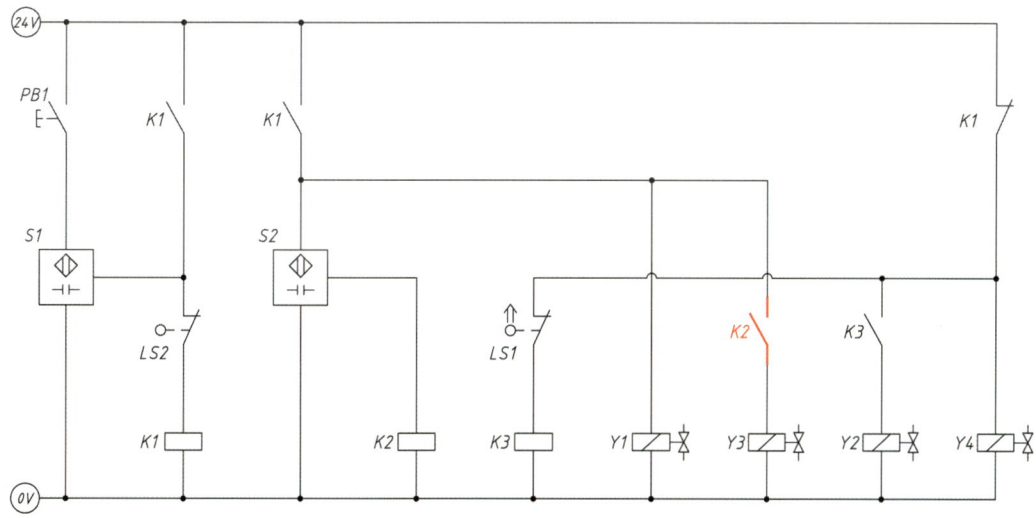

바. 공기압 회로도 참고(유지보수 포함)

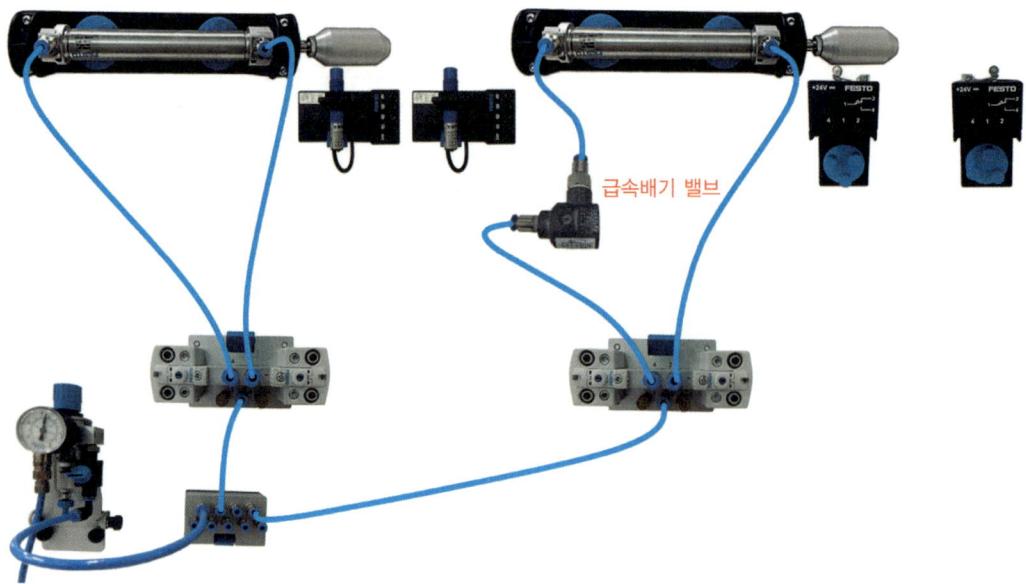

사. 공기압 유지보수 회로도

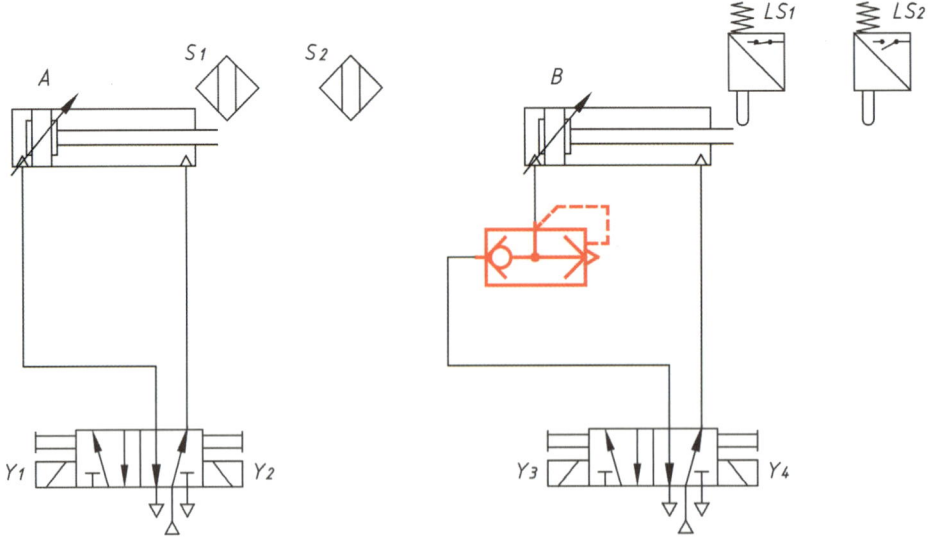

아. 전기 유지보수 회로도

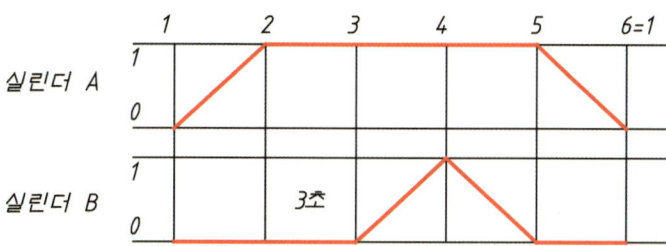

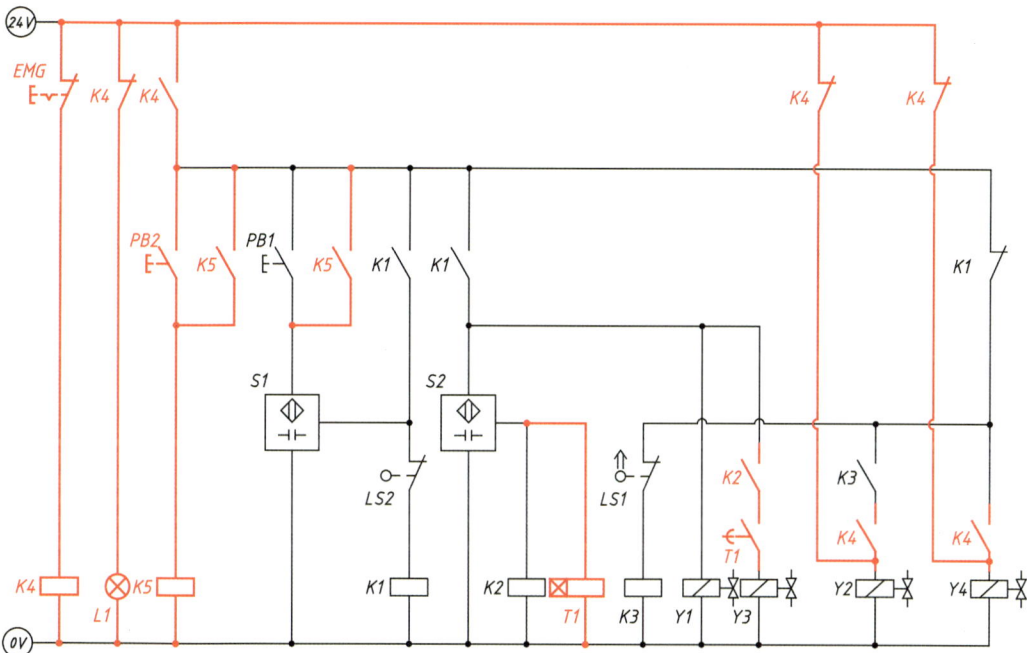

6 도면 ④

가. 공기압 회로도

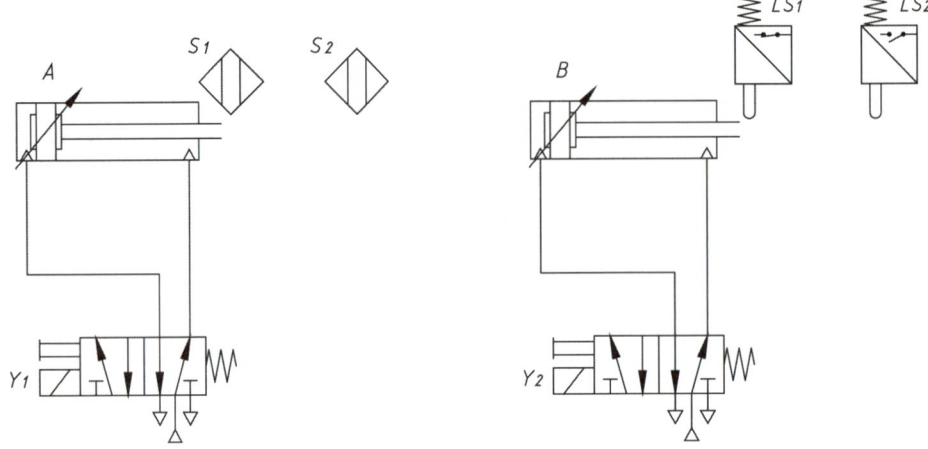

나. 전기회로도

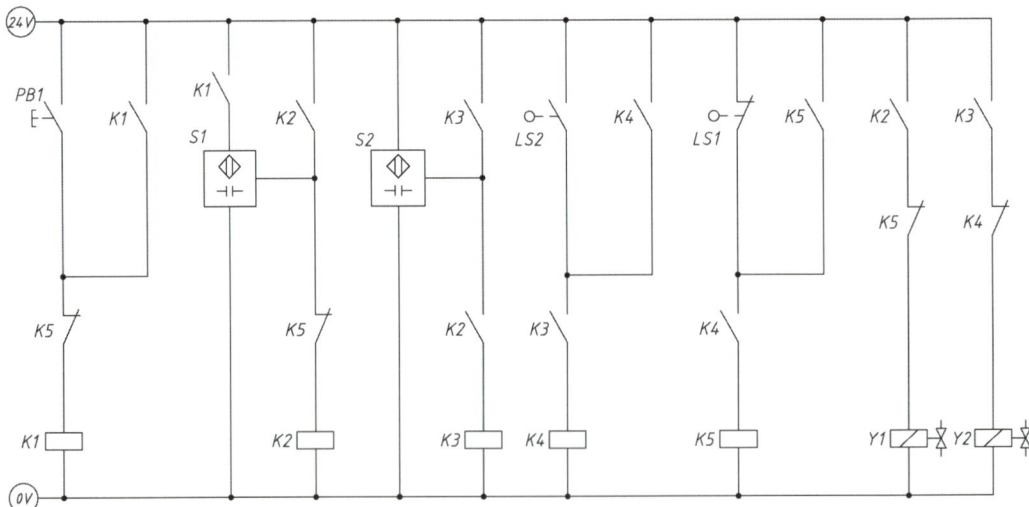

다. 변위단계선도

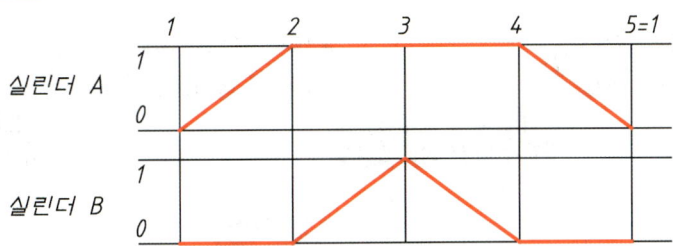

라. 유지보수 계획

1) 연속 스위치(PB2), 카운터 리셋 스위치(PB3)를 추가하여 다음과 같이 동작하도록 회로를 변경하시오.

   가) PB2를 1회 ON-OFF하면, 기본동작을 3회 연속동작한 후 정지합니다.

   나) PB3를 1회 ON-OFF하면, 카운터가 리셋됩니다.

   다) 카운터 리셋 후 PB2를 1회 ON-OFF하면, 연속동작이 재동작합니다.

2) 실린더 A의 전진이 완료되면 3초 후에 실린더 B가 동작하도록 전기타이머를 사용하여 회로를 변경하시오.

3) 실린더 B의 후진속도를 조절하기 위하여 일방향 유량조절 밸브를 사용하여 미터아 웃방식으로 회로를 변경하시오.

마. 오류 수정 회로도

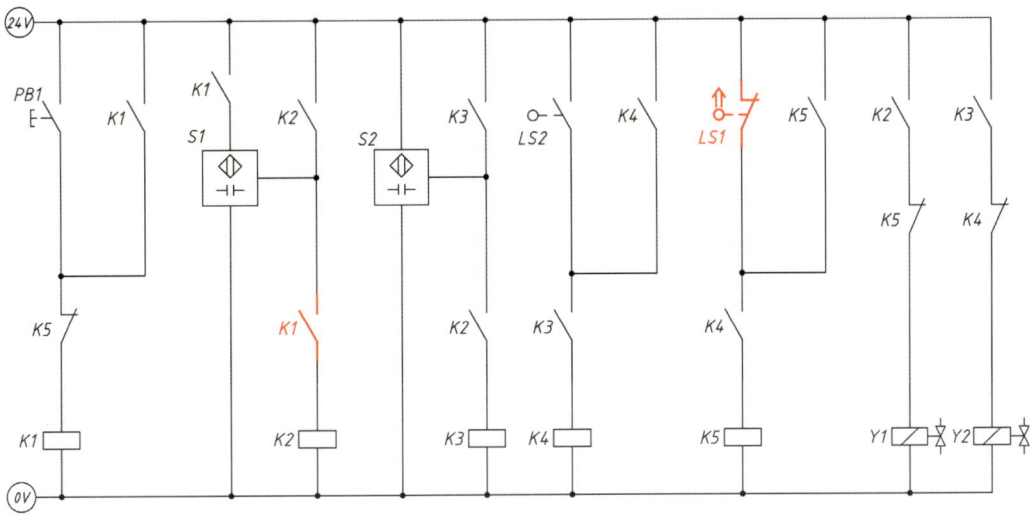

바. 공기압 회로도 참고(유지보수 포함)

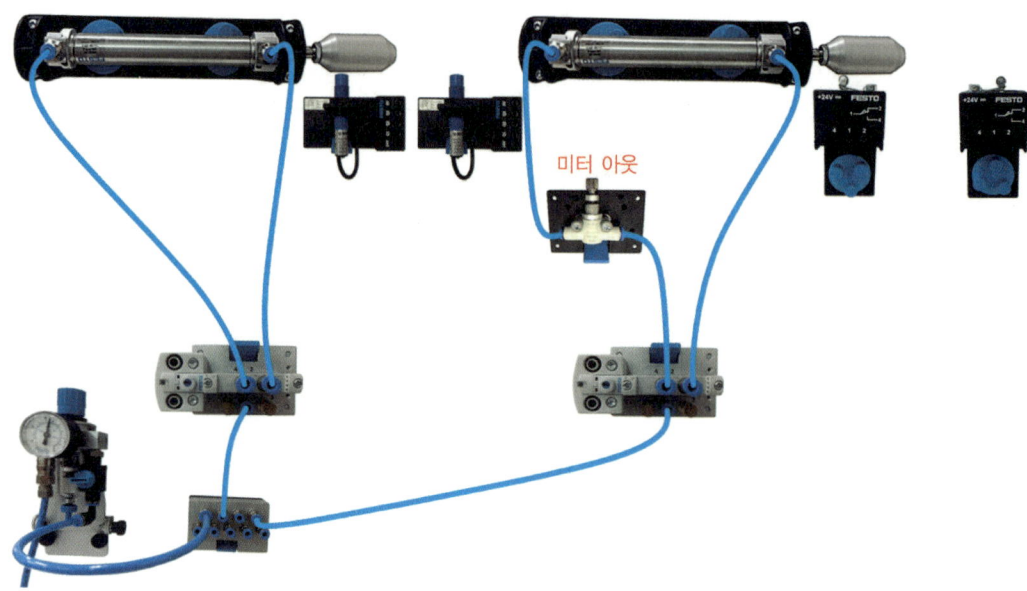

사. 공기압 유지보수 회로도

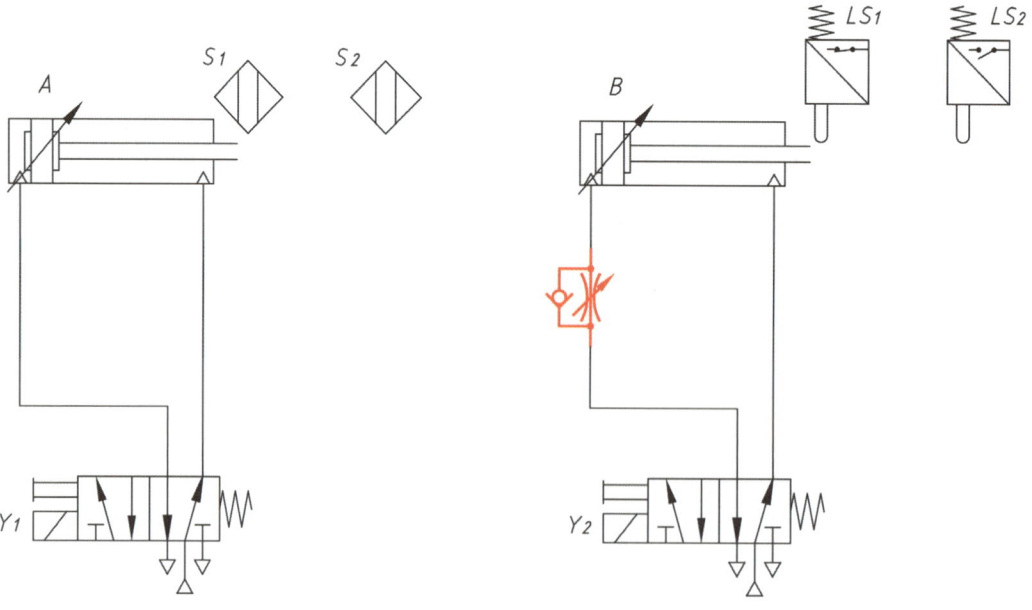

아. 전기 유지보수 회로도

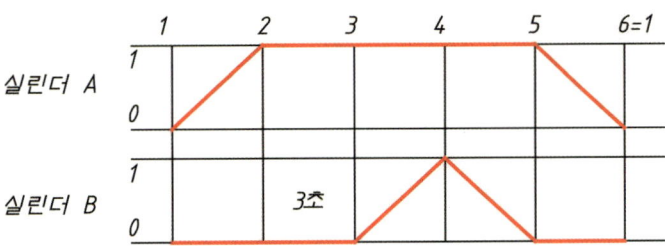

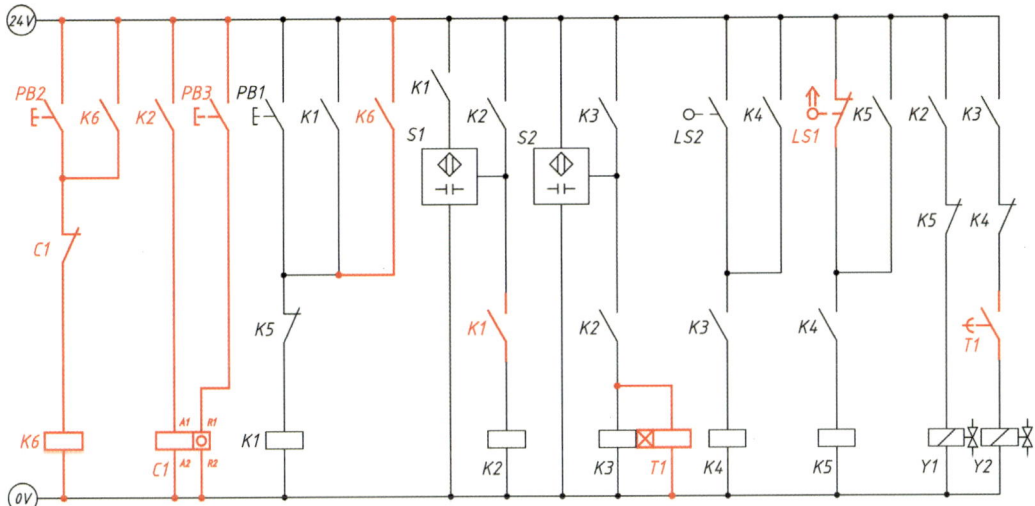

7 도면 ⑤

가. 공기압 회로도

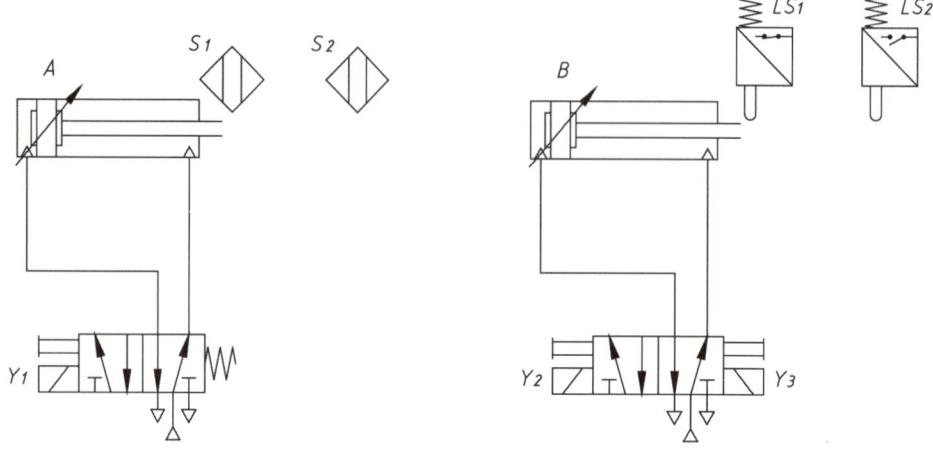

나. 전기회로도

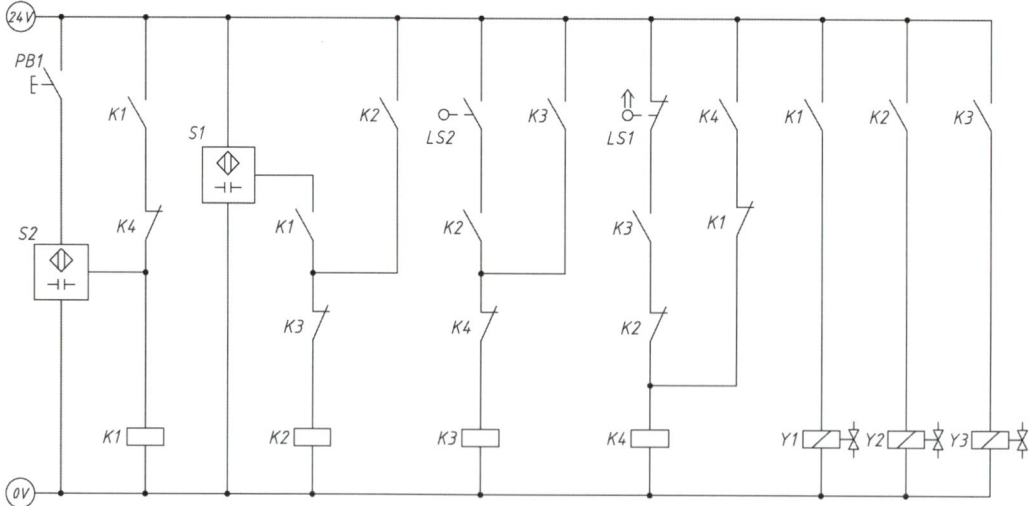

다. 변위단계선도

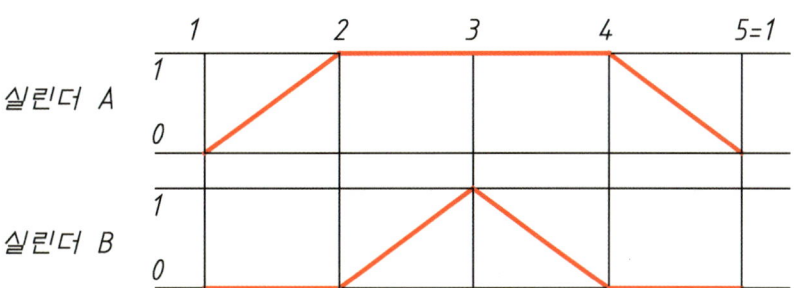

라. 유지보수 계획

1) 연속 스위치(PB2), 비상정지 스위치(유지형 스위치 사용 가능), 램프를 추가하여 다음과 같이 동작하도록 회로를 변경하시오.
    가) PB2를 1회 ON-OFF하면, 기본동작이 연속적으로 동작합니다.
    나) 연속동작 중 비상정지 스위치를 ON하면, 모든 실린더는 후진하며 램프가 점등됩니다.
    다) 비상정지 스위치를 OFF하면, 램프는 소등되고 시스템은 초기화됩니다.
    라) 초기화 후 PB2를 1회 ON-OFF하면, 연속동작이 재동작합니다.
2) 실린더 A의 방향제어 밸브를 양측 솔레노이드 밸브로 교체한 후 변위단계선도와 같은 동작을 수행할 수 있도록 회로를 변경하시오.
3) 감압밸브를 사용하여 실린더 B의 작동압력이 0.3 ± 0.05 MPa로 제어되도록 회로를 변경하시오.

마. 오류 수정 회로도

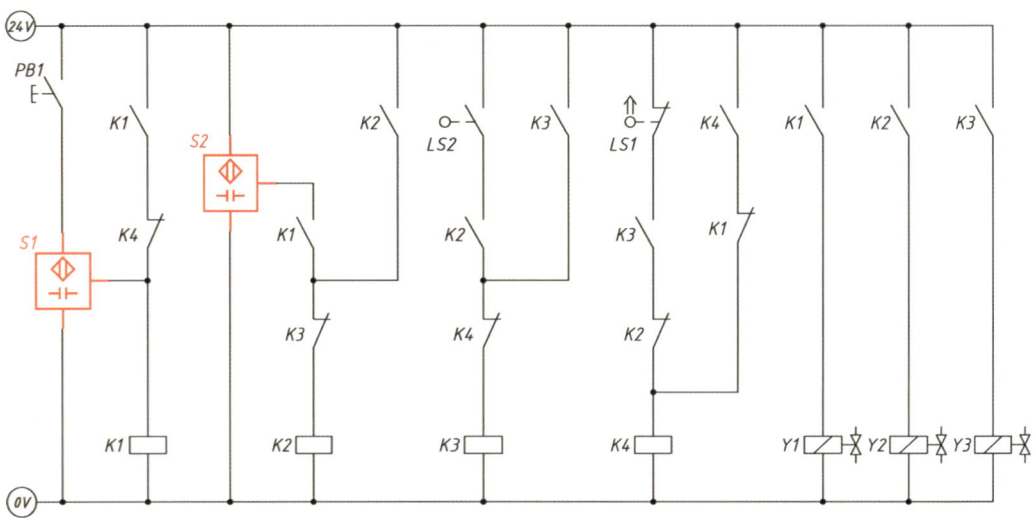

바. 공기압 회로도 참고(유지보수 포함)

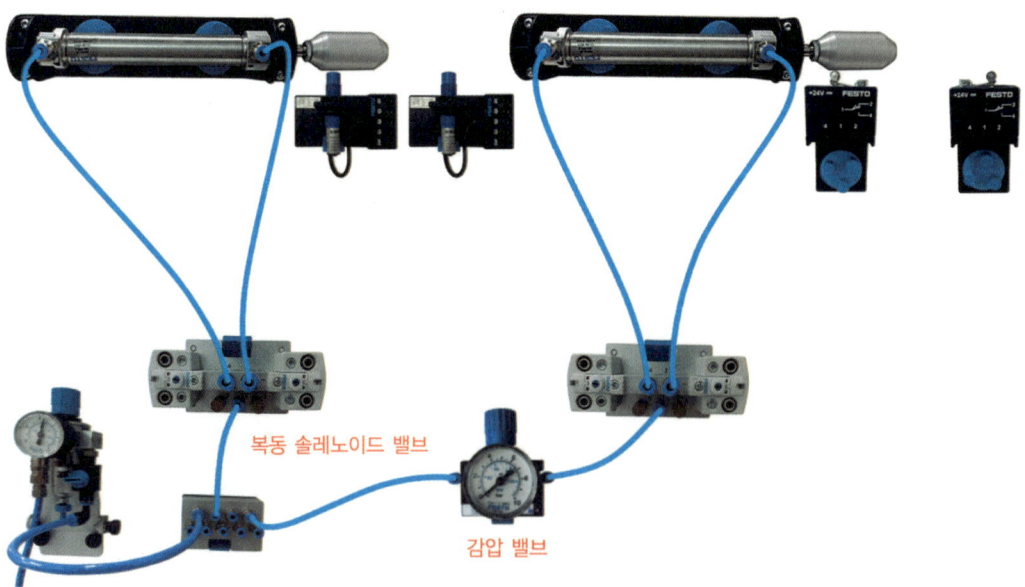

복동 솔레노이드 밸브

감압 밸브

사. 공기압 유지보수 회로도

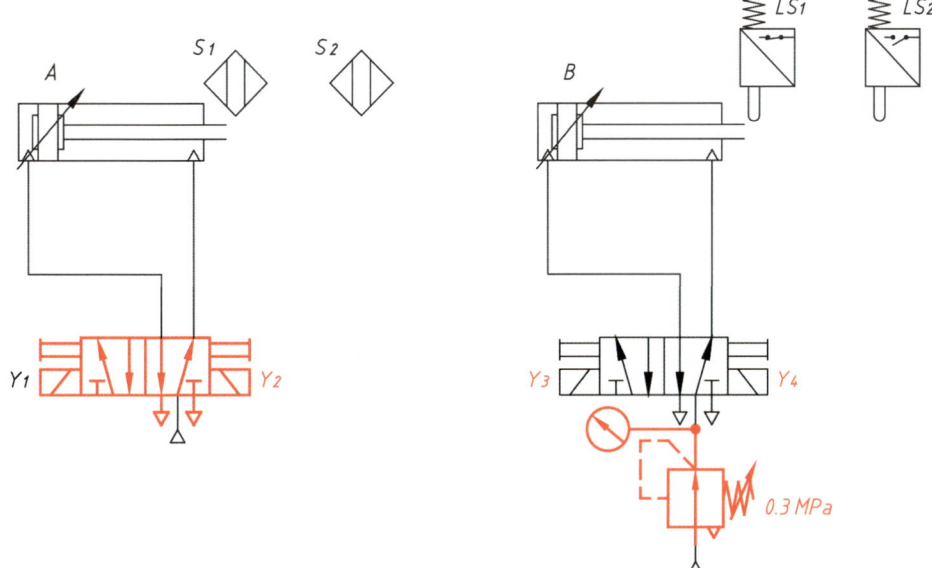

아. 전기 유지보수 회로도

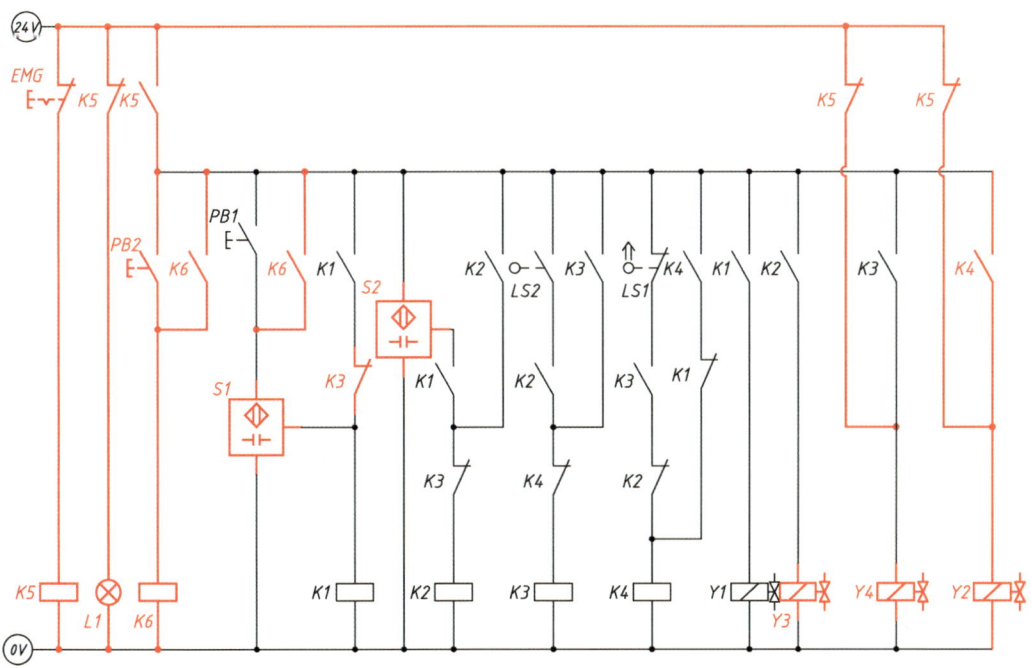

8 도면 ⑥

가. 공기압 회로도

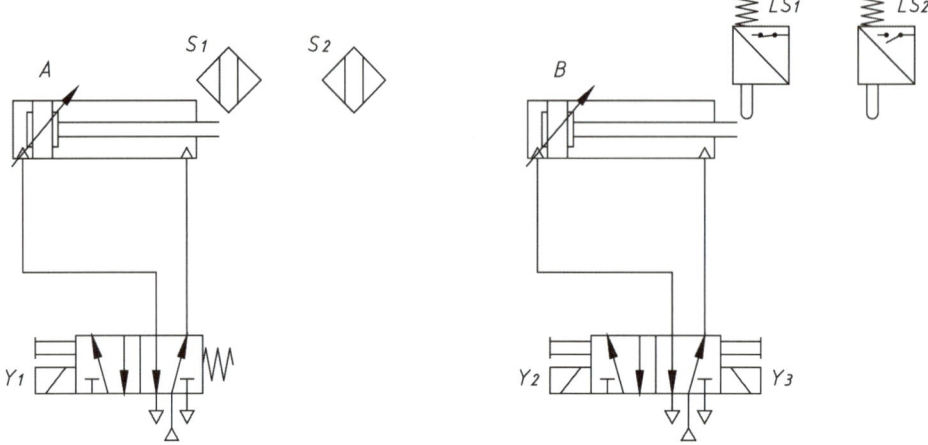

나. 전기회로도

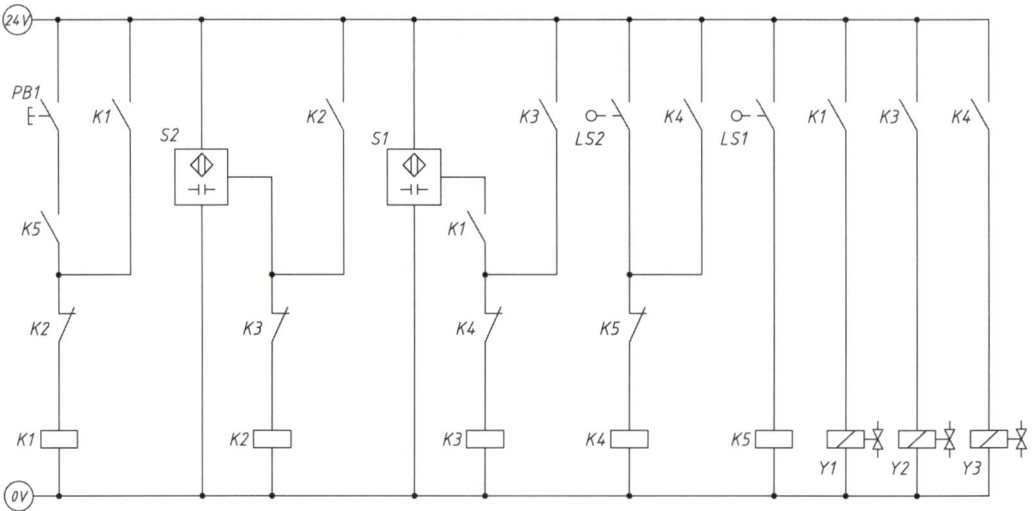

다. 변위단계선도

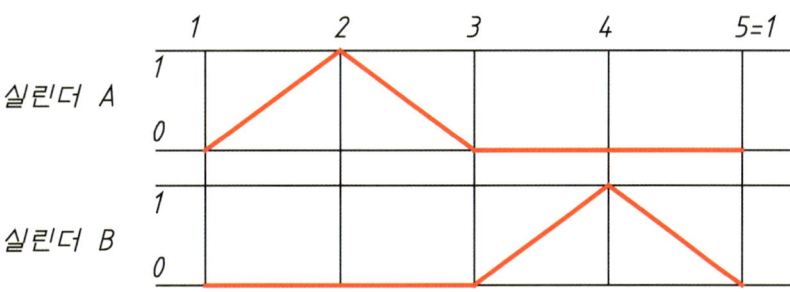

라. 유지보수 계획

1) 연속 스위치(PB2), 비상정지 스위치(유지형 스위치 사용 가능), 램프를 추가하여 다음과 같이 동작하도록 회로를 변경하시오.

　가) PB2를 1회 ON-OFF하면, 기본동작이 연속적으로 동작합니다.

　나) 연속동작 중 비상정지 스위치를 ON하면, 모든 실린더는 후진하며 램프가 점등됩니다.

　다) 비상정지 스위치를 OFF하면, 램프는 소등되고 시스템은 초기화됩니다.

　라) 초기화 후 PB2를 1회 ON-OFF하면, 연속동작이 재동작합니다.

2) 실린더 A의 방향제어 밸브를 양측 솔레노이드 밸브로 교체한 후 변위단계선도와 같은 동작을 수행할 수 있도록 회로를 변경하시오.

3) 실린더 B의 후진 속도를 증가시키기 위하여 급속배기 밸브를 사용하여 회로를 변경하시오.

마. 오류 수정 회로도

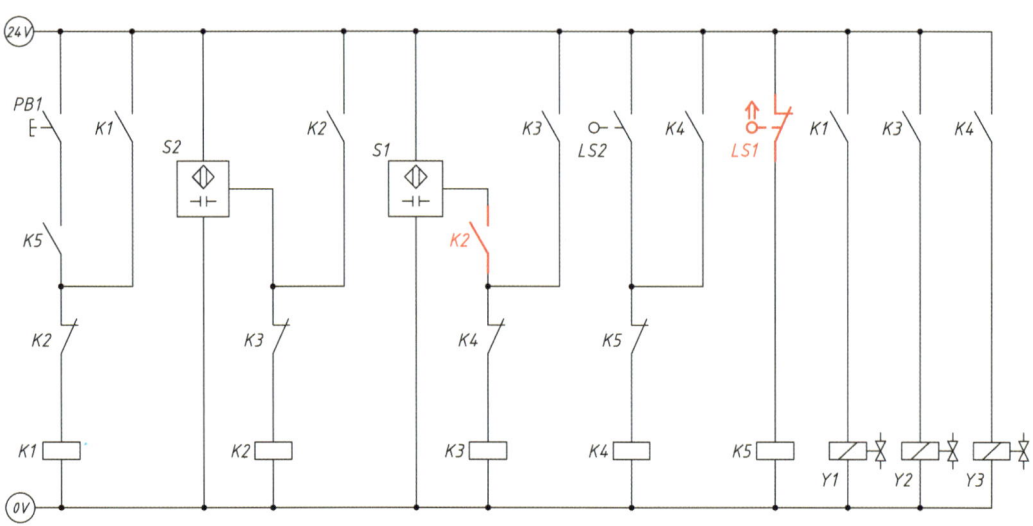

바. 공기압 회로도 참고(유지보수 포함)

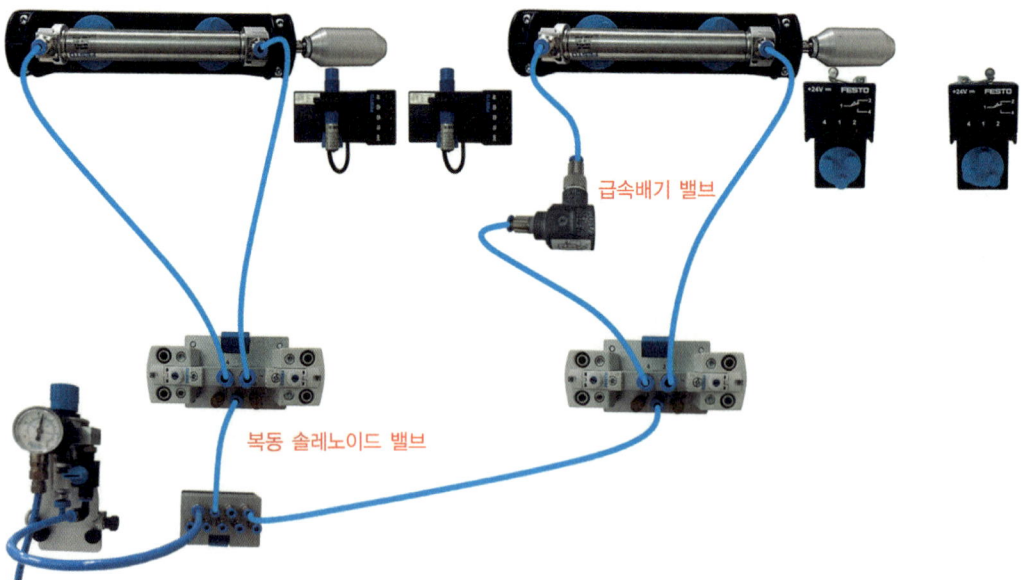

사. 공기압 유지보수 회로도

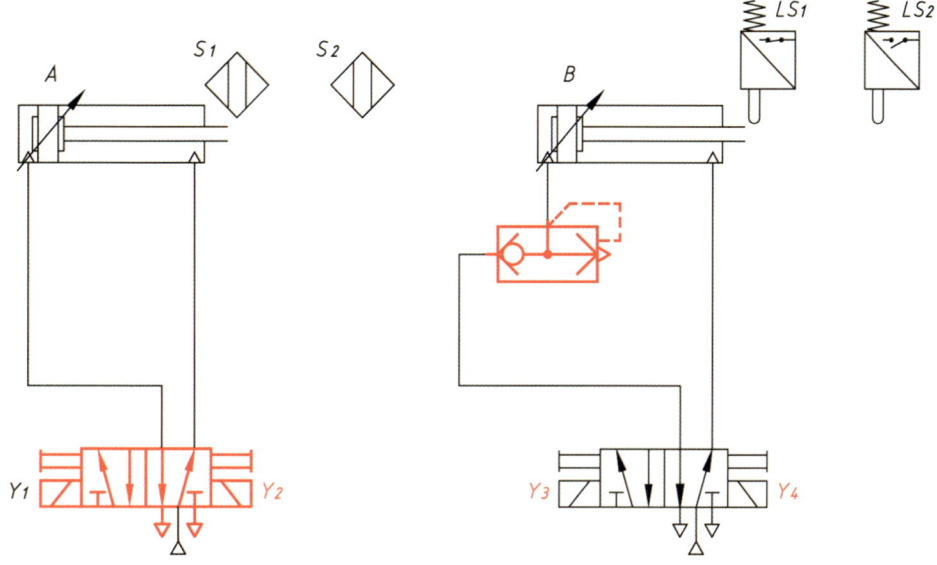

아. 전기 유지보수 회로도

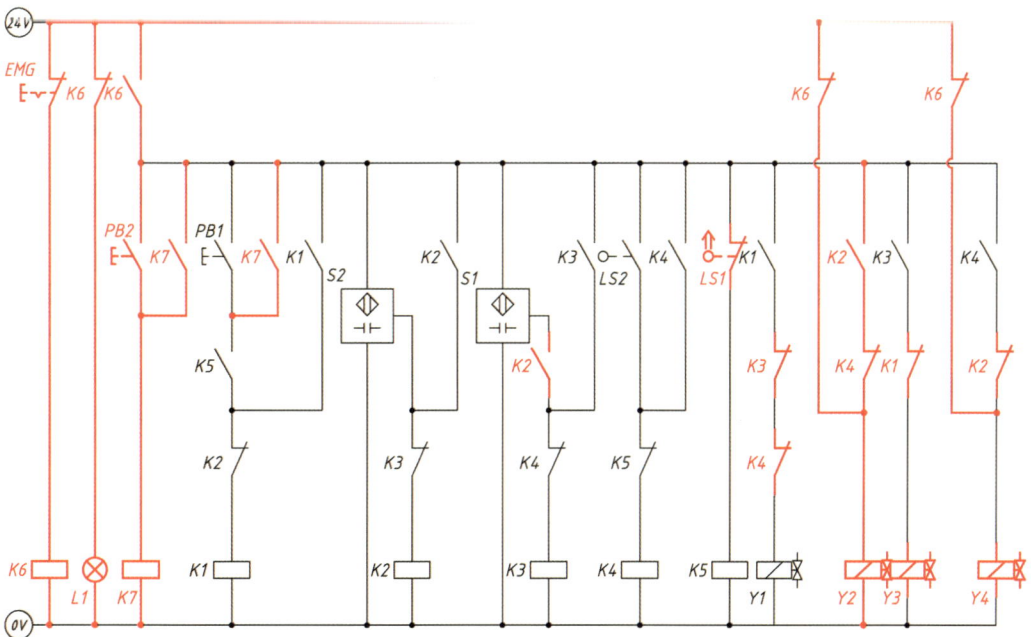

9 도면 ⑦

가. 공기압 회로도

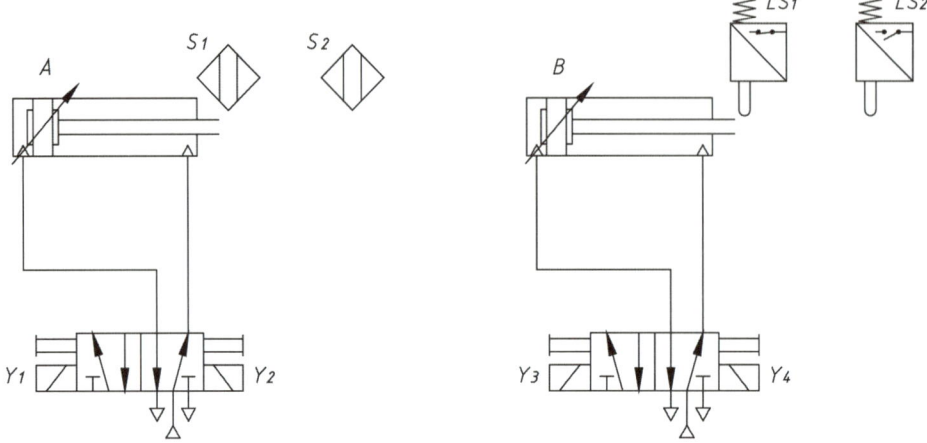

나. 전기회로도

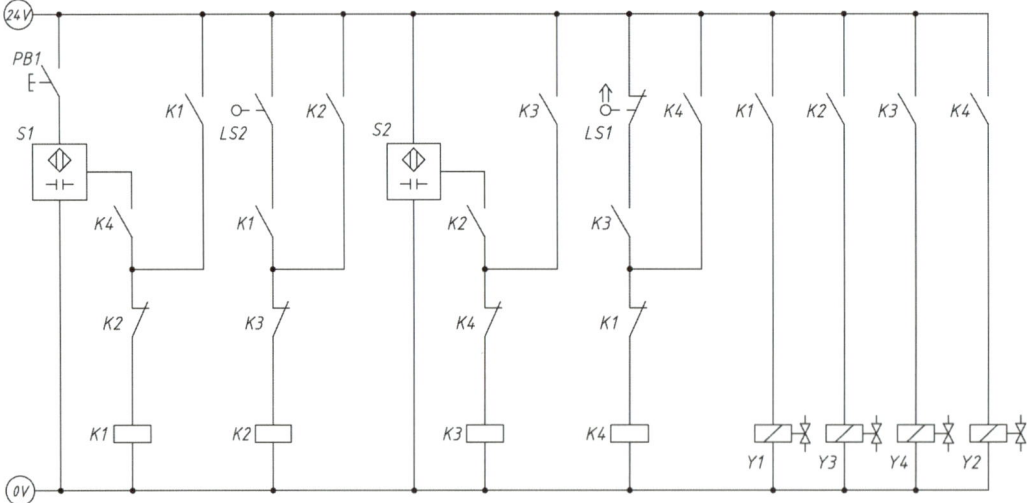

다. 변위단계선도

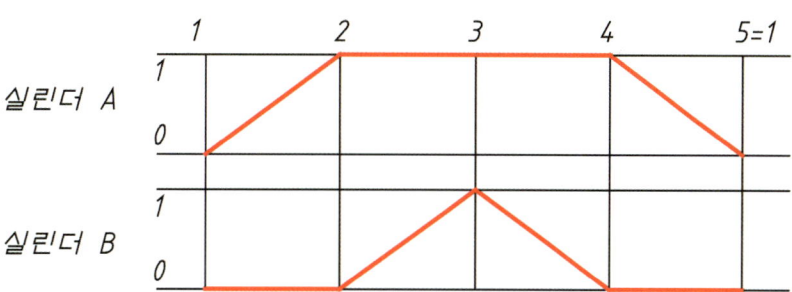

라. 유지보수 계획

1) 연속 스위치(PB2), 비상정지 스위치(유지형 스위치 사용 가능), 램프를 추가하여 다음과 같이 동작하도록 회로를 변경하시오.
    가) PB2를 1회 ON-OFF하면, 기본동작이 연속적으로 동작합니다.
    나) 연속동작 중 비상정지 스위치를 ON하면, 모든 실린더는 후진하며 램프가 점등됩니다.
    다) 비상정지 스위치를 OFF하면, 램프는 소등되고 시스템은 초기화됩니다.
    라) 초기화 후 PB2를 1회 ON-OFF하면, 연속동작이 재동작합니다.
2) 실린더 A의 전진이 완료되면 3초 후에 실린더 B가 동작하도록 전기타이머를 사용하여 회로를 변경하시오.
3) 실린더 B의 후진속도를 조절하기 위하여 일방향 유량조절 밸브를 사용하여 미터아웃 방식으로 회로를 변경하시오.

마. 오류 수정 회로도

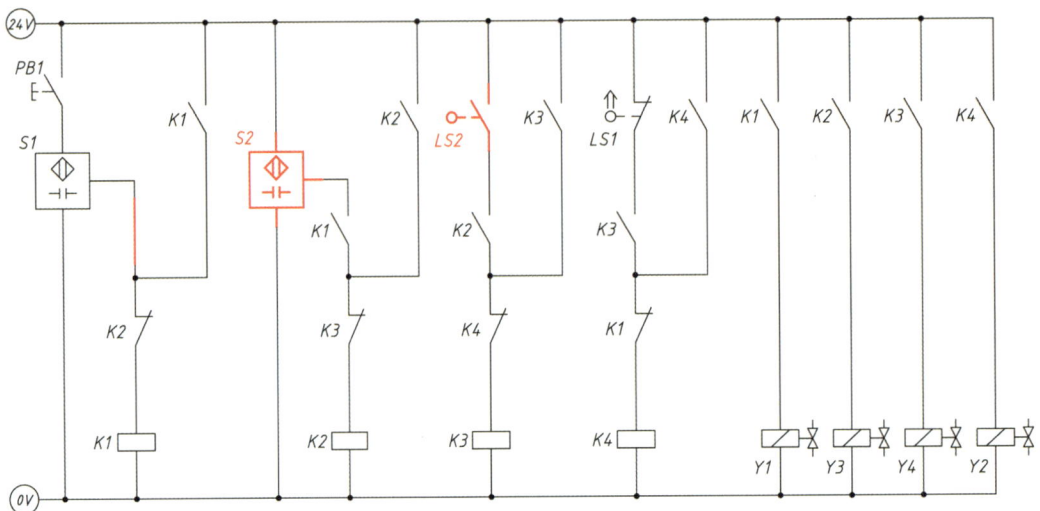

바. 공기압 회로도 참고(유지보수 포함)

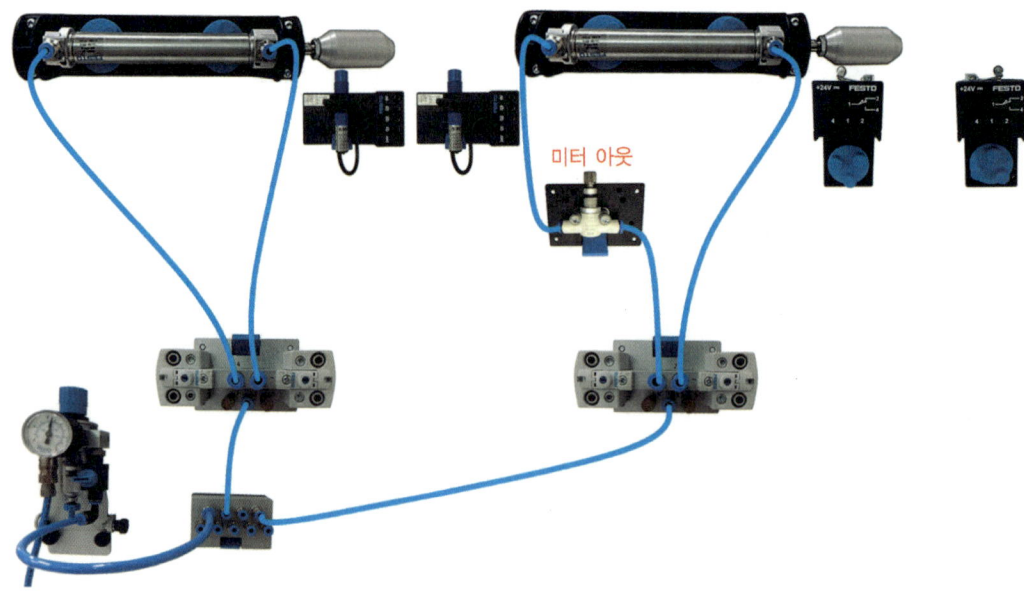

사. 공기압 유지보수 회로도

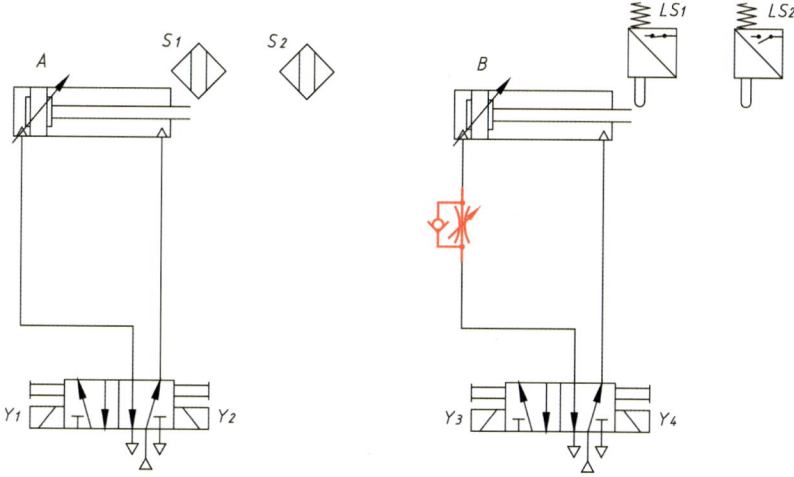

아. 전기 유지보수 회로도

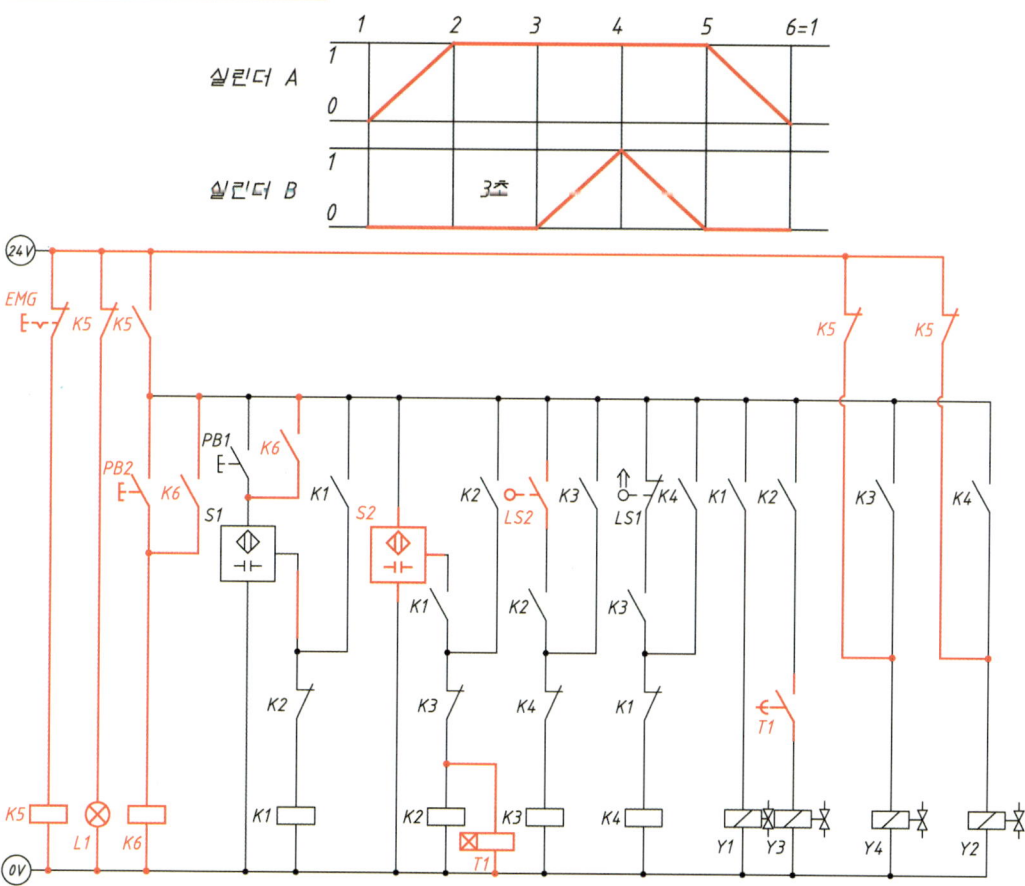

10 도면 ⑧

가. 공기압 회로도

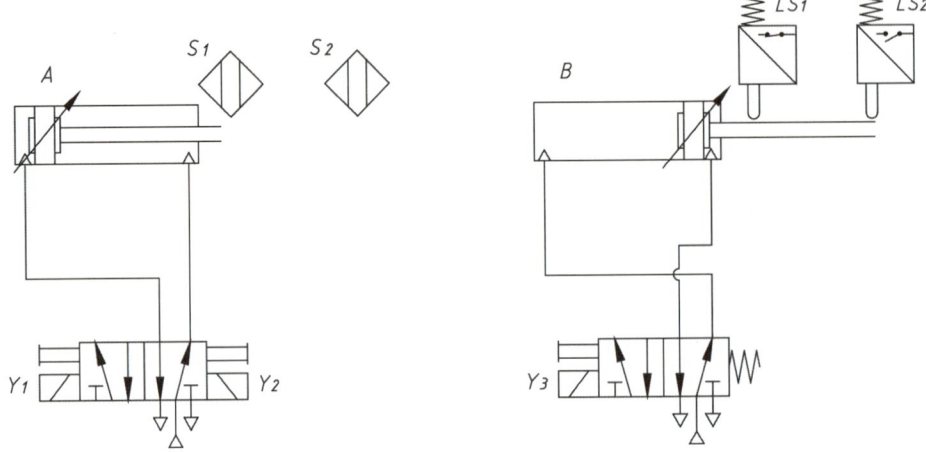

나. 전기회로도

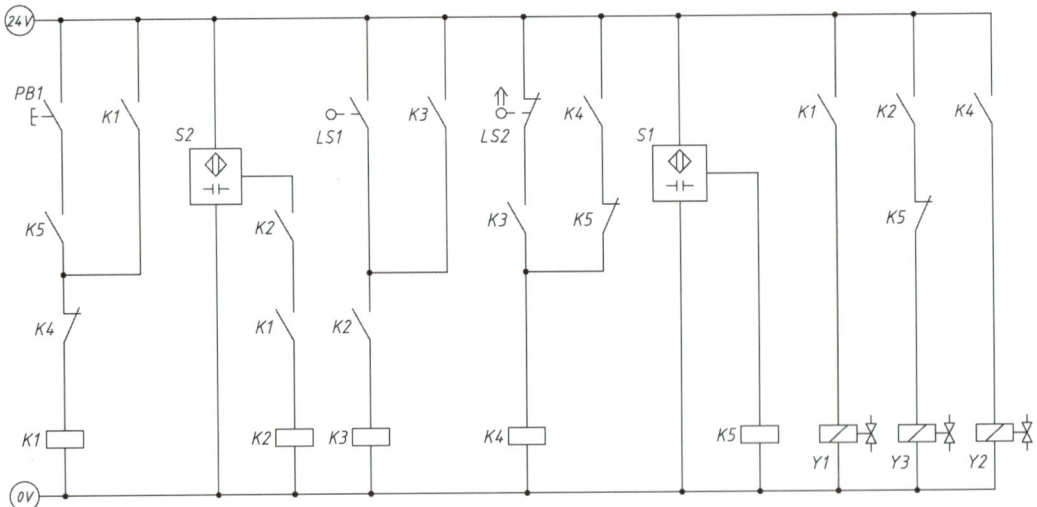

다. 변위단계선도

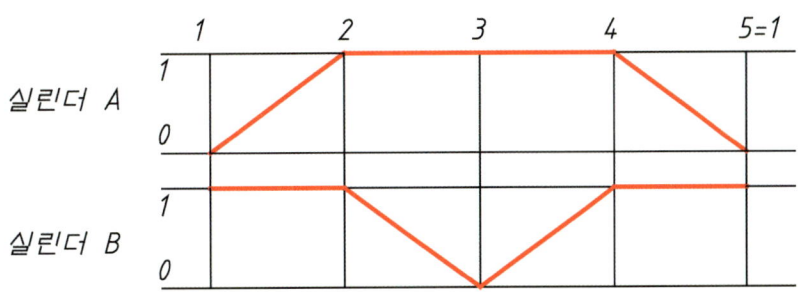

라. 유지보수 계획

1) 연속 스위치(PB2), 카운터 리셋 스위치(PB3)를 추가하여 다음과 같이 동작하도록 회로를 변경하시오.

   가) PB2를 1회 ON-OFF하면, 기본동작을 3회 연속동작한 후 정지합니다.

   가) PB3를 1회 ON-OFF하면, 카운터가 리셋됩니다.

   가) 카운터 리셋 후 PB2를 1회 ON-OFF하면, 연속동작이 재동작합니다.

2) 실린더 B의 방향제어 밸브를 양측 솔레노이드 밸브로 교체한 후 변위단계선도와 같은 동작을 수행할 수 있도록 회로를 변경하시오.

3) 감압밸브를 사용하여 실린더 B의 작동압력이 0.3 ± 0.05 MPa로 제어되도록 회로를 변경하시오.

마. 오류 수정 회로도

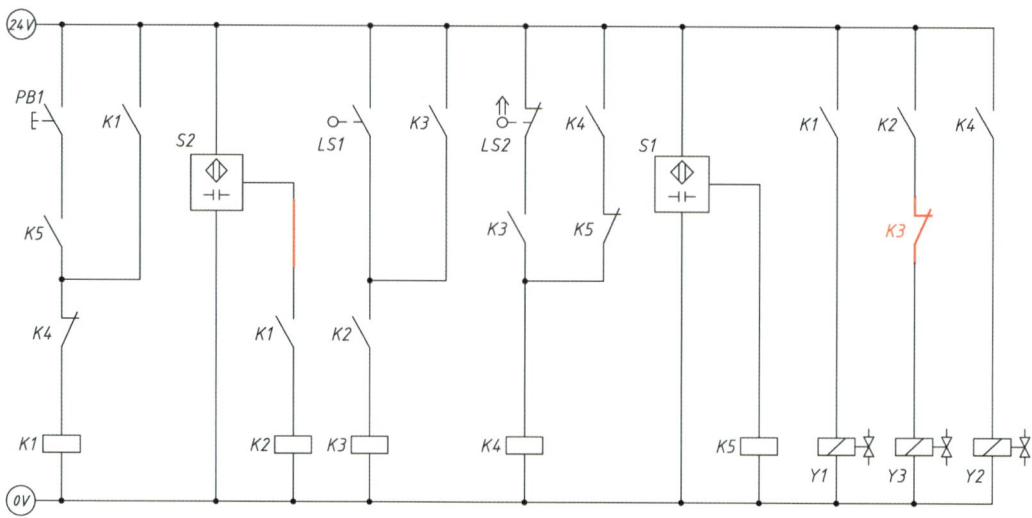

바. 공기압 회로도 참고(유지보수 포함)

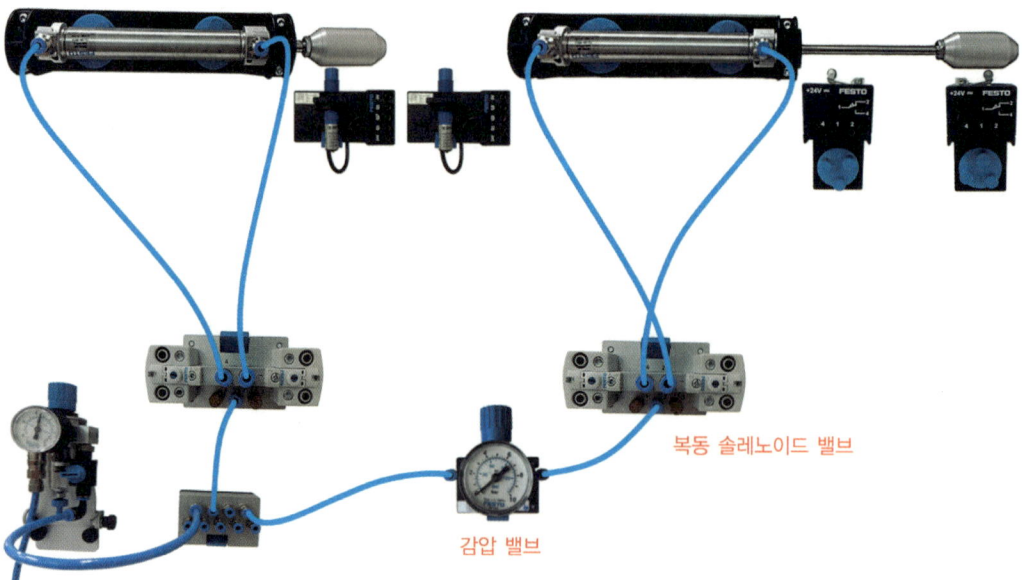

복동 솔레노이드 밸브
감압 밸브

사. 공기압 유지보수 회로도

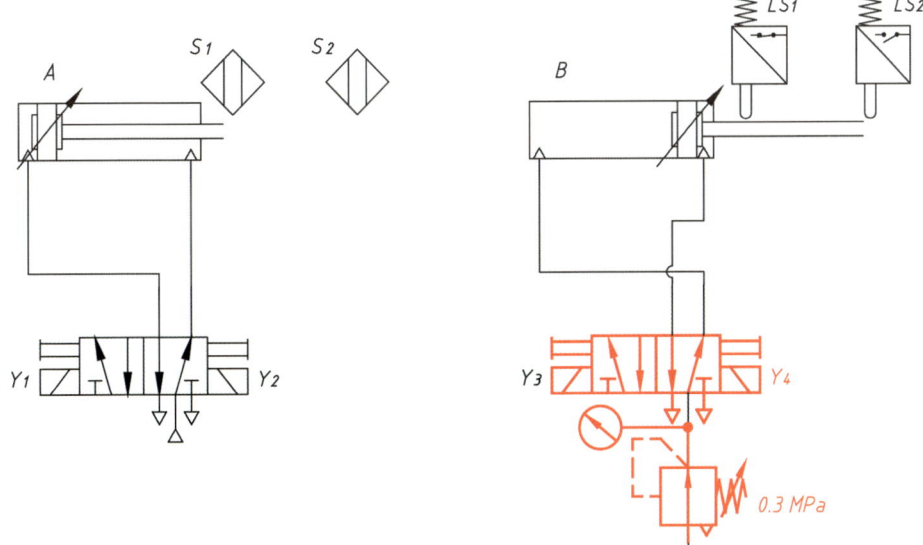

아. 전기 유지보수 회로도

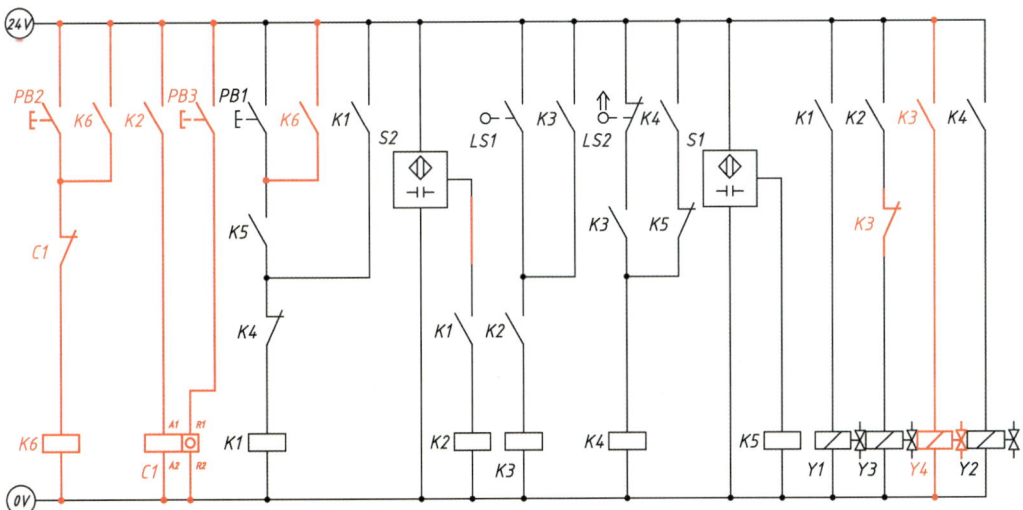

Ⅶ 유압 회로 구성 및 조립

▶ 설비보전기사 유압시스템 진단 및 구성 ◀

※ 시험시간: [제2과제] 1시간

1 요구사항

※ 지급된 재료 및 시설을 사용하여 아래 작업을 완성하시오.
※ 한번 제출한 작품의 재작업은 허용되지 않습니다.

가. 유압 회로도 구성

1) **유압 회로도**와 같이 기기를 선정하여 고정판에 배치하시오.
   가) 기기는 수평 또는 수직 방향으로 수험자가 임의로 배치하고, 리밋 스위치는 방향성을 고려하여 설치하시오.
2) 유압 호스를 사용하여 기기를 연결하시오.
   가) 유압 호스가 시스템 동작에 영향을 주지 않도록 정리하시오.
3) 유압 회로 내 최고압력을 4±0.2 MPa로 설정하시오.
4) 작업이 완료된 상태에서 유압을 공급했을 때 유압유의 누설이 발생하지 않도록 하시오.

나. 기본동작

1) **전기회로도** 중 오류 부분을 수험자가 정정하고 PB1을 ON-OFF하면 **변위단계선도**와 같이 동작되도록 시스템을 구성하고 시험감독위원에게 확인받으시오. (단, 주어진 전기회로도에서 릴레이의 개수가 증가되거나 감소되지 않도록 하시오.)
   가) 전기 배선은 +는 적색으로, -는 청색 또는 흑색으로 연결하고, 전선이 시스템 동작에 영향을 주지 않도록 정리하시오.
   나) 지정되지 않은 누름버튼 스위치는 자동복귀형 스위치를 사용하시오.

다. 시스템 유지보수

1) 기본동작을 **유지보수 계획**과 같이 시스템을 변경하고 시험감독위원에게 확인받으시오.

라. 정리정돈

1) 평가 종료 후 작업한 자리의 부품 정리, 기름 제거, 유압 배관 정리, 전선 정리 등 모든 상태를 초기 상태로 정리하시오.

② 수험자 유의사항

※ 다음의 유의사항을 고려하여 요구사항을 완성하시오.
※ 작업형 과제별 배점은 [공기압시스템 진단 및 구성 20점, 유압시스템 진단 및 구성 20점, 보수용접 및 누수 시험 20점]이며, 이외 세부항목 배점은 비공개입니다.

1) 시험 시작 전 장비의 이상유무를 확인합니다.
2) 시험 중 반드시 시험감독위원의 지시에 따라야 하며, 시험감독위원의 지시가 없는 한 시험장을 임의로 이탈할 수 없습니다.
3) 시험에 필요한 기기 이외의 부품이나 장비에 임의로 접촉하지 않도록 주의하시기 바랍니다.
4) 유압 배관의 제거는 공급 압력을 차단한 후 실시하시기 바랍니다.
5) 유압 펌프는 OFF 상태를 기본으로 하고, 회로 검증 등 필요한 경우에만 동작시키시기 바랍니다.
6) 유압 회로가 무부하 회로일 경우 압력 설정에 주의하시기 바랍니다.
7) 전기 합선 시에는 즉시 전원공급 장치의 전원을 차단하시기 바랍니다.
8) 실린더의 작동 부분에는 전선 및 호스가 접촉되지 않도록 주의하여야 합니다.
9) "기본동작 → 시스템 유지보수" 순서대로 시험감독위원에게 평가받습니다. (단, 각 동작의 평가는 전원이 유지된 상태에서 2회 이상 시도하여 동일하게 정상 동작이 되어야 하며, 1회만 동작하고 정상적으로 재동작하지 않으면 인정하지 않습니다.)
10) 평가 기회는 한 번만 부여되오니, 이점 유의하여 평가를 요청하시기 바랍니다. (단, 평가가 불명확하여 재확인이 필요한 경우 시험감독위원의 판단에 따라 다시 동작시킬 수 있습니다. 회로를 변경 또는 수정할 수 없고, 동작만 재시도 합니다.)
11) 평가 종료 후 정리정돈 상태에 따라 감점될 수 있음을 유의하시기 바랍니다.

12) 시험 중 작업복 및 안전보호구를 착용하여 안전수칙을 준수하여야 하며, 안전수칙 미준수로 인해 감점될 수 있음을 유의하시기 바랍니다. (단, 슬리퍼, 샌들 착용 등 복장이 작업에 부적합할 경우 응시가 불가능합니다.)
13) 다음 사항은 실격에 해당하여 채점 대상에서 제외됩니다.
   가) 수험자 본인이 수험 도중 시험에 대한 기권 의사를 표현하는 경우
   나) 실기시험 과정 중 1개 과정이라도 불참한 경우
   다) 시설·장비의 조작 또는 재료의 취급이 미숙하여 위해를 일으킬 것으로 시험감독위원 전원이 합의하여 판단한 경우
   라) 기능이 해당 등급 수준에 전혀 도달하지 못한 것으로 시험감독위원이 판단할 경우
   마) 부정행위를 한 경우
   바) 시험시간 내에 작품을 제출하지 못한 경우
   사) 다른 부품 사용 등으로 주어진 유압 회로도와 수험자가 작업한 회로가 일치하지 않는 경우
   아) 기본동작을 완성하지 못한 경우
   자) 기본동작 구성 시 릴레이의 개수가 증가되거나 감소된 경우

3 도면 ①

가. 유압 회로도

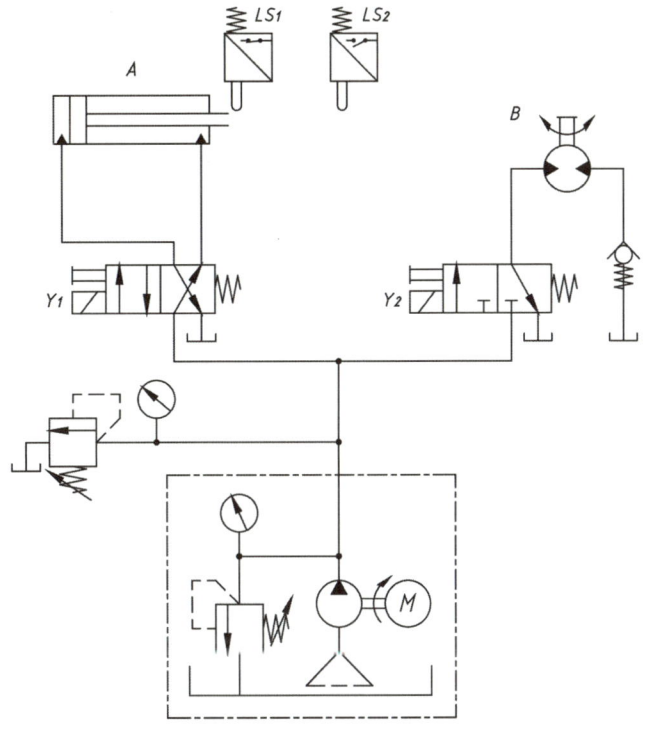

나. 전기회로도

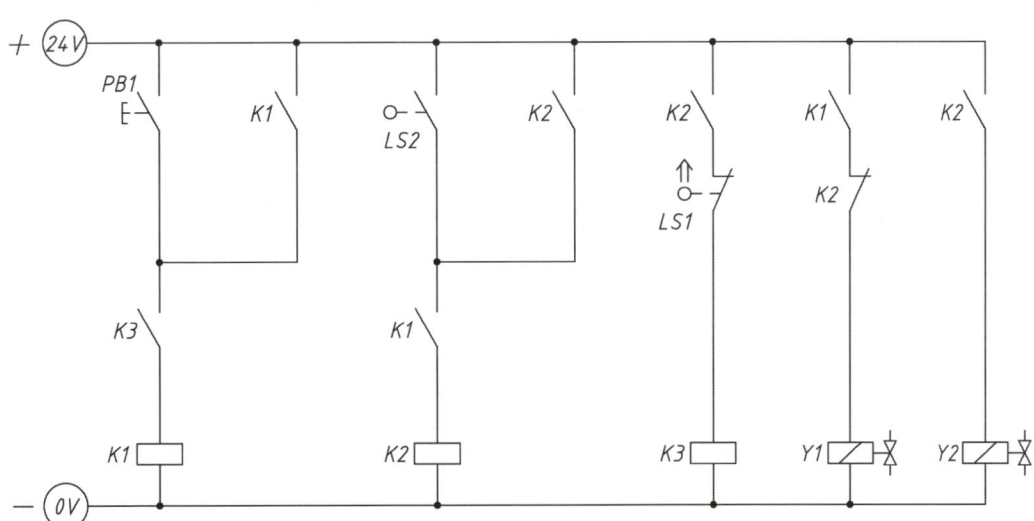

다. 기본제어동작

(1) 초기 상태에서 PB1 스위치를 ON-OFF 하면 다음 변위단계선도와 같이 동작합니다.
(2) 변위-단계선도

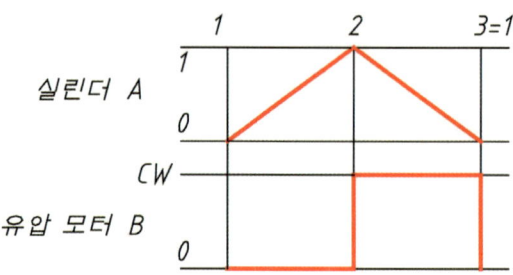

※ 유압 모터는 축 방향에서 볼 때 시계방향(CW)은 정회전, 반시계방향(CCW)은 역회전이 되도록 작업하시오.

라. 유지보수 계획

1) 연속 스위치(PB2), 카운터 리셋 스위치(PB3)를 추가하여 다음과 같이 동작하도록 회로를 변경하시오.
   가) PB2를 1회 ON-OFF하면, 기본동작을 3회 연속동작한 후 정지합니다.
   나) PB3를 1회 ON-OFF하면, 카운터가 리셋됩니다.
   다) 카운터 리셋 후 PB2를 1회 ON-OFF하면, 연속동작이 재동작합니다.
2) 실린더 A 전진 시 일방향 유량조절 밸브를 사용하여 미터인 회로를 구성하고, 실린더 로드 측에 카운터 밸런스 밸브와 압력계를 사용하여 자중낙하방지 회로를 구성하시오. (단, 속도는 약 50% 정도로, 압력은 3±0.5 MPa이 되도록 설정하시오.)
3) 유압유의 역류를 방지하기 위해 파워유닛의 토출구에 체크밸브를 추가하여 구성하시오.

마. 오류 수정 회로도

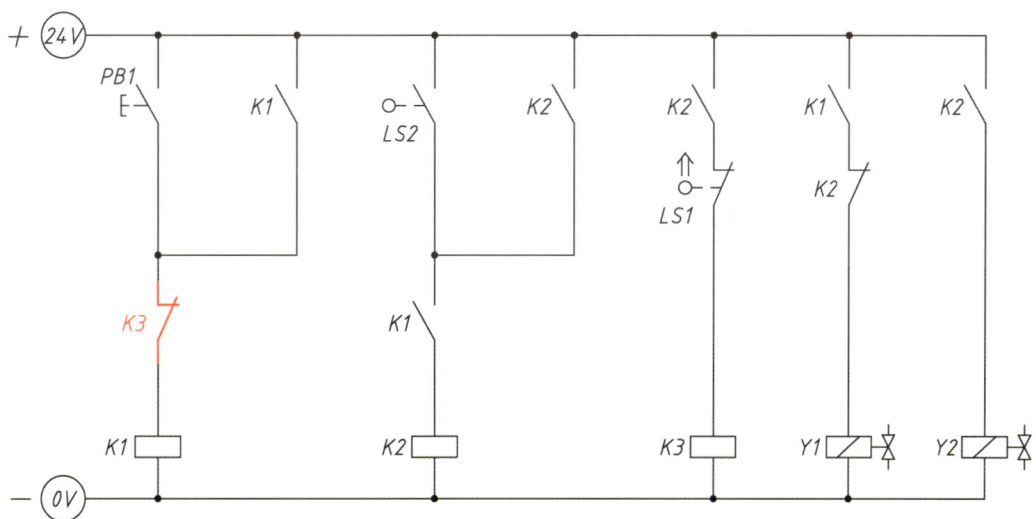

바. 유압 회로도 참고(유지보수 포함)

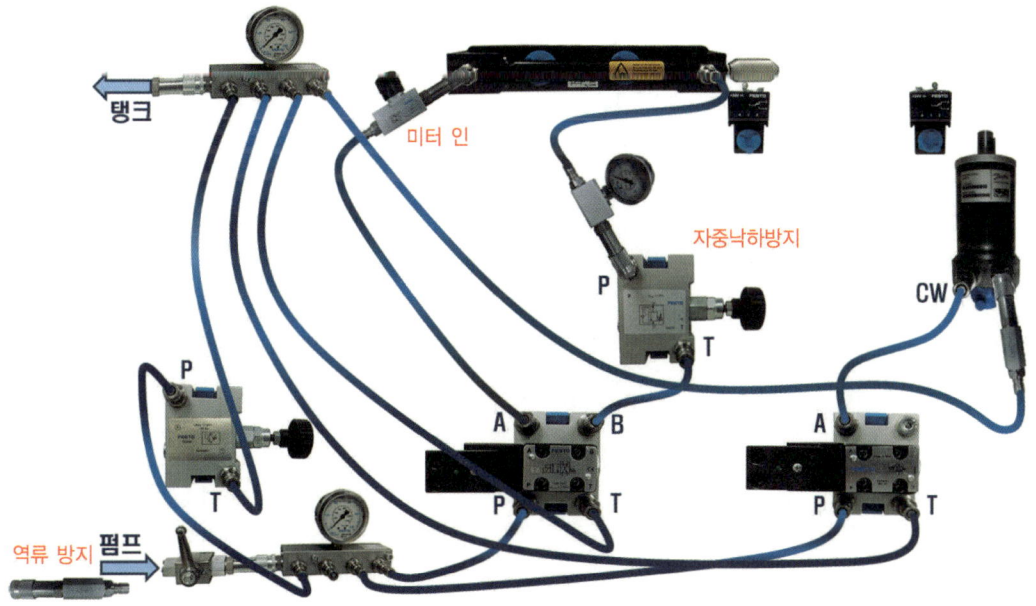

사. 유압 유지보수 회로도

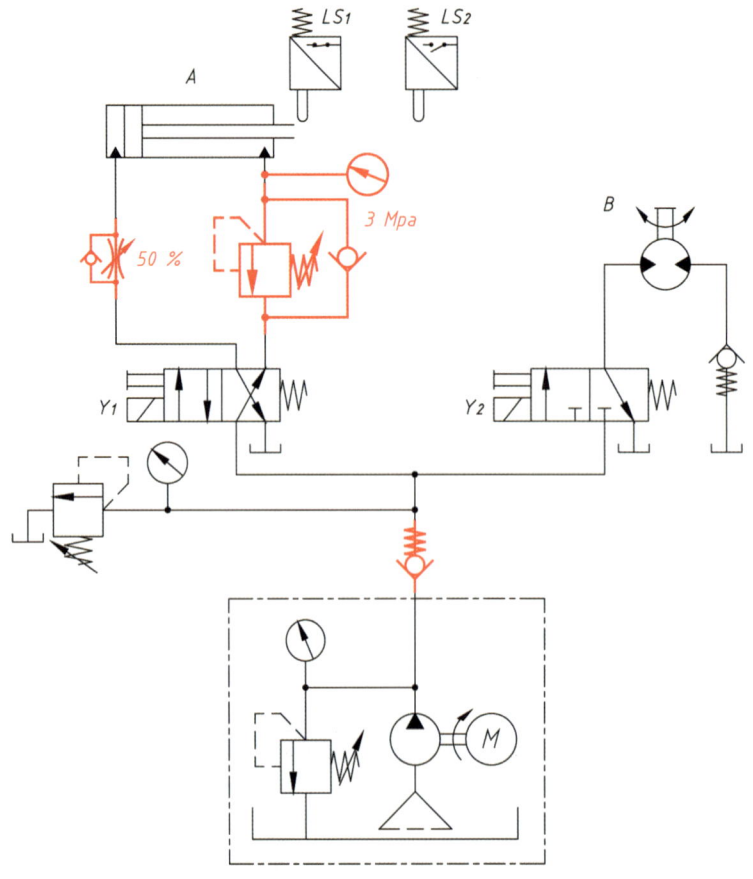

아. 전기 유지보수 회로도

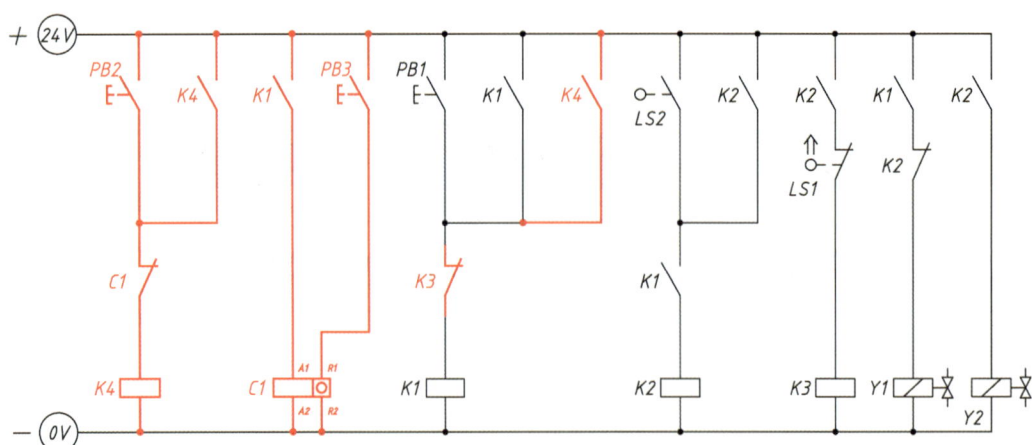

4 도면 ②

가. 유압 회로도

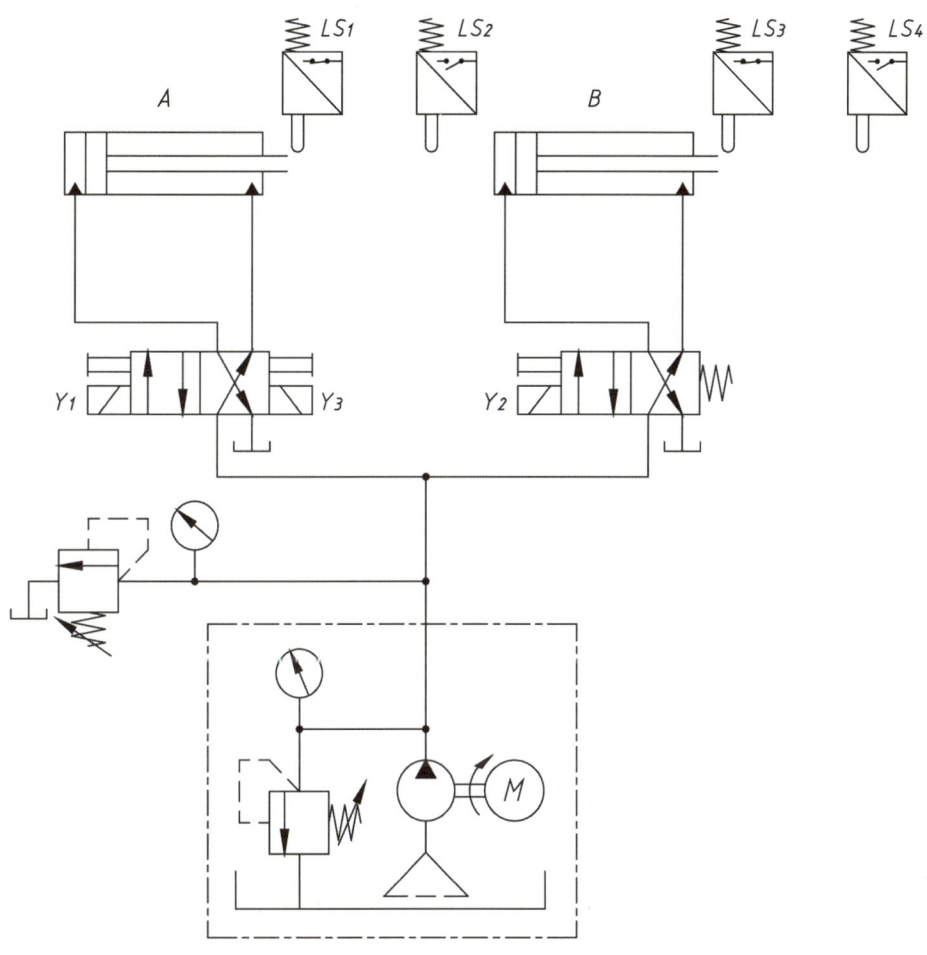

나. 전기회로도

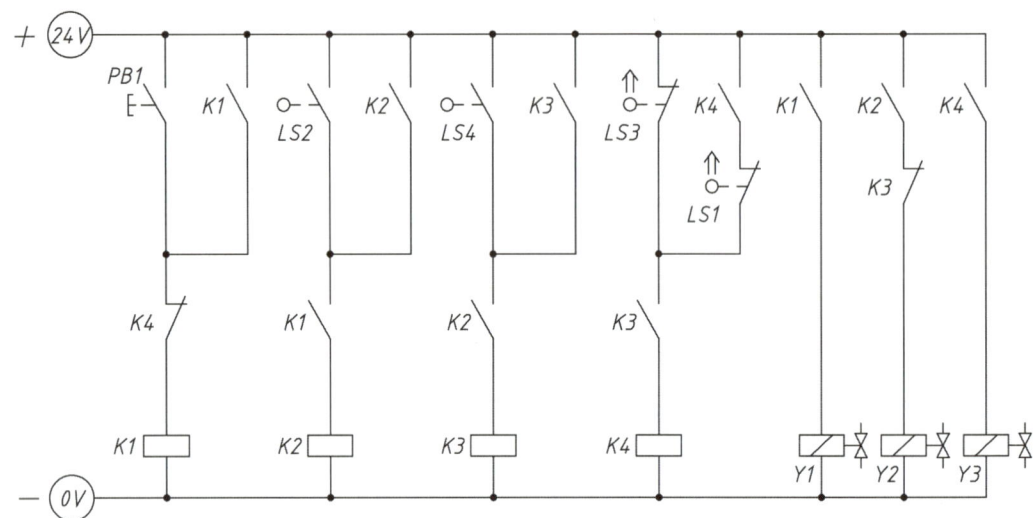

다. 변위단계선도

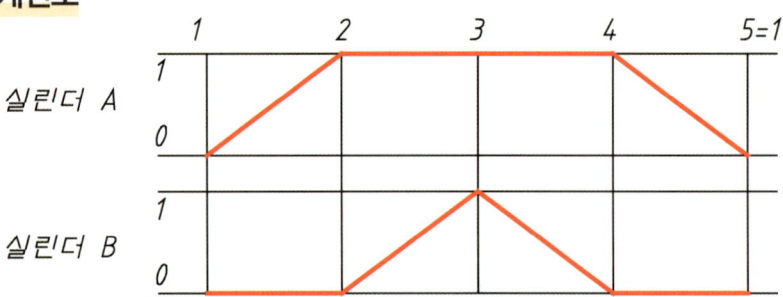

라. 유지보수 계획

1) 연속 스위치(PB2), 연속정지 스위치(PB3)를 추가하여 다음과 같이 동작하도록 변경하시오.

　가) PB2를 1회 ON-OFF하면, 기본동작을 연속적으로 동작합니다.

　나) PB3를 1회 ON-OFF하면, 해당 행정이 완료된 후 동작이 정지합니다. (단, 초기화 및 재동작이 가능하여야 합니다.)

2) 실린더 A의 압력라인(P)에 감압밸브와 압력계를 설치하여 유압 회로도를 변경하고, 2차 측의 압력이 2±0.5 MPa이 되도록 조정하시오.

3) 실린더 B의 전진 속도를 조절하기 위하여 일방향 유량조절 밸브를 사용하여 미터인 방식으로 회로를 구성하시오. (단, 속도는 약 50% 정도가 되도록 설정하시오.)

마. 오류 수정 회로도

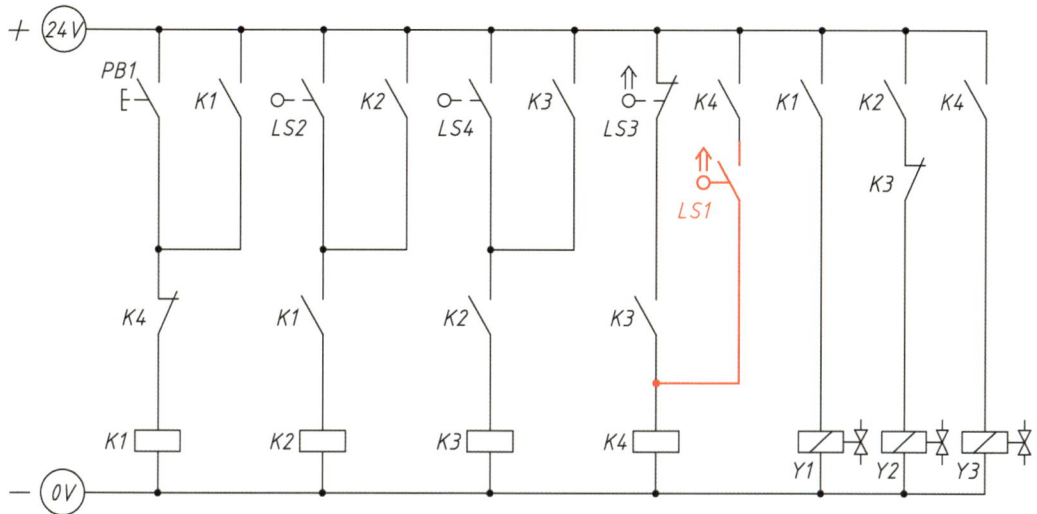

바. 유압 회로도 참고(유지보수 포함)

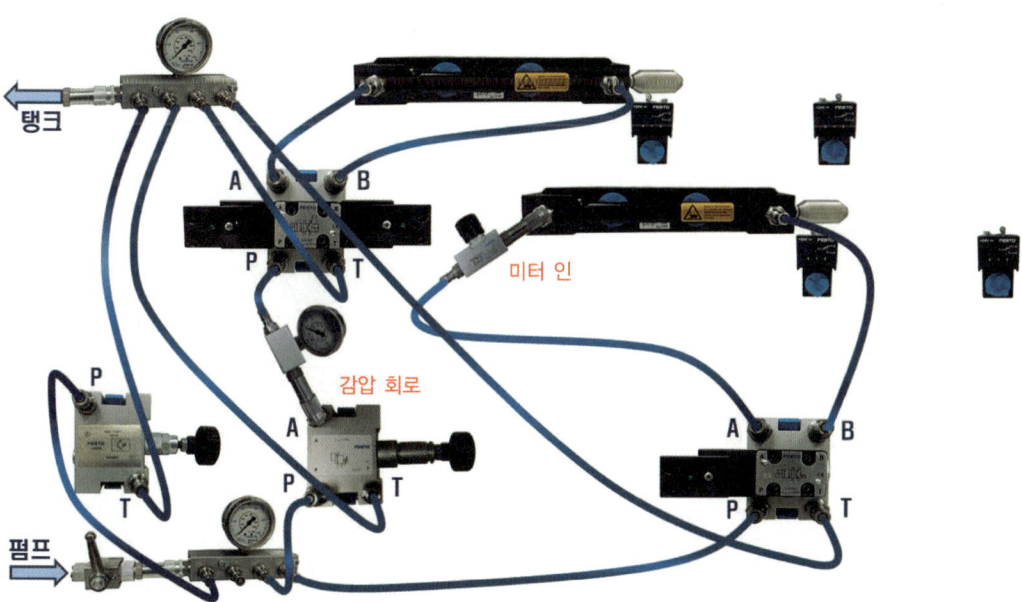

사. 유압 유지보수 회로도

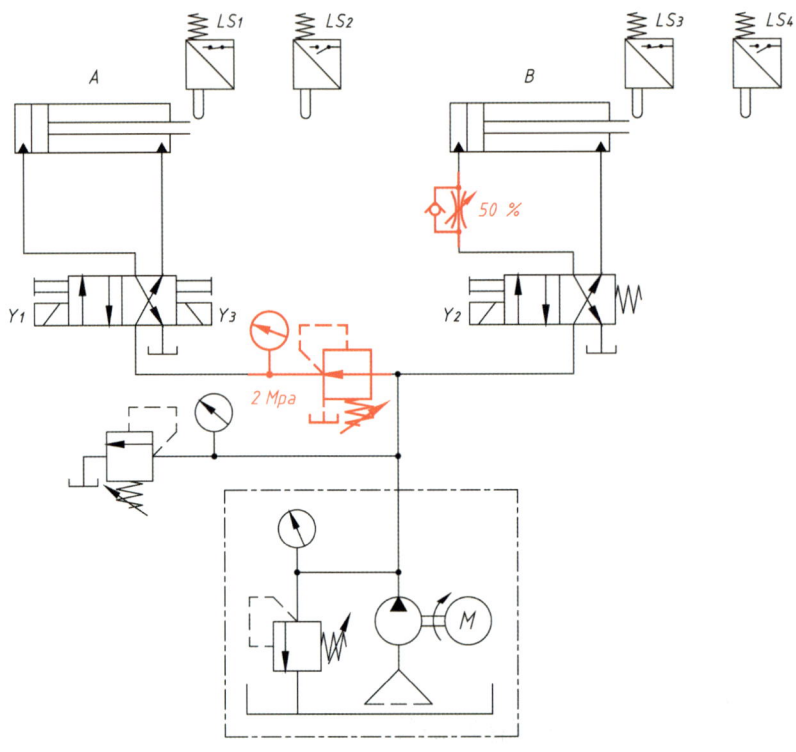

아. 전기 유지보수 회로도

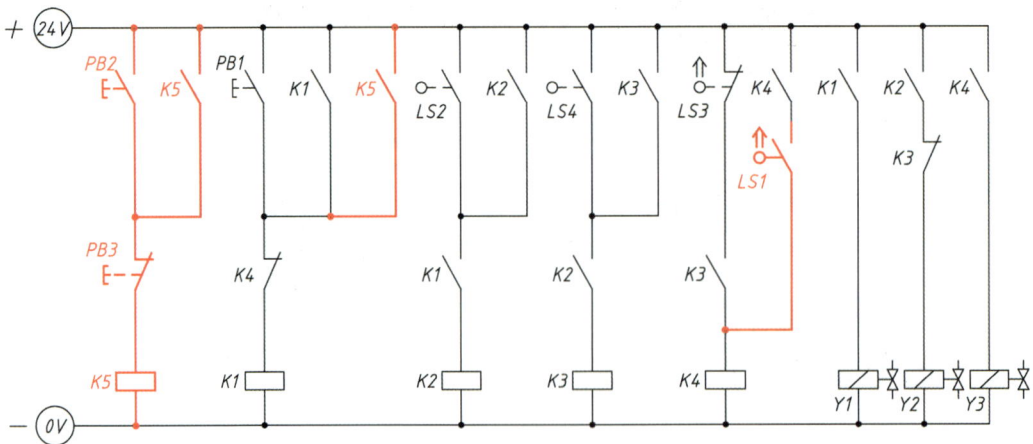

5 도면 ③

가. 유압 회로도

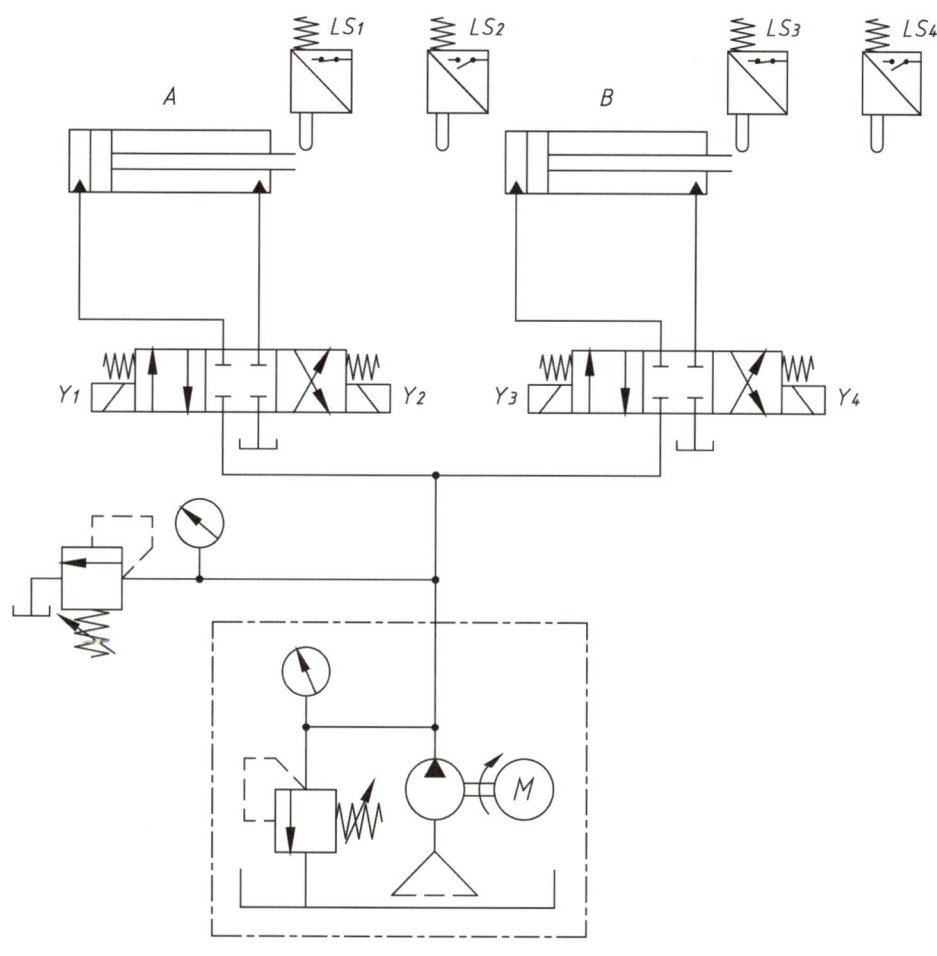

나. 전기회로도

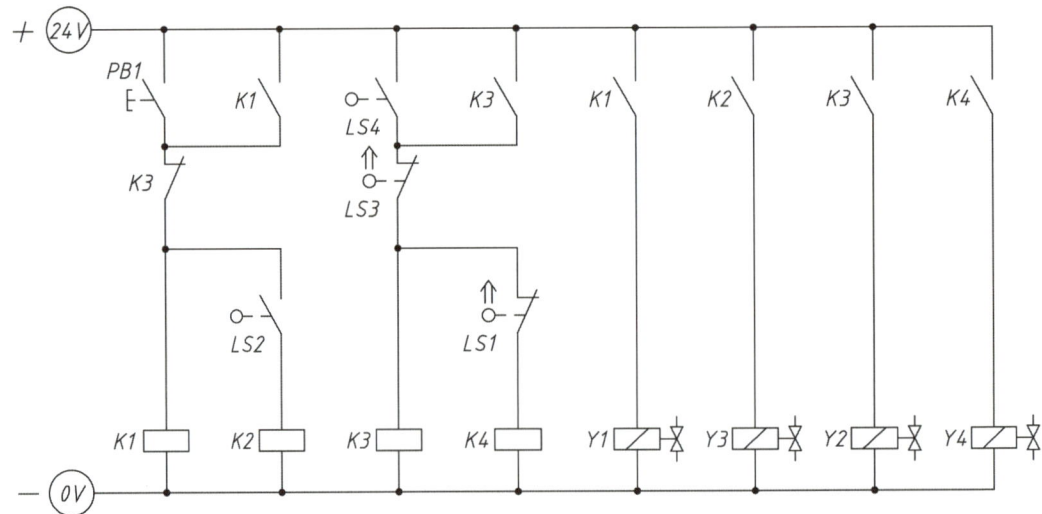

다. 변위단계선도

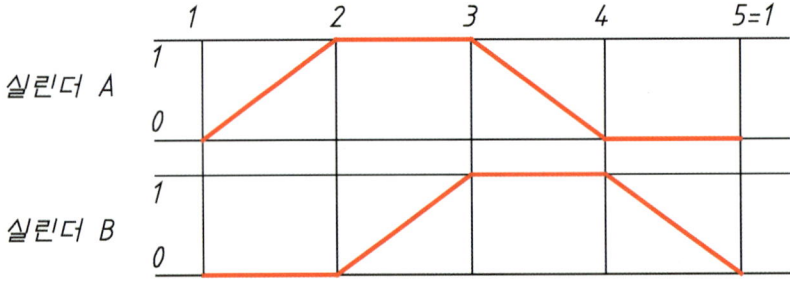

라. 유지보수 계획

1) 실린더 A의 전진이 완료되면 3초 후에 실린더 B가 동작하도록 전기 타이머를 사용하여 회로를 변경하시오.

2) 실린더 B의 전진 리밋 스위치 LS4를 제거하고 압력 스위치 및 압력게이지를 설치하여 전진 완료 후 압력 스위치의 설정압력에 도달했을 때 실린더 A가 후진하도록 회로를 변경하시오. (단, 압력은 3±0.5 MPa이 되도록 설정하시오.)

3) 실린더 B의 전·후진 속도가 제어되도록 공급라인에 양방향 유량조절 밸브를 사용하여 회로를 구성하시오. (단, 속도는 약 50% 정도가 되도록 설정하시오.)

마. 오류 수정 회로도

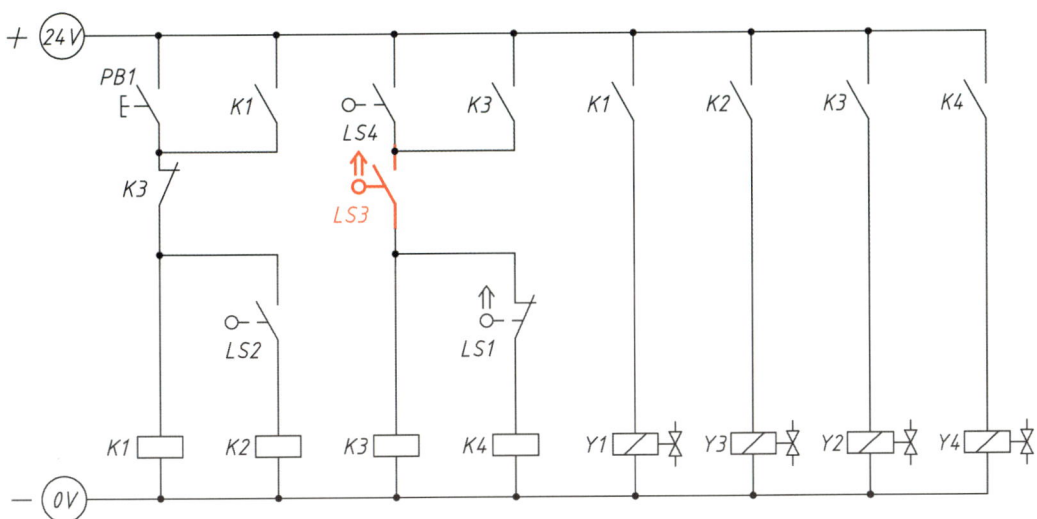

바. 유압 회로도 참고(유지보수 포함)

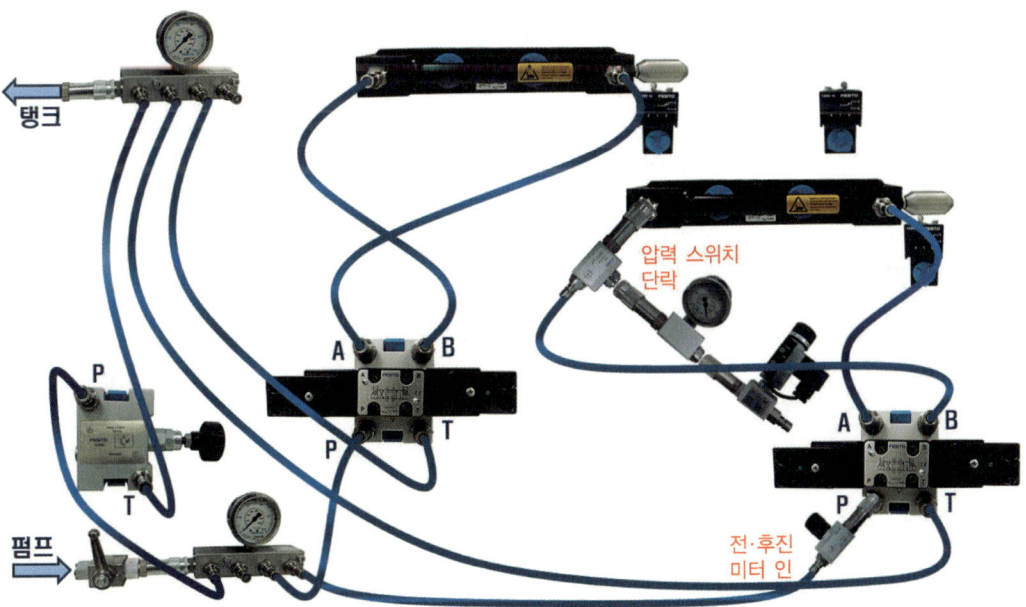

사. 유압 유지보수 회로도

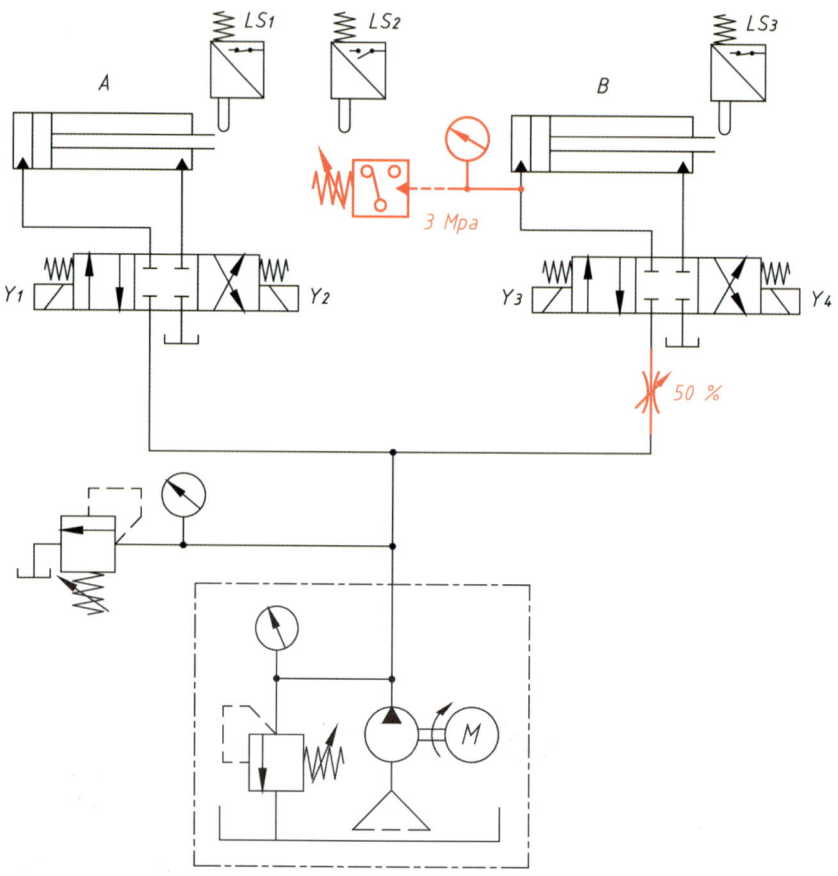

아. 전기 유지보수 회로도

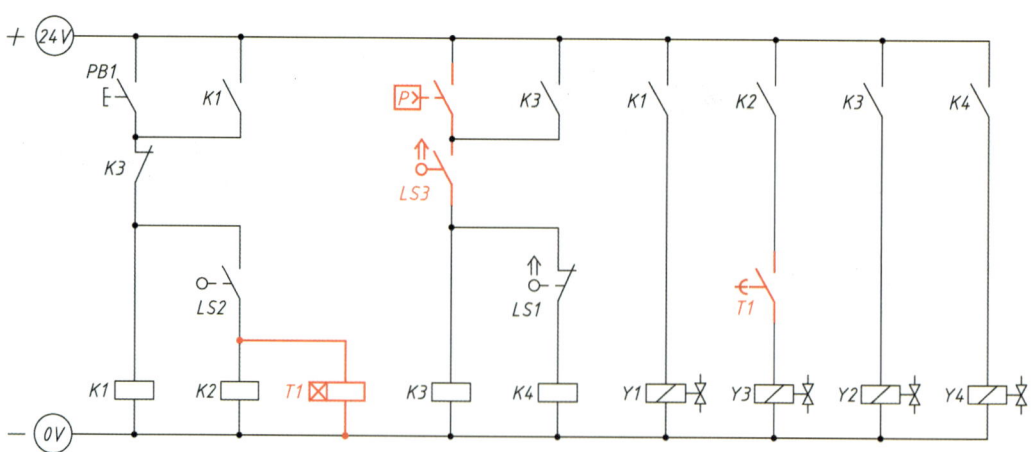

6 도면 ④

가. 유압 회로도

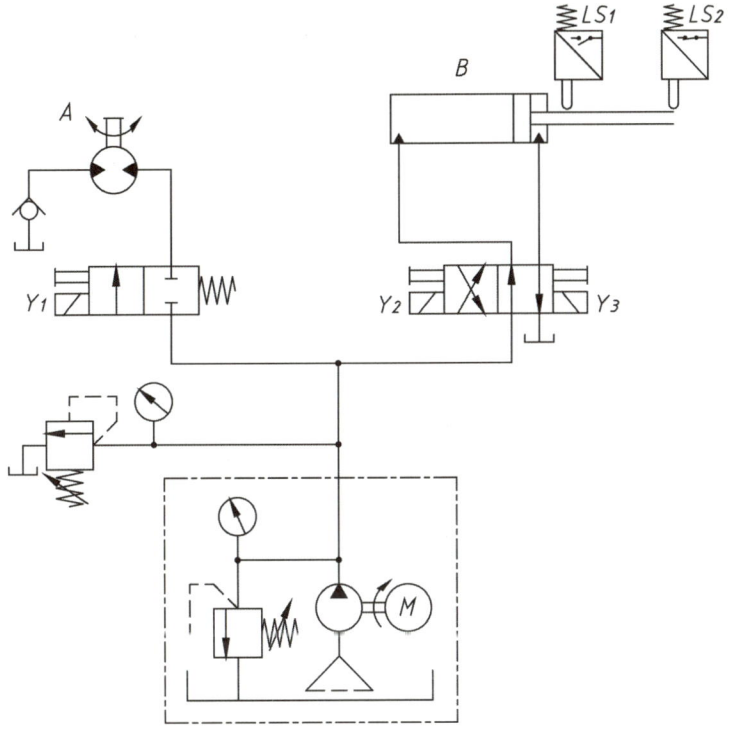

나. 전기회로도

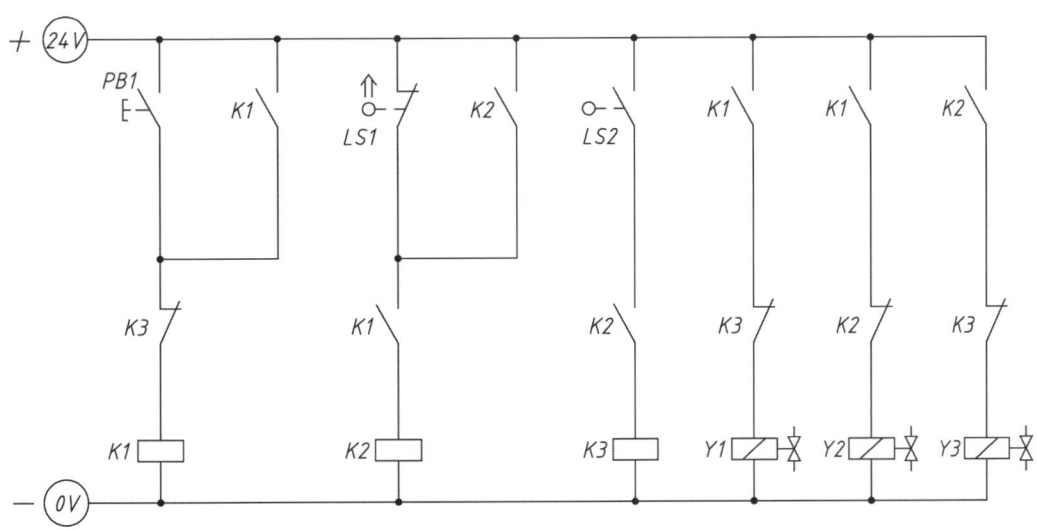

다. 변위단계선도

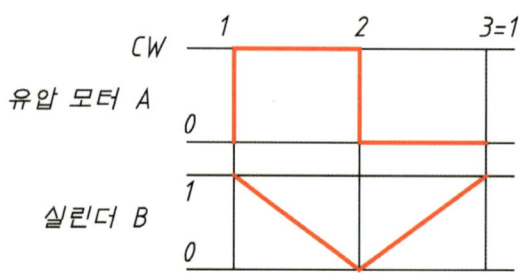

※ 유압 모터는 축 방향에서 볼 때 시계방향(CW)은 정회전, 반시계방향(CCW)은 역회전이 되도록 작업하시오.

라. 유지보수 계획

1) 연속 스위치(PB2), 카운터 리셋 스위치(PB3)를 추가하여 다음과 같이 동작하도록 회로를 변경하시오.

    가) PB2를 1회 ON-OFF하면, 기본동작을 3회 연속동작한 후 정지합니다.

    나) PB3를 1회 ON-OFF하면, 카운터가 리셋됩니다.

    다) 카운터 리셋 후 PB2를 1회 ON-OFF하면, 연속동작이 재동작합니다.

2) 실린더 B 전진 시 일방향 유량조절 밸브를 사용하여 미터인 회로를 구성하고, 실린더 로드 측에 카운터 밸런스 밸브와 압력계를 사용하여 자중낙하방지 회로를 구성하시오. (단, 속도는 약 50% 정도로, 압력은 3 ± 0.5 MPa이 되도록 설정하시오.)

3) 유압유의 역류를 방지하기 위해 파워유닛의 토출구에 체크밸브를 추가하여 구성하시오.

마. 오류 수정 회로도

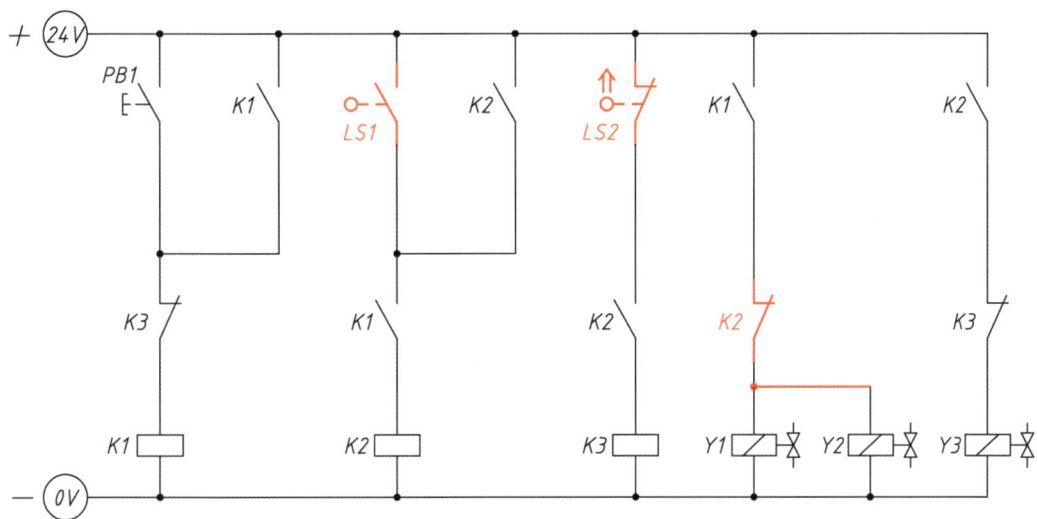

바. 유압 회로도 참고(유지보수 포함)

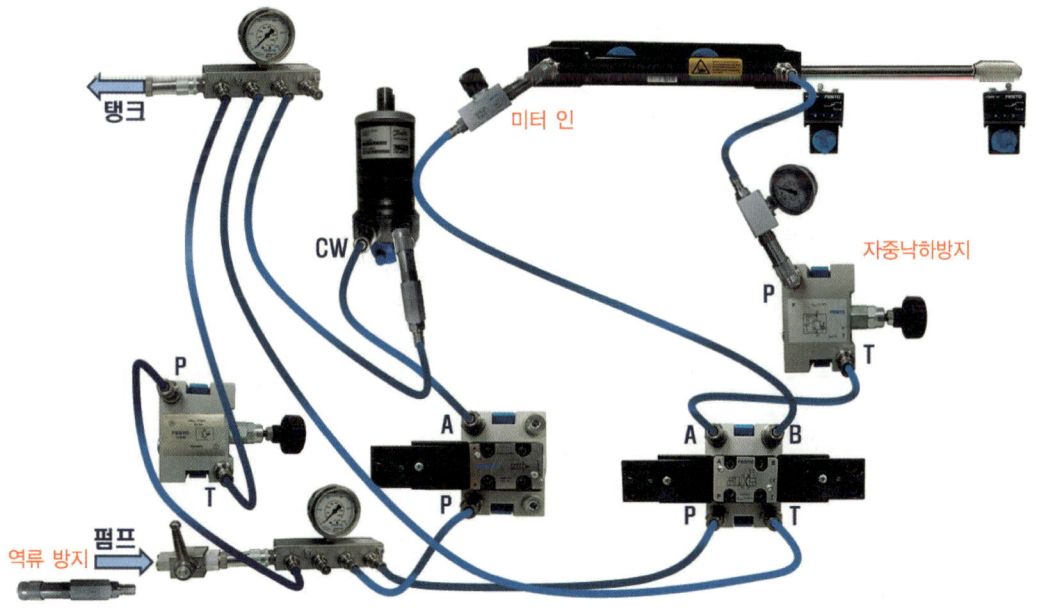

사. 유압 유지보수 회로도

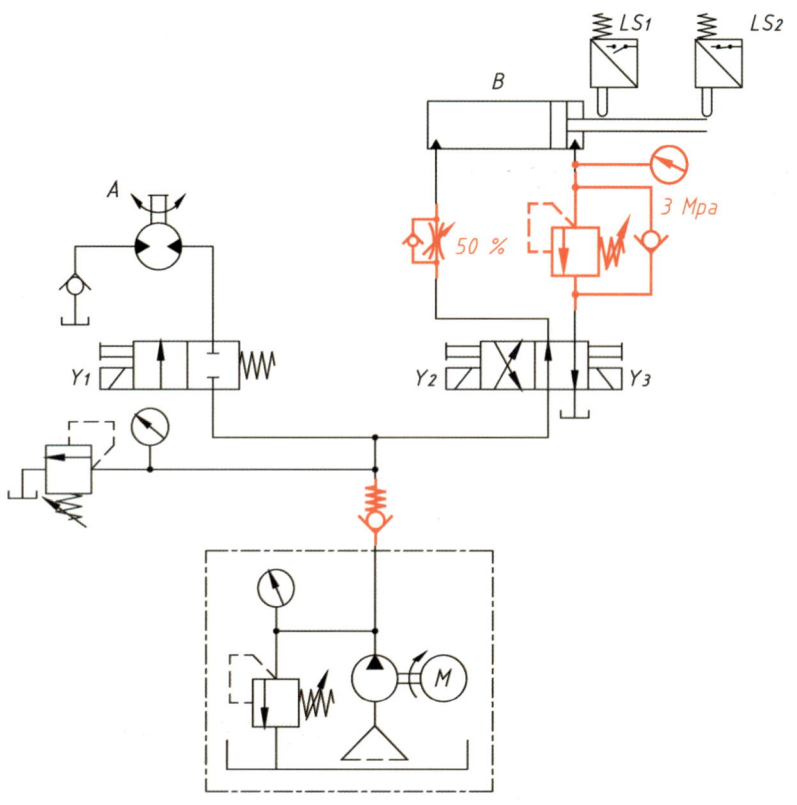

아. 전기 유지보수 회로도

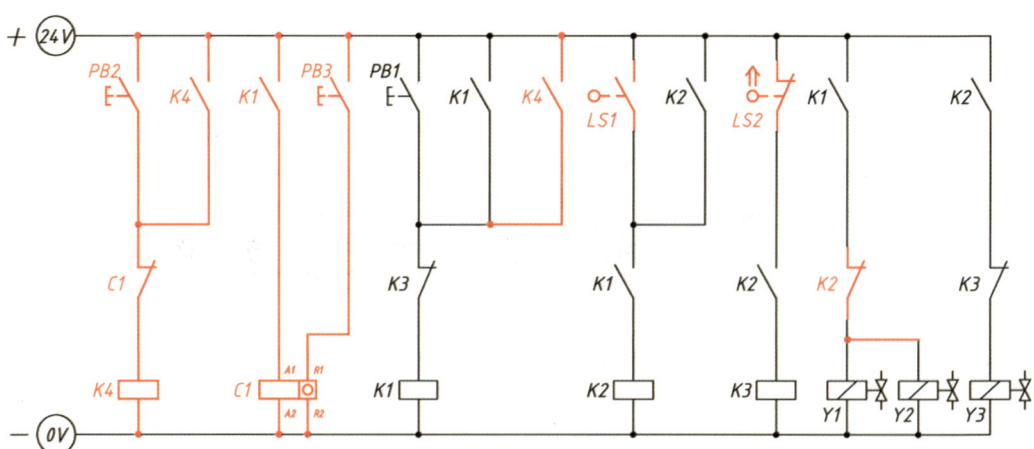

7 도면 ⑤

가. 유압 회로도

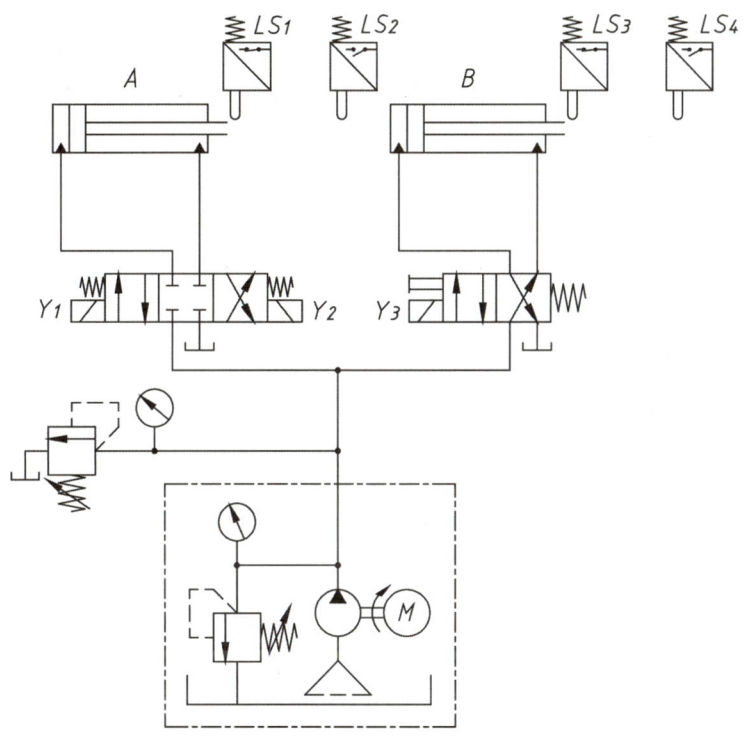

나. 전기회로도

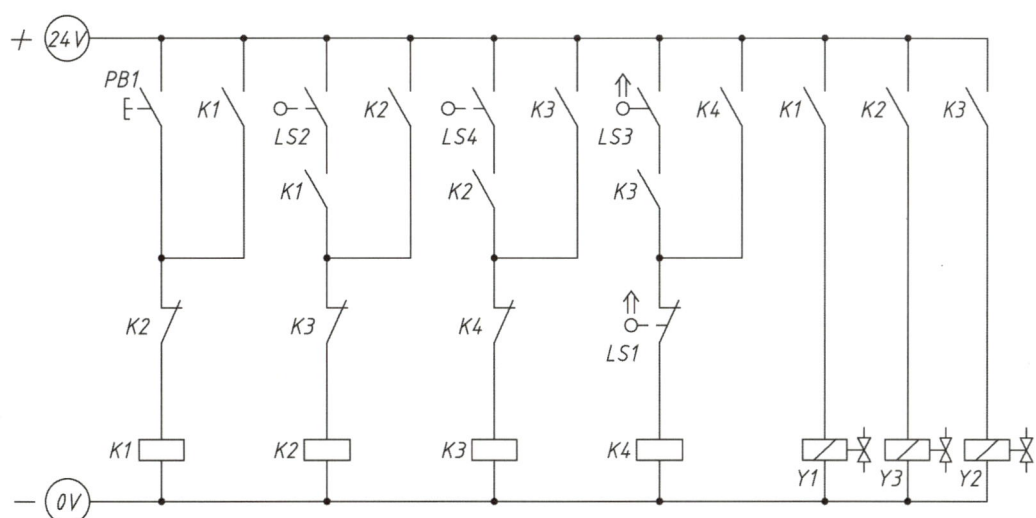

다. 변위단계선도

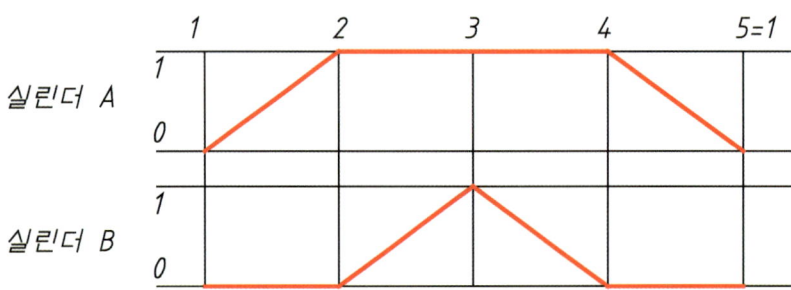

라. 유지보수 계획

1) 연속 스위치(PB2), 비상정지 스위치(유지형 스위치 사용 가능), 램프를 추가하여 다음과 같이 동작하도록 회로를 변경하시오.

   가) PB2를 1회 ON-OFF하면, 기본동작이 연속적으로 동작합니다.

   나) 연속동작 중 비상정지 스위치를 ON하면, 모든 실린더는 후진하며 램프가 점등됩니다.

   다) 비상정지 스위치를 OFF하면, 램프는 소등되고 시스템은 초기화됩니다.

   라) 초기화 후 PB2를 1회 ON-OFF하면, 연속동작이 재동작합니다.

2) 실린더 B의 전진 리밋 스위치 LS4를 제거하고 압력 스위치 및 압력게이지를 설치하여 전진 완료 후 압력 스위치의 설정압력에 도달했을 때 실린더 B가 후진하도록 회로를 변경하시오. (단, 압력은 3±0.5 MPa이 되도록 설정하시오.)

3) 실린더 A, B의 전진 속도를 조절하기 위하여 일방향 유량조절 밸브를 사용하여 미터 인 방식으로 회로를 구성하시오. (단, 속도는 약 50% 정도가 되도록 설정하시오.)

마. 오류 수정 회로도

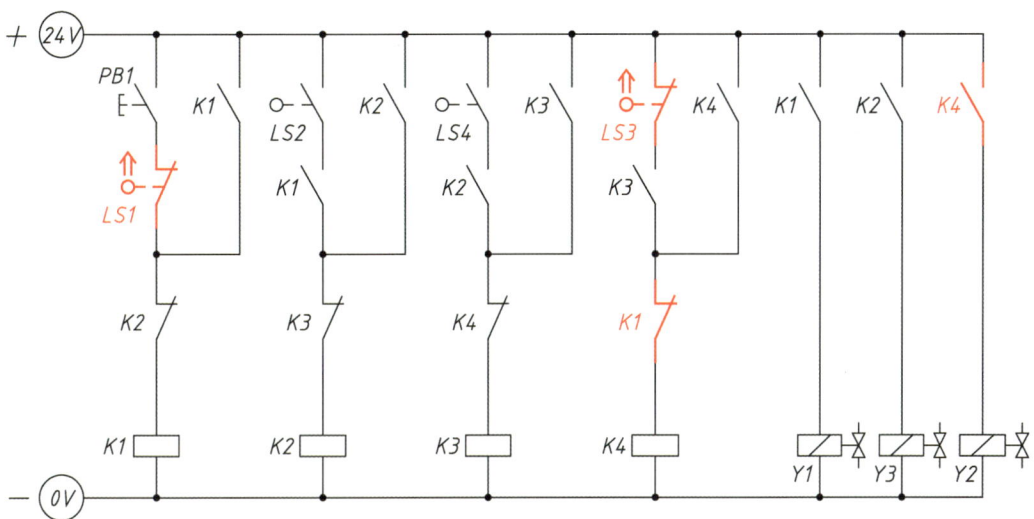

바. 유압 회로도 참고(유지보수 포함)

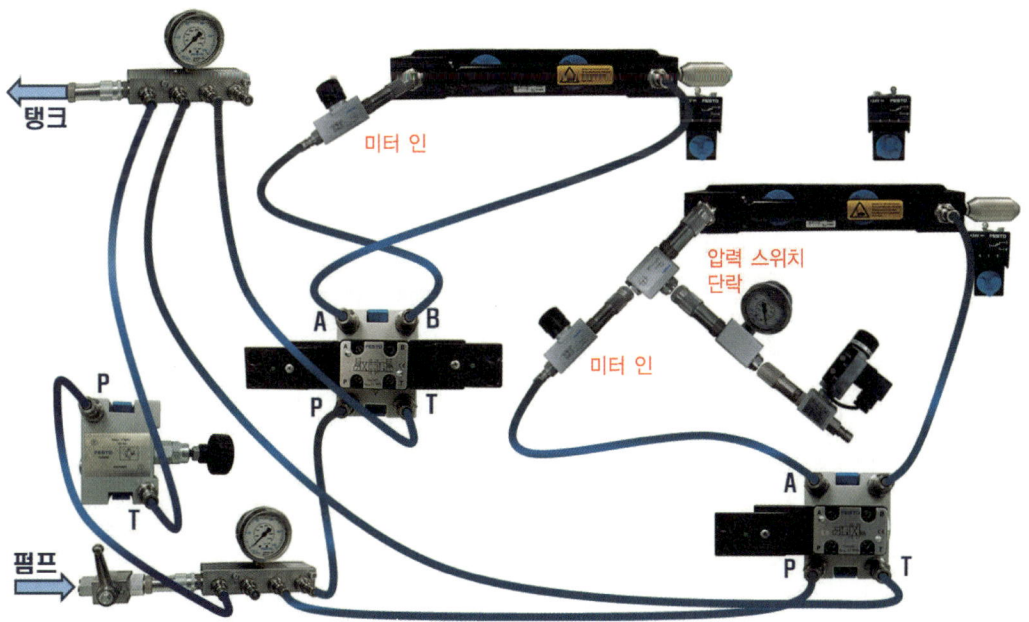

사. 유압 유지보수 회로도

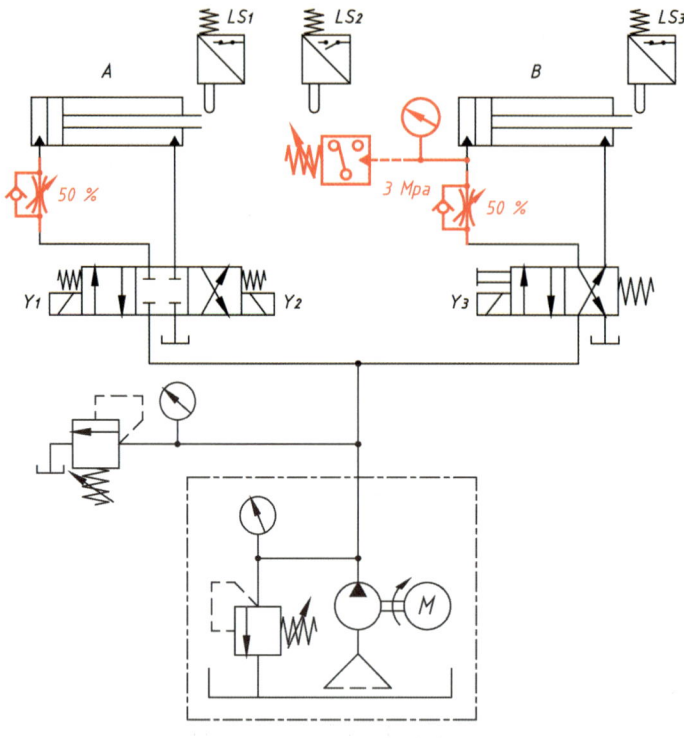

아. 전기 유지보수 회로도

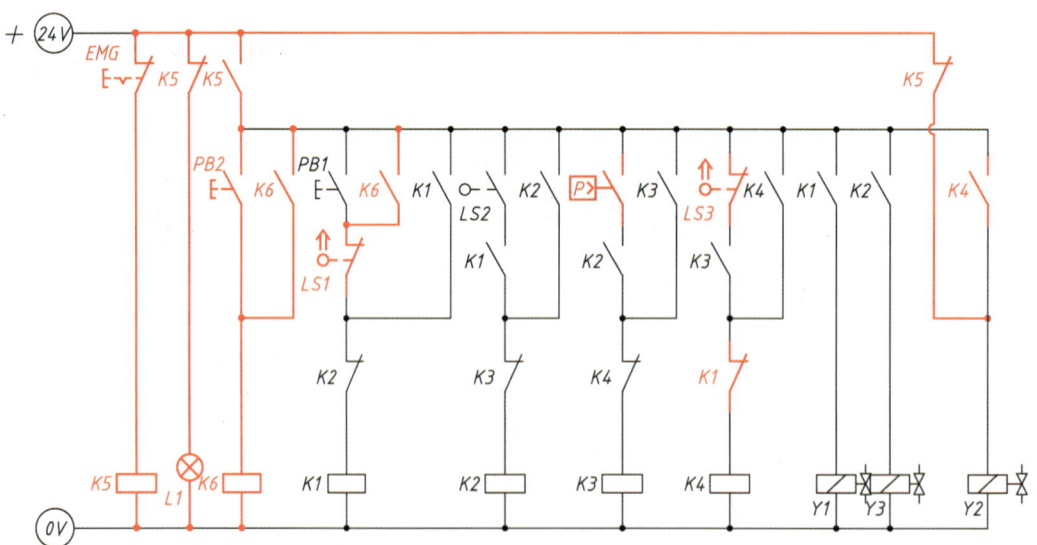

8 도면 ⑥

가. 유압 회로도

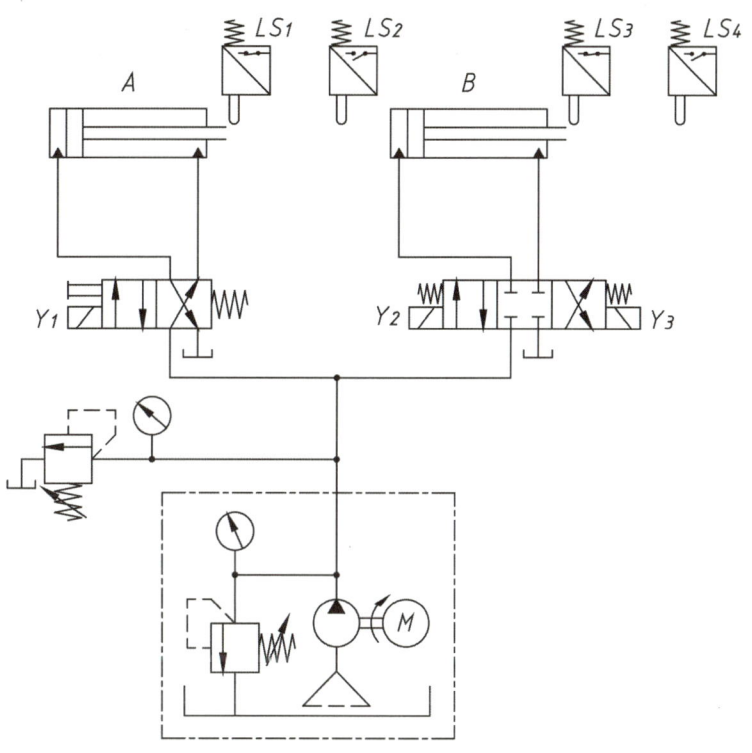

나. 전기회로도

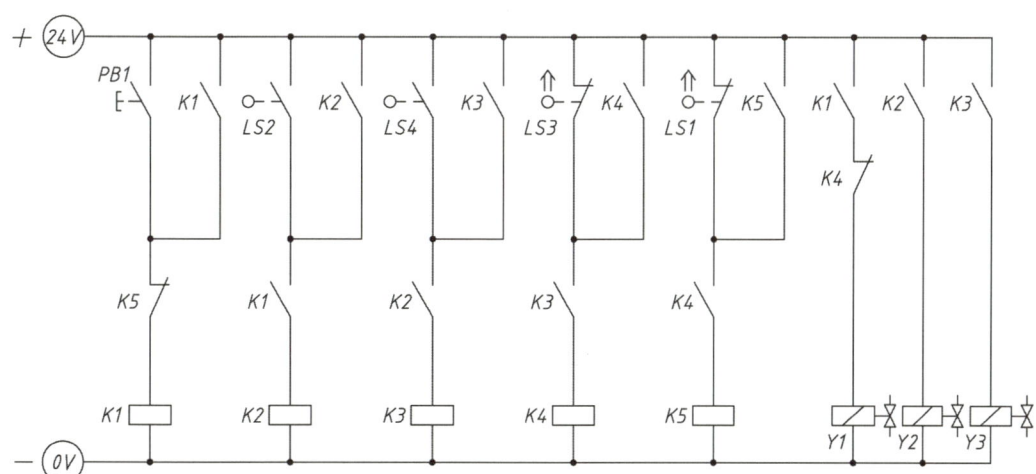

다. 변위단계선도

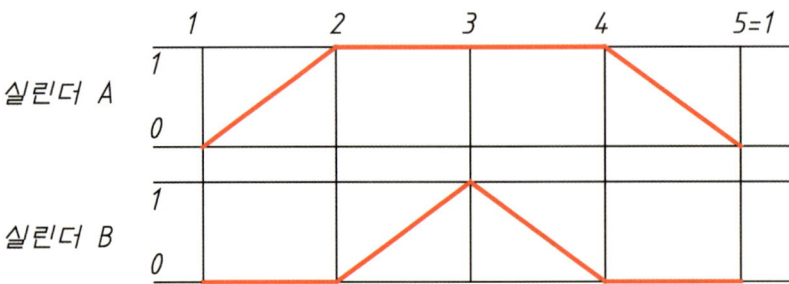

라. 유지보수 계획

1) 연속 스위치(PB2), 비상정지 스위치(유지형 스위치 사용 가능), 램프를 추가하여 다음과 같이 동작하도록 회로를 변경하시오.
   가) PB2를 1회 ON-OFF하면, 기본동작이 연속적으로 동작합니다.
   나) 연속동작 중 비상정지 스위치를 ON하면, 모든 실린더는 후진하며 램프가 점등됩니다.
   다) 비상정지 스위치를 OFF하면, 램프는 소등되고 시스템은 초기화됩니다.
   라) 초기화 후 PB2를 1회 ON-OFF하면, 연속동작이 재동작합니다.
2) 실린더 B의 방향제어 밸브를 4포트 3위치 A-B-T 접속형 밸브로 교체하고, 로드 측에 파일럿 조작 체크 밸브를 사용하여 로킹 회로가 되도록 변경하시오.
3) 실린더 A의 전·후진 속도가 제어되도록 공급라인에 양방향 유량조절 밸브를 사용하여 회로를 구성하시오. (단, 속도는 약 50% 정도가 되도록 설정하시오.)

마. 오류 수정 회로도

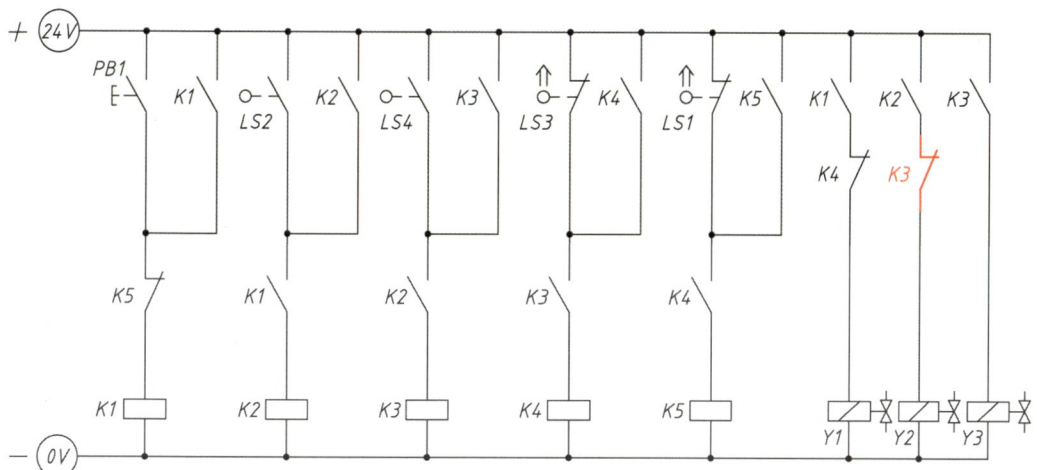

바. 유압 회로도 참고(유지보수 포함)

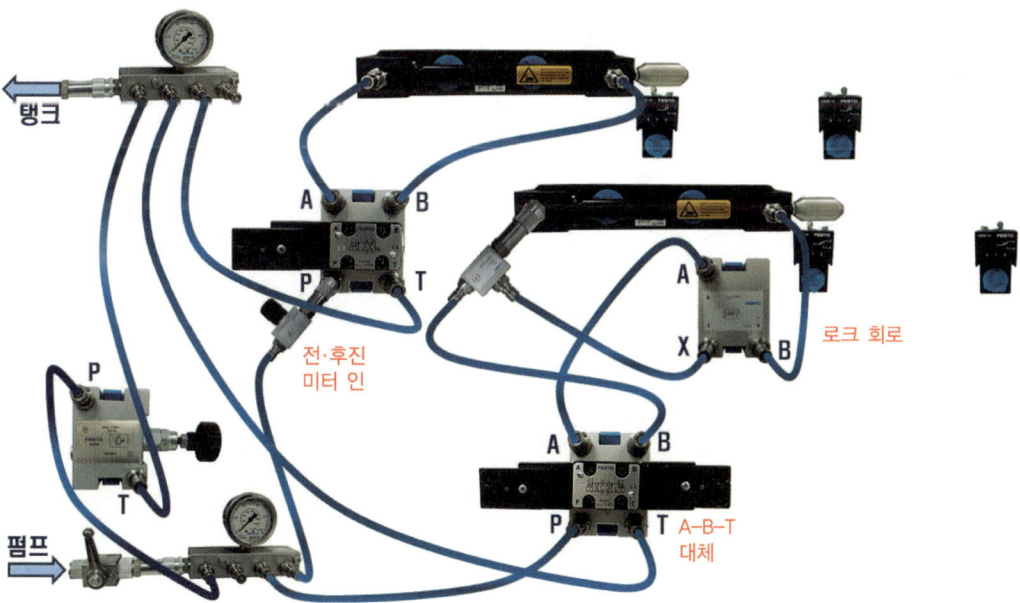

사. 유압 유지보수 회로도

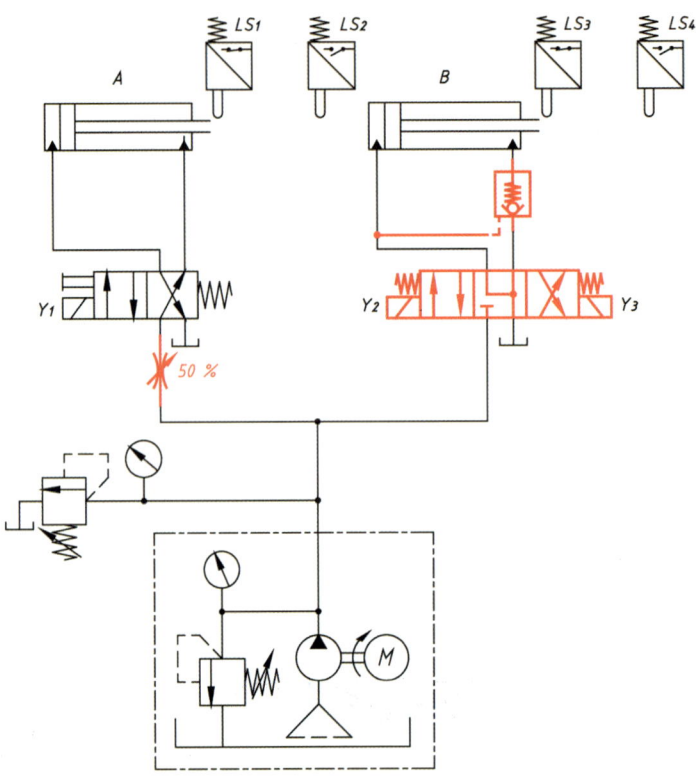

아. 전기 유지보수 회로도

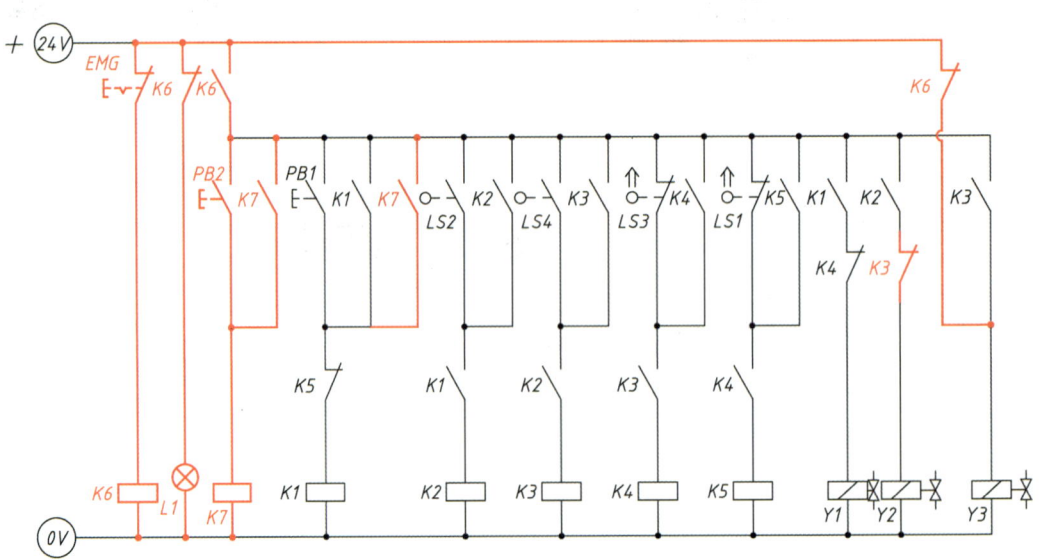

9 도면 ⑦

가. 유압 회로도

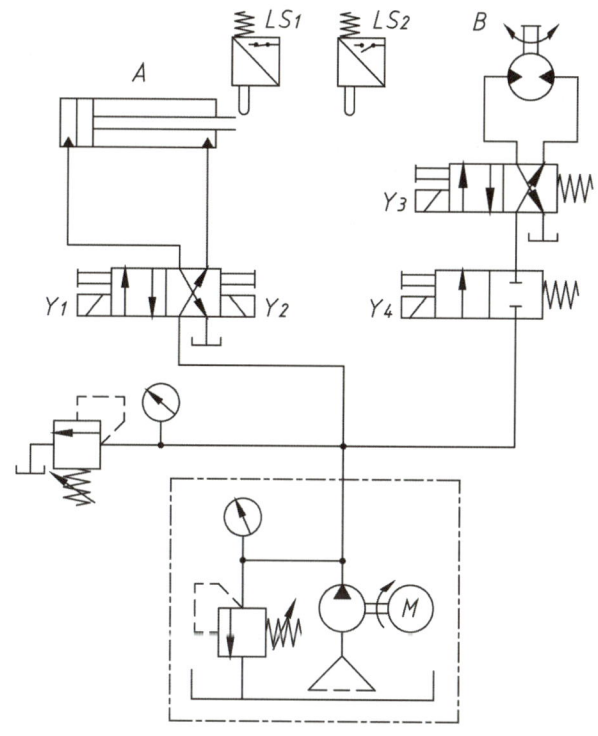

나. 전기회로도

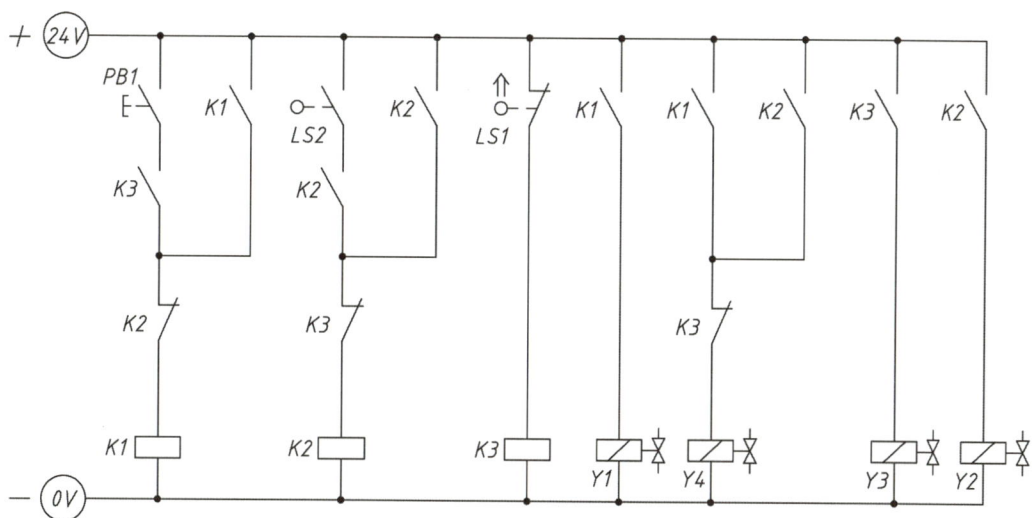

다. 변위단계선도

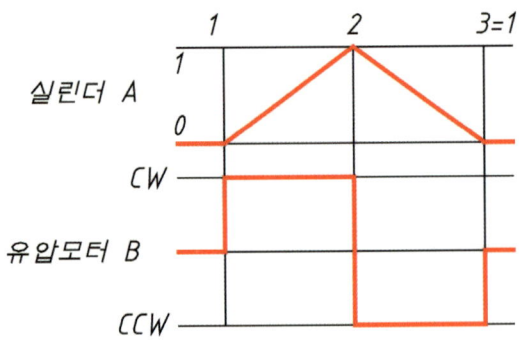

※ 유압 모터는 축 방향에서 볼 때 시계방향(CW)은 정회전, 반시계방향(CCW)은 역회전이 되도록 작업하시오.

라. 유지보수 계획

1) 연속 스위치(PB2), 비상정지 스위치(유지형 스위치 사용 가능), 램프를 추가하여 다음과 같이 동작하도록 회로를 변경하시오.
   가) PB2를 1회 ON-OFF하면, 기본동작이 연속적으로 동작합니다.
   나) 연속동작 중 비상정지 스위치를 ON하면, 실린더는 후진, 모터는 정지하며 램프가 점등됩니다.
   다) 비상정지 스위치를 OFF하면, 램프는 소등되고 시스템은 초기화됩니다.
   라) 초기화 후 PB2를 1회 ON-OFF하면, 연속동작이 재동작합니다.
2) 실린더 A의 방향제어 밸브를 4포트 3위치 A-B-T 접속형 밸브로 교체하고, 로드 측에 파일럿 조작 체크 밸브를 사용하여 로킹 회로가 되도록 변경하시오.
3) 유압유의 역류를 방지하기 위해 파워유닛의 토출구에 체크밸브를 추가하여 구성하시오.

마. 오류 수정 회로도

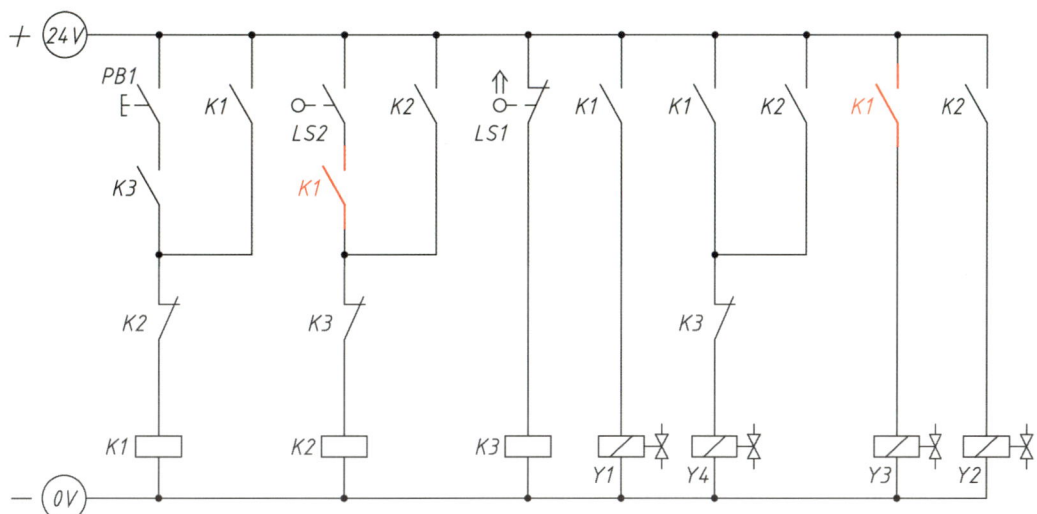

바. 유압 회로도 참고(유지보수 포함)

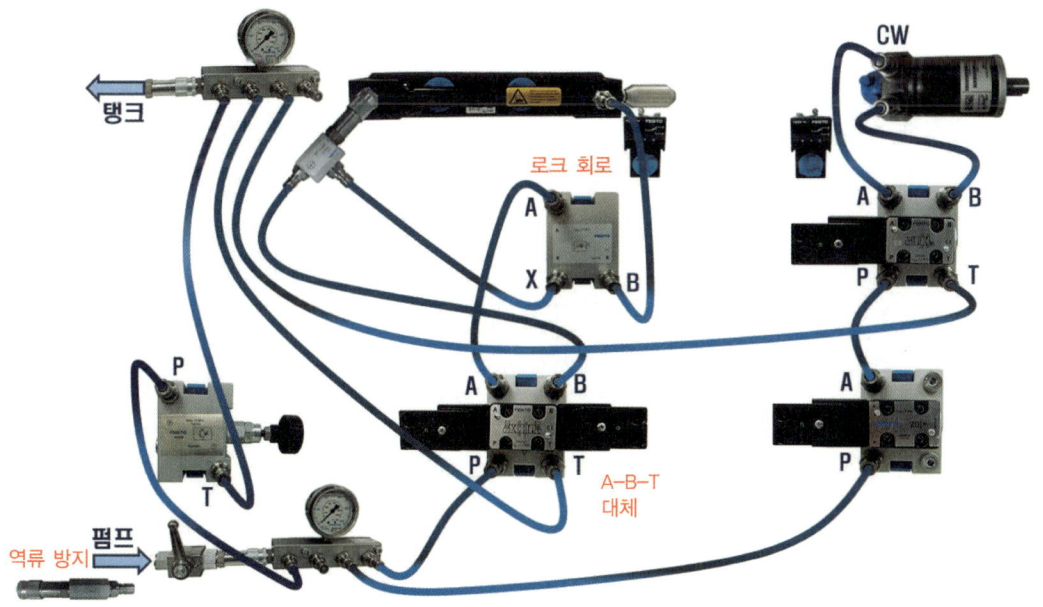

사. 유압 유지보수 회로도

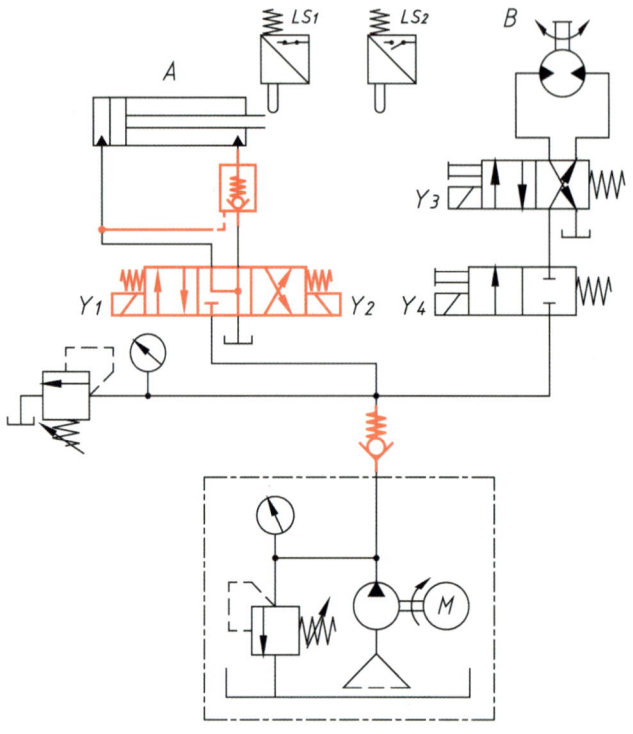

아. 전기 유지보수 회로도

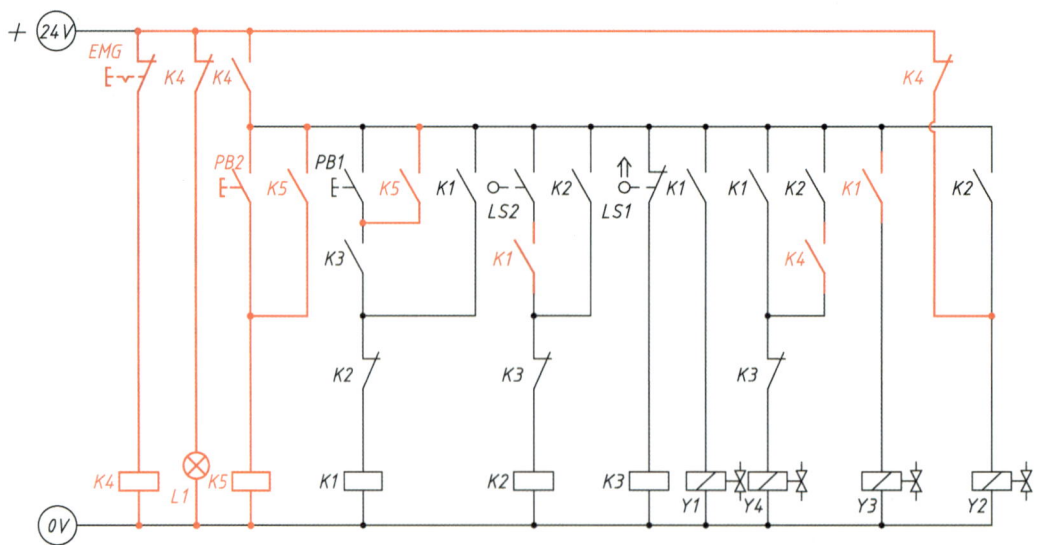

10 도면 ⑧

가. 유압 회로도

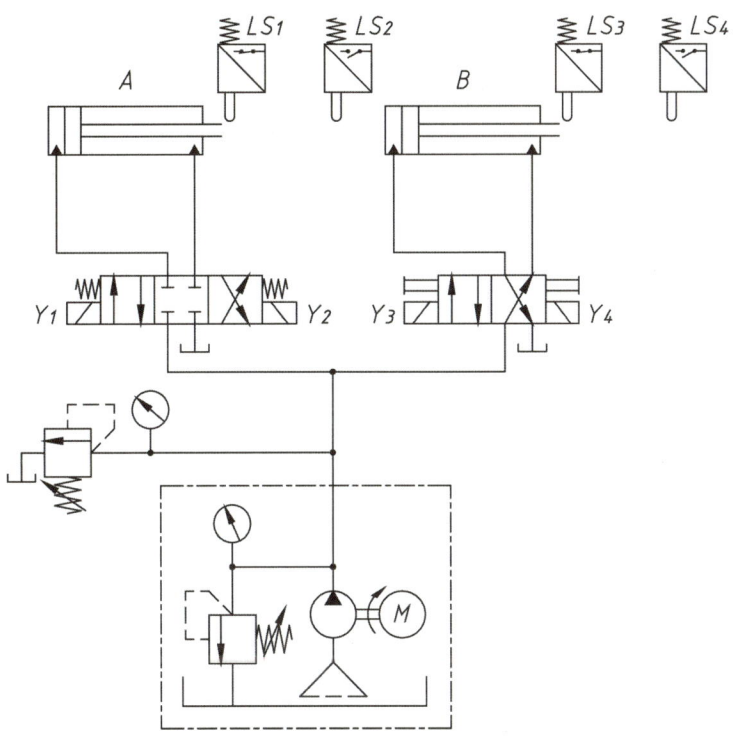

나. 전기회로도

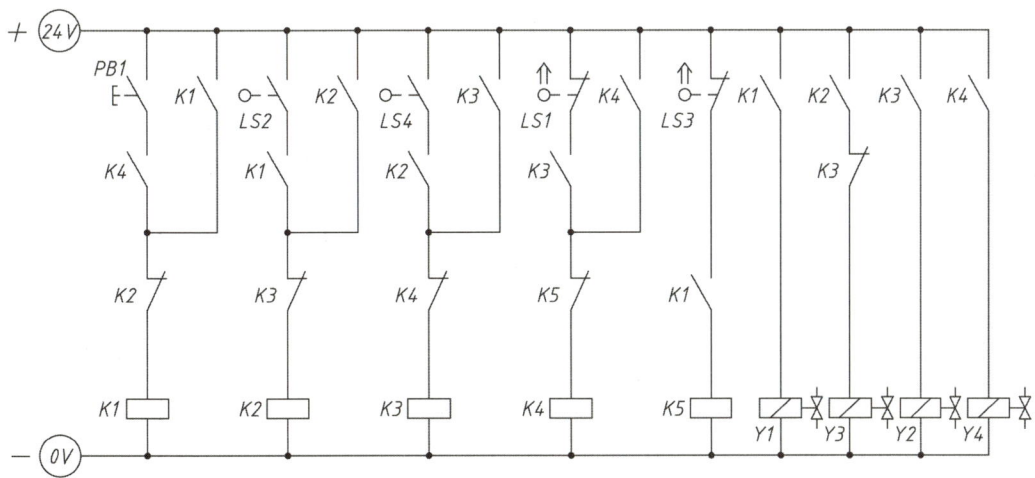

다. 변위단계선도

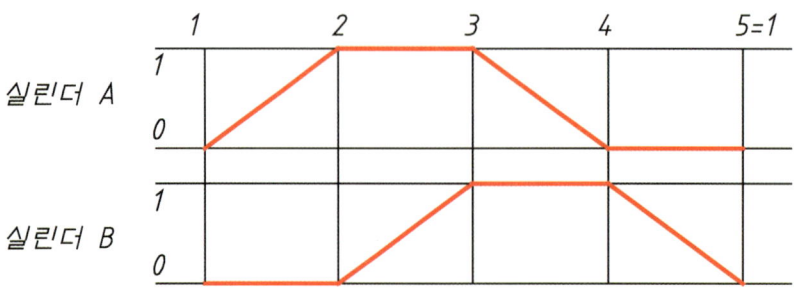

라. 유지보수 계획

1) 연속 스위치(PB2), 비상정지 스위치(유지형 스위치 사용 가능), 램프를 추가하여 다음과 같이 동작하도록 회로를 변경하시오.

   가) PB2를 1회 ON-OFF하면, 기본동작이 연속적으로 동작합니다.

   나) 연속동작 중 비상정지 스위치를 ON하면, 모든 실린더는 후진하며 램프가 점등됩니다.

   다) 비상정지 스위치를 OFF하면, 램프는 소등되고 시스템은 초기화됩니다.

   라) 초기화 후 PB2를 1회 ON-OFF하면, 연속동작이 재동작합니다.

2) 실린더 B의 압력라인(P)에 감압밸브와 압력계를 설치하여 유압 회로도를 변경하고, 2차 측의 압력이 2 ± 0.5 MPa이 되도록 조정하시오.

3) 실린더 A의 전진 속도가 제어되도록 블리드오프 회로를 구성하시오.

마. 오류 수정 회로도

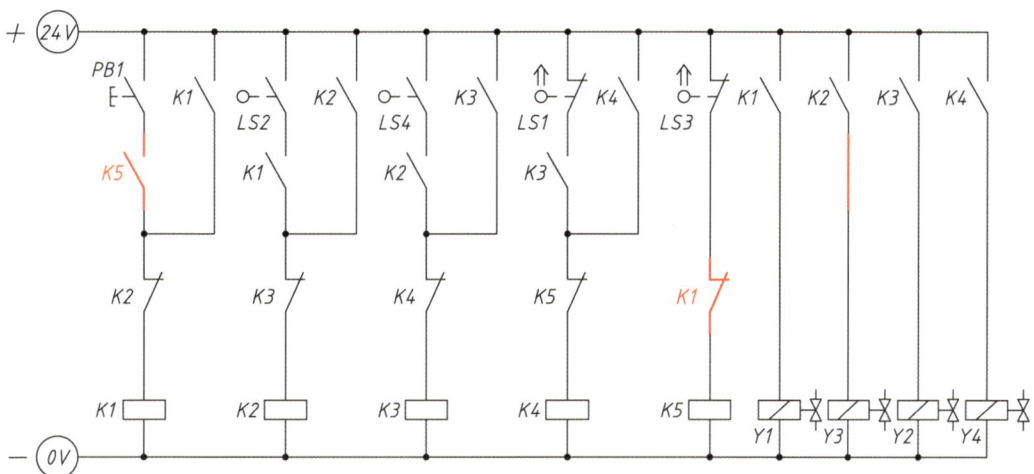

바. 유압 회로도 참고(유지보수 포함)

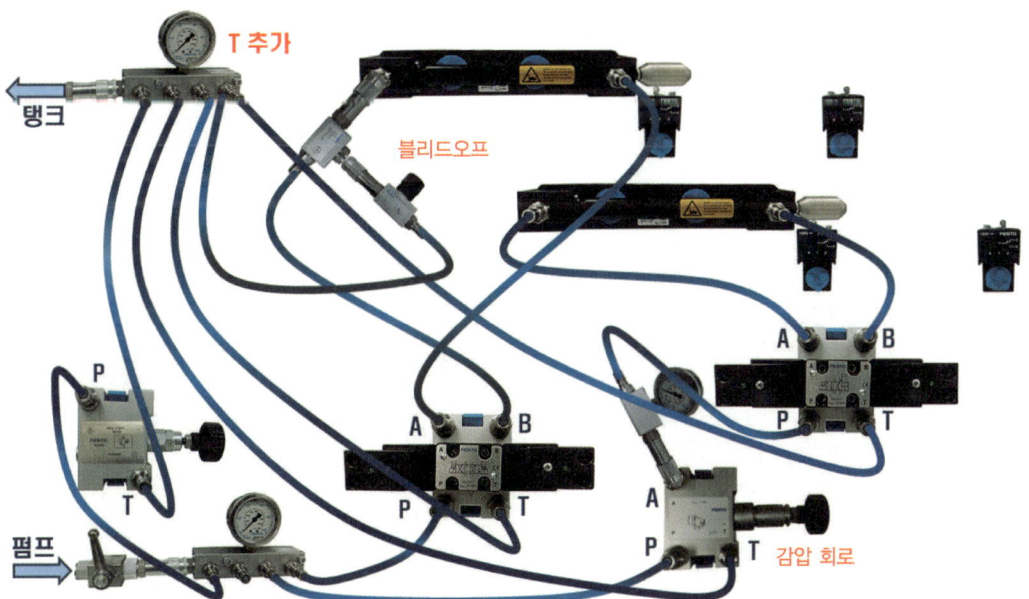

사. 유압 유지보수 회로도

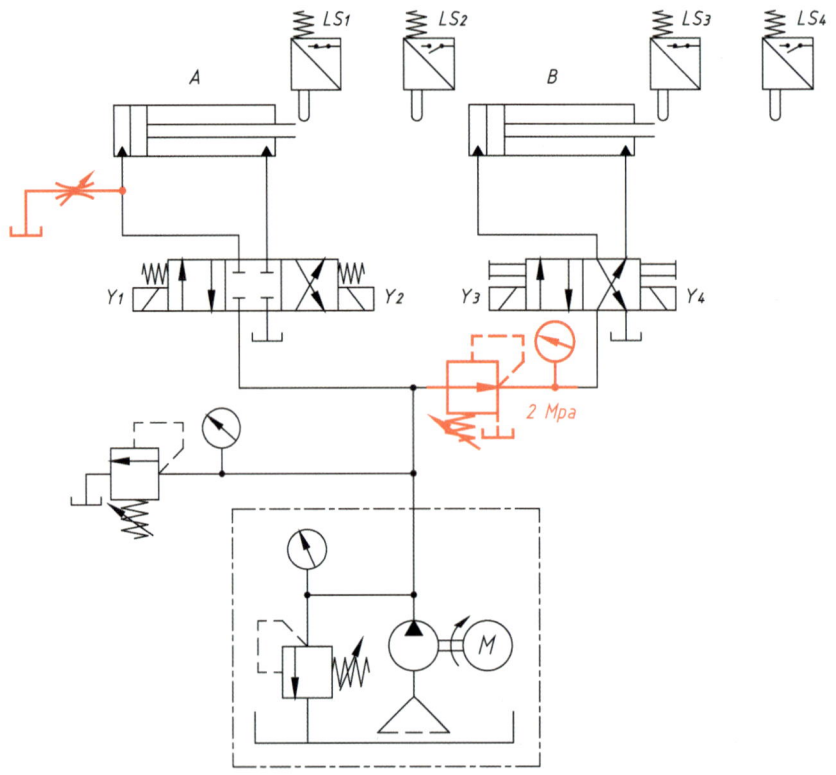

아. 전기 유지보수 회로도

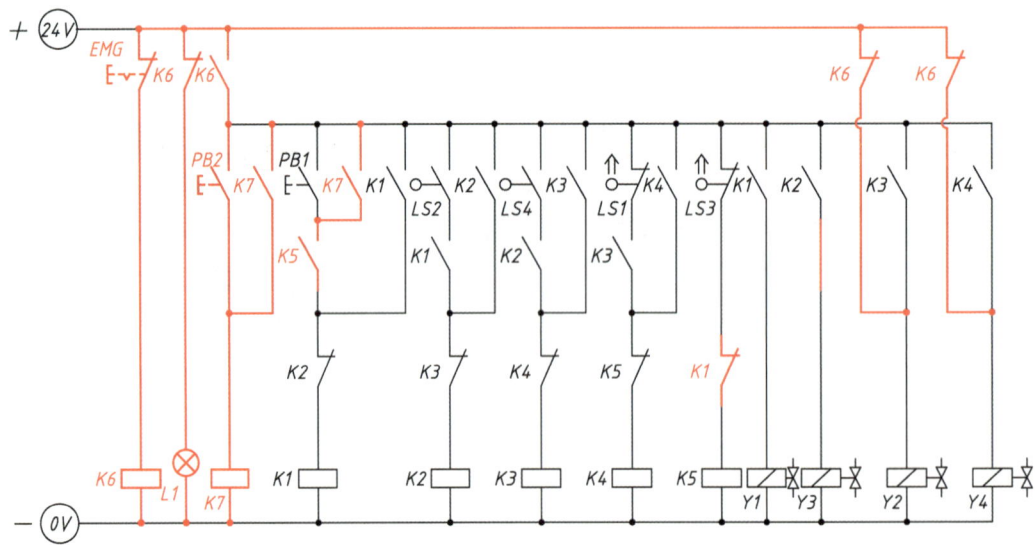

CHAPTER 03

용접

I. 보수용접 및 누수 시험

CHAPTER 03 용접

I. 보수용접 및 누수 시험

▶ 설비보전기사 보수용접 및 누수 시험 ◀

※ 시험시간: [제3과제] 40분

 요구사항

※ 지급된 재료 및 시설을 사용하여 아래 작업을 완성하시오.
※ 한번 제출한 작품의 재작업은 허용되지 않습니다.
※ 작업 시작 전 지급된 연강판에 각인 여부를 반드시 확인하시오.
※ 구멍 가공 → 보수용접 → 가용접 → 가용접 검사 → 일주용접 → 누수 시험 → 정리정돈 순서로 작업하시오.

가. 구멍 가공 및 보수용접

1) 주어진 연강판을 도면과 같이 구멍 가공하시오.
2) **도면에 지시된 보수용접 HOLE(1개소)의 상단을 빈틈없이 메우기** 위해 용접하시오.
   (단, HOLE에 보충물(잔봉 또는 철심 등)을 임의로 추가하여 용접하지 않습니다.)
   가) 보수용접 판재 **후면에 용락(처짐)**이 없도록 용접하시오. (단, 용락 방지를 위한 이면판(철판) 등 관련 장치를 사용하지 않습니다.)

나. 일주용접

1) 가공한 연강판 및 주어진 연강 파이프를 도면과 같이 용접하여 작품을 완성하시오.
   가) 용접전류 등 작업에 필요한 조건은 수험자가 직접 결정하여 설정하시오.
   나) 파이프 온둘레 필릿 용접(일주용접)은 시험감독위원에게 가용접 후 확인받으시오.
   다) 파이프 온둘레 필릿 용접(일주용접)의 **가용접은 4곳 이하, 가용접 길이는 10 mm이내**로 용접하시오.

라) 파이프 온둘레 필릿 용접(일주용접)에서 비드 폭과 높이가 각각 요구된 **목길이 (각장)**의 −20~+50% 범위에서 용접하시오.

다. 누수 시험
1) 용접된 파이프 내측에 물을 부어 누수 여부를 시험감독위원에게 확인받으시오.

라. 정리정돈
1) 평가 종료 후 작업한 자리의 장비, 부품, 공기구 등을 초기 상태로 정리하시오.

② 수험자 유의사항

> ※ 다음의 유의사항을 고려하여 요구사항을 완성하시오.
> ※ 작업형 과제별 배점은 [공기압시스템 진단 및 구성 20점, 유압시스템 진단 및 구성 20점, 보수용접 및 누수 시험 20점]이며, 이외 세부항목 배점은 비공개입니다.

1) 시험 시작 전 장비 이상유무를 확인합니다.
2) 작업 중 안전수칙 준수 여부를 평가하므로, 안전수칙을 준수하여 작업합니다.
3) 전기 용접 작업 시 감전 및 화상 등의 재해가 발생하지 않도록 전기 케이블 및 안전보호구를 사전에 점검하여 사용하며, 필요한 안전수칙을 반드시 준수하시기 바랍니다. (단, 슬리퍼·샌들 착용, 보안경 미착용 등 복장이 작업에 부적합할 경우 응시가 불가능합니다.)
4) 구멍 가공 시 보안경을 반드시 착용하시기 바랍니다.
5) 시험 중에는 반드시 시험감독위원의 지시에 따라야 하며, 시험시간 동안 시험감독위원의 지시가 없는 한 시험장을 임의로 이탈할 수 없습니다.
6) 시험에 필요한 기기 이외에 임의로 접촉하지 않도록 주의하시기 바랍니다.
7) 공단에서 지정한 각인이 날인된 강판으로 작업하여야 합니다.
8) 수험자는 작업이 완료되면 시험감독위원의 확인을 받아야 합니다.
9) 다음 사항은 실격에 해당하여 채점 대상에서 제외됩니다.
    가) 수험자 본인이 수험 도중 시험에 대한 기권 의사를 표현하는 경우
    나) 실기시험 과정 중 1개 과정이라도 불참한 경우

다) 시설·장비의 조작 또는 재료의 취급이 미숙하여 위해를 일으킬 것으로 시험감독위원 전원이 합의하여 판단한 경우
라) 기능이 해당 등급 수준에 전혀 도달하지 못한 것으로 시험감독위원이 판단할 경우
마) 부정행위를 한 경우
바) 시험시간 내에 작품을 제출하지 못한 경우
사) 용접봉을 포함한 지급된 재료 이외의 재료를 사용한 경우
아) 강판에 각인이 날인되지 않은 경우
자) 결과물이 주어진 도면과 상이한 작품
차) 결과물의 치수가 한 부분이라도 ±5 mm를 초과한 경우
카) 파이프 온둘레 필릿 용접(일주용접)의 비드 폭과 높이가 각각 요구된 목길이(각장)의 범위를 벗어나는 작품
타) 용접구간 내에 10 mm 이상 용접되지 않은 경우
파) 시험감독위원이 판단하여 전원 합의하에 용접의 상태(언더컷, 오버랩, 비드 상태 등 구조상의 결함 등)가 채점기준에서 제시한 항목 이외의 사항과 관련하여 용접작품으로 인정할 수 없는 작품
하) 온둘레 용접 완료 후 치수 오차가 5 mm 이상 벗어난 작품
거) 외관 평가 전에 줄이나 그라인더 등으로 가공한 경우
너) 보수용접 시 지급된 용접봉 외에 보충물(잔봉 또는 철심 등)을 임의로 추가하여 작업한 경우
더) 보수용접 후 표면비드의 높이가 6 mm를 초과하거나 용락이 발생한 작품
러) 보수용접 시 용락 방지를 위한 이면판(철판) 등 관련 장치를 사용한 경우
머) 누수 시험 시 누수가 발생한 작품**(물을 부어 3분 정도 누수 흔적 확인)**

3 도면 ①

구분	재료 명	규격	수량	비고
1	연강판	200×80, 6t	1개	
2	연강 파이프	40A KS, 3.2t, H : 50 mm	1개	
3	드릴	φ12	1개	
4	전기 용접봉	E4313, φ3.2	3개	
5	용접기	직류 또는 교류	–	개인 지참 불가

가. 가공 및 용접 도면

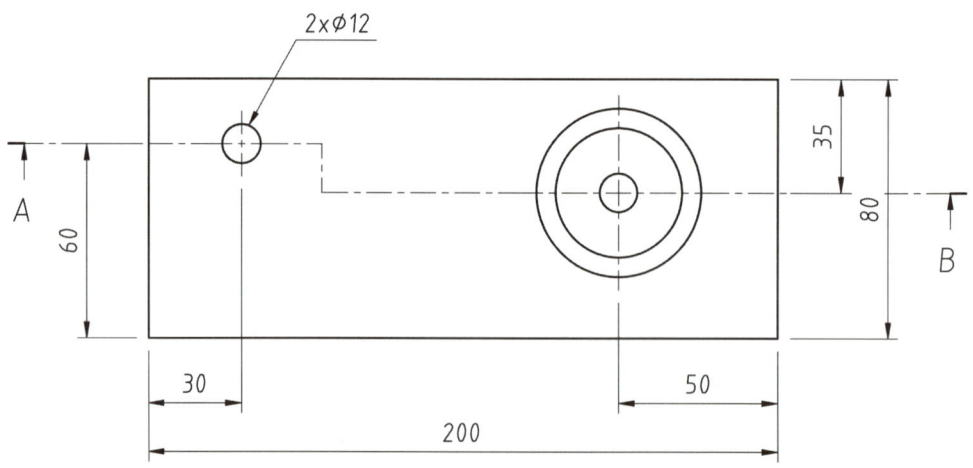

주서
1. 보수용접은 화살표로 지시한 상단부만 작업합니다.

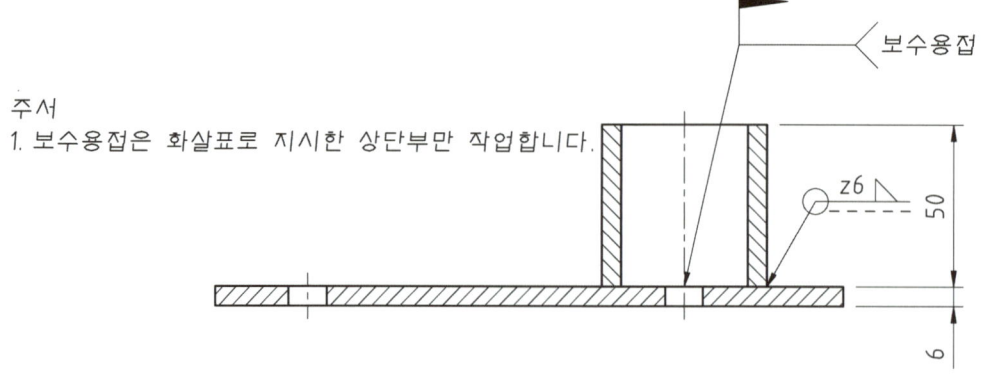

A-B

4 도면 ②

구분	재료 명	규격	수량	비고
1	연강판	200×80, 6t	1개	
2	연강 파이프	40A KS, 3.2t, H : 50 mm	1개	
3	드릴	ϕ12	1개	
4	전기 용접봉	E4313, ϕ3.2	3개	
5	용접기	직류 또는 교류	–	개인 지참 불가

가. 가공 및 용접 도면

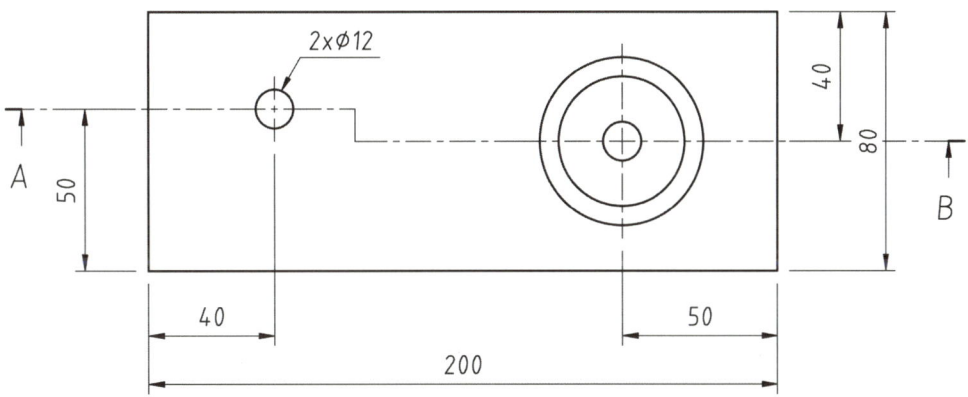

주서
1. 보수용접은 화살표로 지시한 상단부만 작업합니다.

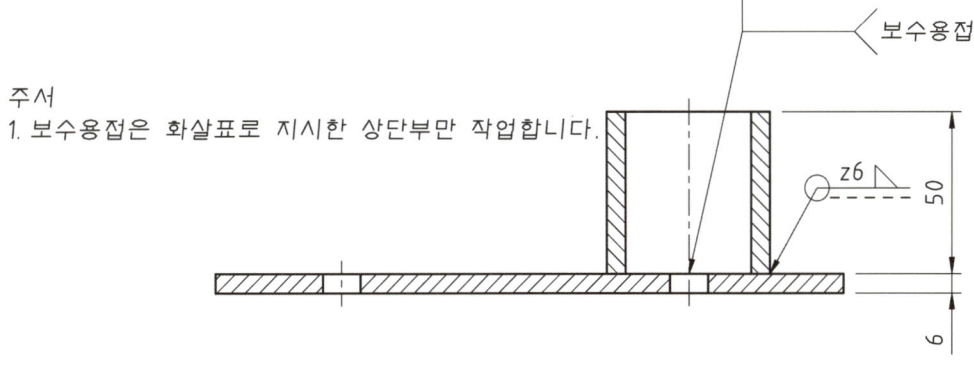

A-B

5 도면 ③

구분	재료 명	규격	수량	비고
1	연강판	200×80, 6t	1개	
2	연강 파이프	40A KS, 3.2t, H : 50 mm	1개	
3	드릴	⌀12	1개	
4	전기 용접봉	E4313, ⌀3.2	3개	
5	용접기	직류 또는 교류	–	개인 지참 불가

가. 가공 및 용접 도면

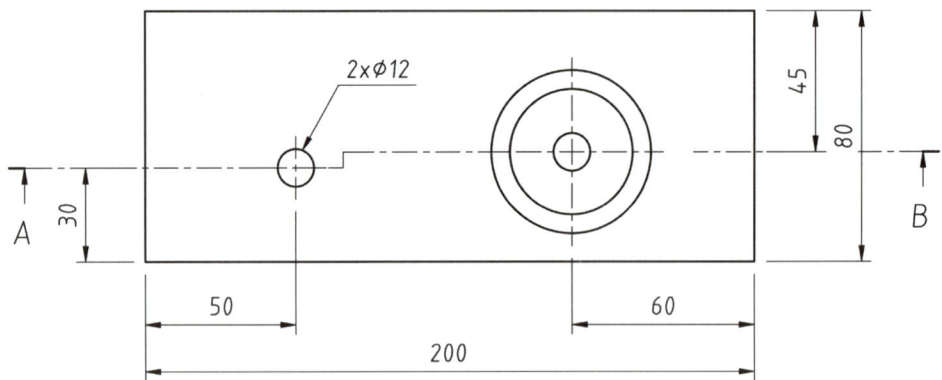

주서
1. 보수용접은 화살표로 지시한 상단부만 작업합니다.

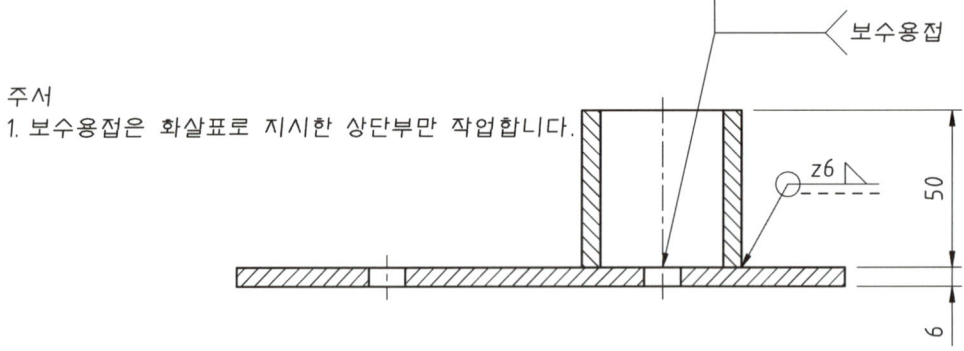

A-B

6 도면 ④

구분	재료 명	규격	수량	비고
1	연강판	200×80, 6t	1개	
2	연강 파이프	40A KS, 3.2t, H : 50 mm	1개	
3	드릴	φ12	1개	
4	전기 용접봉	E4313, φ3.2	3개	
5	용접기	직류 또는 교류	-	개인 지참 불가

가. 가공 및 용접 도면

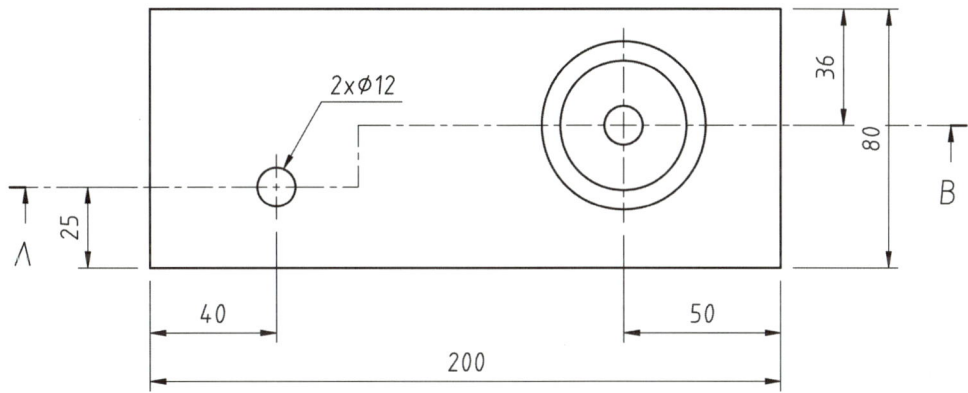

주서
1. 보수용접은 화살표로 지시한 상단부만 작업합니다.

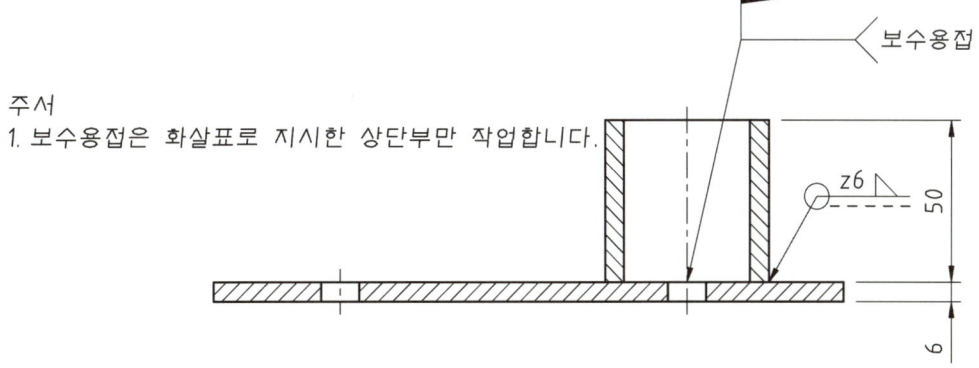

A-B

7 도면 ⑤

구분	재료 명	규격	수량	비고
1	연강판	200×80, 6t	1개	
2	연강 파이프	40A KS, 3.2t, H : 50 mm	1개	
3	드릴	$\phi 12$	1개	
4	전기 용접봉	E4313, $\phi 3.2$	3개	
5	용접기	직류 또는 교류	–	개인 지참 불가

가. 가공 및 용접 도면

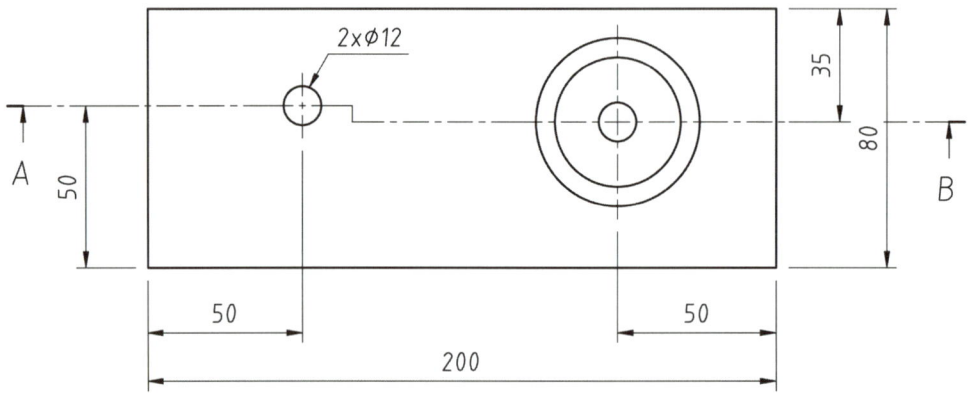

주서
1. 보수용접은 화살표로 지시한 상단부만 작업합니다.

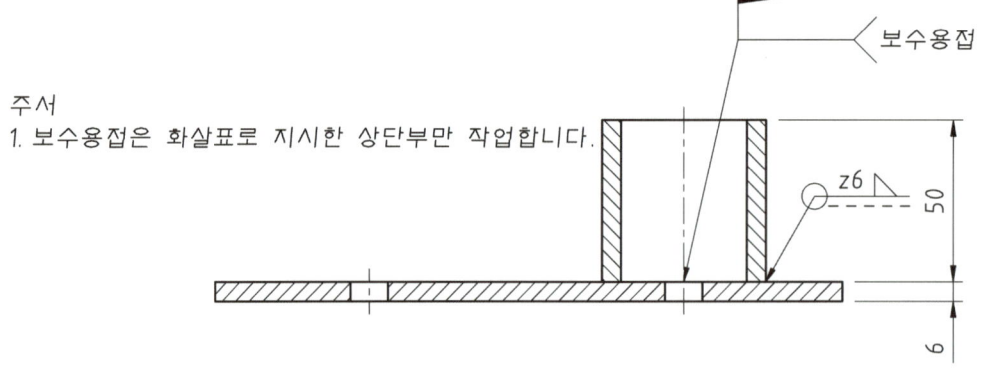

A-B

8 도면 ⑥

구분	재료 명	규격	수량	비고
1	연강판	200×80, 6t	1개	
2	연강 파이프	40A KS, 3.2t, H : 50 mm	1개	
3	드릴	$\phi 12$	1개	
4	전기 용접봉	E4313, $\phi 3.2$	3개	
5	용접기	직류 또는 교류	–	개인 지참 불가

가. 가공 및 용접 도면

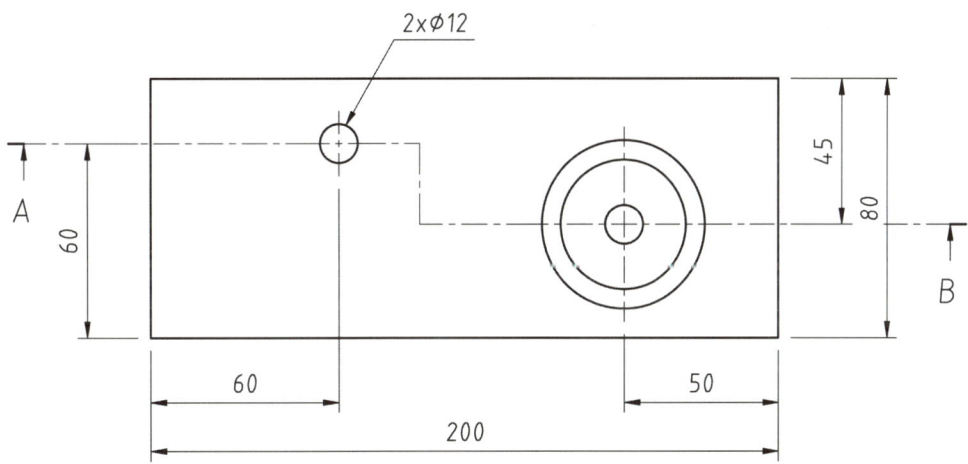

주서
1. 보수용접은 화살표로 지시한 상단부만 작업합니다.

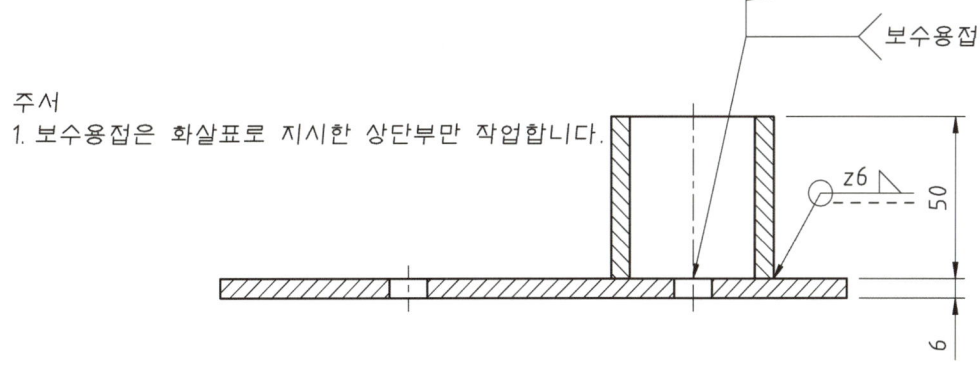

A-B

9 도면 ⑦

구분	재료 명	규격	수량	비고
1	연강판	200×80, 6t	1개	
2	연강 파이프	40A KS, 3.2t, H : 50 mm	1개	
3	드릴	$\phi 12$	1개	
4	전기 용접봉	E4313, $\phi 3.2$	3개	
5	용접기	직류 또는 교류	-	개인 지참 불가

가. 가공 및 용접 도면

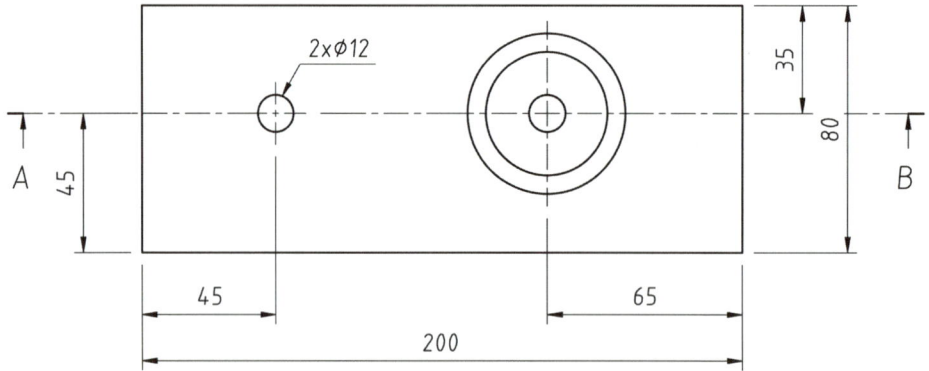

주서
1. 보수용접은 화살표로 지시한 상단부만 작업합니다.

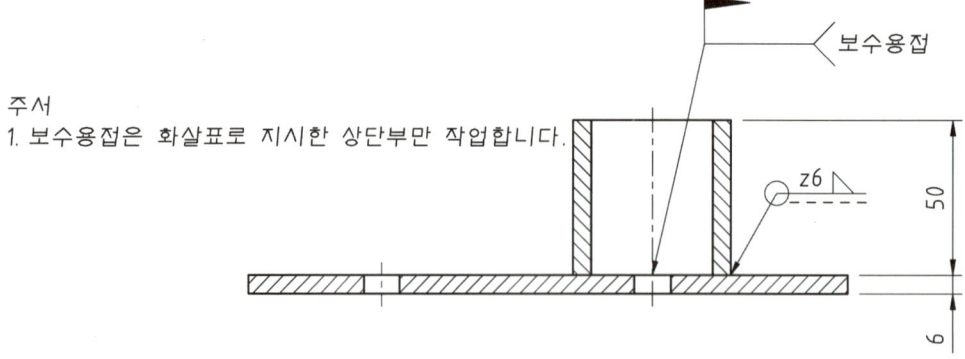

A-B

10 도면 ⑧

구분	재료 명	규격	수량	비고
1	연강판	200×80, 6t	1개	
2	연강 파이프	40A KS, 3.2t, H : 50 mm	1개	
3	드릴	φ12	1개	
4	전기 용접봉	E4313, φ3.2	3개	
5	용접기	직류 또는 교류	-	개인 지참 불가

가. 가공 및 용접 도면

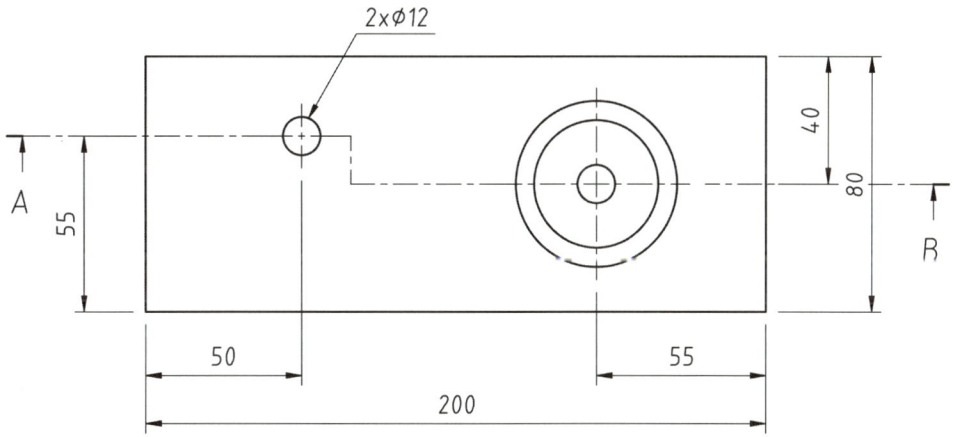

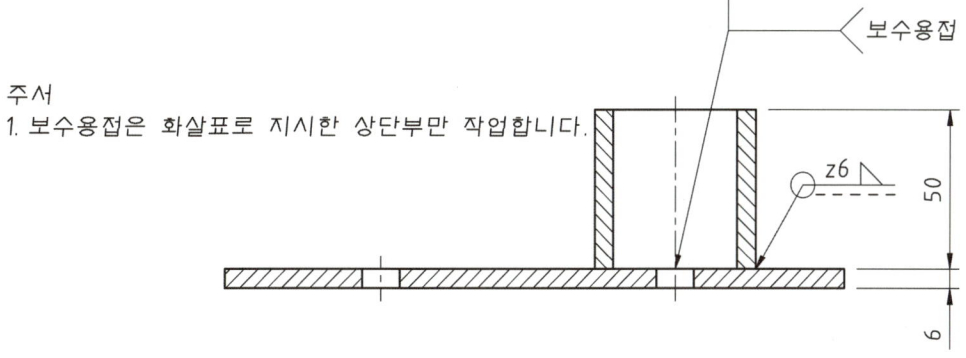

주서
1. 보수용접은 화살표로 지시한 상단부만 작업합니다.

A-B

참고 문헌 및 자료

가. 이상호, 공유압, 한국산업인력공단, 2012.
나. 송요풍, 기계요소설계, 한국산업인력공단, 2010.
다. 박동순, 설비보전기능사, 도서출판 건기원, 2016.
라. 박동순, 기계정비실무, 도서출판 건기원, 2018.
마. 박동순, 설비보전실무, 도서출판 건기원, 2024.
바. 이성호, 최부희, 방연일, 기계설비관리, 서울교과서
사. 한국 노드락, 한성 볼트, 상용 이엔지
아. 메카피아, 두피디아
자. ㈜제이.원 테크, FYH 베어링, WORLD CNM
차. Direct industry
카. ED 카달로그

설비보전기사 실기

정가 ┃ 33,000원

지은이 ┃ 박 동 순
펴낸이 ┃ 차 승 녀
펴낸곳 ┃ 도서출판 건기원

2024년 3월 15일 제1판 제1쇄 인쇄발행
2025년 3월 25일 제2판 제1쇄 인쇄발행

주소 ┃ 경기도 파주시 연다산길 244(연다산동 186-16)
전화 ┃ (02)2662-1874~5
팩스 ┃ (02)2665-8281
등록 ┃ 제11-162호, 1998. 11. 24

- 건기원은 여러분을 책의 주인공으로 만들어 드리며 출판 윤리 강령을 준수합니다.
- 본 수험서를 복제·변형하여 판매·배포·전송하는 일체의 행위를 금하며, 이를 위반할 경우 저작권법 등에 따라 처벌받을 수 있습니다.

ISBN 979-11-5767-887-7 13550